"十四五"普通高等教育本科系列教材

武汉大学规划核心教材

测量学

（第四版）

邓念武　张晓春　金银龙　刘任莉　编

徐　晖　主审

中国电力出版社

CHINA ELECTRIC POWER PRESS

内 容 提 要

本书为"十四五"普通高等教育本科系列教材、武汉大学规划核心教材。全书共分十四章，主要内容包括概述、水准测量、角度测量、距离测量和直线定向、全站仪测量、全球导航卫星系统简介、测量误差的基本知识、小地区控制测量、大比例尺地形图的测绘、地形图的应用、施工测量的基本工作、工业与民用建筑中的施工测量、隧洞施工测量、路线工程测量，以及测量学习题与实训指导。本书紧抓测量学基本概念和基本原理，内容由浅入深，由具体到一般，内容简明扼要，图文结合，通俗易懂。

本书可作为普通高等院校水利水电工程、农业水利工程、水文与水资源工程、港口航道与海岸工程、土木工程、建筑学、给排水科学与工程、城乡规划等专业的教材，也适用于相关专业工程技术人员学习参考。

图书在版编目（CIP）数据

测量学/邓念武等编 . —4 版 . —北京：中国电力出版社，2021.5（2024.5 重印）
"十四五"普通高等教育本科系列教材 . 武汉大学规划核心教材
ISBN 978-7-5198-5629-8

Ⅰ . ①测…　Ⅱ . ①邓…　Ⅲ . ①测量学—高等学校—教材　Ⅳ . ①P2

中国版本图书馆 CIP 数据核字（2021）第 084741 号

出版发行：中国电力出版社
地　　址：北京市东城区北京站西街 19 号（邮政编码 100005）
网　　址：http：//www. cepp. sgcc. com. cn
责任编辑：霍文婵
责任校对：王小鹏
装帧设计：郝晓燕
责任印制：吴　迪

印　　刷：三河市百盛印装有限公司
版　　次：2021 年 5 月第四版
印　　次：2024 年 5 月北京第二十次印刷
开　　本：787 毫米×1092 毫米　16 开本
印　　张：17.5
字　　数：419 千字
定　　价：55.00 元

前　　言

为了适应高等学校教学改革，同时顾及不同专业对《测量学》的要求，编者在第三版的基础上总结近年来的教学实践经验，结合测绘领域的新技术和新方法改编了本书。全书紧紧抓住测量学的基本概念和基本原理展开阐述，在内容上力求由浅入深，由具体到一般，简明扼要，图文结合，通俗易懂。

本书由三大部分组成，内容涵盖测量的基本工作、误差的基本知识、控制测量、地形测量和施工测量等。其中第一部分包括第一章到第七章，对测量仪器（水准仪、经纬仪、全站仪）的基本概念、基本原理、使用方法和误差来源进行了详细的介绍和分析；对全球导航卫星系统（GNSS）的基本原理进行了介绍；对测量误差的来源、中误差和误差传播定律进行了系统的阐述；使读者不仅懂得如何使用仪器，而且懂得为什么如此使用仪器。第二部分包括第八章到第十章，主要介绍小地区控制测量、大比例尺地形图的测绘和地形图的应用。使读者理解控制测量和碎部测量由于精度要求的不一样，从而测量方法和计算方法有所区别；使读者熟悉和掌握全站仪数字化测图技术、全球定位系统实时动态系统（GNSS　RTK）测图技术，熟悉识读和使用地形图的基本方法。第三部分包括第十一章到第十四章，介绍了施工测量的基本工作后，针对不同专业的具体要求介绍了适合不同专业的施工测量方法。

本次改编增加了 2020 年全球组网完成的北斗卫星定位导航系统的介绍，增加了国家基本地形图的分幅与编号，增加了地形图选用若干问题的讨论；删除了大比例尺经纬仪测绘法测图；将渠道测量和管道工程测量合并为线路工程测量；更新了测绘行业的新仪器、新技术和新方法的介绍；更新了全站仪、GNSS 接收机在控制测量、碎部测量和施工放样中的应用，并结合具体的仪器进行了详尽介绍。

测量学是一门实践性很强的学科，为了方便学生用书，编者将复习思考题、练习题、实验指导书单独成册，形成《测量学习题与实训指导》，方便学生单独使用和提交。

本书由武汉大学水利水电学院邓念武、张晓春、金银龙、刘任莉编写。其中张晓春编写第一、二、三、四、七章，金银龙编写第五、八、十、十一章，刘任莉编写第六章，邓念武编写第九、十二、十三、十四章。全书由邓念武统稿，武汉大学徐晖主审。

限于编者水平，缺点在所难免，敬请读者批评指正。

编者

2021 年 2 月

目　录

测量学习题与实训指导

第一章　概　述

第一节　测量学的任务及其在工程建设中的作用

测量学是测绘科学的重要组成部分，是研究地球的形状和大小，以及确定地球表面（包括空中、地面和海底）点位关系，并对这些空间位置信息进行处理、存储和管理的一门科学。

测绘科学是一门既古老又在不断发展的科学，根据研究对象和范围及采用技术的不同，测量学产生了许多分支科学：大地测量学是研究表面上一个广大区域甚至整个地球的形状、大小、重力场及其变化，通过建立区域和全球三维控制网、重力网以及利用卫星测量、甚长基线干涉测量等方法测定地球各种动态的理论和技术的学科。在大地测量学中，必须考虑地球曲率的影响。近年来，由于人造地球卫星的发射及遥感技术的发展，大地测量学又分为常规大地测量学和卫星大地测量学。普通测量学是研究地球自然表面上一个小区域内测绘工作的理论、技术和方法。由于地球半径很大，可以把这块球面视作平面看待而不考虑地球曲率的影响。摄影测量学是研究利用电磁波传感器获取目标物的几何和物理信息，用以测定目标物的形状、大小、空间位置，判断其性质及相互关系，并用图形、图像和数字形式表达的理论和技术的学科。摄影测量学又可分为航天摄影测量学、航空摄影测量学、地面摄影测量学、水下摄影测量学。研究地图的信息传输、空间认知、投影原理、制图综合和地图的设计、编制、复制，以及建立地图数据库等的理论和技术的学科称为地图制图学。研究海洋定位、测定海洋大地水准面和平均海面、海底和海面地形、海洋重力、磁力、海洋环境等自然和社会信息的地理分布，以及编制各种海图的理论和技术的学科称为海洋测量学。研究工程建设和自然资源开发中各个阶段进行的控制测量、地形测绘、施工放样、变形监测以及建立相应信息系统的理论和技术的学科称为工程测量学。

本教材主要介绍普通测量学和部分工程测量学的基本知识，主要分为两部分：①地形测图，也称测定，它是利用各种测量仪器和工具，将地面上局部区域的地物和地面起伏按一定的比例尺缩小测绘成地形图，为工程建设的规划、设计和施工服务；②施工放样，也称测设，将图纸上规划、设计好的建筑物位置、尺寸测设于地面，作为施工依据；在建筑物的施工过程中，测量工作还要与施工进度紧密配合，以保证施工质量。另外，对于一些大型、重要的建筑物和构筑物，在施工和使用过程中，还要进行变形观测，以确保建筑物的安全。

在工农业建设、各类土木工程建设中，从勘测设计阶段到施工、竣工阶段，都需要进行大量的测绘工作，测绘工作贯穿于工程建设的各个阶段。例如在工程的勘测设计阶段，选择厂址坝址，进行总平面图的设计和选择管道渠道线路等，都需要测绘各种大比例尺的地形图。在施工阶段，要将设计的建筑物的平面位置和高程在实地标定出来，作为施工的依据；待施工结束后，还要测绘竣工图，供日后扩建、改建和维修之用。另外，在工程的施工和使用过程中，还要对建筑物和构筑物的变形情况进行长期观测，掌握其变形规律，以确保建筑物和构筑物的安全和正常使用。由此可见，测量工作贯穿于工程建设的整个过程。因此，学习和掌握测量学的基本知识和技能是涉及工程建设各专业的一门技术基础课。

第二节　地球的形状和大小

地球的自然表面是一个不规则的曲面，有陆地和海洋。陆地上最高处是我国西藏与尼泊尔交界处的珠穆朗玛峰，高出海平面8848.86m。海洋最深处是太平洋西部的马里亚纳海沟，深约11km。这样的高低起伏相对于地球半径6371km而言，是可以忽略不计的。考虑到地球表面上的陆地面积约占29％，而海洋面积约占71％，地球总的形状可以认为是被海水面包围的球体。设想有一个静止的海水面，向陆地延伸而形成一个封闭的曲面，曲面上每一点的法线方向和铅垂线方向重合，这个静止的海水面称为水准面。但海水受潮汐影响，时涨时落，所以水准面有无数个，其中平均高度的水准面称为大地水准面，测量工作中常以这个面作为点位投影和计算点位高度的基准面。

由于地球内部质量分布不均匀，地面上各点所受的引力大小不同，从而使得地面上各点的铅垂线方向产生不规则的变化，因此大地水准面实际上是一个有微小起伏的不规则曲面。如果将地面的点位投影到这个不规则的曲面上，是无法进行测量计算工作的。所以，在实际工作中，常选用一个能用数学方程表示并与大地水准面很接近的规则曲面，这样一个规则曲面就是旋转椭球面。旋转椭球面是绕椭圆的短轴旋转而成的椭球面（图1-1），其大小可由长半径 a ，短半径 b 和扁率 $\left(\partial=\dfrac{a-b}{a}\right)$ 来表示。我国目前采用1975年第16届国际大地测量与地球物理协会联合推荐的数值，即 $a=6\ 378\ 140\text{m}$ ， $\partial=\dfrac{1}{298.257}$ 。

地球的形状和大小确定后，还要确定大地水准面与椭球面的相对关系，才能将地面上的观测成果推算到椭球面上。如图1-2所示，在适当地面上选定一点 P（P 点称为大地原点），令 P 点的铅垂线与椭球面上相应 P_0 点的法线重合，并使该点的椭球面与大地水准面相切，而且使本国范围内的椭球面与大地水准面尽量接近。这项工作称为参考椭球体的定位。

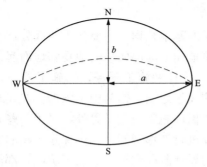
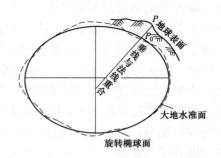

图1-1　旋转椭球体　　　　图1-2　大地水准面和旋转椭球体

我国于1954年建立了北京坐标系。后来根据最新测量数据，发现北京坐标系的有关定位参数与我国实际情况出入较大，在全国天文大地网整体平差后，于1980年将坐标系的原点设在陕西省泾阳县境内，根据该原点推算而得的坐标，称为"1980年国家大地坐标系"。

由于参考椭球体的扁率很小，在普通测量中，常把参考椭球体近似地作为圆球看待，其半径约为6371km。当测区范围较小时，又可把球面视为平面。

第三节 地面点位的确定

确定地面上一点的空间位置，包括确定地面点在参考椭球面上的投影位置（以坐标表示）和该点到大地水准面的铅垂距离（高程）。

一、坐标

1.地理坐标

地面点在球面上的位置用经纬度表示，称为地理坐标。如图1-3所示，N和S分别为地球北极和南极，NS为地球的自转轴。设球面上有一点M，过M点和地球自转轴所构成的平面称为M点的子午面，子午面与地球表面的交线称为子午线，又称经线。按照国际天文学会规定，通过英国格林尼治天文台的子午面称为起始子午面，以它作为计算经度的起点，向东$0°\sim180°$称东经，向西$0°\sim180°$称西经。M点的子午面与起始子午面之间的夹角λ即为M点的经度。过M点的铅垂线与赤道平面之间的夹角φ即为M点的纬度。赤道以北$0°\sim90°$称为北纬，赤道以南$0°\sim90°$称为南纬。M点的经度和纬度已知，该点在地球表面上的投影位置即可确定。

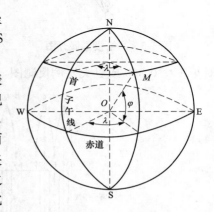

图1-3 地理坐标

2.高斯平面直角坐标

当测区范围较大时，如果将它的球面部分展成平面，必然产生皱纹或裂缝，使图形发生变形。为此，必须采用适当的投影方法，建立一个平面直角坐标系统，以使变形限制在误差容许范围之内，既能保证地形图的精度，又便于工作。测量工作中，通常采用高斯横圆柱投影的方法来建立平面直角坐标系统。

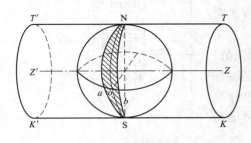

图1-4 横圆柱投影

高斯横圆柱投影的特点是在很小的范围内，将球面上图形投影到平面上后，图形的角度不变，即投影前后的形状是相似的，为简单起见，把地球作为一个圆球看待。其投影的方法是：设想把一个平面卷成一个横圆柱，套在圆球外面，使横圆柱的轴心通过圆球的中心，并使横圆柱与球面上的一根中央子午线NOS相切（图1-4），将球面上的图形投影到横圆柱面上，然后将横圆柱面沿南北极的TT'和KK'切开并展开成平面，即可得投影到平面上相应的图形。此时，中央子午线长度保持不变，赤道与中央子午线为相互垂直的直线（图1-5）。

高斯投影平面上的中央子午线长度没有变形，而离中央子午线越远，变形就越大。为了使变形限制在允许范围内，可把地球按经线分成若干较小的带进行投影，带的宽度一般依经

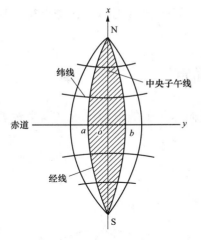

图 1-5　高斯投影展开图

差分为 6° 和 3°。

6° 带是从格林威治子午线算起，格林威治子午线的经度为 0°，自西向东，经度每 6° 为一带，中间的一条子午线，即是该带的中央子午线。从图 1-6 可以看出，第一个 6° 投影带的中央子午线是东经 3°，第二带的中央子午线是东经 9°，依此类推，把地球分成 60 个投影带。而 3° 带是从东经 1°30′ 开始，每隔 3° 为一带，第一带的中央子午线是 3°，第二带的中央子午线是 6°，依此类推，把地球分成 120 个 3° 带。在 6° 带中，赤道处的宽度约为 660km，自赤道向两极其宽度逐渐减小。如以离开中央子午线的距离为 300km 计，其边缘部分的相对误差为 $\frac{1}{890}$，能满足 1∶25 000 或更小比例尺测图的精度要求。

对于 1∶10 000 或更大比例尺测图，则需采用 3° 带。

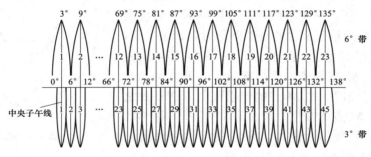

图 1-6　6°、3° 带投影

每一带中央子午线的投影为平面直角坐标系的纵轴 x，所以也把中央子午线称为轴子午线，向上为正，向下为负；赤道的投影为平面直角坐标系的横轴 y，向东为正，向西为负，两轴的交点 O 为坐标原点（图 1-5）。这种坐标系统是由高斯提出，后经克吕格改进的，故通常称其为高斯-克吕格坐标。

由于我国领土全部位于北半球，纵坐标值均为正值，而横坐标值有正、有负，为了避免出现负值，规定将每一带的坐标原点西移 500km（图 1-7），即每带的坐标原点 $x=0$，$y=500$km，同时将该点所在的投影带带号加在横坐标前。例如某点的坐标 $x=6\ 048\ 075$m，$y=19\ 385\ 530$m，则说明该点位于赤道以北 6 048 075m 处，第 19 投影带，中央子午线以西 114 470m（385 530m－500 000m＝－114 470m）。

用高斯平面直角坐标来表示地面点位，其计算相当繁杂，它一般适用于大范围的测量工作。

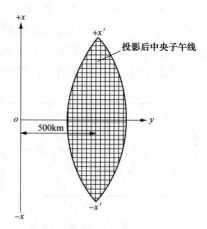

图 1-7　坐标纵轴西移

3. 平面直角坐标

当测区范围较小时（半径不超过 10km），可把该部分球面视作平面，即直接将地面点沿铅垂线投射到水平面上（图 1-8），用平面直角坐标表示它的投影位置。平面直角坐标系（图 1-9）的原点为 O，测量上所用的平面直角坐标与数学中的有所不同：测量上的南北方向线为 x 轴，东西方向线为 y 轴，如地面上的一点 a（图 1-9）的纵横坐标分别为 x_a 和 y_a；而象限 I、II、III、IV 按顺时针方向排列。分析表明：数学中的三角函数可以不加改变地直接应用在测量计算中。

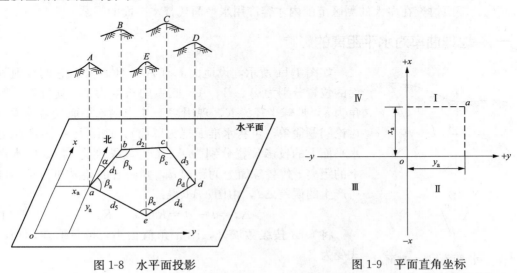

图 1-8　水平面投影　　　　　　　图 1-9　平面直角坐标

二、 高程

1. 绝对高程

地面点沿铅垂线方向至大地水准面的距离称为该点的绝对高程或海拔，以 H 表示。图 1-10 所示，地面点 A 和 B 的绝对高程分别为 H_A 和 H_B。

2. 相对高程

地面点沿铅垂线方向至某一假定水准面的距离称为该点的相对高程，亦称假定高程。以 H' 表示。在图 1-10 中，地面点 A 和 B 的相对高程分别为 H'_A 和 H'_B。

中华人民共和国后，我国所采用的高程基准是以青岛验潮站 1950—1956 年观测成果求得的黄海平均海水面作为高程基准面，称为"1956 年黄海高程系"。但由于验潮时段短，资料不足等原因，在 1987 年我国启用了"1985 年国家高程基准"，它是采用青岛验潮站 1950—1979 年的验潮资料计算确定的。

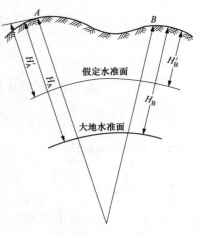

图 1-10　高程示意图

为了便于全国使用统一规定的高程基准面，在青岛市观象山洞内建立了水准原点，其高程为 72.260m（原根据"1956 年黄海高程系"推算的该水准原点的高程为 72.289m）。全国统一布设的国家高程控制点（称水准点）都是以新的原点高程为准推算的。

在局部地区或个别独立工程，可选取某一水准面为起算面，即首先确定某个固定点高程，然后以此固定点为基准，测量其他各点高程。

第四节 用水平面代替水准面的限度

在普通测量中，当测区范围较小时，常以水平面代替水准面，这样可使绘图和计算工作大为简化。下面讨论在多大的测区范围内才容许用水平面代替水准面的问题。

一、 地球曲率对水平距离的影响

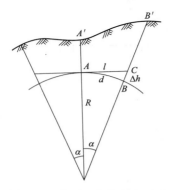

图 1-11 水平面代替水准面对水平距离和高程的影响

如图 1-11 所示，设地面上有 A'、B' 两点。它们投射到球面的位置分别为 A、B，AB 圆弧的长度为 d，其所对的圆心角为 α，地球半径为 R。现用切于 A 点的水平面代替球面（为讨论问题简单，可将水准面视为球面），地面上 A'、B' 两点在水平面上的投影位置分别为 A、C，其长度为 t，如以水平面上的距离 t 代替球面上的距离 d，则两者的差异即为距离方面所产生的误差 Δd，由图 1-11 得：

$$\Delta d = t - d = R\tan\alpha - R\alpha \tag{1-1}$$

将 $\tan\alpha$ 按级数展开，因 α 角值很小，可只取前两项，上式变为

$$\Delta d = R\alpha + \frac{1}{3}R\alpha^3 - R\alpha = \frac{1}{3}R\alpha^3$$

因为 $\alpha = \dfrac{d}{R}$，故

$$\Delta d = \frac{d^3}{3R^2}$$

$$\frac{\Delta d}{d} = \frac{d^2}{3R^2} \tag{1-2}$$

取 $R = 6371\text{km}$，以不同的 d 值代入（1-2）式有

当 $d = 1\text{km}$ 时，$\dfrac{\Delta d}{d} = \dfrac{1}{12\ 177 \times 10^4}$；

当 $d = 10\text{km}$ 时，$\dfrac{\Delta d}{d} = \dfrac{1}{122 \times 10^4}$；

当 $d = 20\text{km}$ 时，$\dfrac{\Delta d}{d} = \dfrac{1}{30 \times 10^4}$。

由以上计算可以看出，距离为 10km 时，所产生的相对误差小于目前最精密距离丈量时的容许相对误差 $\dfrac{1}{1\ 000\ 000}$。由此得出结论：在半径为 10km 的范围内，地球曲率对水平距离的影响可以忽略不计，即可把该部分球面当作水平面。

二、 地球曲率对高程的影响

在图 1-11 中，地面点 B' 的高程为铅垂距离 $B'B$，如以水平面代替球面，B' 的高程为铅垂距离 $B'C$，两者之差即为高程方面产生的误差 Δh，由图 1-11 中可以看出，$\angle CAB = \dfrac{\alpha}{2}$，因该角很小，以弧度表示，则有

$$\Delta h = d \times \frac{\alpha}{2}。$$

因 $\alpha = \dfrac{d}{R}$，故

$$\Delta h = \frac{d^2}{2R} \tag{1-3}$$

以不同的 d 值代入式（1-3），则

当 $d = 1\text{km}$ 时，$\Delta h = 78.5\text{mm}$；

当 $d = 100\text{m}$ 时，$\Delta h = 0.8\text{mm}$。

以上计算表明：当距离为 100m 时，在高程方面的误差就接近 1mm，这对高程测量的影响是很大的，所以尽管距离很短，地球曲率对高程的影响是必须予以考虑的。

第五节　测量工作的基本原则

地球表面的形态是复杂多样的，但主要可分为地物和地貌两大类。所谓地物，是指地面上的固定物体，如房屋、道路、河流等。所谓地貌，是指地面高低起伏的形态，如高山、平地、谷地等。在普通测量中，以水平面作为投影面，地面上各空间点都是采用正射投影并按比例缩小测绘到图纸上的。因此，测图的关键是测定一些地面点的空间位置，这样才能确定点与点之间的相对关系。

测图工作需要测定很多碎部点（包括地物点和地貌点）的平面位置和高程。如从某一碎部点开始，逐点施测，测量误差必将随着测量点数的增加而积累增大，最后达到不可容许的程度。因此，实际测量工作中常遵循"从整体到局部"的原则，采用"先控制后碎部"的测量程序。"从整体到局部"的原则是指测量工作的布局而言；而"先控制后碎部"的程序是指测量工作的先后顺序。

控制测量包括平面控制测量和高程控制测量，如图 1-12（a）所示，先在测区内布设 A、B、C、D、E、F 等控制点连成控制网（图中为闭合多边形），用较精密的方法测定这些点的平面位置和高程，以控制整个测区，并依一定比例尺将它们缩绘到图纸上，然后以控制点为依据进行碎部测量，例如安置仪器在控制点 A 上，后视控制点 A 确定起始方向后测量附近的屋角、道路边线和河岸线的转折点，以及地貌的特征点（如山脊线、山谷线的起点终点，地貌方向及坡度变化点等），然后对照实地情况，按规定的地形图图式，描绘成图。

对于建筑物的施工放样，也必须遵循"由整体到局部""先控制后碎部"的原则。先在施工地区布设施工控制网，控制整个建筑物的施工放样。然后根据设计文件中建筑物的细部点［如图 1-12（b）中虚线所示的点］坐标和高程，计算该点到控制点的高差和水平距离、已知方向与被测方向间的水平角（称为放样数据），再到实地将细部点的位置定出，据此施工。

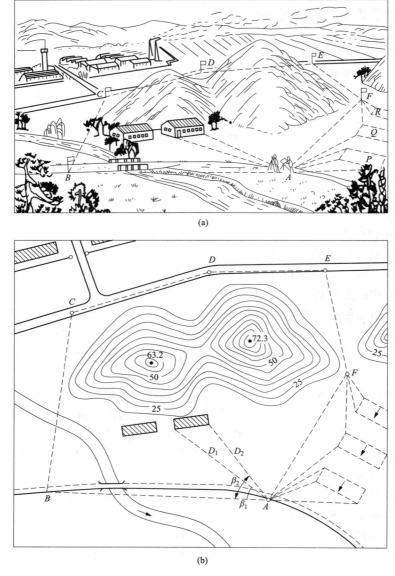

(a)

(b)

图 1-12　地形和地形图

　　综上所述，无论是控制测量、碎部测量还是施工放样，其实质都是确定地面点的位置，而地面点间的相互位置关系是以水平角（方向）、距离和高差来确定的，因此，高程测量、水平角测量和距离测量是传统测量学的基本内容，测高差、测角和测距是测量的基本工作，观测、计算和绘图是测量工作的基本技能。

第六节　测绘科学的发展概况

　　测绘科学和其他科学一样，是由生产的需要而发生，随着生产的发展而发展的。我国是世界文明古国之一，测绘科学在我国有着悠久的历史。远在 4000 多年前，夏禹治水时，就应用简单的工具进行测量。公元 3 世纪，我国伟大的制图学家裴秀，创立了"制图六体"，此六体即是道里（距离）、准望（方向）、高下（地势起伏）、方邪（地物形状）、迂直（河流、道路的曲直）、分率（比例尺），这是世界上最早的制图规范。春秋战国时，我国发明了指南针，促进了测量技术的发展，这是我国对于世界测量技术的伟大贡献。公元 724 年，太史监南宫说曾在河南北起滑县，经开封、许昌，南到上蔡，直接丈量了长达 300km 的子午线弧长，这是我国第一次用弧度测量的方法，测定地球的形状和大小，也是世界上最早的一次子午线弧长测量。元代郭守敬拟订了全国纬度测量计划，共实测了 27 个点的纬度。清代康熙年间进行了大规模的大地测量工作，并在此基础上进行了全国范围的地形测量，最后制成"皇舆全览图"，这是世界上完成全国地形图最早的国家之一。

在国外，17 世纪初测量学在欧洲得到较大发展。1617 年荷兰人斯纳留斯首次进行了三角测量。1608 年荷兰的汉斯发明了望远镜，随后被应用到测量仪器上，使测绘科学产生了巨大变革。随着第一次产业革命的兴起，测量的理论和方法不断得到发展。1687 年牛顿发表了万有引力，提出了地球是一个旋转椭圆体。1794 年高斯提出的最小二乘法理论，以及随后提出了精确的横圆柱投影，对测绘科学理论的发展起到了重要的推动作用。在 19 世纪中许多国家都进行了全国地形测量。20 世纪初随着飞机的出现和摄影测量理论的发展，产生了航空摄影测量，给测绘科学又一次带来巨大的变革。

新中国成立后，我国的测绘科学进入了一个蓬勃发展的新阶段，50 多年来取得了不少成就。在全国范围内测定了统一的大地控制网，完成了大量不同比例尺的地形图，进行了大量的工程建设测量工作，并研制了各种测绘仪器，满足生产需要。

新的科学技术的发展，大大推动了测绘科学的发展。20 世纪 60 年代随着光电技术和微型电子计算机的兴起。对测绘仪器和测量方法的变革起了很大推动作用。如利用光电转换原理及微处理器制成电子经纬仪，可迅速地测定水平角和竖直角，应用电磁波在大气中的传播原理制成各种光电测距仪，可迅速精确地测定两点之间的距离。将电子经纬仪与电磁波测距融为一体的全站仪，可迅速测定和自动计算测点的三维坐标，自动保存观测数据，并将观测数据传输到计算机自动绘制地形图，实现数字化测图。随着人造地球卫星的发射和遥感技术的发展，利用航天遥感相片及扫描信息测绘地形图，随时监视自然界的变化，进行自然环境、自然资源的调查，不仅覆盖面积大，而且不受地理和气候条件的限制，极大地提高功效。迅速发展的全球定位系统（Global Positioning System GPS），人们只需在测点上安置 GPS 接收机，通过接收卫星信号，利用专门的数据处理软件，即可迅速获得测点的三维坐标，它已广泛用于军事和国民经济的各个领域。总之，目前的测量技术正向着多领域、多品种、高精度、自动化、数字化、资料储存微型化等方面发展。下面简要介绍部分新技术。

1. 测量机器人

测量机器人，又称自动全站仪、智能型全站仪，是一种集自动目标识别、自动照准、自动测角与测距、自动目标跟踪、自动记录和自动数据处理于一体的测量平台。目前市场上常见的测量机器人有徕卡公司生产的 TS 系列、TM 系列，天宝公司生产的 S8、S9 等，图 1-13 为徕卡 TS60 测量机器人，图 1-14 为天宝 S9 测量机器人。

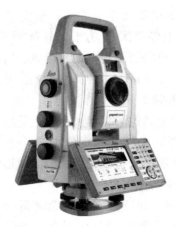

图 1-13　徕卡 TS60 测量机器人

图 1-14　天宝 S9 测量机器人

　　测量机器人除了具有传统全站仪的功能外，还具有照准部的马达驱动和望远镜的马达驱动，以及自动识别和捕获目标的功能。由于具有马达驱动和目标识别功能，使得全站仪的功能得到了很大的扩展。有些自动全站仪还为用户提供了一个二次开发的平台，用户可以根据自己的需要开发专用的软件满足特殊的需要。

　　测量机器人不仅在常规测量中可以大大降低劳动强度，而且还广泛应用于很多专业领域，如大坝监测、滑坡监测、地铁监测和桥梁监测中，并且可以通过远程控制测量机器人完成测量工作。

　　2. 三维激光扫描仪

　　三维激光扫描仪是通过高速激光发射器，对观测目标发射激光并接收反射信号，通过快速获取水平角、竖直角以及激光测距来获取观测目标表面的点位三维坐标。指定扫描区域后，三维激光扫描仪将快速获取该区域的一定间隔的点位三维坐标，由于间隔很小，最后获取的是大量的点位三维坐标，形成了"点云"。图 1-15 为徕卡 Scan Station P30 三维激光扫描仪，图 1-16 是天宝 TX8 三维激光扫描仪。

图 1-15　徕卡 Scan Station P30

图 1-16　天宝 TX8 三维激光扫描仪

　　由于三维激光扫描仪技术不同于传统的高精度测绘技术，扫描速度很快（最高每秒可达百万个点），可以大大减少野外数据采集的工作量，其他工作可以在室内完成，大大降低了劳动强度。通过三维激光扫描仪获得百万级以上的三维坐标，形成"点云"，可以进行高精度的三维建模及几何尺寸重构。三维激光扫描仪及后处理软件被广泛应用于测绘工程、文物数字化保护、土木工程、工业测量、自然灾害调查、数字城市地形可视化和城乡规划等众多领域中。

3. 小型航摄无人机

小型航摄无人机利用小型无人机作为航空遥感与摄影测量的作业平台，搭载 GNSS 接收机、陀螺仪、加速度计、磁力计、气压计、超声波传感器等专业设备，实施对地遥感和摄影测量作业，采集高分辨率影像，经过内业处理获取测量区域的正射影像、地形图和相关部门需要的专用测绘成果。无人机遥感技术作为航空摄影方法，可以进行影像实时传输、高危地区探测，具有机动灵活、使用方便、成本低等优点，是有人机航空遥感和卫星遥感的有效补充。广泛应用于国家生态环境保护、土地利用调查、水资源开发、森林病虫害监测、公共安全等领域。

图 1-17 是徕卡 Aibot X6 新一代电动六旋翼无人机，系统主要由飞行平台、传感器稳定云台与导航控制系统三大部分构成。系统凭借其前瞻性设计和多重安全措施。系统主要特点有：

图 1-17　徕卡 Aibot X6 新型智能无人机系统

全自动起飞降落：起飞和降落只需要一个按钮进行控制。

飞行参数可配置化程度高：按照用户的需求进行自定义配置，控制飞行表现。

训练模式/虚拟空间：虚拟安全区域，最小飞行高度进行训练，飞机不能离开该区域，从而避免对人或者环境造成损害，最大程度确保安全。

动态 POI（Point Of Interest）：在飞行时设置兴趣点，Aibot X6 将自动调节飞行姿态，始终保持对准 POI。

配套 AiProFlight 软件可进行飞机参数配置与固件管理，飞行计划制作与传输，飞行位置姿态参数的导出，整体解决方案。

第二章　水　准　测　量

测量地面点高程的工作称为高程测量。高程测量按所使用的仪器和施测方法的不同，主要可分为水准测量、三角高程测量和 GNSS 高程测量。水准测量是高程测量中最基本的和精度较高的一种测量方法，在国家高程控制测量、工程勘测和施工测量中被广泛采用。

第一节　水准测量原理

水准测量是利用能够提供水平视线的仪器，测定地面点间的高差，推算高程的一种方法。

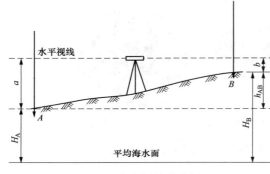

图 2-1　水准测量基本原理

水准测量基本原理如图 2-1 所示。地面上有 A、B 两点，A 点为已知点，其高程为 H_A，B 点为待定点，其高程未知。欲测定 A、B 两点之间的高差 h_{AB}，在 A、B 两点上竖立带有刻画的尺子——水准尺，并在 A、B 两点之间安置一架能提供水平视线的仪器——水准仪。根据仪器的水平视线读出 A 点尺上的读数 a 及 B 点尺上的读数 b，由图可知 A、B 两点的高差为

$$h_{AB} = a - b \tag{2-1}$$

测量工作是由已知点向未知点方向前进的，即由 A（后）→B（前），一般称 A 点为后视点，A 点上的尺子为后视尺，a 为后视读数；B 为前视点，B 点上的尺子为前视尺，b 为前视读数。h_{AB} 为未知点 B 相对已知点 A 的高差，等于后视读数减去前视读数。高差为正时，表明 B 点高于 A 点，反之则 B 点低于 A 点。

计算高程的方法有两种。

（1）由高差计算 B 点高程，即

$$H_B = H_A + h_{AB} = H_A + a - b \tag{2-2}$$

（2）由仪器的视线高程计算 B 点高程。由图可知 A 点的高程加后视读数就是仪器的视线高程，用 H_1 表示，即

$$H_1 = H_A + a \tag{2-3}$$

由此得 B 点的高程为

$$H_B = H_1 - b = H_A + a - b \tag{2-4}$$

式（2-2）是直接用高差 h_{AB} 计算 B 点高程，称为高差法；式（2-4）是用仪器视线高程 H_1 计算 B 点高程，称为视线高法。两种方法均可得到同样的高程，其中视线高法主要用于施工放样测量工作。

第二节 水准仪及其使用

水准仪是为水准测量提供水平视线的仪器，按构造原理可分为光学水准仪和数字水准仪，其中光学水准仪又可以分为微倾式水准仪和自动安平水准仪；按照观测精度可分为普通水准仪和精密水准仪。以下分别介绍微倾式水准仪、自动安平水准仪、精密水准仪和数字水准仪及其使用方法。

一、微倾式水准仪

（一）微倾式水准仪的构造

我国对水准仪按其精度从高到低分为 DS_{05}、DS_1、DS_3 和 DS_{10} 四个等级，其中 D、S 分别为"大地测量"和"水准仪"汉语拼音的第一个字母，05、1、3、10 表示水准仪每公里往返高差测量的中误差分别为 ±0.5、±1、±3、±10mm。其中 DS_{05} 和 DS_1 型用于精密水准测量，DS_3 和 DS_{10} 型用于普通水准测量。工程测量中常用的 DS_3 型微倾式水准仪如图 2-2 所示。

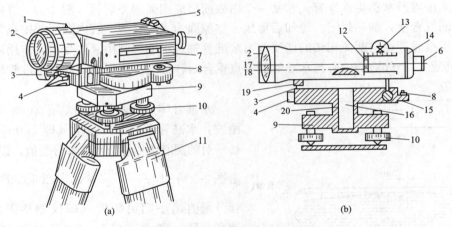

图 2-2　DS_3 型微倾式水准仪

（a）外形图；（b）构造图

1—准星；2—物镜；3—微动螺旋；4—制动螺旋；5—缺口；6—目镜；7—水准管；
8—圆水准器；9—基座；10—脚螺旋；11—三脚架；12—对光透镜；13—对光螺旋；14—十字丝分画板；
15—微倾螺旋；16—竖轴；17—视准轴；18—水准管轴；19—微倾轴；20—轴套

DS_3 型微倾式水准仪由望远镜、水准器及基座三个主要部分组成。仪器通过基座与三脚架连接，由三脚架提供支撑。基座装有三个脚螺旋，用以粗略整平仪器。望远镜旁装有一个水准管，转动望远镜微倾螺旋，可使望远镜做微小的上下俯仰，水准管也随之上下俯仰，当水准管中气泡居中时，望远镜视线水平。仪器在水平方向的转动，是由水平制动螺旋和微动螺旋控制的。下面对望远镜、水准器作较为详细的介绍。

（1）望远镜。望远镜由物镜、对光透镜、十字丝分画板和目镜等部分组成。如图 2-3 所示，根据几何光学原理可知，目标通过物镜及对光透镜的作用，在十字丝附近成一倒立的实像，由于目标离开望远镜的远近不同，通过转动对光螺旋令对光透镜在镜内前后移动，即可使其实像恰好落在十字丝平面上，再经过目镜的作用，将倒立的实像和十字丝同时放大，这时倒立的实像成为倒立而放大的虚像。其中放大虚像对眼睛的视角 β 与原目标对眼睛的视角 α 的比值，称为望远镜的放大率 V。国产 DS$_3$ 型水准仪望远镜的放大率一般为 28 倍。

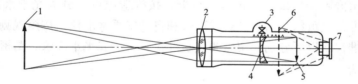

图 2-3　望远镜构造

1—目标；2—物镜；3—对光螺旋；4—对光凹透镜；5—倒立实像；6—放大虚像；7—目镜

　　十字丝是用以瞄准目标和读数的，其形式一般如图 2-4 所示。其中十字丝的交点和物镜光心的连线称为望远镜的视准轴，见图 2-2（b），也就是用以瞄准和读数的视线。由上可知望远镜的作用一方面是提供一条瞄准目标的视线，另一方面是将远处的目标放大，提高瞄准和读数的精度。

图 2-4　十字丝

　　（2）水准器。水准器是用来整平仪器的器具，分为管水准器和圆水准器两种。管水准器通常称为水准管。它是一个内表面磨成圆弧的玻璃管（图 2-5），管内盛满酒精和乙醚的混合液，加热封闭，冷却后形成一空隙即为水准气泡。管内圆弧的中点为水准管零点，过水准管零点与圆弧相切的切线称为水准管轴。水准管利用液体受重力作用后气泡居于高处的特性，当气泡的中心与水准管的零点重合时，称为气泡居中，此时水准管轴也就处于水平位置。

平面图

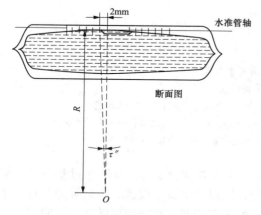

图 2-5　水准管

　　水准管零点向两侧分别刻有 2mm 间隔的分画线，水准管上相邻两分画（即 2mm）间的弧长所对的圆心角值称为水准管分画值，以 τ 表示，由图 2-5 可知，$\tau'' = \dfrac{2mm}{R}\rho''$（$\rho'' = 206\,265''$）。水准管分画值越小则灵敏度（即仪器整平的精度）越高。DS$_3$ 型水准仪的水准管分划值一般为 $20''/2mm$。

　　由图 2-2（b）可知，水准仪上的水准管与望远镜固连在一起，当水准管轴与望远镜的视准轴互相平行，水准管气泡居中时，视线就水平了。因此水准管轴与视准轴平行是水准仪构造的主要条件。

　　为了提高水准管气泡居中的精度，目前生产的水准仪在水准管上方安装了一组符合棱镜，利用棱镜的折光作用使气泡两端的影像反映在直角棱镜上［图 2-6（a）］。因此观测者可以很方便地从望远镜旁的小孔中直接观察到气泡两端的影像，当气泡两端各半个影像错开，表明气泡未居中［图 2-6（b）］，当气泡两端各半个影像符合一致时，则说明气泡居中［图 2-6（c）］。这种具有棱镜装置的水准器称为符合水准器。

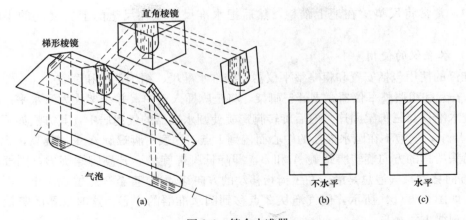

图 2-6 符合水准器

圆水准器如图 2-7 所示，它是用一个圆柱形的玻璃盒装嵌在金属外壳内，顶部玻璃的内壁磨成球面，中央刻有小圆圈，其圆心即为圆水准器的零点，零点与球心的连线称为圆水准轴，以 $L_f L_f$ 表示。水准仪上圆水准器的分画值一般为 $8'/2mm$。

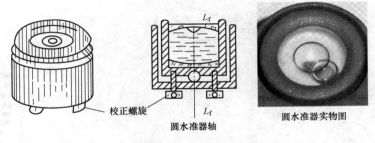

图 2-7 圆水准器

圆水准器安装在托板上，其轴线与竖轴平行，当圆水准器气泡居中时仪器的竖轴已基本处于铅直位置。由于圆水准器的分划值较大，精度较低，故只用于粗略整平仪器。

（3）托板。托板通过微倾轴等与望远镜相连接，在该部分有圆水准器、微倾螺旋、竖轴、制动螺旋及微动螺旋等［图 2-2（b）］。

（4）基座。基座包括轴套和脚螺旋。旋转脚螺旋可使圆水准器的气泡居中，达到粗略整平仪器的目的。

（二）水准尺和尺垫

水准尺是水准测量中的重要工具之一，常用干燥而良好的木材制成，尺的形式有直尺和塔尺（图 2-8）。水准测量一般使用直尺，只有精度要求不高时才使用塔尺。

尺垫是在转点处放置水准尺用的，它用生铁铸成，一般为三角形，中央有一突起的半球体，下方有三个支脚（图 2-8）。测量时为了防止尺子

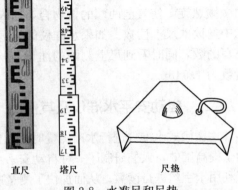

图 2-8 水准尺和尺垫

陷入土中，常常将尺垫放在地上踏稳，然后把水准尺竖立在尺垫的上方突起的半球形顶点上。

（三）水准仪的使用

水准仪的使用包括安置和粗略整平仪器、瞄准水准尺、精确整平和读数。

（1）安置和粗略整平仪器。支开三脚架，将三脚插入土中，并令架头大致水平。利用连接螺旋使水准仪与三脚架固连，然后旋转脚螺旋使圆水准器的气泡居中，其方法如下：如图 2-9（a）所示，气泡不在圆水准器的中心而偏到 1 点，这表示脚螺旋 A 一侧偏高，此时可用双手按箭头所指的方向旋转脚螺旋 A 和 B，即降低脚螺旋 A，升高脚螺旋 B，则气泡向脚螺旋 B 方向移动（气泡总是沿着左手拇指移动的方向移动），直至 2 点位置为止；再旋转脚螺旋 C，如图 2-9（b）所示，使气泡从 2 点移到圆水准器的中心，这时仪器的竖轴大致铅直，亦即视线大致水平。

（2）瞄准水准尺。当仪器粗略整平后，把望远镜对着明亮的背景，转动目镜对光螺旋使十字丝的成像清晰。然后用望远镜筒上的照门和准星瞄准水准尺，拧紧制动螺旋。然后从望远镜中观察，转动物镜对光螺旋使水准尺的分画成像清晰，这时如发现竖丝偏离水准尺，可利用微动螺旋使竖丝对准水准尺（图 2-10）。

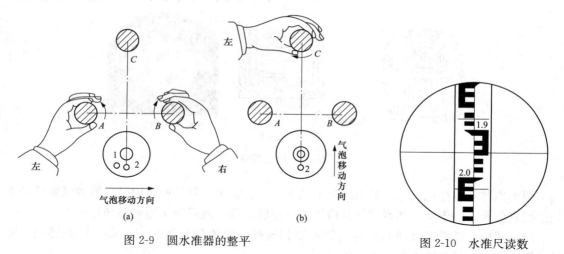

图 2-9 圆水准器的整平   图 2-10 水准尺读数

（3）精确整平和读数。眼睛通过位于目镜左方的符合气泡观察窗看水准管气泡，右手转动微倾螺旋，使气泡两端的像吻合，即表示视线已精确水平［图 2-6（c）］。这时可用十字丝的中丝读取尺上读数。如果水准仪的望远镜成倒像，则水准尺上倒写的数从望远镜中看成了正写的数，同时看到尺上刻画的注记是从上至下递增的。如图 2-10 中，从望远镜中读得的读数为 1.948m。

二、 自动安平水准仪及其使用

用微倾式水准仪进行水准测量时必须使水准管气泡严格居中，才能读数，这样费时较多。为了提高工效，人们研制了一种自动安平水准仪。使用这种仪器只需将圆水准器气泡居中，就可利用十字丝进行读数；从而加快了测量速度。图 2-11（a）是我国 DSZ_3 型自动安平水准仪的外形，图 2-11（b）是它的剖面图。现以这种仪器为例介绍其构造原理和使用方法。

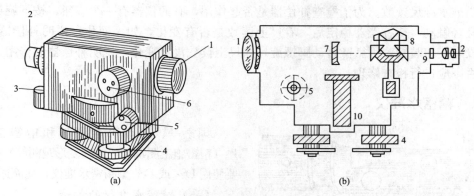

图 2-11　自动安平水准仪

1—物镜；2—目镜；3—圆水准器；4—脚螺旋；5—微动螺旋；6—对光螺旋；

7—调焦透镜；8—补偿器；9—十字丝分画板；10—竖轴

（一）自动安平水准仪的原理

如图 2-12 所示，当视线水平时，水平光线恰好与十字丝交点所在位置 K' 重合，读数正确无误，如果视线倾斜一个 α 角，十字丝交点移动一段距离 d 到达 K 处，这时按十字丝交点 K 读数，显然有偏差。如果在望远镜内的适当位置装置一个"补偿器"，使进入望远镜的水平光线经过补偿器后偏转一个 β 角，恰好通过十字丝交点 K，这样按十字丝交点 K 读出的数仍然是正确的。由此可知，补偿器的作用是使水平光线发生偏转，而偏转角的大小正好能够补偿视线倾斜所引起的读数偏差。因为 α 和 β 角都很小，从图 2-12 可知

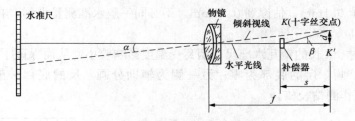

图 2-12　自动安平水准仪原理

$$f\alpha = s\beta \tag{2-5}$$

即
$$\frac{\beta}{\alpha} = \frac{f}{s} = n \tag{2-6}$$

式中　f——物镜和对光透镜的组合焦距；

s——补偿器至十字丝分划板的距离；

α——视线的倾斜角；

β——水平视线通过补偿器后的偏转角；

n——β 与 α 的比值，称为补偿器的放大倍数。

在设计时，只要满足式（2-6）的关系，即可达到补偿的目的。

（二）自动安平水准仪的使用方法

使用自动安平水准仪进行水准测量，只要把仪器安置好，令圆水准器气泡居中，即可用

望远镜瞄准水准尺读数。为了检查补偿器是否起作用，有的仪器有一个旋钮，按下旋钮可把补偿器轻轻触动，待补偿器稳定后，看尺上读数是否有变化，如无变化，说明补偿器正常。如仪器没有旋钮装置，可微微转动脚螺旋，如尺上读数没有变化，说明补偿器起作用，仪器正常，否则应进行检查修理。

三、 精密水准仪

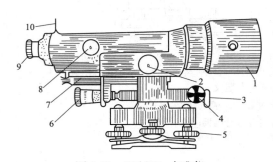

图 2-13　Wild N₃ 水准仪

1—楔形保护玻璃；2—平行玻璃板测微手轮；

3—制动螺旋；4—微动螺旋；5—脚螺旋；6—微倾螺旋；

7—水准器反光板；8—调焦螺旋；9—目镜；10—瞄准器

国家一、二等水准测量和精密工程测量（精密施工测量和建筑物变形观测等）往往需要使用 DS$_{05}$ 或 DS$_1$ 型精密水准仪，现简述如下。

（一）精密水准仪的构造

精密水准仪的类型有多种，这里仅以 Wild N₃ 水准仪为例，介绍精密水准仪的构造及使用方法。N₃ 水准仪的外形如图 2-13 所示，其望远镜放大率为 42 倍，水准管分画值为 $10''/2mm$，每千米往返测量高差中误差小于 ±0.5mm，属 DS$_{05}$ 型精密水准仪，适用于一、二等水准测量。

仪器的望远镜设有平行玻璃板及测微装置（图 2-14）。当转动测微轮时将带动平行玻璃板转动，水准尺的构象也随着移动，测微轮转动一周，水准尺上的构象移动 10mm，测微轮带动望远镜内的测微尺，测微尺共 100 格，相当于水准尺上的 10mm，故每格为 0.1mm，从测微尺上可直读 0.1mm，估读到 0.01mm，不必同一般水准测量那样，在水准尺上估读，读数精度大为提高。

仪器配有一对 3m 长的铟瓦水准尺，铟瓦受温度影响较小，从而保证了尺长的稳定。水准尺一侧为基本分画，尺的底部为零；另一侧为辅助分画，尺的底部一般从 3.0155m 起算（图 2-15），用作测站校核。

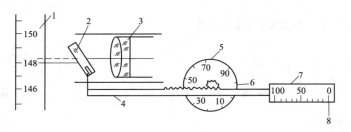

图 2-14　平行玻璃板测微装置

1—水准尺；2—平行玻璃板；3—物镜；4—联杆系；5—测微轮；

6—测微轮指标；7—测微尺；8—测微尺指标

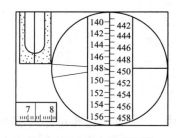

图 2-15　N₃ 水准仪读数

（二）精密水准仪的使用方法

操作步骤如下：

（1）安置仪器，转动三个脚螺旋令圆水准器的气泡居中。

（2）用望远镜照准水准尺，转动微倾螺旋，使符合水准器气泡严格居中。

（3）转动测微轮，令十字丝分画板的楔形丝正好夹住水准尺上基本分画的一条刻画，如图 2-15 中为 148，即 148cm，接着在测微尺上读出尾数，图中为 734（即 0.734cm），则整个读数为 148＋0.734＝148.734（cm）。辅助分画的读数方法与基本分画的读数方法相同。

四、 数字水准仪

数字水准仪又称电子水准仪，除了在望远镜内安置自动安平补偿器外，还增加了分光镜和光电探测器（CCD）等部件，配合使用条形码水准尺和图像处理电子系统，实现自动安平、自动读数、自动记录、检核、计算数据处理和存储，构成水准测量外业和内业的一体化，避免了读错记错等差错，可自动多次测量，削弱外界条件变化的影响，大大提高观测精度和速度。

（一）数字水准仪的原理

数字水准仪的主要技术是电子自动读数和数据处理系统，目前各厂家所采用的原理和方法各有差异，现仅以瑞士徕卡 NA3003 数字水准仪为例，简述如下。

如图 2-16 所示，望远镜照准水准尺并调焦后，尺上的条形影像进入分光镜后，分光镜将其分为可见光和红外光两部分，可见光影像成像在分画板上，供目视观测，红外光影像成像在 CCD 探测器上，探测器将接收到的光图像转换成模拟信号，再转换为数字信号传至处理器，与仪器内原先存储的水准尺条形码数字信息进行相关比较，当两信号处于最佳相关位置时，即获得水平视线读数和视距读数（仪器至水准尺的距离），并将处理结果存储和显示于屏幕上。从上可知，数字水准仪应与相应厂家生产的条码尺配套使用，不能互换。若不用条码水准尺，改用普通的水准尺，则数字水准仪变成一台普通的自动安平水准仪。

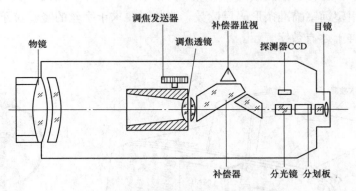

图 2-16 徕卡水准仪测量原理

NA3003 数字水准仪配合条码尺，其观测精度可达 0.4mm/km，主要用于精密水准测量。

（二）条码水准尺

配合数字水准仪使用的条码尺一般为铟瓦带尺，其刻画类似于商品包装印刷的条纹码，一般采用三种独立互相嵌套在一起的编码尺。如图 2-17 所示，R 为参考码，A 和 B 为信息码，参考码 R 为三道等宽的黑色码条，以中间码条的中线为准，每隔 3cm 就有一个 R 码，

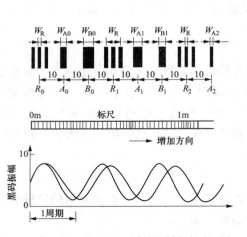

图 2-17　条形码标尺原理图

信息码 A 与信息码 B 位于 R 码的上、下两边，下边 10mm 处为 B 码，上边 10mm 处为 A 码，A 码与 B 码宽度按正弦规律改变，其信号波长分别为 33cm 和 30cm，最窄的码条宽度不到 1mm，这三种信号的频率和相位可以通过快速傅里叶变换（FFT）获得。条形码的另一面，一般采用长度单位分画，适用于普通水准观测。

（三）徕卡 DNA03 数字水准仪

徕卡 DNA03 数字水准仪显示界面全为中文，并内置适合我国水准测量规范的观测程序，其外形如图 2-18 所示。其观测精度可达 0.3mm/km。最小读数 0.01mm，并在下列方面作了改进：①采用大屏幕显示屏，一屏可显示 8 行 15 列共 120 个汉字；②采用新型磁性阻尼补偿器，自动安平精度更高；③流线型外观设计，减少风力影响；④可在多种测量模式中选择适当模式，减少外界条件的影响。若选用 Leica Geo Office 中的高差平差软件，可实现外业观测数据的自动处理。

（四）数字水准仪的使用方法

使用数字水准仪进行水准测量时，与自动安平水准仪一样，安置好仪器后，令圆水准器气泡居中，即可用望远镜瞄准条形码尺读数，读数时要求十字丝的竖丝位于条形码上，如图 2-19 所示，液晶屏上才有数字显示。

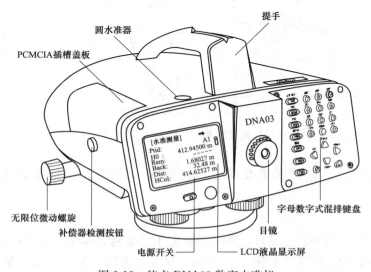

图 2-18　徕卡 DNA03 数字水准仪

图 2-19　数字水准仪瞄准要求

第三节　水准测量的一般方法

一、 水准测量的实施

水准测量是按一定的水准路线进行的，现仅就由一水准点（已知高程点）测定另一点（待定高程点）的高程为例，说明进行水准测量的一般方法。

如图 2-20 所示，已知 A 点高程，欲测 B 点的高程。在一般情况下，AB 两点相距很远或高差较大，必须分段进行测量。首先将水准仪安置在 A 点与 TP_1 点之间，按照上节介绍的水准仪的使用方法施测，瞄准 A 点的水准尺，转动微倾螺旋使气泡居中，读取读数 a_1，接着瞄准 TP_1 点的水准尺，再转动微倾螺旋使气泡居中，读取读数 b_1。这样便求得 A 点和 TP_1 点之间的高差 $h_1 = a_1 - b_1$；如此继续下去，直至 B 点为止。

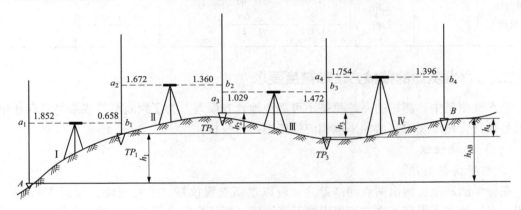

图 2-20　水准测量示意图

由图 2-20 可以看出

$$h_1 = a_1 - b_1$$
$$h_2 = a_2 - b_2$$
$$h_3 = a_3 - b_3$$
$$h_4 = a_4 - b_4$$

将上述各式相加即得 AB 两点高差为

$$h_{AB} = h_1 + h_2 + h_3 + h_4 = \sum h = (a_1 + a_2 + a_3 + a_4) - (b_1 + b_2 + b_3 + b_4)$$
$$= \sum a - \sum b \tag{2-7}$$

则 B 点高程为

$$H_B = H_A + h_{AB} \tag{2-8}$$

从上例可知，通过 TP_1、TP_2 等点把高程从 A 点传递到 B 点，它们起着传递高程的作用，这些点称为转点。这些转点既有前视读数，也有后视读数。

在实际作业中，应按照一定的记录格式随测、随记、随算。图 2-20 中观测的数值分别记入表 2-1 中，并算出其高差和高程，在计算高差时应注意其正负。

表中"计算的校核"是校核计算是否有误，其计算是按式（2-7）和式（2-8）进行的。

表 2-1 水准测量记录

测站	测点		后视读数（m）	高差（m）		高程（m）	备注
			前视读数（m）	＋	－		
1	A	后	1.852	1.194		71.632	
	TP_1	前	0.658			72.826	
2	TP_1	后	1.672	0.312			
	TP_2	前	1.360			73.138	
3	TP_2	后	1.029		0.443		1985 年国家高程基准
	TP_3	前	1.472			72.695	
4	TP_3	后	1.754	0.358			
	B	前	1.396			73.053	
计算的校核	∑后 ∑前		6.307 —）4.886 ＋1.421	1.864 —）0.443 ＋1.421		73.053 —）71.632 ＋1.421	

二、 水准测量的校核方法和精度要求

在水准测量中，测得的高差总是不可避免地含有误差。为了判断测量成果是否存在错误以及是否符合精度要求，必须采取相应的措施进行校核。

（一）测站校核

1．改变仪器高法

在每个测站上，测出两点间高差后，可以重新安置仪器（升高或降低仪器 10cm 以上）再测一次，两次测得高差之差如果不超过容许值，则认为符合要求，并取其平均值作为最后结果，否则必须重测。

2．双面尺法

有的水准尺划分为红、黑两面，且红面与黑面的刻画差一个常数，这样在一个测站上对每个测点既读取黑面读数，又读取红面读数，据此校核红、黑面读数之差，以及由红、黑面测得高差之差是否在允许范围内。采用双面尺法不必重新安置仪器，从而节约了时间，提高了工效。

测站校核可以校核本测站的测量成果是否符合要求，但整个路线测量成果是否符合要求甚至有错，则不能判定。例如，假设迁站后，转点位置发生移动，这时测站成果虽符合要求，但整个路线测量成果都存在差错，因此，还需要进行下述的路线校核。

（二）路线校核

水准测量的路线形式有多种，下面对单一水准测量路线形式进行校核：

1．闭合水准路线

如图 2-21 所示，设水准点 BM_1 的高程为已知，由该点开始依次测定 1、2 点高程后，再回到 BM_1 点组成闭合水准路线。这时高差总和在理论上应等于零，即 $\sum h_{理}=0$。但由于测量含有误差，往往 $\sum h\neq0$，而存在高差闭合差 Δh

$$\Delta h=\sum h_{测}$$

（2-9）

高差闭合差 Δh 的大小反映了测量成果的质量，闭合差的允许值 $\Delta h_允$ 视水准测量的等级不同而异，对等外水准测量：

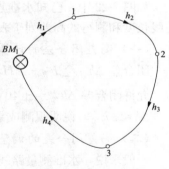

平地　　　　　　$\Delta h_允 = \pm 40\sqrt{L}\,(\text{mm})$

山地　　　　　　$\Delta h_允 = \pm 10\sqrt{n}\,(\text{mm})$　　$\left.\right\}$　　(2-9)

式中　L——路线长度，以 km 计；

　　　n——测站数。

若高差闭合差的绝对值大于 $\Delta h_允$，说明测量成果不符合要求，应当重测。

图 2-21　闭合水准路线

2. 附合水准路线

如图 2-22 所示，设 BM_1 点的高程 $H_始$、BM_2 点的高程 $H_终$ 均为已知，现从 BM_1 点开始，依次测定 1、2 点的高程，最后附合到 BM_2 点上，组成附合水准路线。这时测得的高差总和应等于两水准点的已知高差（$H_终 - H_始$）。实际上，两者往往不相等，其差值 Δh 即为高差闭合差，即

$$\Delta h = \sum h_测 - (H_终 - H_始) \tag{2-11}$$

高差闭合差的允许值与式（2-10）相同。

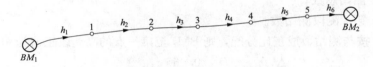

图 2-22　附合水准路线

3. 支水准路线

如图 2-23 所示，从已知水准点 BM_1 开始，依次测定 1、2 点的高程后，既不附合到另一水准点，也不闭合到原水准点。但为了校核，应从 2 点经 1 点返测回到 BM_1。这时往测和返测的高差的绝对值应相等、符号相反。如果往返测得高差的代数和不等于零即为闭合差

图 2-23　支水准路线

$$\Delta h = h_往 + h_返 \tag{2-12}$$

高差闭合差的允许值仍按式（2-10）计算，但路线长度或测站数以单程计。

第四节　水准路线闭合差的调整和高程计算

经过路线校核计算，如高差闭合差在允许范围内，说明测量成果符合要求，这时应将闭合差进行合理分配，使调整后的高差闭合差为零，并据此推算各测点的高程。

一、　闭合和附合水准路线高差闭合差的调整

闭合和附合水准路线高差闭合差的调整，方法基本相同，现以附合水准路线为例来说明调整方法。

如图 2-22 中，已知水准点 BM_1 的高程 $H_{始}=29.830$m，BM_2 点的高程 $H_{终}=43.640$m。路线长度和测得的高差列于表 2-2 中，其计算方法如下。

（一）高差闭合差的计算

闭合差 $\Delta h=\sum h_{测}-(H_{终}-H_{始})=13.876-(43.640-29.830)=+0.066$（m）

允许闭合差 $\Delta h_{允}=\pm40\sqrt{L}$ mm $=\pm40\sqrt{17.2}$ mm $\approx\pm165$mm

$\Delta h<\Delta h_{允}$，说明观测成果符合要求，可进行闭合差调整。

（二）高差闭合差的调整

一般来说，水准测量路线越长或测站数越多，则误差越大，即误差与路线长度或测站数成正比，因此，高差闭合差的调整原则是：将闭合差反其符号，按路线长度或测站数成正比分配到各段高差观测值上。则高差改正值为

$$\Delta h_i=-\frac{\Delta h}{\sum L}\times L_i（以路线长成正比分配）$$

或

$$\Delta h_i=-\frac{\Delta h}{\sum n}\times n_i（以测站数成正比分配）$$

（2-13）

式中　$\sum L$——路线总长；

L_i——第 i 测段长度（$i=1$，2，…）；

$\sum n$——测站总数；

n_i——第 i 测段测站数。

在本例中，按与测站数成正比分配，则 BM_1 至第一点的高差改正值为

$$\Delta h_1=-\frac{\Delta h}{\sum L}\times L_1=-\frac{0.066}{17.2}\times3.5=-0.013（m）$$

同法可求得其余各段高差的改正值，列于表 2-2 中第 4 栏内，所算得的高差改正值的总和应与闭合差的数值相等而符号相反，可用来校核计算是否有误。在计算中，如果因尾数取舍而不符合此条件，应通过适当修正使其符合。

表 2-2　　　　　　　　　　　　附合水准路线高差闭合差的调整

点号	路线长度（公里）	高差（m）		改正后高差（m）	高程（m）	备注
		观测值	改正值			
BM₁	3.5	+8.364	−0.013	+8.351	29.830	
1	1.5	−3.827	−0.006	−3.833	38.181	
2	2.3	+3.464	−0.009	+3.455	34.348	
3	3.5	+2.186	−0.013	+2.173	37.803	1985 年国家高程基准
4	3.9	−1.335	−0.015	−1.350	39.976	
5	2.5	+5.024	−0.010	+5.014	38.626	
BM₂					43.640	
Σ	17.2	+13.876	−0.066	+13.810		

应当指出，在坡度变化较大的地区，由于每公里安置测站数很不一致，闭合差的调整一般按测站数成正比分配；而在地势比较平坦的地区，每公里测站数相差不大，则可按路线长度成正比分配。

观测高差经过改正之后，即可根据它推算各点的高程，如表 2-2 中高程栏。

二、 支水准路线高差闭合差的调整

支水准路线闭合差的调整是：取往测和返测高差绝对值的平均值作为两点的高差值，其符号与往测同；然后根据起点高程以各段平均高差推算各测点的高程。

第五节 微倾式水准仪的检验和校正

从水准仪的构造可知，水准仪是利用水准管气泡居中来导致视线水平的，因此水准管轴必须与视准轴平行，这样当水准管气泡居中时视线才是水平的，这是水准仪构造的主要条件。此外，仪器还应满足一些其他条件。而这些条件不是总能满足，因此进行测量之前必须对仪器进行检验和校正，使仪器各部分满足正确关系，以保证测量精度。

水准仪各主要部分的关系可用其轴线来表示，如图 2-24 所示，水准仪各轴线应满足下列条件：

（1） 圆水准器轴平行于仪器的竖轴，即 $L_{\mathrm{f}}L_{\mathrm{f}}//VV$；

（2） 十字丝横丝垂直于竖轴；

（3） 水准管轴平行于视准轴，即 $LL//CC$（主要条件）。

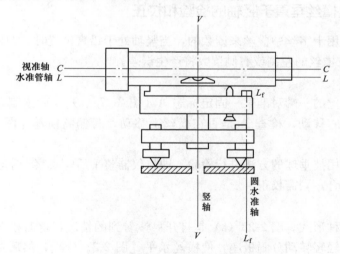

图 2-24 水准仪的轴线关系

现将其检验和校正方法介绍如下：

一、 圆水准器轴平行于仪器竖轴的检验和校正

圆水准器是用来粗略整平水准仪的，如果圆水准器轴 $L_{\mathrm{f}}L_{\mathrm{f}}$ 与仪器的竖轴 VV 不平行，则圆气泡居中时，仪器的竖轴不铅直。若竖轴倾斜过大，可能导致转动微倾螺旋到了极限还不能使水准管的气泡居中，因此必须对此项进行检验和校正。

1. 检验

转动三个脚螺旋使圆水准器气泡居中，然后将望远镜旋转 $180°$，如果气泡仍然居中则说明满足此条件；如果气泡偏离中央位置则需要校正。

2. 校正

如图 2-25 所示，假设望远镜旋转 180°后气泡不在中心而在 a 位置，这表示校正螺旋 1 和校正螺旋 2 的一侧偏高。校正时，转动脚螺旋使气泡从 a 位置朝圆水准器中心方向移动偏离量的一半，到图示 b 位置，这时仪器的竖轴基本处于竖直位置，然后用三个校正螺旋（图 2-26）旋进或旋出（圆水准器的一侧升高或降低）使气泡居中。如此反复检验和校正，直至仪器转至任何位置，气泡始终位于中央为止。

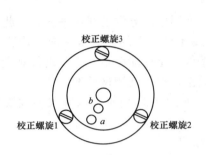

图 2-25 圆水准器的校正

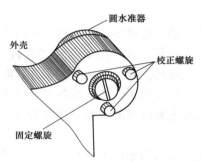

图 2-26 圆水准器校正设备

二、 十字丝横丝垂直于竖轴的检验和校正

水准测量是利用十字丝中横丝来读数的，当竖轴处于铅直位置时，如果横丝不水平［图 2-27（a）］，这时按横丝的左侧或右侧读数将产生误差。

1. 检验

用望远镜中横丝的一端对准某一固定标志 A［图 2-27（a）］，旋紧制动螺旋，转动微动螺旋，使望远镜左右移动，检查 A 是否在横丝上移动，若偏离横丝［图 2-27（b）］，则需校正。

此外，也可采用挂垂球的方法进行检验。即将仪器整平后，观察十字丝的竖丝是否与垂球线重合，如不重合，则需校正。

2. 校正

校正装置有两种形式。图 2-28（a）是打开目镜看到的情况，这时松开十字丝分画板座上四个固定螺旋，轻轻转动分画板座，使横丝水平［图 2-27（c）］，然后拧紧固定螺旋，盖上护盖。另一种如图 2-28（b）所示，则用螺丝刀松开望远镜上的埋头螺旋，转动十字丝分画板座，使横丝水平，然后把埋头螺丝旋紧。

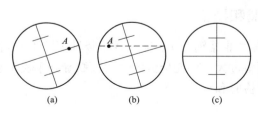

图 2-27 十字线横丝的检验

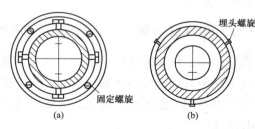

图 2-28 十字丝分画板校正设备

三、 水准管轴平行于视准轴的检验和校正

1. 检验

在比较平坦的地面上相距 50m 左右打两个木桩或放两个尺垫作为固定点 A 和 B，立上水准尺。将仪器安置于距 A 点和 B 点的等距离处（图 2-29），转动微倾螺旋使符合气泡居中，分别读取 A、B 点上水准尺的读数 a_1 和 b_1，求得高差 $h_1 = a_1 - b_1$，此时即使视线是倾斜的，但

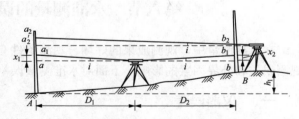

图 2-29 水准管轴平行于视准轴的检验

因为仪器到两标尺的距离相等，故误差相等，即 $x_1 = x_2$（$D_1\tan i = D_2\tan i$），由此求得的高差 h_1 还是正确的；然后将仪器安置于 B 点附近（距 B 点约 3m），令符合气泡居中后读取两水准尺读数 a_2 和 b_2，求得第二次高差 $h_2 = a_2 - b_2$。若 h_2 与 h_1 的差值不超过 3mm，则说明仪器的水准管轴平行于视准轴；若 h_2 与 h_1 的差值大于 3mm 则说明水准管轴不平行于视准轴，必须进行校正。

2. 校正

当仪器安置于 B 点附近时，因为仪器距 B 尺很近，距 A 尺较远，故水准管轴不平行于视准轴的误差对 b_2 影响很小，可以忽略，亦即读数 b_2 可认为是正确的，而读数 a_2 包含的误差较大，在校正前应算出 A 尺的正确读数 a_2'，从图 2-29 可知

$$a_2' = b_2 + h_1 \tag{2-14}$$

校正方法是：转动微倾螺旋，令在 A 尺上的读数恰为 a_2'，此时视线水平，但符合气泡不居中，则用校正针拨动水准管上、下两个校正螺旋（图 2-30），使气泡居中，水准管轴即平行于视准轴。为了检查校正是否完善，必须在 B 点附近重新安置仪器，分别读取 A、B 尺上读数 a_3 和 b_3，求得 $h_3 = a_3 - b_3$，若 h_3 与 h_1 之差不超过 3mm，则校正工作结束。

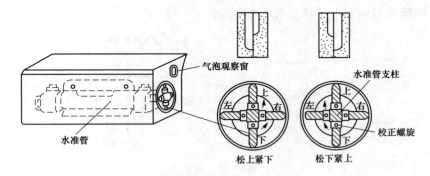

图 2-30 水准管的校正

水准管的校正螺旋往往是上下左右共四个（图 2-30），校正时，先稍微松开左右两个中的一个，然后利用上下两个螺旋进行校正。例如松上紧下，则把该处水准管支柱升高，气泡往校正螺旋一方移动；松下紧上，则把该处水准管支柱降低，气泡往相反方向移动。校正时应遵守先松后紧的原则，未松而紧会把螺旋拧断或产生滑丝；相反如只松不紧，水准管支柱未固定，也达不到校正的目的。校正完毕，各校正螺旋应与水准管支柱处于顶紧状态。校正

时要细心，用力不能过猛，所用校正针的粗细应与校正孔的大小相适应，否则容易弄坏仪器。

第六节　水准测量的误差及其消减方法

在水准测量中，观测成果的好坏与观测条件有密切的关系，而观测条件又受仪器误差、观测误差和外界因素的影响。下面对水准测量误差的主要来源及消减方法进行分析和讨论。

一、仪器误差

1. 仪器校正不完善的误差

仪器虽经校正，但不可能绝对完善，还会存在一些残余误差，主要是水准管轴不平行于视准轴的误差。如前所述，观测时，只要将仪器安置于距前后水准尺等距离处就可消除这项误差。

2. 水准尺误差

水准尺误差包括刻画和尺底零点不准确等误差。观测前应对水准尺进行检验，尺底零点误差可采用测偶数站的方法消除。

二、观测误差

1. 视差

由于对光不完善而引起的误差称为视差。如图 2-31（b）所示，因为对光不完善，水准尺的成像面与十字丝面不重合，这时若观测者的眼睛靠近目镜从 a 点移到 b 点、c 点时，十字丝的交点在水准尺上的读数将相应为 a_1、b_1、c_1，这就使读数产生误差，因此观测时应消除视差。方法是：切实做好对光工作，即先转动目镜螺旋，使十字丝成像清晰，再转动对光螺旋使水准尺成像清晰，此时水准尺成像面与十字丝面相重合 [图 2-31（a）]，消除了视差的影响。眼睛在目镜端上下移动时读数不变。

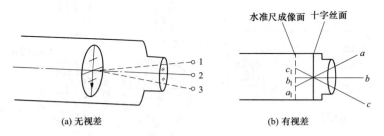

(a) 无视差　　　　　　　　　　　　(b) 有视差

图 2-31　视差

2. 整平误差

利用符合水准器整平仪器的误差约为 $\pm 0.075\tau''$（τ''为水准管分画值），若仪器至水准尺的距离为 D，则在读数上引起的误差为

$$m_\text{平} = \pm \frac{0.075\tau''}{\rho''}D \tag{2-15}$$

式中，$\rho'' = 206\ 265''$，指 1 弧度所对应的秒数。

由上式可知，整平误差与水准管分划值及视线长度成正比。若以 DS$_3$ 型水准仪（$\tau'' = 20''/2\text{mm}$），进行等外水准测量，视线长 $D = 100\text{m}$ 时，$m_{整} = \pm0.73\text{mm}$。可见此时整平误差较大，因此在观测时必须切实使符合气泡居中，且视线不能太长，后视完毕转向前视，要注意重新转动微倾螺旋令气泡居中才能读数，但不能转动脚螺旋，否则将改变仪器高产生错误。此外在晴天观测时，必须打伞保护仪器，特别要注意保护水准管。

3. 照准误差

人眼的分辨力，通常视角小于 $1'$ 就不能分辨尺上的两点，若用放大倍率为 V 的望远镜照准水准尺，照准精度为 $60''/V$，由此照准距水准仪 D 处水准尺的照准误差为

$$m_{照} = \pm\frac{60''}{V \cdot \rho} \cdot D \tag{2-16}$$

当 $V = 30$，$D = 100\text{m}$ 时，$m_{照} = \pm0.97\text{mm}$。

若望远镜放大倍率较小或视线过长，尺子成像小，并显得不够清晰，照准误差将增大。故对各等级的水准测量，都规定了仪器应具有的望远镜放大倍率及视线最大长度。

4. 水准尺竖立不直的误差

如图 2-32 所示，若水准尺未竖直立于地面而倾斜时，其读数 b' 或 b'' 都比尺子竖直时的读数 b 要大，而且视线越高误差越大。故作业时应切实将尺子竖直，并且尺上读数不能太大，一般应不大于 2.7mm。

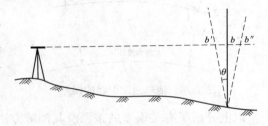

图 2-32 水准尺不竖直的误差

三、 外界条件的影响

1. 仪器和尺垫升降的误差

由于土壤的弹性及仪器的自重，可能引起仪器上升或下沉，从而产生误差。如图 2-33 所示，若后视完毕转向前视时，仪器下沉了 Δ_1，使前视读数 b_1 小了 Δ_1，即测得的高差 $h_1 = a_1 - b_1$ 大了 Δ_1。设在一测站上进行两次测量，第二次先前视再后视，若从前视转向后视过程中仪器又下沉了 Δ_2，则第二次测得的高差 $h_2 = a_2 - b_2$ 小了 Δ_2。如果仪器随时间均匀下沉，即 $\Delta_2 \approx \Delta_1$，取两次所测高差的平均值，这项误差就可得到有效削弱。故在国家三等水准测量中，按后、前、前、后的顺序观测。

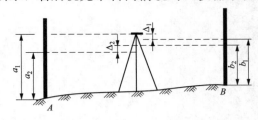

图 2-33 仪器下沉引起的误差

与仪器升降情况相类似。如转站时尺垫下沉，使所测高差增大，如上升则使高差减小。对一条水准路线采用往返观测取平均值，这项误差可以得到削弱。

2. 地球曲率的影响

在绪论中已经证明，地球曲率对高程的影响是不能忽略的。如图 2-34 所示，由于水准仪提供的是水平视线，因此后视和前视读数 a 和 b 中分别含有地球曲率误差 δ_1 和 δ_2，AB 的高差应为 $h_{AB} = (a - \delta_1) - (b - \delta_2)$，但只要将仪器安置于距 A 点和 B 点等距离处，这时 $\delta_1 = \delta_2$，$h_{AB} = a - b$，就可消除地球曲率的影响。

3. 大气折光的影响

地球表面空气的密度随温度不同而异，在白天地表吸收太阳的照射热，地表温度高于空气温度，则接近地表的空气密度小于远离地表的空气密度，光线从密度不同的空气通过将产生折射，如图 2-35 所示。由于折光的影响，水准仪在 A 尺和 B 尺上的读数并不是按照理想的水平线方向读得 a 和 b，而产生折射读得 a_1 和 b_1，其中 $r_1 = a_1 - a$，$r_2 = b_1 - b$，即为折光差。从图 2-35 中可以看出，仪器安置在距前后尺等距离处时 $r_1 \approx r_2$，折光差即可部分消除。为什么说是部分消除呢？因为折光差大小随着视线高度和地面覆盖物的不同而异，越接近地面折光差越大，尤其在中午时，由于太阳照射，地面水分蒸发，折光影响增大。所以在水准测量中，视线不能太接近地面，高度应在 0.3m 以上；前后视地表应大致一样；视线尽可能避免跨越河流、塘堰等水面，否则应特别注意。

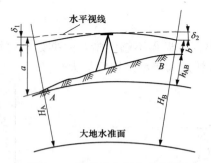

图 2-34　地球曲率引起的误差

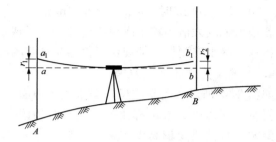

图 2-35　大气折光引起的误差

以上分析了有关误差的来源及其消减方法。实际上由于误差产生的随机性，其综合影响将会相互抵消一部分。在一般情况下观测误差是主要的，但事物不是固定不变的，在一定条件下，其他因素也可能成为主要方面。测量者的任务之一就是掌握误差产生的规律，采取相应措施保证测量精度又提高工作效率。

第三章 角度测量

在确定地面点的位置时，要进行角度测量。角度测量是测量的基本工作之一。角度测量分为水平角测量和竖直角测量。水平角测量用于求算点的平面位置，竖直角测量用于计算高差和将倾斜距离换算成水平距离。

第一节 水平角测量原理

地面上两直线之间的夹角在水平面上的投影，称为水平角。如图 3-1，在地面上有 A、O、B 三点，其高程不同，倾斜线 OA 和 OB 所夹的角 $\angle AOB$ 是倾斜面上的角。如果通过倾斜线 OA、OB 分别作竖直面与水平面相交，其交线 oa 与 ob 所构成的角 $\angle aob$ 就是水平角。可以看出，此水平角就是过方向线 OA 和 OB 所作的两个竖直面间的二面角。

为了测出水平角的大小，若在角顶 O 点（称为测站点）的铅垂线上放置一个与该铅垂线正交，且依顺时针方向刻有从 $0°$ 到 $360°$ 分画的水平度盘，通过 OA、OB 的两竖直面与水平度盘平面交于 $o'a'$ 和 $o'b'$，并设 $o'a'$ 在水平度盘上的读数为 m，而 $o'b'$ 的读数为 n，则

$$\angle aob = \angle a'o'b' = n - m = \beta$$

β 就是水平角 aob 的角值。

根据以上分析，测量水平角的仪器必须具备下列主要条件：

（1）必须有一个带刻度的圆盘和用于读数的指标线，测角时圆盘能水平放置，且圆盘中心位于角顶 O 的铅垂线上。

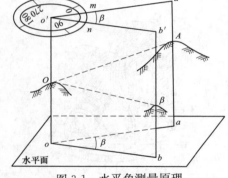

图 3-1 水平角测量原理

（2）必须有一个能上下、左右转动用以瞄准目标的望远镜，且在仪器水平，望远镜上下转动时扫出一个竖直面。

经纬仪就是根据上述要求设计制造的。

第二节 DJ₆ 型光学经纬仪

我国将经纬仪按精度从高到低分为 DJ_{07}、DJ_1、DJ_2、DJ_6 和 DJ_{30} 五个等级，其中字母 D、J 分别为"大地测量"和经纬仪汉语拼音的第一个字母，07、1、2、6、30 分别为该仪器一测回方向中误差的秒数。本节主要介绍普通测量中常用的 DJ_6 型光学经纬仪。

一、DJ₆ 型光学经纬仪的构造

DJ_6 型光学经纬仪由照准部、水平度盘和基座三大部分组成，图 3-2 是其外形，图 3-3

是将仪器拆卸成三大部分的示意图。现将这三大部分的构造及其作用说明如下：

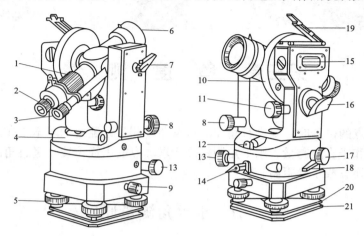

图 3-2　DJ₆ 型经纬仪外形图

1—对光螺旋；2—目镜；3—读数显微镜；4—照准部水准管；5—脚螺旋；6—物镜；
7—望远镜制动螺旋；8—望远镜微动螺旋；9—中心锁紧螺旋；10—竖直度盘；11—竖盘指标水准管微动螺旋；
12—光学对中器目镜；13—水平微动螺旋；14—水平制动螺旋；15—竖盘指标水准管；16—反光镜；
17—度盘变换手轮；18—保险手柄；19—竖盘指标水准管反光镜；20—托板；21—压板

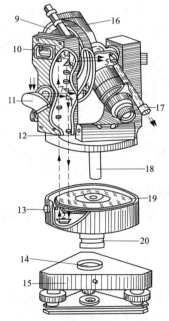

图 3-3　DJ₆ 光学经纬仪部件及光路图

1、2、3、5、6、7、8—光学读数系统棱镜；
4—分微尺指标镜；9—竖直度盘；10—竖盘指标水准管；11—反光镜；12—照准部水准管；
13—度盘变换手轮；14—轴套；15—基座；
16—望远镜；17—读数显微镜；
18—内轴；19—水平度盘；20—外轴

（一）照准部

如图 3-3 所示，照准部由望远镜、横轴、竖直度盘、读数显微镜、照准部水准管和竖轴等部分组成。

（1）望远镜。用来照准目标，它固定在横轴上，绕横轴而俯仰，可利用望远镜制动螺旋和微动螺旋控制其俯仰转动。

（2）横轴。望远镜俯仰转动的旋转轴，由左右两支架所支承。

（3）竖直度盘。用光学玻璃制成，用来测量竖直角。

（4）读数显微镜。用来读取水平度盘和竖直度盘的读数。

（5）照准部水准管。用来置平仪器，使水平度盘处于水平位置。

（6）竖轴。竖轴插入水平度盘的轴套中，可使照准部在水平方向转动。

（二）水平度盘部分

（1）水平度盘。它是用光学玻璃制成的圆环。在度盘 L 按顺时针方向刻有 0°～360° 的分画，用来测量水平角。在度盘的外壳附有照准部制动螺旋和微动螺旋，用来控制照准部与水平度盘的相对转动。当关紧制动螺旋，照准部与水平度盘连接，这时如转动微动螺旋，则照准部相对于水平度盘做微小的转动；若松开制动螺旋，则照准部绕水平度盘而旋转。

（2）水平度盘转动的控制装置。测角时水平度盘是不动的，这样照准部转至不同位置，可以在水平度盘上读数求得角值。但有时需要设定水平度盘在某一位置，就要转动水平度盘。控制水平度盘转动的装置有两种：

第一种是位置变动手轮，又有两种形式，如图 3-2 中 17 是其中之一。使用时拨下保险手柄 18，将手轮推压进去并转动，水平度盘亦随之转动，待转至需要位置后，将手松开，手轮退出，再拨上保险手柄，手轮就压不进。另一种形式的水平度盘变换手轮被保护盖保护，使用时拨开保护盖，转动手轮，待水平度盘至需要位置后，停止转动，再盖上保护盖。具有以上装置的经纬仪，称为方向经纬仪。

第二种是利用复测装置改变水平。当扳手拨下时，度盘与照准部扣在一起同时转动，度盘读数不变；若将扳手拨向上，则两者分离，照准部转动时水平度盘不动，读数随之改变。具有复测装置的经纬仪，称为复测经纬仪。

（三）基座

基座是用来支承整个仪器的底座，用中心螺旋与三脚架相连接。基座上备有三个脚螺旋，转动脚螺旋，可使照准部水准管气泡居中，从而导致水平度盘处于水平位置，亦即仪器的竖轴处于铅垂状态。

二、 DJ₆ 型光学经纬仪的读数方法

DJ₆ 型光学经纬仪的读数装置以分微尺测微器和单平行玻璃测微器两种，其中以前者居多。下面以分微尺测微器为例介绍其读数方法。图 3-3 表示其光路系统，外来光线由反光镜 11 的反射，穿过毛玻璃经过棱镜 1，转折 90° 将水平度盘照亮，此后光线通过棱镜 2 和 3 的几次折射到达刻有分微尺的聚光镜 4，再经棱镜 5 又一次转折，就可在读数显微镜里看到水平度盘的分画线和分微尺的成像。

竖直度盘的光学读数线路与水平度盘相仿。外来光线经过棱镜 6 的折射，照亮竖直度盘，再由棱镜 7 和 8 的转折，到达分微尺的聚光镜 4，最后经过棱镜 5 的折射，同样可在读数显微镜内看到竖直度盘的分画线和分微尺的成像。

图 3-4 的上半部是从读数显微镜中看到的水平度盘的像，只看到 215° 和 216° 两根刻画线，并看到刻有 60 个分画的分微尺。读数时，读取度盘刻画线落在分微尺内的那个读数，不足 1° 的读数根据度盘刻画线在分微尺上的位置读出，并估计到 0.1′。图中上半部读得水平度盘的读数为 215°53.6′；下半部是竖直度盘的成像，读数为 88°07.5′。

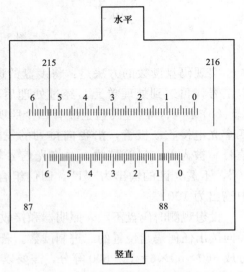

图 3-4 DJ₆ 型光学经纬仪的读数

第三节 电子经纬仪

电子经纬仪是用光电测角代替光学测角的经纬仪，为测量工作自动化创造了有利条件。电子经纬仪具有与光学经纬仪类似的结构特征，测角的方法步骤与光学经纬仪基本相似，最主要的不同点在于读数系统——光电测角。电子经纬仪采用的光电测角方法有三类：编码度盘测角、光栅度盘测角及动态测角系统。现仅对编码度盘测角的原理简介如下。

一、电子经纬仪测角原理

如图 3-5 所示，编码度盘为绝对式度盘，即度盘的每一个位置，都可读出绝对的数值。电子计数一般采用二进制。在码盘上以透光和不透光两种状态表示二进制代码"0"和"1"。若要在度盘上读出四位二进制数，则需在度盘上刻四道同心圆环，又称四条码道，表示四位二进制数码，在度盘最外圈刻的是透光和不透光相间的 16 个格，里圈为高位数，外圈为低位数，透光表示为"0"，不透光表示为"1"，沿径向方向由里向外可读出四位二进制数，如图由 0000 起。顺时针方向可依次读得 0001，0010，…，直到 1111，也就是十进制数 0～15。

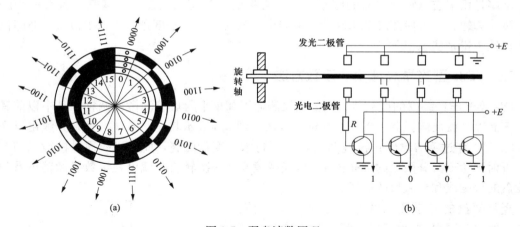

图 3-5 码盘读数原理

实现码盘读数的方法是：将度盘的透光和不透光两种光信号，由光电转换器件转换成电信号，再送到处理单元，经过处理后，以十进制数自动显示读数值。其结构原理如图 3-5（b）所示，四位码盘上装有四个照明器（发光二极管），码盘下面相应的位置上装有四个光电接收二极管，沿径向排列的发光二极管发出的光，通过码盘产生透光或不透光信号。被光电二极管接收，并将光信号转换为"0"或"1"的电信号，透光区的输出为"0"，不透光区的输出为"1"，四位组合起来就是某一径向上码盘的读数。如图 3-5（b）中输出为 1001。

设想观测时码盘不动，照明器和接收管（又称传感器）随照准部转动，便可在码盘上沿径向读出任何码盘位置的二进制读数。若码盘最小分画值为 10″，则度盘上最低位的码道将分成 360×60×6＝129 600 等分，需要以 17 条码道表示成二进制读数，相应地要用 17 个传感器组成光电扫描系统。

二、电子经纬仪的使用

图 3-6 为我国南方测绘仪器公司生产的 ET-02 电子经纬仪外形，其一测回方向中误差为 ±2″，角度最小显示 1″，采用 N₁MH 可充电电池供电，充满电池可连续使用 8～10h，正倒镜位置面向观测者都具有七个功能键的操作板面（图 3-6），其操作方法如下。

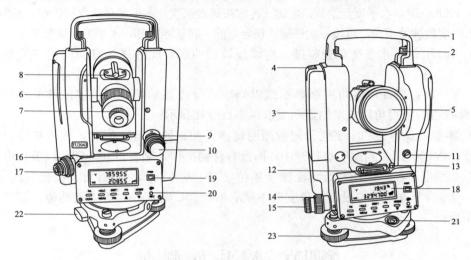

图 3-6　ET-02 电子经纬仪

1—手柄；2—手柄固定螺旋；3—电池盒；4—电池盒按钮；5—物镜；6—物镜调焦螺旋；

7—目镜调焦螺旋；8—光学瞄准器；9—望远镜制动螺旋；10—望远镜微动螺旋；

11—光电测距仪数据接口；12—管水准器；13—管水准器校正螺旋；14—水平制动螺旋；

15—水平微动螺旋；16—光学对中器物镜调焦螺旋；17—光学对中器目镜调焦螺旋；18—显示窗；

19—电源开关键；20—显示窗照明开关键；21—圆水准器；22—轴套锁定钮；23—脚螺旋

1. 开机

如图 3-7 所示，PWR 为电源开关键。当仪器处于关机时，按下该键，2s 后打开仪器电源，当仪器处于开机时，按下该键，2s 后关闭仪器电源。当打开仪器时，显示窗中字符 "HR" 右边的数字表示当前视线方向的水平度盘读数，字符 "V" 右边显示 "0SET"，表示应令竖盘指标归零（图 3-8）。

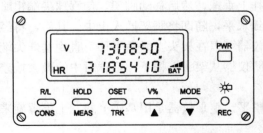

图 3-7　ET-02 电子经纬仪操作面板

图 3-8　ET-02 电子经纬仪开机显示内容

2. 键盘功能

在面板的七个键中，除 PWR 键外，其余六个键都具有两种功能，在一般情况下，执行按键上方所注文字的第一功能（测角操作），若先按 MODE 键，再按其余各键，则执行按键下方所注文字的第二功能（测距操作）。现仅介绍第一功能键的操作，第二功能键可参阅仪器操作手册。

（1）R/L键：水平角右/左旋选择键。按该键可使仪器在右旋或左旋之间转换。右旋相当于水平度盘为顺时针注记，左旋为逆时针注记。打开电源时，仪器自动处于右旋状态，字符"HR"和所显数字表示右旋的水平度盘读数，反之，"HL"表示左旋读数。

（2）HOLD键：水平度盘读数锁定键。连续按该键两次，水平度盘读数被锁定，此时转动照准部，水平度盘读数不变，再按一次该键，锁定解除，转动照准部，水平度盘读数发生变化。

（3）OSET键：水平度盘置零键。连续按该键两次，此时视线方向的水平度盘读数被置零。

（4）V％键：竖直角以角度制显示或以斜率百分比显示切换键。按该键可使显示窗中"V"字符右边的竖直角以角度制显示或以斜率百分比显示。

（5）❋键：显示窗和十字丝分划板照明切换开关。照明灯关闭时，按该键即打开照明灯，再按一次则关闭。当照明灯打开10s内没有任何操作，则会自动关闭，以节省电源。

ET-02型电子经纬仪还具有角度测量单位（360°或400gon等）、自动关机时间（30min或10min等）、竖直角零位设定，角度最小显示单位（1″或5″等）等设置功能，读者可参阅其操作手册。

第四节 水平角测量

经纬仪的主要用途是进行角度测量，角度测量包括水平角观测和竖直角观测，本节介绍水平角观测的方法。水平角测量首先进行经纬仪的对中和整平，然后再进行水平角观测。

一、经纬仪的安置和瞄准

经纬仪的安置包括对中和整平。对中的目的是使仪器的竖轴和水平度盘的中心对准水平角的顶点（测站点），而整平则是为了使水平度盘处于水平位置。经纬仪的安置方法根据不同的对中工具，分为垂球对中安置法和光学对中安置法。

1. 垂球对中法安置经纬仪

垂球对中法安置经纬仪包括垂球对中和精确整平。

（1）垂球对中。安置三脚架于测站点上，挂上垂球，然后移动脚架，使垂球尖端粗略地对准测站点，此时要注意保持三脚架的架头大致水平，随即将脚架插入土中。其后，将经纬仪安置到三脚架上，不要拧紧连接螺旋，以便仪器可以在架头上微微平移，直到垂球尖端精确对准测站点为止。最后把连接螺旋拧紧，以防仪器从架头上摔下。垂球对中的最大偏差一般不应大于3mm。

（2）精确整平。仪器对中以后，就要进行整平。整平仪器是用基座上的三个脚螺旋来进行的，其方法如下：

首先放松照准部的制动螺旋，使照准部水准管与一对脚螺旋的连线平行。两手按相反方向转动该对脚螺旋，使水准管的气泡居中［气泡移动的方向是与左手大拇指移动的方向一致，如图3-9（a）所示］，然后将照准旋转90°，再转动第三个脚螺旋，使气泡居中［图3-9（b）］。这样反复交替进行几次，直到水准管在任何位置时气泡都居中为止。在实际工作中，气泡偏离中心的误差不得超过半格。

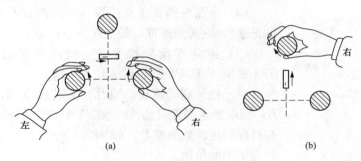

图 3-9　水准管整平方法

2. 光学对中法安置经纬仪

使用光学对中器安置经纬仪时，整平和对中相互影响，安置步骤包括粗对中、精对中、粗平和精平，最后可能还会进行再次精对中工作。

（1）粗对中：两手分别抓住三脚架的两条腿，眼睛观察光学对中器，移动三脚架，对中标志基本对准测站点中心后，将脚架尖踩入土中。

（2）精对中：旋转脚螺旋使光学对中器对准测站点中心，对中误差小于 1mm。

（3）粗平：保证三脚架的着地点位不动，利用三脚架的关节螺旋伸缩脚架腿使圆水准器气泡居中。

（4）精平：同图 3-9 中的整平方法一样，转动照准部，旋转脚螺旋，使水准管气泡在相互垂直的两个方向居中。

完成上述四步后，精平操作可能会略微破坏已完成的对中关系，再检查仪器是否精确对中，如果测站点偏离光学对中器中心，可稍微松开三脚架连接螺旋，眼睛观察光学对中器，在架头上平移仪器（不要有旋转运动），使光学对中器中心精确对准测站点中心，拧紧连接螺旋。重新检查仪器，直到完全对中和整平。

3. 瞄准

测角照准的标志有竖立于测点的标杆、测钎、用三根竹竿悬吊的垂球线、觇牌、反射片、棱镜等，瞄准就是用望远镜十字丝交点精确对准测量目标。首先望远镜对向明亮背景，转动目镜调焦螺旋使十字丝清晰。然后松开望远镜制动螺旋和仪器水平制动螺旋，用望远镜上方的瞄准器对准目标，然后拧紧望远镜制动螺旋和水平制动螺旋。转动物镜调焦螺旋使目标成像清晰，从望远镜观察，旋转望远镜微动螺旋和水平微动螺旋，使十字丝交点照准目标。瞄准时应用竖丝的双丝夹住目标，或单丝平分目标（图 3-10）。

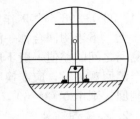

图 3-10　经纬仪瞄准目标

二、水平角观测

测量水平角的方法有多种，常用的有测回法和全圆测回法。现分别介绍如下：

1. 测回法

如图 3-11 所示，图中所表示的是水平度盘和观测目标的水平投影。现以 DJ$_6$ 型经纬仪为例说明用测回法测定水平角∠AOB 的操作步骤：

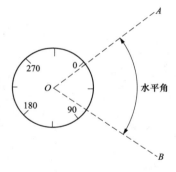

图 3-11　测回法测水平角

（1）将经纬仪安置在测站 O 点上，对中和整平。

（2）令照准部在盘左位置（竖直度盘在望远镜左侧，也称正镜），旋转照准部，瞄准左方目标 A。

（3）拨动度盘变换手轮，使水平度盘的读数略大于 $0°$（图 3-11 $0°01'06''$），记入记录手簿。

（4）松开制动螺旋，顺时针旋转照准部，瞄准右方目标 B，读取如水平度盘读数（表 3-1 中 $68°48'18''$）。算出瞄准左、右目标所得读数的差数：$68°48'18''-0°01'06''=68°47'12''$。此为上半测回角值。

表 3-1　　　　　　　　　　　　　　水平角观测记录（测回法）

日期 ____年____月____日　　　　　　　　　　　　　　　　　　　　观测者_____

仪器　DJ₆ 型经纬仪　　　　　　　　　　　　　　　　　　　　　　　记录者_____

测站（测回）	目标	竖盘位置	水平度盘读数 ° ′ ″	半测回角值 ° ′ ″	一测回角值 ° ′ ″	各测回平均角值 ° ′ ″	备注
O(1)	A	左	0　01　06	68　47　12	68　47　09	68　47　08	
	B		68　48　18				
	A	右	180　01　24	68　47　06			
	B		248　48　30				
O(2)	A	左	90　01　24	68　47　12	68　47　06		
	B		158　48　36				
	A	右	270　01　48	68　47　00			
	B		338　48　48				

（5）倒转望远镜成盘右位置（竖盘在望远镜的右侧，亦称倒镜），先瞄准左方目标 A，读取读数（$180°01'24''$），再瞄准右方目标 B，读取读数（$248°48'30''$），则 $248°48'30''-180°01'24''=68°47'06''$ 即为"下半测回"的角值。取两个半测回平均值 $\frac{1}{2}$（$68°47'12''+68°47'06''$）$=68°47'09''$ 作为一测回的观测值。

上、下半测回合称一测回。在实际作业中，为了提高精度，往往要观测几个测回，测回与测回之间的差值一般不应超过 $24''$。同时为了消减由于度盘刻画不均匀对测角的影响，在每个测回观测时，应变换度盘位置，变换数值按 $180°/n$ 计算（n 个测回数）。例如要观测三个测回，则 $180°/3=60°$，这样每测回的起始读数分别为 $0°$、$60°$ 和 $120°$ 附近。

2. 全圆测回法

测回法适用于测量单个角度，即一个测站上只有 2 个方向的情况，若一个测站上观测的方向多于 2 个时，则可以采用全圆测回法。全圆测回法的观测、记录及计算步骤如下所示。

（1）如图 3-12 所示，将经纬仪安置在测站 O 上，使度盘读数略大于 $0°$，以盘左位置瞄准起始方向（又称零方向）A 点，按顺时针方向依次瞄准 B、C 各点，最后顺时针旋转又瞄准 A 点，将其读数分别记入表 3-2 第 3 栏内（此时记录顺序为自上而下），即测完上半测回。在半测回中两次瞄准起始方向 A 的读数差称为半测回"归零差"，一般不得大于 $24''$，如超过应重测。

（2）倒转望远镜，以盘右位置瞄准 A 点，按逆时针方向依次瞄准 C、B 点，最后又瞄准 A 点，若下半测回"归零差"不超过 24″，将其读数分别记入表 3-2 第 4 栏内（此时记录顺序为自下而上），即测完下半测回。

上、下两个半测回组成一测回。为了提高精度，通常也要测几个测回。每个测回开始时也要变换度盘位置，以削弱水平度盘刻画误差的影响，变换值按 $180°/n$ 计算（n 为计划观测的测回数）。

（3）计算盘左盘右平均值、归零方向值。见表 3-2，在一个测回中同一方向的盘左、盘右读数取其平均值记在第 5 栏内，将起始方向 A 的两个数值取其平均值（例如在第一测回中 0°01′09″ 和 0°01′15″ 的平均值是 0°01′12″，即为 A 点的方向值，写在第 5 栏上方括号内），然后将各方面的盘左、盘右平均值减去 A 方向平均值 0°01′12″，即得"归零方向值"（例如目标 B 的盘左、盘右平均值为 62°48′33″用此值减去 0°01′12″即得 B 点归零方向值 62°47′21″），记于第 6 栏内。

（4）计算各测回归零方向平均值和水平角值。各测回同一方向的归零方向值差数（简称"归零方向差"）不得大于 24″，如在允许范围内，取其平均值得到"各测回归零方向平均值"，记于第 7 栏，将相邻归零平均值相减即得相邻方向所夹的水平角，记于第 8 栏。

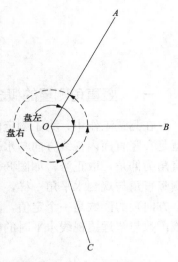

图 3-12　全圆测回法测量水平角

表 3-2　　　　　　　　　　全圆测回法观测记录

日期　___年___月___日　　　　　　　　　　　　观测者_____
仪器　DJ$_6$ 型经纬仪　　　　　　　　　　　　　记录者_____

测站（测回）	目标	水平度盘读数		盘左、盘右平均值 $\frac{左+右\pm180°}{2}$	归零方向值	各方向归零方向平均值	水平角值
		盘左	盘右				
1	2	3	4	5	6	7	8
		° ′ ″	° ′ ″	° ′ ″ (00 01 12)	° ′ ″	° ′ ″	° ′ ″
	A	0 01 06	180 01 12	0 01 09	0 00 00	0 00 00	
O(1)	B	62 48 36	242 48 30	62 48 33	62 47 21	62 47 19	62 47 19
	C	151 20 24	331 20 24	151 20 24	151 19 12	151 19 13	88 31 54
	A	0 01 12	180 01 18	0 01 15			208 40 47
				(90 01 10)			
	A	90 01 06	270 01 06	90 01 06	0 00 00		
O(2)	B	152 48 30	332 48 24	152 48 27	62 47 17		
	C	241 20 30	61 20 18	241 20 24	151 19 14		
	A	90 01 18	270 01 12	90 01 15			

第五节 竖 直 角 测 量

一、 竖直角测量的概念

在测量工作中，为了测定两点之间的高差和水平距离，经常要进行竖直角测量。竖直角就是在竖直面内视线方向与水平线的夹角。如图 3-13（a）所示，视线在水平线之上，其竖直角为仰角，取正号；如图 3-13（b）所示，当视线在水平线之下，则为俯角，取负号。观测竖直角与观测水平角一样，也是两个方向读数之差，但观测竖直角中的一个方向（视线水平方向）的读数是一个定值，因此竖直角观测只需要观测目标点对应的竖直度盘读数，根据该读数与望远镜视线水平时的固定值就可以计算出竖直角。

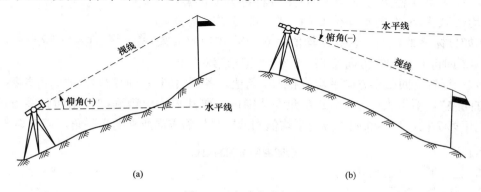

(a)   (b)

图 3-13 竖直角的概念

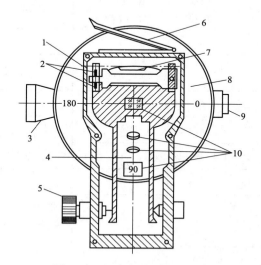

图 3-14 竖直度盘和读数系统

1—竖盘指标水准管轴；2—竖盘指标水准管校正螺旋；3—望远镜；4—光具组光轴；5—竖盘指标水准管微动螺旋；6—竖盘指标水准管反光镜；7—竖盘指标水准管；8—竖盘；9—目镜；10—光具组的透镜棱镜

二、 竖直度盘和读数系统

竖直度盘是用来测量竖直角的，图 3-14 是 DJ$_6$ 型光学经纬仪的竖盘读数系统示意图。竖直度盘固定在望远镜横轴的一端，随望远镜在竖直面内一起俯仰转动，为此必须有一固定的指标读取望远镜视线倾斜和水平时的读数。竖盘指标水准管 7 与一系列棱镜透镜组成的光具组 10 为一整体，它固定在竖盘指标水准管微动架上，即竖盘水准管微动螺旋可使竖盘指标水准管做微小的俯仰运动，当水准管气泡居中时，水准管轴水平，光具组的光轴 4 处于铅垂位置，作为固定的指标线，用以指示竖盘读数。

当望远镜视线水平、竖盘指标水准管气泡居中时，指标线所指的读数应为 0°、90°、180°或 270°（图 3-14 为 90°），此读数是视线水平时的读数，称为始读数。因此测量竖直角时，只要测读视线倾斜时的读数，简称读数，即可求得竖直角，但一定要在竖盘水准管气泡居中时才能读数。

竖盘指标能自动补偿的经纬仪，取消了竖盘指标水准管，而安装一个自动补偿装置。具有这种装置的经纬仪，当仪器稍有微量倾斜时，会自动调整光路使读数仍为水准管气泡居中时的数值，正常情况下，这时的指标差为零，故也称自动归零装置。其原理与自动安平水准仪相同。使用这种仪器能在整平后立即照准目标进行竖直角观测，简化了操作程序，节省了观测时间。

三、　竖直角的计算

竖直度盘分画线的注记方式，按仪器的类型不同而异。如图 3-15（a）所示，竖盘指标水准管气泡居中，望远镜视线在水平位置时，竖直度盘读数为 90°，其注记是按顺时针方向增加。而图 3-15（b）为 DJ$_6$-1 型经纬仪竖盘的注记形式，当竖盘指标水准管气泡居中，望远镜视线在水平位置时，竖直度盘读数为 90°，但注记却按反时针方向增加。

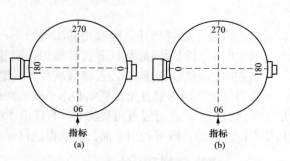

图 3-15　竖直度盘刻画的两种情况

由于竖直度盘注记的形式不同，根据读数来计算竖直角的公式也有所不同。当度盘注记为图 3-15（a）形式时，盘左观测某一目标，设竖盘的读数为 L〔图 3-16（a）〕，倒转望远镜，盘右仍瞄准该目标，设竖直度盘的读数为 R〔图 3-16（b）〕。

由图 3-16（a）得：盘左时，竖直角

$$\alpha_{左} = 90° - L \tag{3-1}$$

由图 3-16（b）得：盘右时，竖直角

$$\alpha_{右} = R - 270° \tag{3-2}$$

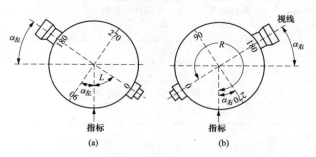

图 3-16　竖盘顺时针注记时公式推导示意图

当度盘注记为图 3-15（b）形式时，由竖直度盘读数求得竖直角的公式如下：

由图 3-17（a）得，盘左时，竖直角

$$\alpha_{左} = L - 90° \tag{3-3}$$

由图 3-17（b）得，盘右时，竖直角

$$\alpha_{右} = 270° - R \tag{3-4}$$

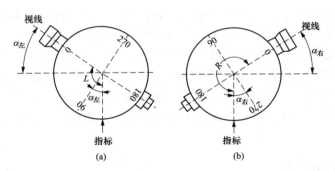

图 3-17　竖盘逆时针注记时公式推导示意图

综上所述，可得出计算竖直角的法则如下：

盘左时，当望远镜仰起，若读数增加，则竖盘逆时针注记。

盘左时，当望远镜仰起，若读数减少，则竖盘顺时针注记。

应当指出，因为竖直角是视线和水平线的夹角，而当视线水平时，在竖直度盘上的读数总是一个常数。所以进行竖直角观测时，只瞄准所测目标，令竖盘指标水准管气泡居中，并读取其竖直度盘读数，即可利用上面公式求得该目标的竖直角，而不必读取视线水平时的读数。

四、 竖直角观测

观测竖直角前，盘左将望远镜仰起，观察读数的增减（本例为减少），据此确定竖盘始读数及竖直角的计算公式，然后按下述步骤观测。

(1) 如图 3-13 所示，将经纬仪安置于测站 A，经对中、整平后，用盘左位置瞄准目标 B，以十字丝中横丝瞄准目标。

(2) 转动竖盘指标水准管微动螺旋，使指标水准管气泡居中，读取竖盘读数 L（83°37′12″），记入观测手簿中（表 3-3），算得竖直角为 +6°22′48″。

表 3-3　　　　　　　　　　　　　　　竖直角观测记录

测站	目标	竖盘位置	竖盘读数			半测回竖直角			一测回竖直角			备注
			°	′	″	°	′	″	°	′	″	
A	B	盘左	83	37	12	6	22	48	+6	22	51	瞄准目标高度为 2.0m
		盘右	276	22	54	6	22	54				
A	C	盘左	99	40	12	−9	40	12	−9	40	36	瞄准目标高度为 1.2m
		盘右	260	19	00	−9	41	00				

(3) 倒转望远镜，用盘右位置再次瞄准目标 B，令竖盘指标水准管气泡居中，读取竖盘读数 R（276°22′54″），算得竖直角为 +6°22′54″。

(4) 取盘左、盘右的平均值（+6°22′51″），即为观测 B 点一测回的竖直角。若精度要求较高时，可测若干测回取平均值作为观测成果。

第六节　经纬仪的检验和校正

从水平角和竖直角测量的原理可知，观测角度时，经纬仪的水平度盘必须处在水平位置，仪器整平后，望远镜俯仰转动时，视准轴绕横轴旋转所形成的平面应是一个竖直面。为了满足这些条件，在进行角度测量之前，应对经纬仪进行检验和校正。

经纬仪的几何轴线（图 3-18）有：望远镜视准轴 CC、横轴 HH、照准部水准管轴 LL 和仪器竖轴 VV。经纬仪各轴线应满足下列条件：

(1) 照准部水准管轴垂直于竖轴，即 $LL \perp VV$；

(2) 十字丝竖丝垂直于横轴；

(3) 视准轴垂直于横轴，即 $CC \perp HH$；

(4) 横轴垂于竖轴，即 $HH \perp VV$。

并且在进行竖直角观测时，竖直度盘水准管轴应垂直于竖盘读数指标线。现将经纬仪的五项主要轴线间几何关系的检验校正方法介绍如下：

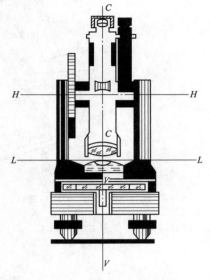

图 3-18　经纬仪主要轴线

一、 照准部水准管轴垂直于竖轴的检验和校正

1. 检验

先使仪器大致整平，转动照准部使照准部水准管平行于一对脚螺旋的连线，并转动该对脚螺旋使水准管气泡居中。然后将照准部旋转 $180°$，此时水准管也旋转了 $180°$，若气泡偏离中央，表明水准管轴不垂直竖轴，这是因为水准管的两个支柱（图 3-19）不等长的缘故。

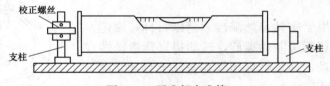

图 3-19　照准部水准管

2. 校正

用校正针拨动水准管一端的校正螺旋，使气泡退回偏离的一半，再旋转脚螺旋，使气泡居中。此项校正要反复进行几次，直到旋转照准部到任意位置，水准管气泡偏离中央小于半格为止。

校正原理可以用图 3-20 来说明。如图 3-20（a）所示，若水准管的两支柱不等长，气泡虽然居中，因水准管轴 $L'L'$ 不平行于水平度盘交成一个小角 α，此时经纬仪的竖轴也偏离铅垂线一个小角 α。

水准管随照准部旋转 $180°$ 后［图 3-20（b）］，竖轴的位置没有改变，但由于水准管支柱的高低端交换了位置，使水准管轴位于新的位置 $L''L''$，$L''L''$ 与 $L'L'$ 之间的夹角为 2α，这时气泡不再居中。而从中央向另一端走了一段弧长，这段弧长即为 2α 的角度。由图 3-20（a）可知，由于水准管两支柱不等长而引起的水准管轴与水平度盘间的夹角为 α，因此，我们只要校正 α 角的弧段，即可使水准管轴 LL 平行于水平度盘。因水平度盘与竖轴是垂直的，所以此时水准管轴也就垂直于竖轴了［3-20（c）］。调整脚螺旋使气泡居中，竖轴即处于铅垂位置［图 3-20（d）］。

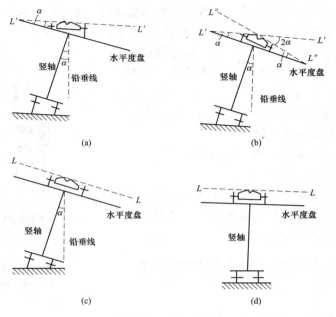

图 3-20　照准部水准管校正原理

二、 十字丝竖丝垂直于横轴的检验和校正

1. 检验

整平仪器后，用十字丝竖丝瞄准一清晰目标，固定照准部制动螺旋和望远镜制动螺旋，转动望远镜微动螺旋使望远镜上下微动，如果目标始终在竖丝上移动，则条件满足，否则应进行校正。

2. 校正

卸下目镜处分划板护盖，如图 3-21 所示，用螺丝刀松开四个十字丝环固定螺旋，转动十字丝环使竖丝处于竖直位置，然后把四个螺旋拧紧。

图 3-21　十字丝分化板的校正
1—十字丝分画板固定螺旋；2—十字丝分画板座；3—望远镜镜筒；4—十字丝分画板；5—十字丝校正螺旋

三、 视准轴垂直于横轴的检验和校正

1. 检验

整平仪器后，望远镜在盘左位置瞄准一个与仪器大致同高的目标 M，读取水平度盘数 $m_左$。倒转望远镜（盘右）瞄准同一点 M，读得读数为 $m_右$。若盘左、盘右两读数 $m_左$ 和 $m_右$ 之差不等于 $180°$，它与 $180°$ 的差数就是视准轴不垂直于横轴的误差的两倍，称为"两倍的视准误差"，用 c 表示。

例如：　盘左时读数　$m_左 = 3°02'30''$

　　　　盘右时读数　$m_右 = 183°02'42''$

$2c = 183°02'42'' - (3°02'30'' + 180°) = +12''$

$c = +06''$

其原理如下：

视准轴不垂直于横轴是由于十字丝分画板所处的位置不正确而引起。如图 3-22（a），设十字丝交点不在正确位置 K 而在 K'（偏向于横轴的 H 端），致使盘左时视线不与横轴垂直，当瞄准 M 点时，必须使望远镜向左转动一个 c 角才能瞄准目标，此时度盘读数为 $m_左$ 比正确读数 m 读小了一个 c 角，则

$$m = m_左 + c \tag{3-5}$$

盘右时 [图 3-22（b）]，十字丝交点 K' 仍偏向于横轴 H 端，K' 在 K 的右边，瞄准目标 M 点时，必须使望远镜向右转动一个 c 角才能瞄准目标 M 点，这时读数 $m_右$ 比正确读数 $m \pm 180°$ 读大了一个 c 角，即

$$m \pm 180° = m_右 - c \tag{3-6}$$

将式（3-5）加式（3-6）得

$$m = \frac{1}{2}(m_左 + m_右 \pm 180°) \tag{3-7}$$

将式（3-5）减式（3-6）得

$$c = \frac{1}{2}(m_右 - m_左 \mp 180°) \tag{3-8}$$

从式（3-7）可以看出，由于盘左读小了 c 角，盘右读大了 c 角，取平均值，就可消除视准误差 c 的影响。

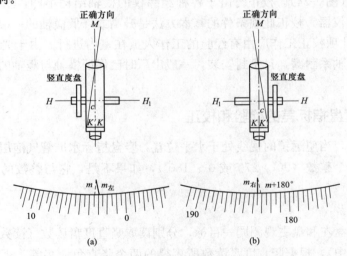

图 3-22 视准误差

2. 校正

上述检验后，保持仪器在盘右位置（为了避免重新瞄准目标，以盘右位置校正较为方便）。首先算出盘右位置的正确读数（盘左读数 $\pm 180°$ 后，再与盘右读数平均，上例中为 $183°02'36''$），然后转动照准部的水平微动螺旋，使读数恰为求出的盘右位置的正确读数，此时十字的竖丝即离开目标（图 3-23），然后旋下十字丝校正螺旋的护盖，略松十字丝分画板上下校正螺旋 C 和 D，用一松一紧的方法拨

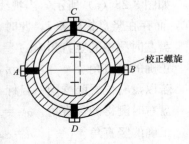

图 3-23 视准误差的校正

动左右两颗校正螺旋 A 和 B，使十字丝的竖丝对准目标 M，校正后，重新拧紧上下校正螺旋 C 和 D。这一工作需反复进行，直至视准误差 C 不超过 $30''$ 为止。

四、 横轴垂直于竖轴的检验和校正

1. 检验

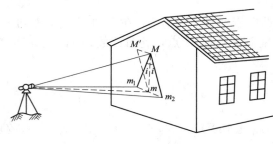

整平仪器，在盘左位置将望远镜瞄准墙上高处 M 点（图 3-24），固定照准部和水平度盘，令望远镜俯至水平位置，根据十字丝交点在墙上标出一点 m_1；然后倒转望远镜，在盘右位置仍瞄准高点 M，使望远镜俯至水平位置，同法在墙上标出一点 m_2。若 m_1 与 m_2 两点不重合，表明横轴不垂直于竖轴，需要校正。

图 3-24 横轴误差的校正

2. 校正

用尺子量出 m_1、m_2 之间的距离，取其中点 m，用照准部微动螺旋将望远镜的十字丝交点对准 m 点，然后仰起望远镜至 M 的高度，此时十字丝交点必然不再与原来的 M 点重合而对着另一点 M'（图 3-24）。校正时由于各种经纬仪的横轴结构不同，所校正的部位不一样。但不管哪一类仪器，校正此项条件的基本方法是升高或降低横轴的一端，使十字丝交点对准 M 点为止。此项校正工作应由有经验的工作人员在室内进行。由于光学经纬仪的横轴多用磷青铜制成，轴系耐磨，且密封安装，一般出厂时已保证横轴与竖轴的垂直关系，作业人员只用检验即可。

五、 竖直度盘指标差的检验和校正

在正常情况下，当望远镜的视线处于水平位置，竖盘指标水准管气泡居中时，竖直度盘上的读数应该是一个整数（90°、270°或 0°、180°），如果不是，它与整数的差数即为竖盘指标差。

1. 检验

整平仪器，用盘左和盘右观测同一目标，分别读取竖直度盘读数（读数时竖盘指标水准管的气泡需严格居中），根据竖直度盘读数所算得的两个竖直角应相等，否则，其差数即为竖盘指标差的两倍。

如图 3-25（a）所示，当视线水平，竖盘指标水准管的气泡居中时，指标线不正好对着 90°，而存在竖盘指标差 i，此时，若以盘左位置瞄准目标 M［图 3-25（b）］，则得：

盘左时测得的竖直角 $\alpha_左 = 90° - L$

正确的竖直角 $\alpha = \alpha_左 + i$ (3-9)

若以盘右位置瞄准同一目标 M［图 2-25（c）］，则得

盘右时测得的竖直角 $\alpha_右 = R - 270°$

正确的竖直角 $\alpha = \alpha_右 - i$ (3-10)

将式（3-10）减式（3-9）得

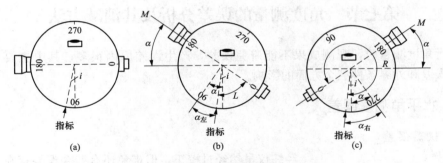

图 3-25　竖盘指标差

$$i = \frac{\alpha_右 - \alpha_左}{2} \qquad\qquad (3\text{-}11)$$

将竖直角的计算公式带入上式得

$$i = \frac{L + R - 360^\circ}{2} \qquad\qquad (3\text{-}12)$$

将式（3-9）加式（3-10）得

$$\alpha = \frac{\alpha_左 + \alpha_右}{2} \qquad\qquad (3\text{-}13)$$

例如：盘左时竖直度盘的读数为 $L = 75^\circ43'$ 则：$\alpha_左 = +14^\circ17'$；

盘右时竖直度盘的读数为 $R = 284^\circ18'$ 则：$\alpha_右 = +14^\circ18'$。

其指标差为　$i = \dfrac{L + R - 360^\circ}{2} = \dfrac{75^\circ43' + 284^\circ18' - 360^\circ}{2} = +30''$

正确竖直角为　$\alpha = \dfrac{\alpha_左 + \alpha_右}{2} = \dfrac{14^\circ18' + 14^\circ17'}{2} = +14^\circ17'30''$

2. 校正

因为检验指标差时，一般都是先用盘左观测，再用盘右观测，仪器最后处在盘右状态，所以根据正确的竖直角算出盘右时正确的竖盘读数来进行校正方便。在本例中，盘右时正确的竖盘读数为 $14^\circ17'30'' + 270^\circ = 284^\circ17'30''$。

校正时，望远镜仍然对准原来目标，旋转竖盘指标水准管微动螺旋，使竖盘读数恰为算出的盘右正确读数，此时竖盘指标处于正确位置而竖盘指标水准管气泡不居中，于是打开竖盘指标水准管的盖板，即可看到竖盘指标水准管的两颗校正螺旋（图 3-26），用校正针拨动校正螺旋，采用先松后紧的办法，把水准管的支柱升高或降低，直至气泡居中。此项校正也应反复进行，直至竖盘指标差小于 $24''$ 为止。

图 3-26　竖盘指标差的校正
1—竖盘指标水准管；2—反光镜；
3—竖盘指标水准管微动螺旋；
4—水准管支架；5—水准管校正螺旋

对于具有自动归零装置的经纬仪，使用日久这种装置也会变动，因而也应检验有无指标差存在。若指标差超限必须加以校正，一般送专业机构检修。

第七节　角度测量的误差分析及其消减方法

在进行角度测量时，观测成果不能避免误差，产生误差原因很多，其中主要有仪器误差、观测误差和外界条件三个方面的影响。

一、水平角测量误差

（一）仪器误差

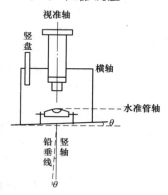

图 3-27　竖轴倾斜误差

经纬仪虽然经过校正，但难免还有残余误差存在，而这些残余误差只要在观测时采取相应措施，大多数是可以消除的。例如，视准轴不垂直于横轴以及横轴不垂直于竖轴的误差，可以用盘左和盘右两个位置观测，取其平均值来消除。但照准部水准管轴不垂直于竖轴的残余误差是不能用盘左、盘右观测的方法来消除的。因为水准管气泡居中时，水准管轴虽水平，竖轴却与铅垂线间有一夹角 θ（图 3-27），水平度盘不在水平位置而倾斜一个 θ 角，用盘左盘右来观测，水平度盘的倾角 θ 没有变动，俯仰望远镜产生的倾斜面也未变，而且瞄准目标的俯仰角越大，误差影响也越大，因此测量水平角时观测目标的高差较大时，更应注意整平，使竖轴竖直。

度盘刻画不均匀的误差，光学经纬仪用刻度机刻画的情况下误差很小。当水平角的观测精度要求较高时，可多观测几个测回，而在每测回开始时，变动度盘位置（如测回法所述），使读数均匀地分配在度盘各个位置，以消减这种误差的影响。

（二）观测误差

1. 照准和读数误差

照准误差除了与仪器的性能相关，还取决于观测员的感觉器官和技术熟练程度。一般认为，人的眼睛能判别 $60''$ 的角，即小于 $60''$ 的角度，靠肉眼就判别不出来。如用望远镜来判别，望远镜的放大率愈大，瞄准目标越清楚，照准误差就越小，故望远镜可以判别 $\dfrac{60''}{V}$（V 为望远镜放大率）的角度。例如望远镜的放大率为 30 倍，则该望远镜可以判别 $2''$ 的角度。但是，如果观测员操作不正确，对光不完善，也会发生较大的照准误差，故观测时应注意做好对光和瞄准工作。

读数误差首先决定于测微尺的精度，例如对 DJ$_6$ 型光学经纬仪的读数误差为 $6''$，但是，如果读数时不仔细，其误差可能会增大一倍，这种情况应尽量避免。

2. 仪器对中误差

在观测水平角时，由于仪器对中不精确，致使度盘中心未对准测站点 O 而偏至 O' 点（图 3-28），此种现象称为测站点偏心，而 OO' 间的距离 e 称为测站点的偏心距。

设 $\angle AOB = \beta$ 是要观测的角度，现由 O 点

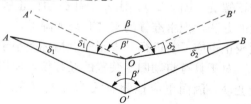

图 3-28　仪器对中误差

作 $OA' /\!/ O'A$，$OB' /\!/ O'B$，则由图可看出，$\angle AO'B = \angle A'O'B'$，对中误差对水平角的影响为

$$\Delta\beta = \beta - \beta' = \delta_1 + \delta_2$$

因偏心距 e 是一个小值，故 δ_1 和 δ_2 应为小角，于是可把 e 近似地作为一段小圆弧看待，故得

$$\Delta\beta = \delta_1 + \delta_2 = \left(\frac{e}{S_1} + \frac{e}{S_2}\right)\rho'' \tag{3-14}$$

式中，S_1 和 S_2 分别为 OA 和 OB 的边长，$\rho'' = 206\ 265''$。

从式（3-14）中可以看出：偏心距 e 越大或边长 S 越短，则对水平角观测的影响越大。故在边长甚短或测角精度要求较高的情况下，应特别注意仪器对中。

3. 照准点偏心误差

若标杆斜立，而我们瞄准标杆顶部，致使瞄准部位与地面标点不在同一铅垂线上，这时将产生照准点偏心差（图 3-29）。

图为 O 为测站点，A 和 B 都是照准点，如果在 A 点上所立的标杆不正，此时所测得的水平角不是正确的 β 而是 β'，两者之差为

$$\Delta\beta = \beta - \beta' = \delta = \frac{e_1}{s}\rho'' \tag{3-15}$$

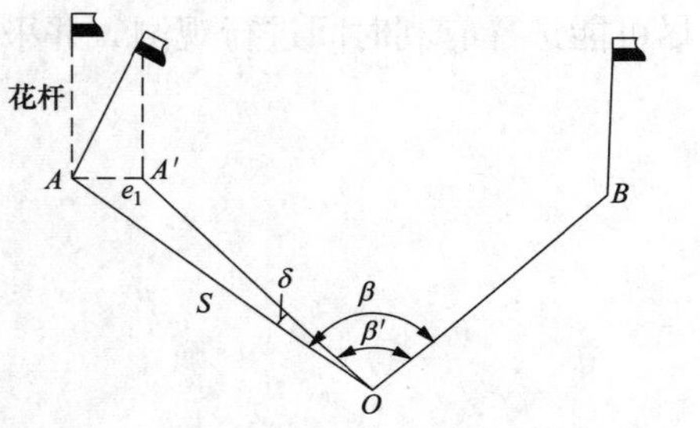

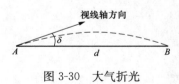

图 3-29 照准点偏心误差

式中，S 为 OA 的边长，e_1 为照准点偏心距。当在 B 点的标杆不正时，亦可发生此种情况。

从式（3-15）看出，偏心距越小或边长 S 越长，则误差也越小。因此测量时应将标杆竖直，边长不宜太短，瞄标目标时应尽量瞄准标杆的最下部。

（三）外界条件的影响

外界条件的影响是多方面的。如大气中存在温度梯度，视线通过大气中不同的密度层，传播的方向不是一条直线而是一条曲线（图 3-30），这时在 A 点的望远镜视准轴处于曲线的切线位置即已照准 B 点，切线与曲线的夹角 δ 即为大气折光在水平方向所产生的误差，称为旁折光差。旁折光差 δ 的大小除与大气温度梯度有关外，还与距离 d 的平方成正比，故观测时对于长边应特别注意选择有利的观测时间（如阴天）。此外视线应离障碍物 1m 以外，否则旁折光会迅速增大。

图 3-30 大气折光

其次，在晴天由于受到地面辐射热的影响，瞄准目标的像会产生跳动；大气温度的变化导致仪器轴系关系的改变；土质松软或风力的影响，使仪器的稳定性较差等等都会影响测角的精度。因此，视线应离地面在 1m 以上；观测时必须打伞保护仪器；仪器从箱子里拿出来后，应放置半小时以上，令仪器适应外界温度再开始观测；安置仪器时应将脚架踩牢等。总之要设法避免或减小外界条件的影响，才能保证应有的观测精度。

二、 竖直角测量误差

1. 仪器误差

仪器误差主要有度盘刻画误差、度盘偏心差及竖盘指标差。其中度盘刻画误差不能采用

改变度盘位置加以消除，在目前仪器制造工艺中，度盘刻画误差是较小的，一般不大于0.2″。而竖盘指标差可采用盘左盘右观测取平均值加以消除。

2. 观测误差

观测误差主要有照准误差、读数误差和竖盘指标水准管整平误差。其中前两项误差在水平角测量误差中已作论述，至于指标水准管整平误差，除观测时认真整平外，还应注意打伞保护仪器，切忌仪器局部受热。

3. 外界条件的影响

外界条件的影响与水平角测量时基本相同，但大气折光的影响在水平角测量中产生的是旁折光，在竖直角测量中产生的是垂直折光。在一般情况下，垂直折光远大于旁折光，故在布点时应尽可能避免长边，视线应尽可能离地面高一点（应大于1m），并避免从水面通过，尽可能选择有利时间进行观测，并采用对向观测方法以削弱其影响。

第四章　距离测量和直线定向

确定地面点的位置，除了测量高程和角度外，还要测量两点间的水平距离，确定直线的方向。水平距离是指地面上两点的连线在水平面上的投影长度。通常所讲的距离若不加说明即为水平距离。按照所用的仪器、工具的不同，测量距离的方法有钢尺量距、视距测量、电磁波测距等。

第一节　传统距离测量方法

钢尺量距和视距测量法属于传统的距离测量方法，现在测绘工作中用得较少。

一、钢尺量距

（一）钢尺量距工具

钢尺量距所用的工具主要为钢卷尺，其次还有花杆、测钎等辅助工具。

1. 钢卷尺

钢卷尺一般用薄钢片制成（图 4-1），其长度有 15、20、30、50m 等。目前大部分钢尺刻画至 mm 位。如以尺子的端点为零的称为端点尺 [图 4-2（a）]，如以尺子的端部某一位置为零刻画的称为刻画尺 [图 4-2（b）]。使用时应注意其零刻画线的位置，防止出错。钢卷尺量距常用于控制测量及施工放样等。当量距的

图 4-1　钢卷尺

精度要求较低时，也会用到皮尺，如图 4-3 所示，皮尺是用麻布织入金属丝制成，其长度有 20、30、50m 等，皮尺伸缩性较大，故使用时不宜浸于水中，不宜用力过大。皮尺丈量距离的精度低于钢卷尺，只适用于精度要求较低的丈量工作，如渠道测量、土石方测算等。

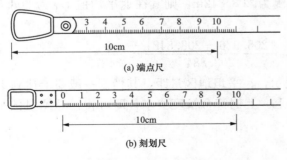

图 4-2　端点尺和刻画尺

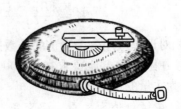

图 4-3　皮尺

51

2. 辅助工具

有花杆和测钎等。花杆是用来标定点位及方向，测钎是用来标定尺子端点的位置及计算丈量过的整尺段数。

（二）钢尺量距的一般方法

1. 在平坦地面上丈量水平距离

如图 4-4，欲丈量 AB 直线，丈量之前先要进行定线，定线可用目测法在 AB 间用花杆定直线方向。当精度要求较高时，应用经纬仪定线。

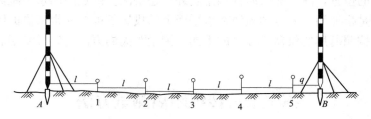

图 4-4　钢尺量距的一般方法

丈量距离时，后测手拿尺子的零端和一根测钎，立于直线的起点 A。前测手拿尺子另一端和测钎数根，沿 AB 方向前进至一整尺 1 处，前测手听后测手指挥，将尺子放在 AB 直线上，两人抖动并拉紧尺子（注意尺子不能扭曲），当后测手将零点对准 A 点，发出"好"的信号，前测手就将一根测钎对准尺子末端刻画插于地上，同时回发"好"的信号。这就完成一整尺段的丈量工作。然后两人抬起尺子，沿 AB 方向继续前进，等后测手走到 1 点时停止前进，用同样方法丈量 2、3 等整尺段。最后量不足一整尺的距离 q。设尺子长度为 l，则所量 AB 直线长度 L 可按下式计算

$$L = nl + q \tag{4-1}$$

式中　L——直线的总长度；

　　　l——尺子长度（尺段长度）；

　　　n——尺段数；

　　　q——不足一尺段的余数。

在实际丈量中，为了校核和提高精度，一般需要进行往返丈量。往测和返测之差称为较差，较差与往返丈量长度平均值之比，称为丈量的相对误差，用以衡量丈量的精度。例如一条直线的距离，往测为 208.926m，返测为 208.842m，则其往返平均值 $L_{平}$ 为 208.884m，相对误差为

$$K = \frac{|L_{往} - L_{返}|}{L_{平}} = \frac{|208.926 - 208.842|}{208.884} \approx \frac{1}{2487}$$

相对误差应用分子为 1 的分数来表示，在平坦地区量距，其精度一般要求达到 1/2000 以上，在困难的山地要求在 1/1000 以上。上例符合精度要求，即可将往返测量的平均值 $L_{平}$ 作为丈量的最终成果。

2. 在倾斜地面丈量水平距离

（1）平量法。如图 4-5（a），当地面坡度不大时，可将尺子拉平。然后用垂球在地面上标出其端点，则 AB 直线总长度可按下式计算

$$L = l_1 + l_2 + \cdots + l_n \qquad (4\text{-}2)$$

这种量距的方法，产生误差的因素很多，因而精度不高。

（2）斜量法。如果地面坡度比较均匀，可沿斜坡丈量出倾斜距离 L，并测出倾斜角 α〔图4-5（b）〕，然后按下式改算成水平距离 L。

$$D = L \cos\alpha \qquad (4\text{-}3)$$

（三）钢尺量距的精密方法

控制测量和施工放样工作中常要求量距精度达到 1/10 000～1/40 000，这就要求用精密的方法进行丈量，以下介绍钢卷尺精密量距的方法。

1. 定线

（1）清除在基线方向内的障碍物和杂草。

（2）根据基线两端点的固定桩用经纬仪定线，沿定线方向用钢卷尺进行概量，每一整尺段打一木桩，木桩需高出地面 3cm 左右，木桩

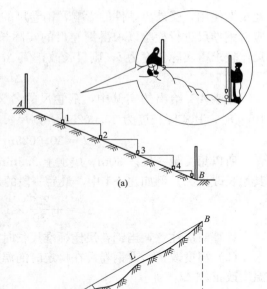

图4-5 倾斜地面量距

间的距离应略短于所使用钢卷尺的长度（例如短 5cm），并在每个桩桩顶按视线画出基线方向和其垂直向的短直线（图4-6），其交点即为钢卷尺读数的标志。

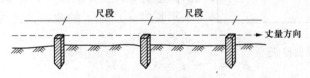

图4-6 钢尺量距的精密方法

2. 测定桩顶间高差

用水准仪按一般水准测量方法测定各段桩顶间的高差，以便计算倾斜改正数。

3. 量距

用检定过的钢尺丈量相邻木桩之间的距离。丈量时，将钢卷尺首尾两端紧贴桩顶，并用弹簧秤施以钢卷尺检定时相同的拉力（一般为 10kg），同时根据两桩顶的十字交点读数，读至毫米。读完一次后，将钢卷尺移动 1～2cm，再读两次，根据所读的三对读数即可算得三个丈量结果，三个长度间最大互差若小于 3mm，则取其平均值作为该尺段的丈量数值。每测一尺段均应记载温度，估读到 0.1℃，以便计算温度改正数。逐段丈量至终点，不足整尺段同法丈量，即为往测（记载格式见表4-1）。往测完毕后，应立即进行返测，若备有两盘比较过的钢卷尺，亦可采用两尺同向丈量。

4. 成果整理

每次往测和返测的结果，应进行尺长改正、温度改正和倾斜改正，以便算出直线的水平长度，各项改正数的计算方法如下：

（1）尺长改正。由于金属质量和刻画的精度影响，钢卷尺出厂时含有一定的误差。或者

经长期使用，受外界条件的影响，钢卷尺的长度也可能发生变化。为此，在丈量距离之前，应对钢卷尺进行检验以求得钢卷尺的实际长度。设被检验钢卷尺的名义长度为 l_0，与标准尺比较求得实际长度为 l，则尺长改正值 Δl 可按下式求得：

$$\Delta l = l - l_0 \tag{4-4}$$

如表 4-1 给出的实例中，钢卷尺的名义长度为 30m，在标准温度 $t=20℃$ 和标准拉力 10kg 时，其实际长度为 30.0025m，则尺长度改正数为

$$\Delta l = 30.0025m - 30m = +2.5mm$$

所以每丈量一尺段 30m，应加上 2.5mm 的尺长改正数；不足 30m 的尺段，按比例计算其尺长改正数。例如在 4-1 中，最后一段的尺段长为 1.8050m，其尺长改正值为

$$\Delta l = +\frac{2.5}{30} \times 1.8050 = +0.2(mm)$$

计算时应注意，当钢卷尺比标准尺长时改正值取正号，反之取负号。

（2）温度改正。设钢卷尺在检定时的温度为 t_0，而丈量时的温度为 t，则一尺段长度的温度改正数 Δl_t 为

$$\Delta l_t = \alpha(t - t_0)l \tag{4-5}$$

式中，α 为钢卷尺的膨胀系数，一般为 0.000 012/℃，l 是该尺的长度。表 4-1 算例中，第一尺段 $l=29.8650m$，$t=25.8℃$，$t_0=20℃$，则该尺段的温度改正数为

$$\Delta l_t = 0.000\ 012 \times (25.8 - 20) \times 29.8650 = +2.1(mm)$$

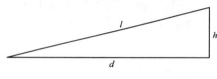

图 4-7 倾斜校正

（3）倾斜改正。如图 4-7 所示，设一尺段两端的高差为 h，量得的倾斜长度为 l，将倾斜长度化为水平长度 d 应加入的改正数为 Δl_h，其计算公式推导如下

$$h^2 = l^2 - d^2 = (l-d)(l+d)$$
$$l - d = \frac{h^2}{l+d}$$

因改正数 Δl_h 很小，在上式分母中可近似地取 $d=l$，则 Δl_h 为

$$\Delta l_h = -\frac{h^2}{2l} \tag{4-6}$$

上式中的负号是由于水平长度总比倾斜长度要短，所以倾斜改正数总是负值。以表 4-1 中第一尺段为例，该尺段两端的高差 $h=+0.272m$，倾斜长度 $l=29.8650m$，则按式（4-6）中算得倾斜改正数为

$$\Delta l_h = -\frac{0.272^2}{2 \times 29.8650} = -1.2(mm)$$

每尺段进行以上三项改正后，即得改正后尺段的长度为

$$L = l + \Delta l + \Delta l_t + \Delta l_h \tag{4-7}$$

5. 计算全长

将各个改正后的尺段长度相加，即得往测（或返测）的全长。如往返丈量相对误差小于允许值，则取往测和近测的平均值作为基线的最后长度。有时要测量若干测回（往返各一次为一测回），则取各测回的平均值作为测量结果。

表 4-1　基线丈量记录与计算表

尺段	次数	前尺读数 (m)	后尺读数 (m)	尺段长度 (m)	尺段平均长度 (m)	温度 t 温度改正 Δl_t (mm)	高差 h 倾斜改正 Δl_h (mm)	尺长改正 Δl (mm)	改正后的尺段长度 (m)	备注
A-1	1	29.930	0.064	29.866	29.8650	25.8	+0.272	+2.5	29.8684	
	2	29.940	0.076	29.864						
	3	29.950	0.085	29.865		+2.1	−1.2			
1-2	1	29.920	0.015	29.905	29.9057	27.5	+0.174	+2.5	29.9104	钢尺名义长度为30m，在标准温度和标准拉力下实际长度为30.0025m
	2	29.930	0.025	29.905						
	3	29.940	0.033	29.907		+2.7	−0.5			
⋮	…	…	…	…	…	…	…	…	…	
	…	…	…	…						
	…	…	…	…		…				
14-B	1	1.880	0.076	1.804	1.8050	27.5	−0.065	+0.2	1.8042	
	2	1.870	0.064	1.806						
	3	1.860	0.055	1.805		+0.2	−1.2			

（四）钢卷尺检定与尺长方程式

钢卷尺的检验，是将待检验的钢卷尺与已知实际长度的标准尺进行比较，求得两者间的差值，给出被检钢卷尺的尺长方程式。例如某 30m 钢卷尺的尺长方程式为

$$L_{30} = 30\text{m} + 2.5\text{mm} + 0.36(t - t_0)\text{mm} \tag{4-8}$$

式中，+2.5mm 是尺长改正数；+0.36 是 30m 钢尺温度每变化 1℃ 的温度改正数。标准尺应由国家计量单位检定认可，并有尺长方程式的尺，一般采用铟钢带尺或线尺，工程单位在要求不高时，亦可采用检定过质量较好的钢卷尺作为标准尺。

检定钢卷尺宜在恒温室或温度变化很小的地下室内进行，野外比尺时宜在阴天进行。检定方法简介如下：

（1）在一定长度（如 30m）的平台上，两端备有良好的标志，将标准尺与被检钢卷尺平放好，待尺子与室温一致后，即可开始检定。

（2）将标准尺施以 10kg 拉力，测定两端标志间的水平距离，一般应丈量 6～10 次，并读取测前测后温度各一次。

（3）同法用被检钢卷尺测定两标志间的水平距离，丈量次数可为六次。

（4）被检钢卷尺测完后，再用标准尺测定一次。

计算方法为：首先用标准尺的尺长方程式将两标志间长度计算出来，然后归算成标准温度（一般为 20℃）下的长度，这就是已知的实际长度。再算出被检钢尺丈量两标志间的名义长度，并将其归算到标准温度。用实际长度 l 减去名义长度 l_0 即得在标准温度下的尺长改正数。

在精度要求较高的情况下，必须考虑钢卷尺刻画不均匀的误差，因此亦可进行每 5m 和每米检定，例如某 30m 钢卷尺，0～5m 可进行每米检定，其余可按每 5m 检定。

若需进行悬空丈量，则应按悬链进行检定，以求得钢卷尺悬链时的尺长方程式。

（五）距离丈量误差及其消减方法

在进行距离丈量时，往返丈量的两次结果，一般不完全相等，这就说明丈量中不可避免地存在误差。为了保证丈量所要求的精度，必须了解距离丈量中的主要误差来源，并采取相应的措施消减其影响。

1. 尺长误差

钢尺本身存在有一定误差，因此，一般都应对所用钢尺进行检定，使用时加入尺长改正。若尺长改正数未超过尺长的 1/10 000，丈量距离又较短，则一般量距可不加尺长改正。

2. 温度变化的误差

钢尺的膨胀系数 $\alpha = 0.000\ 012/℃$，对每米每度变化仅 1/80 000。但当温差较大，距离很长时影响也不小。故精密量距应进行温度改正，并尽可能用点温计测定钢尺的温度。对一般量距，若丈量与检定时的温差超过 10℃，也应进行温度改正。

3. 拉力误差

如果丈量不用弹簧秤，仅凭手臂感觉，则与检定时的拉力产生误差。一般最大拉力误差可达 50N 左右，对于 30m 长的钢尺可产生 ±1.9mm 的误差，其影响比前两项小。但在精密量距时应用弹簧秤使其拉力与检定时的拉力相同。

4. 钢尺不水平的误差

钢尺不水平将使所量距离增长，对一把 30m 的钢尺，若两端高差达 0.3m，则产生 1.5mm 的误差，其相对误差为 1/20 000，在一般量距中，应使尺段两端基本水平，其差值应小于 0.3m。对精密量距，则应测出尺段两端高差，进行倾斜改正。

5. 定线误差

丈量时若偏离直线方向，则成一折线，使所量距离增长，这与钢尺不水平的误差相似。当用标杆目测定线，应使各整尺段偏离直线方向小于 0.3m，在精密量距中，应用经纬仪定线。

6. 风力影响

丈量距离时，若风速较大，将对丈量产生较大误差，故在风速较大时，不宜进行距离丈量。

7. 其他

在一般量距方法中，采用测钎或垂球对点，均可能产生较大误差，操作时应加倍注意。

二、视距测量

视距测量是利用经纬仪同时测定站点至观测点之间的水平距离和高差的一种方法，这种方法虽然精度较低（相对误差仅有 1/200～1/300），目前很少采用。

在经纬仪望远镜的十字丝分画板上，刻有与横丝平行并且等距离的两根短丝称为视距丝（图 4-8）。利用视距丝、视距尺（也可用水准尺代替）和经纬仪上的竖直度盘就可以进行视距测量。

（一）视距测量原理

1. 视线水平时

如图 4-8 所示，在 A 点上安置仪器，照准在 B 点上竖立的视距尺。当望远镜的视线水平时，望远镜的视线与视距尺面垂直。对光后，视距尺的像落在十字丝分画板的平面上，这时尺上 G 点和 M 点的像与视距丝的 g 和 m 重合。为便于说明，根据光学原理，可以反过来把 g 点和 m 点当作发光点，从该两点发出的平行光轴的光线，经折射后必定通过物镜的前焦点 F，交于视距尺 G、M 两点。

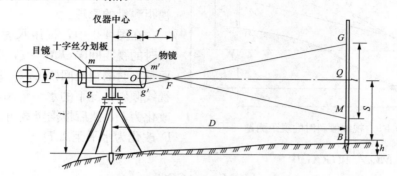

图 4-8 视线水平时视距测量

由图 4-8 中的相似三角形 GFM 和 $g'Fm'$ 可以得出

$$\frac{GM}{g'm'}=\frac{FQ}{FO}$$

式中 $GM=l$ —— 视距间隔；

$FO=f$ —— 物镜焦距；

$g'm'=p$ —— 十字丝分画板上两视距丝的固定间距。

于是

$$FQ=\frac{FO}{g'm'}\times GM=\frac{f}{p}\times l$$

从图 4-8 可以看出，仪器中心离物镜前焦点 F 的距离为 $\delta+f$，其中 δ 为仪器中心至物镜光心的距离。故仪器中心至视距尺水平距离为

$$D=\frac{f}{p}\times l+(f+\delta) \tag{4-9}$$

式中，$\frac{f}{p}$ 和 $(f+\delta)$ 分别称为视距乘常数和视距加常数。令

$$\frac{f}{p}=K, \quad f+\delta=C$$

则式（4-9）可改写为

$$D=Kl+C \tag{4-10}$$

为了计算方便起见，在设计制造仪器时，通常令 $K=100$，对于内对光望远镜，由于设计仪器时使 C 值接近于零，故加常数 C 可以不计。这样测站点 A 至立尺点 B 的水平距离为

$$D=Kl \tag{4-11}$$

从图 4-8 中可以看出，当视线水平时，为了求得 AB 两点间的高差，用尺子量取仪器高 i，读出视距尺的中丝读数 S，则 AB 两点的高差为

$$h=i-s \tag{4-12}$$

2. 视线倾斜时

在地形起伏较大的地区进行视距测量时，必须把望远镜的视线放在倾斜位置才能看到视

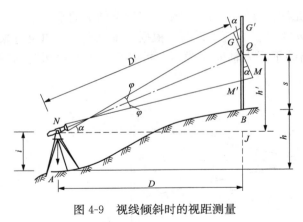

图 4-9 视线倾斜时的视距测量

距尺（图 4-9），如果视距尺仍垂直地竖立于地面，则视线就不再与视距尺面垂直，因而上面导出的公式就不再适用。为此下面将讨论当望远镜的视线倾斜时视距测量的原理。

在图 4-9 中，视距尺垂直竖立于 B 点时的视距间隔 $G'M'=l$，假定视线与尺面垂直时的视距间隔 $GM=l'$。为了推算视线倾斜情况下的水平距离，首先要将 l 改化为 l'，然后根据竖直角 α 将倾斜距离 D' 改化为水平距离 D。

在三角形 MQM' 和 GQG'' 中

$$\angle MQM' = \angle GQG' = \alpha$$
$$\angle QMM' = 90° - \varphi$$
$$\angle QGG' = 90° + \varphi$$

式中，φ 为上（或下）视距丝与中丝间的夹角，其值一般约为 $17'$ 左右，是一个小角，所以 $\angle QMM'$ 和 $\angle QGG'$ 可近似地看作为直角，这样可得出

$$l' = GM = QG'\cos\alpha + QM'\cos\alpha = (QG' + QM')\cos\alpha$$

而 $QG' + QM' = G'M' = l$，故有　　$l' = l\cos\alpha$ 　　　　　　　　　　　　　　(4-13)

应用式（4-11）和上式可得出 NQ 的长度，即倾斜距离 D' 为

$$D' = Kl' = Kl\cos\alpha$$

再利用直角三角形 QJN 将 D' 化为水平距离 D 得

$$D = D'\cos\alpha = Kl\cos^2\alpha$$ 　　　　　　　　　　　　　　(4-14)

经纬仪横轴到 Q 点的高差 h'（称初算高差），亦可从直角三角形 QJN 中求出

$$h' = D'\sin\alpha = Kl\cos\alpha\sin\alpha = \frac{1}{2}Kl\sin2\alpha$$ 　　　　　　(4-15)

或 $h' = D\tan\alpha$，而 AB 两点间的高差 h 为

$$h = h' + i - s$$ 　　　　　　　　　　　　　　(4-16)

式中，i 为仪器高，s 为十字丝的中丝在视距尺上的读数（图 4-9）。

当十字丝的中丝在视距尺上的读数恰好为仪器高 i，即 $s=i$ 时，由式（4-15）得

$$h = h'$$ 　　　　　　　　　　　　　　(4-17)

（二）视距测量方法

（1）将经纬仪安置在测站点 A 上（图 4-9），对中和整平。

（2）量取仪器高 i，量至厘米即可。

（3）判断竖直角计算公式。本例盘左望远镜仰起竖盘读数减少，竖直角计算公式为 $\alpha = 90° - L$。

（4）将视距尺立于欲测的 B 点上，盘左瞄准视距尺，并使中丝截取视距尺上某一整数 s 或仪器高 i，分别读出上下丝和中丝读数，将下丝读数减去上丝读数得视距间隔 l。

（5）在中丝不变的情况下，读取竖直度盘的读数（读数前必须使竖盘指标水准管的气泡

居中），并将竖直度盘读数化算为竖直角 α。

（6）根据测得的 l、α、s 和 i 按式（4-13）、式（4-14）和式（4-15）计算水平距离 D 和高差 h，再根据测站的高程计算出测点的高程（见表 4-2）。

表 4-2　　　　　　　　　　　　视距测量记录表

测站名称　<u>A</u>　　仪器　<u>J6 型经纬仪</u>　　测站高程 <u>47.36m</u>　　仪器高 $i=1.47$m

测点	上丝读数 下丝读数 (m)	视距间隔 l(m)	中丝读数 s(m)	竖盘读数 ° ′	竖直角 ° ′	水平距离 D(m)	初算高差 h'(m)	高差 h(m)	测点高程 H(m)
1	2.253 1.747	0.506	2.00	86　59	+3　01	50.46	+2.66	+2.13	49.49
2	1.915 1.025	0.890	1.47	95　17	−5　17	88.25	−8.16	−8.16	39.20

三、　视距测量误差

（一）仪器误差

视距乘常数 K 对视距测量的影响较大，而且其误差不能采用相应的观测方法加以消除，故使用一架新仪器之前，应对 K 值进行检定。另外竖直度盘指标差的残余部分，可采用盘左、盘右观测取竖直角的平均值来消除。

（二）观测误差

进行视距测量，视距尺竖得不铅直，将使所测得的距离和高差存在误差，其误差随视距尺的倾斜而增加，故测量时应注意将尺竖直。另外在估读毫米位时应十分小心。

（三）外界影响

由于风沙和雾气等原因造成视线不清晰，往往会影响读数的准确性，最好避免在这种天气进行视距测量。另外，从上、下两视距丝出来的视线，通过不同密度的空气层将产生垂直折光差，特别是接近地面的光线折射更大，所以上丝的读数最好离地面 0.3m 以上。

在一般情况下，读取视距间隔的误差是视距测量误差的主要来源，因为视距间隔乘以常数 K，其误差也随之扩大 100 倍，对水平距离和高差影响都较大，故进行视距测量时，应认真读取视距间隔。

从视距测量原理可知，竖直角误差对水平距离影响不显著，而对高差影响较大，故用视距测量方法测定高差时应注意准确测定竖直角。读取竖盘读数时，应严格令竖盘指标水准管气泡居中。

第二节　电磁波测距

电磁波测距是利用光波或微波作为载波以测定两点之间的距离。它与上述钢卷尺量距和视距测量相比，具有测程长、精度高，方便简捷，几乎不受地形限制等优点。目前电磁波测距仪可分为三种：一是用微波段的无线电波作为载波的微波测距仪；二是用激光作为载波的激光测距仪；三是用红外光作为载波的红外测距仪。后两种又统称光电测距仪。微波和激光测距仪多属长程测距，测程可达 60km；红外测距仪属中、短程测距，测程一般在 15km 以内，在工程测量中使用较广泛。

一、 电磁波测距的基本原理

如图 4-10 所示，为了测定 A、B 间的距离 D，将测距仪安置于 A 点，反光棱镜安置于 B 点，测距仪连续发射的红外光到达 B 点后，由反光镜反射回仪器。光的传播速度 c 约为 $3 \times 10^8 \mathrm{m/s}$，若能测定光束在距离 D 上往返所经历的时间 t，则被测距离 D 可由下式求得

$$D = \frac{1}{2} ct \tag{4-18}$$

但一般 t 值是很微小的，如 D 为 500m，t 仅为 $\dfrac{1}{300\ 000}$s，要测定这样微小的时间间隔是极为困难。

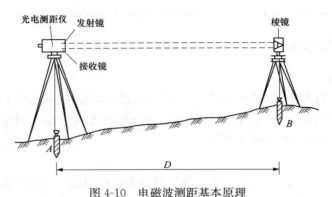

图 4-10　电磁波测距基本原理

因此，在光电测距仪中，根据测量光波在待测距离 D 上往返一次传播时间方法的不同，光电测距仪可分为相位法和脉冲法两种。

1. 相位法测距原理

相位式是把距离与时间的关系，改化为距离与相位的关系。即由仪器发射连续的调制光波，用测定调制光波的相位来确定距离。

红外光电测距仪简称红外测距仪，采用砷化镓（GaAs）发光二极管作光源，能连续发光，具有体积小，重量轻，功耗小等特点。

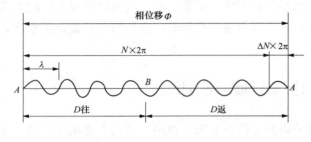

如图 4-11 所示，由 A 点发出的光波，到达 B 点后反射回 A 点。将光波往返于被测距离上的图形展开，成一连续的正弦曲线。其中光波一周期的相位变化为 2π，路程的长度恰为一个波长 λ。设调制光波的频率为 f，则光波从 A 到 B 再返回 A 的相位移 φ 可由下式求得

图 4-11　红外测距原理

$$\varphi = 2\pi ft$$

即

$$t = \frac{\varphi}{2\pi f}$$

代入式（4-18），得

$$D = \frac{c}{2f} \times \frac{\varphi}{2\pi}$$

因为

$$\lambda = \frac{c}{f}$$

所以

$$D = \frac{\lambda}{2} \times \frac{\varphi}{2\pi} \qquad\qquad (4-19)$$

其中相位移 φ 是以 2π 为周期变化的。

设从发射点至接收点之间的调制波整周期数为 N，不足一个整周期的比例数为 ΔN，由图 4-11 可知

$$\varphi = N \times 2\pi + \Delta N \times 2\pi$$

代入式（4-19），得

$$D = \frac{\lambda}{2}(N + \Delta N) \qquad\qquad (4-20)$$

上式即为相位法测距的基本公式。它与用钢尺丈量距离的情况相似，$\lambda/2$ 相当于整尺长，称为"光尺"，N 与 ΔN 相当于整尺段数和不足一整尺段的零数，$\lambda/2$ 为已知，只要测定 N 和 ΔN，即可求得距离 D。但是仪器上的测相装置，只能测定 $0 \sim 2\pi$ 的相位变化，而无法确定相位的整周期数 N。如"光尺"为 10m，则只能测定小于 10m 的距离，为此一般仪器采用两个调制频率的"光尺"分别测定小数和大数。例如，"精尺"长为 10m，"粗尺"长为 1000m，若所测距离为 476.384m，则由"精尺"测得 6.384m，"粗尺"测得 470m，显示屏上显示两者之和为 476.384m。如被测距离大于 1000m（例如 1367.835m），则仪器仅显示 367.835m。对于测程较长的中程和远程光电测距仪，一般采用三个以上的调制频率进行测量。

2. 脉冲法测距原理

图 4-12 可说明脉冲法测距的原理，脉冲法测距使用的光源为激光器，它发射一束极窄的光脉冲射向目标，同时输出一束电脉冲信号，打开电子门让标准频率发生器产生的时标脉冲通过并对其进行计数。光脉冲被目标反射后回到发射器，同样产生一束电脉冲，关闭电子门阻止时标脉冲通过。电子门开关的时间，即测距光脉冲往返的时间 t_{2D}，见图 4-12。

若其间通过的时标脉冲为 n，则

$$t_{2D} = n\frac{1}{f} \qquad\qquad (4-21)$$

$$D = \frac{c}{2}\frac{n}{f} \qquad\qquad (4-22)$$

式中　f——时标脉冲的频率；

$1/f$——脉冲周期；

λ——波长。

显然，$\lambda/2$ 为一个时标脉冲所代表的距离。

波长与频率的乘积等于波每秒传播的距离，即波速 $c = \lambda f$，当电磁波频率等于 150MHz

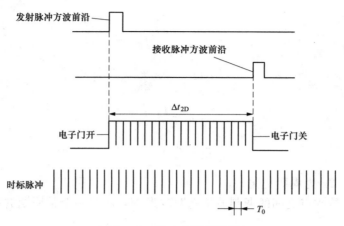

图 4-12　脉冲法测距原理

时，其波长等于 2m，则一个时标脉冲代表的距离为 1m。当知道时标脉冲的个数时，待测距离就会很容易求出来。

脉冲法测距的精度直接受到时间测定精度的限制，例如，如果要求测距精度 $\Delta D \leqslant 1cm$，则要求时间测定的精度为

$$\Delta t \leqslant 2 \times \Delta D/c \approx 2 \times (3 \times 10^{-10})(s) \tag{4-23}$$

这就要求时标脉冲的频率 f 达到 15 000MHz，目前计数频率一般达到 150MHz 或 30MHz，计时精度只能达到 $10^{-8}s$ 量级，即测距精度仅达到 1m 或 0.5m。

由测距的基本原理的及计时技术决定了相位法测距和脉冲法测距的应用方向，一般中、短程测距仪多采用相位法测距，远程测距仪多采用脉冲法测距。目前，徕卡公司的 DIOR3000 系列是市场上尚存的少数长距离脉冲式测距仪之一。

二、 测距仪的使用

测距仪由于体积小，一般可安装在经纬仪上，便于同时测定距离和角度，故在工程测量中使用较为广泛。目前红外测距仪的类型较多，由于仪器结构不同，操作方法也各异，使用时应严格按照仪器使用手册进行操作。现仅介绍两种红外测距仪的使用方法。

（一）ND3000 红外测距仪

1. 仪器简介

ND3000 红外测距仪是我国南方公司生产的相位式测距仪，将其安置于经纬仪上如图 4-13 所示。它自带望远镜，望远镜的视准轴、发射光轴和接收光轴同轴。利用测距仪面板上的键盘，将经纬仪测得的竖直角输入测距仪中，即可算出水平距离和高差。

与测距仪配套使用的棱镜有座式和杆式之分，如图 4-14 所示。座式棱镜的稳定性和对中精度高于杆式棱镜，但杆式棱镜较为轻便，故在高精度测量中多使用座式棱镜，一般测量常使用杆式棱镜。

ND3000 红外测距仪的主要技术指标如下。

（1）测程：单棱镜 2000m，三棱镜 3000m。

（2）精度：测距中误差为 $\pm(5mm + 3 \times 10^{-6}D)$。

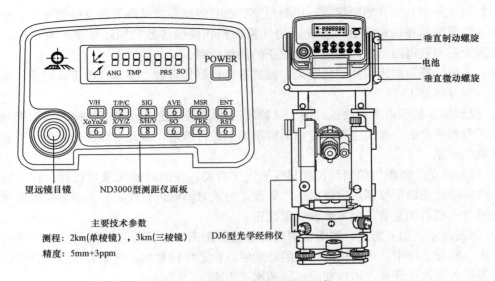

望远镜目镜　ND3000型测距仪面板

主要技术参数

测程：2km(单棱镜)，3km(三棱镜)　DJ6型光学经纬仪

精度：5mm+3ppm

图 4-13　ND3000 型红外测距仪

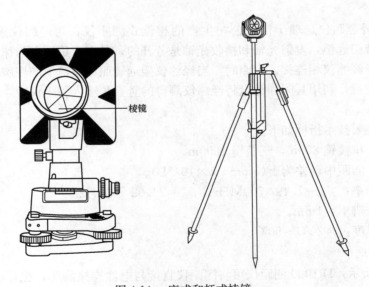

棱镜

图 4-14　座式和杆式棱镜

（3）测尺频率：$f_精 = 14\ 835\ 547\text{Hz}$，$f_{粗1} = 146\ 886\text{Hz}$，$f_{粗2} = 146\ 854\text{Hz}$。

（4）最小分辨率：1mm。

（5）工作温度：$-20 \sim +50℃$。

2. 测距方法

（1）安置仪器。在测站上安置经纬仪，将测距仪连接到经纬仪上，装好电池。在待测点上安置棱镜，用棱镜架上的照准器照准测距仪。

（2）测量竖直角。用经纬仪望远镜照准棱镜中心，读取竖盘读数，测得竖直角。

（3）测定现场的气温和气压。

（4）测量距离。打开测距仪，利用测距仪的垂直制动和微动螺旋照准棱镜中心。检查电池电压、气象数据和棱镜常数，若显示的气象数据和棱镜常数与实际数据不符，应重新输入。按测距键即获得两点之间经过气象改正的倾斜距离。

（5）成果计算。测距仪测得的距离，需要进行仪器加常数、乘常数改正，以及气象和倾斜改正，现分述如下。

1）仪器加常数和乘常数改正。由于仪器制造误差以及使用过程中各种因素的影响，对仪器加常数和乘常数一般应定期在专用的检定场上进行检定，据此对测得的距离进行加常数和乘常数的改正。

2）气象改正。测距仪的测尺长度与气温气压有关，观测时的气象与仪器设计的气象通常不一致，因此应根据仪器厂家提供的气象改正公式对测值进行改正。当测量精度要求不高时，也可省去仪器加常数、乘常数和气象改正。

3）倾斜改正。如上所述，测距仪测得的是倾斜距离，应按照经纬仪测得的竖直角进行倾斜改正。实际工作中，可利用测距仪的功能键盘设定棱镜常数、气象数据和竖盘读数，仪器即可进行各项改正计算，迅速获得相应的水平距离。

（二）DI1000 红外测距仪

1. 仪器简介

DI1000 红外测距仪是瑞士徕卡公司生产的相位式测距仪，与经纬仪连接如图 4-15 所示。该仪器不带望远镜，发射光轴和接收光轴是分开的，备有专用设备与徕卡公司生产的光学经纬仪或电子经纬仪相连接。测距时，当经纬仪望远镜照准棱镜下的觇牌时，测距仪的发射光轴即照准棱镜，利用其附加键盘将经纬仪测得的竖直角输入测距仪中，即可算出水平距离和高差。

该仪器的主要技术指标如下。

（1）测程：单棱镜 800m，三棱镜 1600m。

（2）精度：测距中误差为 $\pm(5mm + 5 \times 10^{-6}D)$。

（3）测尺频率：$f_{精} = 7.492\ 700MHz$，$f_{粗} = 74.92\ 700kHz$。

（4）最小分辨率：1mm。

（5）工作温度：$-20℃ \sim 50℃$。

2. 测距方法

如图 4-15 所示，DI1000 测距仪可将测距仪直接与电池连接测距，也可将测距仪经过附加键盘与电池连接测距。该仪器除可直接测距外，还可跟踪测设距离。仪器的操作面板如图 4-16 所示。其中测距仪上有 3 个按键，附加键盘上有 15 个按键。每个按键具有双功能或多功能。各键的功能与使用方法可参阅仪器操作手册。测距时，用经纬仪测量竖直角，用气压计和温度计测定现场气温、气压后，用测距仪测定倾斜距离，从键盘上输入相应数据，最后获得两点之间经过气象和倾斜等各项改正的水平距离和高差。

三、 光电测距误差

光电测距误差大致可分为两类。一是与被测距离长短无关的，如仪器对中误差、测相误差和加常数误差等，称为固定误差；二是与被测距离成正比的，如光速值误差、大气折射率误差和调制频率误差等，称为比例误差。

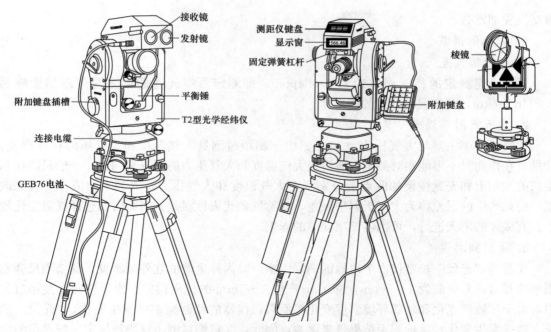

图 4-15　安装在光学经纬仪上的 DI1000 型红外测距仪及其单棱镜

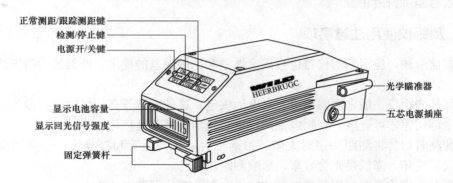

图 4-16　DI1000 型测距仪的操作面板

（一）固定误差

1. 仪器对中误差

安置测距仪和棱镜未严格对中所产生的误差。作业时精心操作，使用经过检校的光学对中器，其对中误差一般应小于 2mm。

2. 测相误差

测相误差包括数字测相系统的误差和测距信号在大气传输中的信噪比误差等。前者取决于仪器的性能和精度，后者与测距时的外界条件有关，如空气的透明度、闲杂光的干扰以及视线离地面和障碍物的远近等，该误差具有一定偶然性，一般通过多次观测取平均值，可削弱其影响。

3. 加常数误差

仪器的加常数是由厂家测定后，预置于逻辑电路中，对测距结果进行自动修正。有时由于仪器元件老化等原因，会使加常数发生变化。故应定期检测，如有变化，应及时在仪器中重新设置加常数。

（二）比例误差

1. 光速值误差

真空光速测定的相对误差约为 0.004ppm，即测定真空光速的误差对测距的影响是 0.004mm/km，其值很小，可忽略不计。

2. 大气折射率误差

大气折射率主要与大气压力 p 有关。由于测距时测量大气温度和大气压力存在误差，特别是在作业时不可能实时测定光波沿线大气温度和大气压力的积分平均值，一般只能在测距仪的测站上和安置棱镜的测点上分别测定大气温度和大气压力，取其平均值作为气象改正，由此产生的误差称为大气折射率误差，亦称气象代表性误差。测距时如选择气温变化较小、有微风的阴天进行，可削弱该项误差的影响。

3. 调制频率误差

仪器的"光尺"长度仅次于仪器的调制频率，国内外生产的红外测距仪，其精测尺调制频率的相对误差一般为 1～5ppm，即 1km 产生 1～5mm 的比例误差。由于仪器在使用过程中，电子元器件老化和外部环境温度变化等原因，仪器的调制频率将发生变化，"光尺"的长度随之发生变化，这给测距结果带来误差，因此，在定期对测距仪进行检定，按求得的比例改正数对测距进行改正。

四、 测距仪使用注意事项

（1）如前所述，应定期对仪器进行固定误差和比例误差的检定，使测量的精度达到预定要求。

（2）红外测距仪一般采用镍镉可充电电池供电，这种电池具有记忆效应，因此应确认电池的电量全部用完才可充电，否则电池的容量将逐渐衰减甚至损坏。

（3）观测时切勿将测距头正对太阳，否则将会烧坏发光管和接收管。并应用伞遮住仪器，否则仪器受热，降低发光管效率，影响测距。

（4）反射信号的强弱对测距精度影响较大，因此要认真照准棱镜。

（5）主机应避开高压线、变压器等强电干扰，视线应避开反光物体及有电信号干扰的地方，尽量不要逆光观测。若观测时视线临时被阻，该次观测应舍弃并重新观测。

（6）应认真做好仪器和棱镜的对中整平工作，并令棱镜对准测距仪，否则将产生对中误差及棱镜的偏歪和倾斜误差。

（7）应在关机状态接通电源，关机后再卸电源。观测完毕应随即关机，不能带电迁站。应保持仪器和棱镜的清洁和干燥，注意防潮防震。

（8）应选择大气比较稳定，通视比较良好的条件下观测。视线不宜靠近地面或其他障碍物。

第三节 直 线 定 向

确定地面上两点之间的相对位置，仅仅知道两点之间的水平距离是不够的，还必须确定此直线与标准方向之间的水平夹角。确定直线与标准方向之间的水平角度称为直线定向。

一、 标准起始方向的种类

在测量工作中，通常以真北方向、磁北方向或坐标纵轴作为标准起始方向。

（一）真北方向

通过地面上某点指向地球南北极的方向线，称为该点的真子午线。真北方向是通过地面上一点的真子午线切线的正向。真北方向可用天文观测方法测定。

（二）磁北方向

磁针在地球磁场的作用下自由静止时所指的方向，即为磁子午线方向。磁北方向是通过地面上一点的磁子午线切线的正向。磁北方向可以用罗盘仪观测得到。由于地磁的两极与地球的两极并不重合，故同一点的磁北方向和真北方向通常是不一致的，它们之间的夹角称为磁偏角，以 δ 表示，如图 4-17 所示。当磁针北端偏向真北方向以东称东偏，其磁偏角为 $+\delta$；偏向真北方向以西称西偏，其磁偏角为 $-\delta$。磁偏角的大小随地点的不同而异，即使同一地点，由于地磁经常变化，随着时间的不同，磁偏角的大小也有变化。我国磁偏角的变化在 $+6°$（西北地区）和 $-10°$（东北地区）之间。北京地区的磁偏角约为 $-6°$。

虽然磁北方向与真北方向不重合（图 4-18），但它接近于真北方向；而且测定磁北方向方法简单，因此，可以作为局部地区测量定向的依据。

（三）坐标纵轴

经过地球表面上各点的子午线收敛于地球两极。地面上两点子午线方向间的夹角称为子午线收敛角，用 γ 表示（图 4-19）。它给计算工作带来不少麻烦，因此，在测量上常采用高斯—克吕格平面直角坐标（详见第一章）的坐标纵轴作为标准方向，并且在小区域的普通测量工作中主要是采用平面直角坐标来确定位置，故往往在某点测定其磁北方向或真北方向后，常以坐标纵轴作为标准方向，优点是任何点的标准方向都平行于坐标纵轴，这样对计算较为方便。

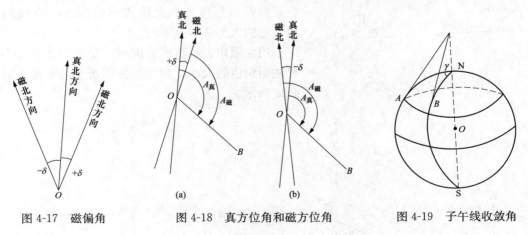

图 4-17 磁偏角　　　　图 4-18 真方位角和磁方位角　　　　图 4-19 子午线收敛角

二、 直线方向的表示方法

测量中常用方位角、坐标方位角和象限角表示直线的方向。

（一）方位角

从起始方向北端起，顺时针方向量到某一直线的水平角称为该直线的方位角。方位角的

大小从 $0°$ 到 $360°$。

以真北方向作为起始方向的方位角称为真方位角，以磁北方向作为起始方向的方位角称为磁方位角。磁方位角与真方位角之间相差一个磁偏角，若该点的磁偏角已知，则可进行换算。如图4-18所示，$A_真$ 和 $A_磁$ 分别为直线的真方位角和磁方位角，δ 为磁偏角，则有下列关系式

$$A_真 = A_磁 \pm \delta \tag{4-24}$$

式中的磁偏角 δ，东偏为正，西偏为负。

由于地球上各点的真北方向都是指向北极，并不相互平行，因此，同一直线上从不同点的正北方向起算，其方位角也不相等。如图4-20中，在直线 MN 上，M 至 N 的方位角为 A_{MN}。N 至 M 的方位角为 A_{NM}。它们的关系是

$$A_{NM} = A_{MN} + 180° + \gamma \tag{4-25}$$

其中，γ 为两点真北方向间所夹的角度，称为子午线收敛角。如果两点相距不远，其收敛角甚小，可忽略不计。故在小区域进行测量时，可把各点的真北方向视为平行，亦即以坐标纵轴作为定向的起始方向。

（二）坐标方位角

从纵坐标轴北端按顺时针方向量到一直线的水平角称为该直线的坐标方位角。如图4-21所示，α_{AB} 为 A 至 B 的坐标方位角，α_{BA} 为 B 至 A 的坐标方位角。其关系式为

$$\alpha_{BA} = \alpha_{AB} \pm 180°$$

设 A 点位直线的起始端，B 点位直线的终端，则按直线方向如称 α_{AB} 为正方位角，则 α_{BA} 为其反方位角。总之，正、反方位角之间相差 $180°$。由此可见采用坐标纵轴作为定向的起始方向，对计算较为方便。如果不做特殊说明，方位角即为坐标方位角简称。

（三）象限角

在实际工作中，有时也用象限角表示直线的方向，或为了计算的方便，把方位角换算成象限角。象限角是从标准方向北端或南端到某一直线的锐角，它的大小从 $0°$ 到 $90°$。

用象限角表示直线方向时，要特别注意，不但要注明角值的大小，而且要注明所在的象限，如图4-22所示。

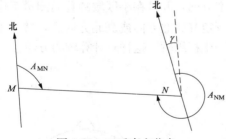

图 4-20　正反真方位角

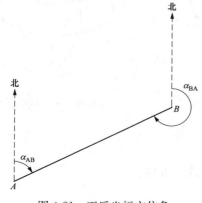

图 4-21　正反坐标方位角

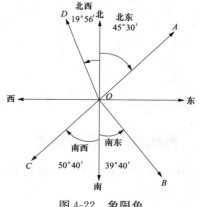

图 4-22　象限角

(1) OA 的象限角为北东 $45°30'$。

(2) OB 的象限角为南东 $39°40'$。

(3) OC 的象限角为南西 $50°40'$。

(4) OD 的象限角为北西 $19°56'$。

如 α 以表示方位角，R 表示象限角，根据图 4-23 不难找出方位角和象限角的换算关系。

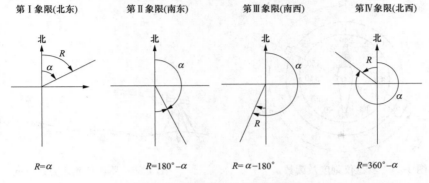

图 4-23　象限角与方位角的关系

三、 罗盘仪及其使用

罗盘仪是用来测定直线方向的仪器，测得的是磁方位角。其精度虽不高，但具有结构简单，使用方便等特点。

1. 罗盘仪的构造

罗盘仪主要由磁针、刻度盘和望远镜等三部分组成（图 4-24）。磁针位于刻度盘中心的顶针上，静止时，一端指向地球的南磁极，另一端指向北磁极。一般在磁针的北端涂以黑漆，在南端绕有铜丝，可以用此标志来区别北端或南端。磁针下有一小杠杆，不用时应拧紧杠杆一端的小螺钉，使磁针离开顶针，避免顶针不必要的磨损。刻度盘的刻画通常以 $1°$ 或 $30'$ 为单位，每 $10°$ 有一注记，刻度盘按反时针方向从 $0°$ 注记到 $360°$。望远镜装在刻度盘上，物镜端与目镜端分别在刻画线 $0°$ 与 $180°$ 的上面（图 4-25）。罗盘仪在定向时，刻度盘与望远镜一起转动指向目标，当磁针静止后，度盘上由 $0°$ 逆时针方向至磁针北端所指的读数，即为所测直线的方位角。

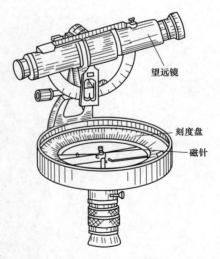

图 4-24　罗盘仪

2. 用罗盘仪测定直线方向

如图 4-26 所示，为了测定直线 AB 的方向，将罗盘仪安置在 A 点，用垂球对中，使度盘中心与 A 点处于同一铅垂线上，再用仪器上的水准管使度盘水平，然后放松磁针，用望远镜瞄准 B 点，待磁针静止后，磁针所指的方向即为磁北方向，磁针指北的一端在刻度盘上的读数即是直线 AB 的磁方位角。

使用罗盘仪进行测量时，附近不能有任何铁器，并要避免高压线，否则磁针会发生偏转，影响测量结果。必须等待磁针静止才能读数，读数完毕应将磁针固定以免磁针的顶针被磨损。若磁针摆动相当长时间还无法静止，这表明仪器使用太久，磁针的磁性不足，应进行充磁。

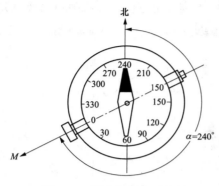

图 4-25　罗盘仪刻度及读数

图 4-26　罗盘仪测定直线方向

第五章 全站仪测量

第一节 全站仪基本知识

一、概述

全站仪是随着角度测量自动化和光电测距的出现而产生的，最初的全站仪为组合式，即光电测距仪与光学经纬仪组合，或光电测距仪与电子经纬仪组合，后来发展到整体式全站仪，即将光电测距仪的光波发射接收系统的光轴和经纬仪的视准轴组合为同轴的整体式全站仪。

最初速测仪的距离测量是通过光学方法来实现的，称这种速测仪为"光学速测仪"。实际上，"光学速测仪"就是指带有视距丝的经纬仪，被测点的平面位置由方向测量及光学视距来确定，而高程则是用三角测量方法来确定的。

随着电子测距技术的出现，大大地推动了速测仪的发展。用电磁波测距仪代替光学视距经纬仪，使得测程更大、测量时间更短、精度更高。人们将距离由电磁波测距仪测定的速测仪笼统地称之为"电子速测仪"（Electronic Tachymeter）。

然而，随着电子测角技术的出现。这一"电子速测仪"的概念又相应地发生了变化，根据测角方法的不同分为半站型电子速测仪和全站型电子速测仪。半站型电子速测仪是指用光学方法测角的电子速测仪，也有称之为"测距经纬仪"。这种速测仪出现较早，并且进行了不断的改进，可将光学角度读数通过键盘输入到测距仪，对斜距进行化算，最后得出平距、高差、方向角和坐标差，这些结果都可自动地传输到外部存储器中。全站型电子速测仪则是由电子测角、电子测距、电子计算和数据存储单元等组成的三维坐标测量系统，测量结果能自动显示，并能与外围设备交换信息的多功能测量仪器。由于全站型电子速测仪较完善地实现了测量和处理过程的电子化和一体化，所以人们也通常称之为全站型电子速测仪或简称全站仪。

20 世纪 80 年代末，人们根据电子测角系统和电子测距系统的发展不平衡，将全站仪分成两大类，即积木式和整体式。20 世纪 90 年代以来，基本上都发展为整体式全站仪。

二、基本原理

全站仪，即全站型电子速测仪（Electronic Total Station），是一种集光、机、电为一体的高技术测量仪器，是集水平角、垂直角、距离（斜距、平距）、高差测量功能于一体的测绘仪器系统。与光学经纬仪相比，全站仪将光学度盘换为光电扫描度盘，将人工光学测微读数代之以自动记录和显示读数，使测角操作简单化，而且可以避免读数误差的产生。全站仪的自动记录、储存、计算功能，以及数据通信功能，进一步提高了测量作业的自动化程度。

全站仪的水平度盘和竖直度盘及其读数装置是分别采用两个相同的光栅度盘（或编码盘）和读数传感器进行角度测量的。根据测角精度可分为 $0.5''$、$1''$、$2''$、$3''$、$5''$ 等几个等级。

因其一次安置仪器就可完成该测站上全部测量工作，所以称之为全站仪。其被广泛用于地上大型建筑和地下隧道施工等工程测量领域。

三、 全站仪种类

全站仪采用了光电扫描测角系统，其类型主要有：编码盘测角系统、光栅盘测角系统及动态（光栅盘）测角系统等三种。

1. 全站仪按其外观结构可分为两类

（1）积木型（Modular，又称组合型）。早期的全站仪，大都是积木型结构，即电子速测仪、电子经纬仪、电子记录器各是一个整体，可以分离使用，也可以通过电缆或接口把它们组合起来，形成完整的全站仪。

（2）整体型（Integral）。随着电子测距仪进一步的轻巧化，现代的全站仪大都把测距，测角和记录单元在光学、机械等方面设计成一个不可分割的整体，其中测距仪的发射轴、接收轴和望远镜的视准轴为同轴结构。这对保证较大垂直角条件下的距离测量精度非常有利。

2. 全站仪按测量功能可分成四类

（1）经典型全站仪（Classical total station）。经典型全站仪也称为常规全站仪，具备全站仪电子测角、电子测距和数据自动记录等基本功能，有的还可以运行厂家或用户自主开发的机载测量程序。其经典代表为徕卡公司的 TC 系列全站仪（图 5-1）。

（2）机动型全站仪（Motorized total station）。在经典全站仪的基础上安装轴系步进电机，可自动驱动全站仪照准部和望远镜的旋转。在计算机的在线控制下，机动型系列全站仪可按计算机给定的方向值自动照准目标，并可实现自动正、倒镜测量。徕卡 TCM 系列全站仪就是典型的机动型全站仪。

图 5-1　TCRP 全站仪

（3）无合作目标型全站仪（Reflectorless total station）。无合作目标型全站仪是指在无反射棱镜的条件下，可对一般的目标直接测距的全站仪。因此，对不便安置反射棱镜的目标进行测量，无合作目标型全站仪具有明显优势。如徕卡 TCR 系列全站仪，无合作目标距离测程可达 200m，可广泛用于地籍测量，房产测量和施工测量等。

（4）智能型全站仪（Robotic total station）。在机动型全站仪的基础上，仪器安装自动目标识别与照准的新功能，因此在自动化的进程中，全站仪进一步克服了需要人工照准目标的重大缺陷，实现了全站仪的智能化。在相关软件的控制下，智能型全站仪在无人干预的条件下可自动完成多个目标的识别、照准与测量，因此，智能型全站仪又称为"测量机器人"，智能型全站仪典型的代表有徕卡 TC 和 TCA 系列全站仪等（图 5-2）。

3. 全站仪按测程可以分为三类

（1）短距离测距全站仪。测程小于 3km，一般精度为 $\pm(2mm+2ppm\times D)$ 或者更高，主要用于普通测量和城市测量。

图 5-2　全站仪 TCA2003

（2）中测程全站仪。测程为 3～15km，一般精度为±（5mm＋2ppm×D），±（2mm＋2ppm×D），通常用于一般等级的控制测量。

（3）长测程全站仪。测程大于 15km，一般精度为±（5mm＋1ppm×D），通常用于国家三角网及特级导线的测量。

第二节　全站仪基本结构

电子全站仪由电源部分、测角系统、测距系统、数据处理部分、通信接口、显示屏、键盘等组成。同电子经纬仪、光学经纬仪相比，全站仪增加了许多特殊部件，因此而使得全站仪具有比其他测角、测距仪器更多的功能，使用也更方便。这些特殊部件构成了全站仪在结构方面独树一帜的特点，如图 5-3 所示本节以中纬ZT15 Pro 为例进行讲解全站仪的基本构造。

图 5-3　中纬 ZT15 Pro 全站仪

一、同轴望远镜

全站仪的望远镜实现了视准轴、测距光波的发射和接收光轴同轴化。同轴化的基本原理是：在望远镜物镜与调焦透镜间设置分光棱镜系统，通过该系统实现望远镜的多功能，既可瞄准目标，使之成像于十字丝分画板，进行角度测量。同时其测距部分的外光路系统又能使测距部分的光敏二极管发射的调制红外光在经物镜射向反光棱镜后，经同一路径反射回来，再经分光棱镜作用使回光被光电二极管接收；为测距需要在仪器内部另设一内光路系统，通过分光棱镜系统中的光导纤维将由光敏二极管发射的调制红外光传也送给光电二极管接收，进行而由内、外光路调制光的相位差间接计算光的传播时间，计算实测距离。

同轴性使得望远镜一次瞄准即可实现同时测定水平角、垂直角和斜距等全部基本测量要素的测定功能。加之全站仪强大、便捷的数据处理功能，使全站仪使用极其方便。

二、双轴自动补偿

作业时若全站仪纵轴倾斜，会引起角度观测的误差，盘左、盘右观测值取平均也不能使之抵消。而全站仪特有的双轴（或单轴）倾斜自动补偿系统，可对纵轴的倾斜进行监测，并在度盘读数中对因纵轴倾斜造成的测角误差自动加以改正（某些全站仪纵轴最大倾斜可允许至±6′）。也可通过将由竖轴倾斜引起的角度误差，由微处理器自动按竖轴倾斜改正公式计算，并加入度盘读数中加以改正，使度盘显示读数为正确值，即所谓纵轴倾斜自动补偿。

双轴自动补偿所采用的构造：使用一个水泡（该水泡不是从外部可以看到的，与检验校正中所描述的不是一个水泡）来标定绝对水平面，该水泡是两端填充液体，中间是气体。在水泡的上部两侧各放置一根发光二极管，而在水泡的下部两侧各放置一根光电管，用以接收发光二极管透过水泡发出的光。而后，通过运算电路比较两二极管获得的光的强度。当在初始位置，即绝对水平时，将运算值置零。当作业中全站仪器倾斜时，运算电路实时计算出光强的差值，从而换算成倾斜的位移，将此信息传达给控制系统，以决定自动补偿的值。自动补偿的方式除由微处理器计算后修正输出外，还有一种方式即通过步进马达驱动微型丝杆，把此轴方向上的偏移进行补正，从而使轴时刻保证绝对水平。

图 5-4　中纬 ZT15 Pro 全站仪操作面板

三、　操作面板

操作面板是全站仪在测量时输入操作指令或数据的硬件，全站型仪器的键盘和显示屏均为双面式，便于正、倒镜作业时操作。如图 5-4 是中纬 ZT15Pro 全站仪的操作面板。

四、　存储器

全站仪存储器的作用是将实时采集的测量数据存储起来，再根据需要传送到其他设备（如计算机等）中，供进一步的处理或利用，全站仪的存储器有内存储器和存储卡两种。

全站仪内存储器相当于计算机的内存（RAM），存储卡是一种外存储媒体，又称 PC 卡，作用相当于计算机的存储器。

五、　通信接口

在全站仪的使用过程中需要进行数据的上传和下载，因此需要建立全站仪和计算机间的通信，从而实现数据的上传和下载功能。测量仪器和计算机间通信经历了串口通信、USB 传输、无线传输三个阶段，无线传输方式是当前测绘仪器发展的方向，每一种数据传输方式都需要进行传输协议的设定，然后双方连通实现双向信息传输。

第三节　全站仪基本操作

全站仪具有角度测量、距离（斜距、平距、高差）测量、三维坐标测量、导线测量、交会定点测量和放样测量等多种用途。内置专用软件后，功能还可进一步拓展。本节结合中纬 ZT15 Pro 全站仪来讲解全站仪的基本操作与使用方法，其他仪器大同小异，可参照相应说明书。

一、　角度测量

全站仪的角度测量包括水平角测量和竖直角测量，在进行角度测量之前全站仪同样需要进行安置工作：对中和整平。

下面介绍全站仪角度观测的具体操作：

在基本操作面板中按"角度测量"键进入如下界面（图 5-5），数字键"7"左侧按键。

水平角测量的配盘方式有两种，第一种是先精确瞄准起始方向，按 F1 或 F3 键进

图 5-5　"角度测量"界面

行水平角度的初始设置，可以将角度设置为0°00′00″或任意角度；第二种是将照准部旋转到设定方向值后，按 F2 键锁定，然后再精确瞄准观测起始方向，最后打开锁定进行角度观测。

图 5-5 中按 F4 键可以进行角度测量相关信息的翻页操作，共三页信息，见表 5-1 所示。

表 5-1　　　　　　　　　　　　　　　角度观测页面信息表

页数	软键	显示符号	功　能
1	F1	置零	水平角设置为0°00′00″
	F2	锁定	水平角度数锁定
	F3	置盘	通过键盘输入数字设置水平角
	F4	P1↓	显示第二页软功能键
2	F1	倾斜	进入补偿设置
	F2	复测	角度重复测量模式
	F3	V%	垂直角百分比坡度显示
	F4	P2↓	显示第三页软功能键
3	F1	R/L	水平角右/左计数方向的转换
	F3	水平/天顶	垂直角显示格式
	F4	P3↓	显示第一页的软功能键

二、　距离测量

一般情况下，全站仪的测距精度根据 EDM 不同有三种情况棱镜模式、反射片模式、无棱镜（NP，Non-Prism）模式三种。棱镜模式有标准、快速、跟踪三种情况，NP 模式有标准和跟踪两种情况。按数字键"4"左边的直角三角形键进入"距离测量"模式。

图 5-6"距离测量"操作界面按 F2 键进行棱镜/免棱镜模式切换、按 F3 键进行参数设置。

1. 距离测量参数设置

进行电磁波精密测距要进行，棱镜常数、气象参数、投影缩放因子等多类参数的设置。按 F3 键进入图 5-7 EDM 设置界面。

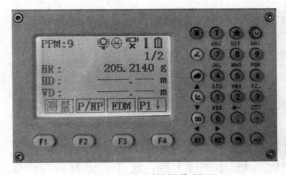

图 5-6　距离测量操作界面

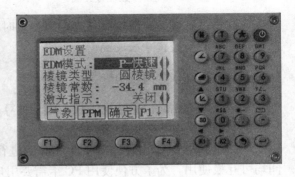

图 5-7　EDM 设置

（1）设置棱镜常数。全站仪电磁波发射面和接收面与仪器实际中心不重合、内光路距离值，以及线路自身的时间延迟等会影响测距值，这两项的和称为仪器加常数。

仪器生产厂家在生产测距仪时，都先要检定出仪器的加常数，然后将加常数预置到仪器内，这样仪器最终显示的是地面两点间的实际距离值。但由于仪器加常数检定有误差，以及日后使用中，仪器光、电系统的变化等，所以仪器加常数不是一个永久不变的值，而会随着时间的推移发生变化，因而仪器还有加常数剩余值（或称为剩余加常数），但一般简称为加常数。检定单位给出的加常数就是此数。用户在使用仪器时，需要考虑该常数的影响，将其加入成果中。

棱镜反光镜等效反射面与反射中心不重合，也会影响测距值，必须进行改正，该项称为棱镜常数。

不同的棱镜有不同的棱镜常数，测距前须将棱镜常数输入仪器中，仪器会自动对所测距离进行改正。

（2）设置大气改正值或气温、气压值。光在大气中的传播速度会随大气的温度和气压而变化，若 15℃ 和 760mmHg(1mmHg＝$1.33×10^2$Pa) 是仪器设置的一个标准值，此时的大气改正为 0ppm。实测时，可输入温度和气压值，全站仪会自动计算大气改正值（也可直接输入大气改正值），并对测距结果进行改正。按图 5-7 中 F1 键进行气象参数的设置，包括温度、气压、海拔及折光参数的设置，出现下图 5-8 所示界面。

2. 距离测量

照准目标棱镜中心，按图 5-6 中 F1 按键进行距离测量，距离测量开始，测距完成时可以显示水平角（HR）、平距（HD）、高差（VD），如图 5-9 所示。

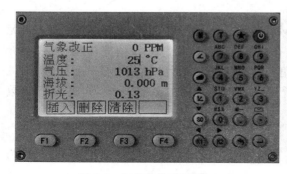

图 5-8　气象参数设置界面

图 5-9　距离测量结果

应注意，有些型号的全站仪在距离测量时不能设定仪器高和棱镜高，显示的高差值是全站仪横轴中心与棱镜中心的高差。

三、全站仪的数据通信

全站仪的数据通信是指全站仪与电子计算机之间进行的双向数据交换。全站仪与计算机之间的数据通信的方式主要有两种：

一种是利用全站仪配置的 PCMCIA 卡进行数字通信，特点是通用性强，各种电子产品间均可互换使用，为了方便使用 PC 卡需要用户配备 PC 卡的读卡器，通过 USB 接口与计算机连接。或者利用笔记本电脑自带 PC 卡卡槽，使用方便。

另一种是利用全站仪的通信接口，通过电缆进行数据传输，需要在计算机上安装串口通信软件。不论哪种全站仪使用串口通信的方式传输数据必须先进行通信参数的设置，使全站仪的串口参数与计算机的串口参数一致方可进行数据通信。

1. USB 数据传输方式

对于 ZT15 Pro 系列全站仪配置方法如下：

1）在图 5-4 中按 M 键进入主菜单，按 F3 键选择内存管理后，翻页进入图 5-10 所示界面，出现数据传输、编码和初始化三个选项。

图 5-10　存储管理界面

2）选择 F1 数据传输按钮进入图 5-11 所示界面，有两个选项：发送数据和接收数据。按 F1 按钮选择发送数据后出现数据输出操作界面，如图 5-12 所示。选择数据类型和对应作业完成操作。

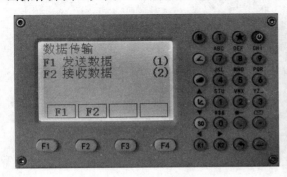

图 5-11　数据传输选项

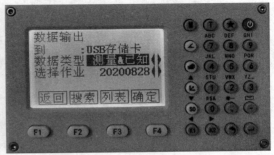

图 5-12　USB 方式数据输出

3）在图 5-11 中按 F2 键选择"接收数据"进行数据上传，进入图 5-13 数据输入界面，数据文件传入当前作业。

2. 利用 COM 接口进行数据传输的设置

数据传输软件需要进行的设置在界面内完成，首先安装支持中纬全站仪数据传输的软件 GeoMax PC Tools 系列软件如图 5-14 所示，该系列软件可以进行全站仪、GPS 和水准仪三

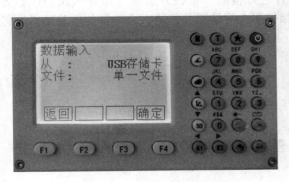

图 5-13　数据上传界面

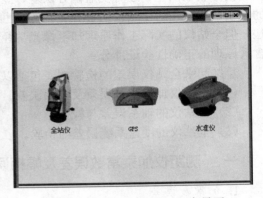

图 5-14　GeoMax PC Tools 主界面

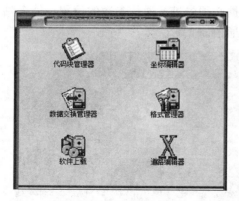

图 5-15　数据通信界面

类设备的数据传输工作。单击全站仪选项出现图 5-15 界面，可以进行全站仪的代码块管理、坐标编辑、数据交换管理、格式管理等各项与坐标数据相关工作，实现设备与计算机的数据交互工作。

在图 5-15 中单击数据交换管理器，弹出图 5-16 界面，界面左侧视图显示通过串口 COM1 设备连接情况，右侧视图为本地计算机各磁盘驱动器符号。双击 COM1 图标或者在"选项"菜单中选择"端口设置…"菜单项出现图 5-17 所示界面，在下拉列表中选择端口号，然后设置波特率、数据位（一般为 8 为），检验位（一般为 None），停止位（一般为 1），分行符采用默认设置。

图 5-16　数据交换管理器界面

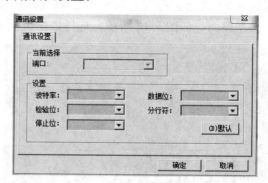

图 5-17　通信设置界面

电脑端参数设置完成后，注意检查全站仪端参数设置情况，全站仪和计算机串口参数需保持一致。完成设置后即可返回到通信菜单选择［下载］或［上传］进行后续操作。

第四节　全站仪误差和检验

目前全站仪在工程测量中的使用基本普及，在进行角度测量时，仪器的视准轴误差、横轴误差和竖轴误差，还有度盘偏心误差、竖盘指标差以及对中误差对测角结果都会造成一定的影响。所使用的全站仪对测角的影响程度要进行检验，检验方法多参照经纬仪的检验方法，但全站仪的实际工作原理却不像光学经纬仪那么简单明了，所以全站仪的检验还必须包含其原理的正确性验证部分。

总结起来全站仪误差的检验主要包括以下几个方面：

（1）测距仪加乘常数误差及幅相误差。

（2）全站仪的轴系误差与检验。

（3）全站仪的度盘系统误差与检验。

一、　测距仪加乘常数误差及幅相误差

1. 加常数误差

加常数误差是由仪器的测距部光学零点和仪器对点器不一致造成的，其现象是对所有测

量值都加入了一个固定偏差。它由两部分构成：仪器常数误差和棱镜常数误差。此外，幅相误差也常常影响加常数的检测效果，因为仪器幅相特性不好时，若内外光路不平衡，则内光路的测量结果不能完全抵消外光路测量的延迟，也能产生加常数类似的效果。

2. 乘常数误差

乘常数误差是由仪器的时间基准偏差造成的，其现象是给观测值加入了一个与距离成比例的偏差。而石英晶体振荡器是测距系统产生时间基准的主要元件，石英晶体振荡器的好坏直接决定了测距精度。

3. 加、乘常数误差的检验

在已经标定的六段基线场上按照全组合在强制归心的条件下，观测获得 21 个边长观测值，经气象改正后跟已知边长值比较后获得一组差值，列出误差方程式，求出加、乘常数误差。

4. 加、乘常数误差的处理方法

在检测过程中，偶尔会遇到一些仪器的检测结果中加、乘常数比较大，对此应该从多方面分析原因，以判断仪器合格与否。虽然理论上乘常数误差是由仪器的时标偏差造成的，但是实际上还有诸多因素对乘常数的检测结果产生影响，如仪器内部的比例改正常数、气象参数误差、幅相误差等。当检验得到的乘常数较大时，首先进行仪器频率测试验证：当频率测试结果与基线检测结果一致时，对时标频率进行校正即可。否则，还要查找其他原因。一般有以下四个方面的原因：

（1）仪器内部人工比例改正常数丢失。

（2）仪器的幅相误差严重。

（3）气象参数错误。

（4）仪器气象单位设置与应用单位不一致。

若是原因（1），可以使用乘常数结果对仪器内部的比例常数进行改正；若是原因（2），应送维修部门修理；若是原因（3）、（4），应改正设置后重测。虽然理论上加常数误差是由仪器常数和棱镜常数构成，但是实际上还有诸多因素对加常数的检测结果产生影响。主要有仪器内部设置错误，仪器内外光路信号不平衡。对于前者应改正设置重新测量，对于后者则应修理。

5. 幅相误差

幅相误差是因为接收电子线路不完善，回光信号强弱不同而导致的测距误差。许多仪器由于使用多年发光管老化以及光路特性变化，内外光路的信号强度不一致，就会导致内光路的测量结果不能完全抵消外光路的电路延迟，主要反映在仪器的加乘常数比较大。如果确定幅相误差大则应送修理部门修理。

二、全站仪的轴系误差与检验

全站仪的检验和校正和光学经纬仪的检验和校正类似，可以参照经纬仪的检验和校正方法进行。主要是以下几个方面：

（1）照准部水准轴垂直于竖轴的检验和校正。

（2）十字丝竖丝垂直于横轴的检验和校正。

（3）视准轴垂直于横轴的检验和校正。

（4）横轴垂直于竖轴的检验和校正。

中纬 ZT15 Pro 全站仪轴系误差校正界面如图 5-18 所示，包含视准差、指标差和时间系统的校正，可选择相应按钮按向导进行操作。

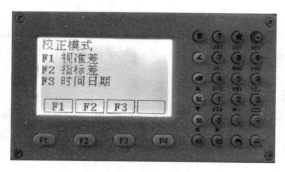

图 5-18　校正模式界面

三、　全站仪的度盘系统误差与检验

与经纬仪一样，全站仪也是利用度盘来实现角度测量的，度盘的制造安装偏差当然要对测量结果产生影响。主要指度盘偏心误差，刻画误差，竖盘指标差。

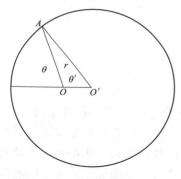

1. 全站仪的度盘偏心误差

度盘偏心误差是由于全站仪度盘分画中心与旋转中心安装不重合而导致的误差。如图 5-19 所示。

由图 5-19 可知，在 $\triangle OO'A$ 中

$$\frac{OO'}{\sin(\theta-\theta')}=\frac{r}{\sin(180°-\theta)}$$

经转换后得

图 5-19　度盘偏心误差示意图

$$\theta-\theta'=\frac{OO'}{r}\sin\theta=\sigma$$

$$\sigma=A\sin\theta$$

其中，$A=\dfrac{OO'}{r}$，为偏心率，σ 按正弦规律性变化。度盘偏心的误差检验和校正比较麻烦，在此不做展开讨论。但存在以下结论：

（1）利用正倒镜读数取其均值抵消水平度盘偏心误差。

（2）与水平盘偏心不同，不能通过正倒镜读数取其均值抵消竖直度盘偏心误差。

2. 度盘刻画误差

全站仪中，不管是增量度盘还是编码度盘或者电磁度盘，由于都采取区域信息读取的平均效应。个别刻画偏差对精度的影响虽然不会像光学经纬仪那么直接，但局部所有刻画同方向的整体偏差对仪器精度的影响则是不可以忽视的。认为全站仪没有度盘误差是不对的。而对全站仪的偏差取决于读数区域的刻画的平均偏差。

3. 竖盘指标差

这个概念沿袭光学经纬仪指标差而来，即给竖直角加入一个固定的偏差 i。竖盘指标差可以理解为竖直度盘零点与望远镜视准轴的不一致。全站仪的竖盘物理零位和视准轴的差异称为指标差。和经纬仪不同，全站仪是通过程序的一个简单加减计算来弥补该差异，即指标差的电子补偿。

垂直正倒镜差不仅包括指标差，还有补偿器纵向零点误差，垂直度盘偏心误差，刻度误差等。指标差对天顶距的影响和竖轴倾斜对天顶距的影响形式上相似，但本质不同。i 是定值不变，反映视准轴与垂直读盘不一致，与状态无关。竖轴倾斜是反映竖轴与重力线不一致的量，是变化的，随仪器的平整状态不同而不同，以及随仪器旋转而可能变化。指标差可通过正倒镜差改正实现抵偿，但竖轴倾斜误差不可能通过正倒镜差改正实现抵偿。

第六章　全球导航卫星系统简介

第一节　概　　述

一、　全球导航卫星系统的定义

全球导航卫星系统来源于英文（Global Navigation Satellite System，简称 GNSS），能为地球表面和近地空间任何地点的用户提供全天时、全天候、高精度的三维坐标和速度，以及时间信息的空基无线电导航定位系统。目前主要有四大全球系统，分别是美国的 GPS（Global Positioning System，又称全球定位系统），俄罗斯的格洛纳斯（GLONASS），中国的北斗卫星导航系统（BeiDou Navigation Satellite System，BDS）和欧洲的伽利略导航系统（Galileo）。

GPS 由美国国防部于 20 世纪 70 年代初开始设计、研制，于 1993 年全部建成。主要目的是为陆、海、空三大领域提供实时、全天候和全球性的导航服务，并用于情报收集、核爆监测和应急通信等一些军事目的。经过 20 余年的研究实验，1993 年 12 月 8 日，美国国防部宣布全球定位系统已具备初步工作能力，标志着整个系统进入正常运营阶段。

格洛纳斯（GLONASS）是全球导航卫星系统的俄文缩写。最早开发于苏联时期，后由俄罗斯继续该计划。苏联的第一颗格洛纳斯卫星于 1982 年 10 月 12 日发射升空，到 1996 年格洛纳斯星座达到额定工作的 24 颗卫星，宣布正式投入完全服务。但苏联解体以后由于经费的缺乏，卫星数量在 2002 年最低降至 7 颗。从 2003 年开始，该系统又进入复苏阶段。到 2011 年又恢复到 24 颗卫星的完全工作状态，并保持正常全球服务。

北斗卫星导航系统（BDS）是我国自行研制的全球卫星导航系统，是继美、俄之后第三个业已正式投入全球服务的卫星导航系统。20 世纪 80 年代初，中国开始积极探索适合国情的卫星导航系统。2000 年北斗卫星导航试验系统建成，2012 年 12 月正式向亚太地区提供服务。2020 年，由 35 颗卫星组成的北斗导航星座建设完毕，并于当年 7 月 31 日，正式开通全球服务。

伽利略（Galileo）是欧盟一个正在建造中的全球卫星导航系统，号称世界上第一个专门为民用目的设计的卫星导航系统，能够提供民用控制的高精度、有承诺的全球定位服务，并与其他三个系统实现兼容互操作。该系统于 1999 年提出，准备发射 30 颗卫星，其中 27 颗为工作卫星，3 颗为候补。截至 2016 年 12 月，已经发射了 18 颗工作卫星，具备了早期操作能力，并计划于 2020 年发射完毕。

二、　全球导航卫星系统的系统构成

沿用 GPS 当时的说法，全球导航卫星系统一般可分为空间段、地面段和用户段三部分，

如图 6-1 所示。空间段即空间中的卫星星座，包括一系列分布在不同轨道上的卫星。地面段负责维护卫星和维持其正常功能，包括将卫星保持在正确的轨道位置和监测卫星的健康状况，主要由主控站、注入站和监测站组成。用户段是卫星导航系统定位、导航、授时功能的最终体现，其主要任务是跟踪可见卫星，接收卫星无线电信号并进行相关数据处理得到定位所需的导航信息。

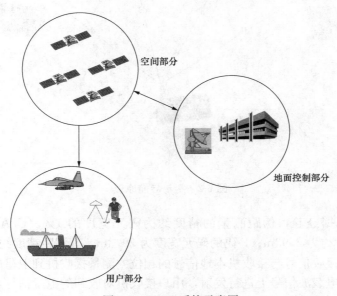

图 6-1　GNSS 系统示意图

随着技术的进步和系统的演变，人们逐步认识到，全球导航卫星系统已经完全是一个系统之系统，是个复杂的组合体。原先简单的系统组成划分方法不足以表达清楚目前的系统的概念，尤其是多系统的同时共存，完全有必要将天基和地基各种各样的基础设施充分考虑利用起来。因此，有人提出将 GNSS 整体分为四大系统，即星座/星系系统、环境/增强系统、运营/营运系统、应用/服务系统。这也仅仅是在技术层面加以划分，实际上 GNSS 在更加深入广阔的意义上，是一个产业系统，或者说是复杂的组合体系。

三、 全球导航卫星系统的工作原理

1. 距离测量原理

卫星导航系统能为用户提供定位和导航服务，最重要的是采用到达时间差（Time Difference of Arrival，TDOA）的概念。GNSS 卫星在空中连续发射带有时间和位置信息的无线电信号，接收机接收信号后，测量出信号从卫星发出至到达用户所经历的时间，并将信号传播时间乘以光速，就得到从卫星到接收机的距离，如图 6-2 所示。卫星导航一般有两种距离测量方式：伪距测量和载波相位测量。

伪距测量通过测量卫星信号传播到用户所经历的时间，再乘以光速得到接收机到卫星的距离。由于含有接收机卫星钟的误差及大气传播误差，这一距离并不是用户与卫星之间的真实距离，因此称为伪距。当导航卫星正常工作时，会不断地用 1 和 0 二进制码元组成的伪随机码（简称伪码）发射导航电文。GPS 系统使用的伪码一共有两种，分别是民用的 C/A 码

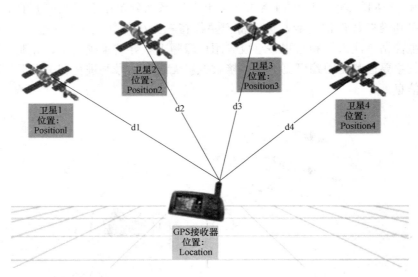

图 6-2　卫星导航原理

和军用的 P 码。根据经验，伪距测量的精度约为码元宽度的 1%。C/A 码的码元宽度为 293m，其测距精度约为 2.93m；P 码的码元宽度为 29.3m，其测距精度约为 0.293m。

载波相位通过接收信号与接收机本地信号的相位差测量接收机到卫星的距离。由于导航电文是调制在无线电载波信号上进行发射，用户接收机对收到的卫星信号，进行解码或采用其他技术，将调制在载波上的信息去掉后，就可以恢复载波。相位观测值的精度可高至毫米，因此只有在相对定位，并有一段连续观测值时才能使用相位测量。

2. 定位原理

按定位方式一般分为单点定位和相对定位（或差分定位）。单点定位就是根据一台接收机观测 4 颗及以上可见卫星来确定接收机位置的方式。单点定位的方法本质上来讲就是空间交会定位，其优点是只需要一台接收机即可独立定位，观测的组织与实施简便，数据处理简单；其主要问题是，受卫星星历误差和卫星信号传播过程中的大气延迟误差等因素的影响显著，定位精度较低。

相对定位是根据两台以上接收机的观测数据来确定观测点之间的相对位置的方法。其基本原理是依据卫星钟差、星历误差、电离层延迟、对流层延迟对处于同一区域的不同接收机具有高度相关性这一事实，位置坐标已知的点位可以反解这些误差，并将这些误差改正量播发给用户，用户用于误差修正，从而提高定位精度。但相对定位要求位置已知的点和待测点接收机必须同步跟踪观测相同的卫星，因而其作业组织和实施较为复杂。

四、 全球导航卫星系统的应用

全球卫星导航系统能够提供全球、全天候、全天时定位（positioning）、导航（navigation）和授时（timing）服务，简称 PNT 服务；以及运动载体的三维空间位置（position）、速度（velocity）和一维时间（time）状态信息，即 PVT 信息。其应用市场可分为三大方面，分别是专业市场、大众市场和安防市场。专业市场主要是指精密测量、油气和地质勘探、土木工程、民用建筑、精细农业、物流管理、授时、气象、地震，以及各种各样的科学研究。大众市场指车辆导航、船只导航、飞机导航、个人导航、移动目标监控等。安防主要指货运、客运、紧急救援、抢险救灾、安全防范、防盗报警、应急联动、政府部门和军事应用等。

从卫星导航应用的角度，又可分为以下许多类加以简述：军事、测绘、航空、航海、授时、车辆监控管理、精准农业和大众消费等多种类型。

（1）军事-导航卫星系统的建设，最初主要应用于军事领域，20世纪70年代后期，随着第二代卫星导航系统GPS部署实施，以及实时动态定位导航体制的确立，导航卫星系统在军事领域的应用范围拓宽，已成为高技术战争不可或缺的空间支援力量。利用导航卫星系统可提高精确制导武器的命中概率，效果十分明显。

（2）测绘-全球导航卫星系统可用于绘图、地籍测量、地球板块测量、火山活动监测、大桥监测、水坝监测、滑坡监测、大型建筑物监测等。这种测量技术的实时动态化可用于海洋河道公路测量，以及矿山、大型工程建设工地等场景的自动化管理和机械控制。

（3）航空-全球导航卫星系统及其星基增强系统和地基增强系统的组合将逐步取代原先的微波着陆系统、仪表着陆系统等，以改进安全性，增加机场运作容量，改进调度灵活性等。还可以实现精密的跑道监测，以促进航空电子的完善和进步。

（4）航海-卫星导航接收机广泛用于海上和内河行驶的各类船只，精度可达2～3m。在卫星导航接收机与无线通信手段集成后，该系统便成为一个位置报告系统和紧急救援系统。许多渔船将GNSS与鱼探测器结合在一起，产生了明显的经济效益。海上勘探和测绘、航道疏浚与维护，以及船舶引水及停泊靠岸等，都能借助GNSS，提高效率，加强安全，减轻工作强度，获得良好收益。

（5）授时-卫星导航应用设备还用于作为时间同步装置，特别是作为金融交易处理定时和通信传输网络中应用。GNSS时间和频率产品还用于供电部门，作为电力网电能相位同步基准和判别故障的一种测试手段。

（6）车辆监控管理-主要由监控中心、车载GNSS终端与提供通信传输的无线和有线网络组成，为车辆提供监控调度、信息服务、安防救援、物流跟踪等。

（7）精准农业-利用卫星导航空间信息技术能快速准确地获取农田内影响作物生长和产量的各种因素的时空差异，避免因对农田的盲目投入所造成的浪费和过量施肥施药造成的环境污染。

（8）大众消费-娱乐、人员跟踪、车辆跟踪、车辆导航及通信应用为消费应用。与专业应用相比，消费应用由于消费群体广泛，发展潜力更大。在移动互联网和智能手机时代，人们创造出了多种多样的便捷服务。这些基于位置服务的应用都离不开对用户时空位置的精准确定，获得用户的时空位置信息已经成为很多互联网服务的基础。

（9）其他应用-卫星导航应用还包括科学研究（野外生物学、气象学、地球科学等），环境监测、突发事件和灾害评估、空间天体与和自然资源的定位等。

第二节　北斗导航系统

一、概述及发展

北斗卫星导航系统是我国自行研制的全球卫星导航系统。在先区域、后全球的战略部署下，实现全天候、全天时为海陆空天各类用户提供高精度、高可靠性的定位、导航、授时服务，并具有短报文通信能力。

按照"先区域、后全球"，"先有源、后无源"的总体思路，北斗卫星导航系统的建设可分为三个阶段：

（1）第一阶段（1994—2003）：完成北斗一号系统，形成区域有源服务能力。

1994年，启动北斗一号系统建设；2000年，发射2颗试验卫星，建成北斗卫星导航试验系统；2003年发射第3颗试验卫星，进一步增强北斗卫星导航试验系统性能。

（2）第二阶段（2004—2012）：完成北斗二号系统，形成区域无源服务能力。

2004年，启动北斗二号系统建设；2012年底完成14颗卫星发射组网，具备区域服务能力。

（3）第三阶段（2013—2020）：完成北斗三号系统，形成全球无源服务能力。

2013年，启动北斗三号系统建设；2014—2015年，继续开展后续组网卫星发射，提升区域服务性能，并向全球扩展。2020年，完成30颗卫星发射组网，全面建成北斗三号系统，完成覆盖全球的系统建设目标。

二、 系统组成

北斗卫星导航系统是我国自主建设、独立运行，并与世界其他卫星导航系统兼容互操作的全球卫星导航系统。北斗卫星导航系统由空间段、地面段和用户段三部分组成。

北斗卫星导航系统空间段采用混合星座，即由多个轨道类型的卫星组成导航星座，包括地球静止轨道卫星（GEO）、倾斜轨道卫星（IGSO）和地球中圆轨道卫星（MEO）。北斗卫星导航系统基本空间星座由3颗GEO卫星、3颗IGSO卫星和24颗MEO卫星组成。GEO卫星轨道高度为35 786km，分别定点于80°E、110.5°E和140°E；IGSO卫星高度为35 786km，均匀分布在3个倾斜同步轨道面上，轨道倾角55°；MEO卫星高度为21 528km，轨道倾角55°，均匀分布在3个轨道平面上。

地面段由若干主控站、注入站和系列监测站等30多个地面站组成。主控站的主要任务包括收集各注入站、监测站的观测数据，进行数据处理，生成卫星导航电文，向卫星注入导航电文参数，监测卫星有效载荷，完成任务规划与调度，实现系统运行控制与管理等事项；注入站主要负责在主控站的统一调度下，完成卫星导航电文参数注入、与主控站的数据交换、时间同步测量等任务；监测站对导航卫星进行连续跟踪监测，接收导航信号，发送给主控站，为导航电文生成提供原始观测数据。

用户段是指各类北斗用户终端，包括与其他卫星导航系统兼容的接收机终端，如作为系统测试应用的测试型终端、高精度定位终端、普通型导航终端以及授时型定时终端等，以满足不同领域和行业的应用需求。

三、 工作原理

北斗卫星导航系统，既能使用无源时间测距技术为全球提供无线电卫星导航服务（Radio Navigation Satellite Service，RNSS），同时也保留了试验系统中的有源时间测距技术，即提供无线电卫星测定服务（Radio Determination Satellite Service，RDSS）。目前RDSS定位业务仅在亚太地区实现，其工作机制是北斗系统独有的特点和亮点，也是北斗区别于 GPS，GLONASS 和 Galileo 系统的重要特色，可为中国本土及周边区域用户提供快速定位、位置报告、短报文通信和高精度授时服务。

当卫星导航系统使用无源定位技术（RNSS）时，用户需要至少接收 4 颗导航卫星发出的信号，根据时间信息可获得卫星与用户之间的距离信息。根据三球交会原理，用户终端可以自行计算其空间位置。此即为 GPS 所使用的技术，北斗卫星导航系统也使用了此技术来实现全球的卫星定位，且同样为用户提供伪距和载波相位两种距离测量方式。

当卫星导航系统使用有源定位技术（RDSS）时，其主要设施包括地面中心站和地球静止轨道卫星。地面中心站是有源定位业务的控制中心，地球静止轨道卫星为地面中心与用户之间建立无线电链路，共同完成 RDSS 无线电测定业务。用户终端通过导航卫星向地面中心站发出一个申请定位信号，之后地面中心站发出测距信号，根据信号传输的时间得到地面中心站经卫星到用户的距离。由于地球轨道卫星位置可以通过中心站精密定轨确定，从而可以得到用户到每颗卫星的距离（只需知道地面中心站分别经 2 颗卫星到用户的距离即可完成无线电测定业务）。除了这些信息外，地面控制中心还有一个数据库，为地球表面各点至地球球心的距离，控制中心综合利用这些信息，即可计算出用户的位置，并将信息发送到用户的终端。北斗一号试验系统完全基于此技术，而之后的北斗卫星导航系统除了使用新的技术外，也保留了这项技术。

四、 应用服务

我国自主建设的北斗卫星导航系统已于 2012 年 12 月 27 日正式向亚太大部分地区提供定位、导航和授时服务，并 2020 年 7 月 31 日正式向全球用户提供服务。自北斗卫星导航系统提供服务以来，已形成基础产品、应用终端、系统应用和运营服务比较完整的应用产业体系。相关产品已使用推广到交通运输、海洋渔业、水文监测、气象预报、森林防火、通信时统、电力调度、救灾减灾等诸多领域，正在产生广泛的社会和经济效益。北斗卫星导航系统主要提供以下几类服务：

（1）基本导航服务。为全球用户提供服务，空间信号精度优于 0.5m；全球定位精度优于 10m，测速精度优于 0.2m/s，授时精度优于 20ns，亚太地区定位精度优于 5m，测速精度优于 0.1m/s，授时精度优于 10ns。

（2）短报文通信服务。中国及周边地区短报文通信服务，单次通信能力为 1000 个汉字；全球短报文通信服务，单次通信能力为 40 个汉字。目前正在推动建设区域短报文服务平台，促进短报文与移动通信服务的有机融合，进一步发挥北斗系统的特色优势。

（3）星基增强服务（区域）。按照国际民航组织标准，北斗卫星导航系统服务中国及周边国家或地区的用户，支持单频及双频多星座两种增强服务模式，满足国际民航组织相关性能要求。

（4）国际搜救服务。按照国际海事组织及国际搜索和救援卫星系统标准，北斗卫星导航系统为全球用户提供国际搜救服务。北斗卫星导航系统与其他卫星导航系统共同组成全球中轨搜救系统，极大提升搜救效率和能力。

（5）精密单点定位服务（区域）。根据精密单点定位理论，北斗卫星导航系统向用户提供高精度数据产品，以提升用户定位精度。系统利用 3 颗 GEO 卫星播发精密单点定位信号，服务中国及周边地区用户，具备动态分米级、静态厘米级的精密单点定位服务能力。

第三节　接收机与用户终端

GNSS 卫星发送的导航信号是一种可供无数用户共享的信息资源。对于陆地、海洋和空中的广大用户，只要用户拥有能够接收、跟踪、变换和测量 GNSS 信号的接收设备，即卫星信号接收机，可以在任何时候用 GNSS 接收机信号进行导航定位授时的量测。

卫星导航接收机是一种能够接收、跟踪、变换和测量卫星导航定位信号的无线电接收设备。它是用户实现导航定位的终端设备。根据使用目的不同，用户要求的 GNSS 接收机也各有差异。目前 GNSS 接收机成百上千种。这些产品可以按照原理、用途、功能等来分类。

（一）按接收机的用途分类

1. 导航型接收机

此类型接收机主要用于运动载体的导航，它可以实时给出载体的位置和速度。这类接收机一般采用伪距测量，单点实时定位精度较低，一般为±10m。这类接收机价格便宜，应用广泛。根据应用领域的不同，此类接收机还可以进一步分为：

手持型——手持型接收机是 GNSS 针对个人用户的一项应用，具有外形小巧、功能简单、使用方便、便于携带等特点。在性能要求方面，手持型接收机对首次定位时间及接收机灵敏度要求较高，而对定位精度相对要求不高。

车载型——用于车辆导航定位。车载型接收机是当前 GNSS 接收机应用最广泛的一种，其结构较手持型更为复杂。在性能要求方面，车载型接收机因其高动态特性，对首次定位时间、重新捕获时间及接收机灵敏度要求较高，对定位精度要求一般。

航海型——用于船舶导航定位。由于航海活动具有距离大、周期长、速度相对较慢等特点，因此对接收机首次定位时间、重新捕获时间及灵敏度要求一般，对定位精度要求较高。

航空型——用于飞机导航定位。由于飞机运行速度快，因此，在航空上用的接收机要求能适应高速运动。

星载型——用于卫星的导航定位。由于卫星的速度高达 7km/s 以上，因此对接收机的要求更高。

2. 测地型接收机

测地型接收机主要用于精密大地测量和精密工程测量。这类仪器主要采用载波相位观测值进行相对定位，定位精度高。仪器结构复杂，价格较贵。

3. 授时型接收机

这类接收机主要利用 GNSS 卫星提供的高精度时间标准进行授时，常用于天文台及无线电通信中时间同步。

（二）按接收机的载波频率分类

1. 单频接收机

单频接收机只能接收单一频点的载波信号，测定载波相位观测值进行定位。由于不能有效消除电离层延迟影响，单频接收机只适用于短基线（<15km）的精密定位。

2. 双频接收机

双频接收机可以同时接收两个及以上频点的载波信号。利用双频对电离层延迟的不一样，可以消除电离层对电磁波信号的延迟的影响，因此双频接收机可用于长达几千公里的精密定位。

（三）按接收机通道数分类

GNSS 接收机能同时接收多颗卫星的信号，为了分离接收到的不同卫星的信号，以实现对卫星信号的跟踪、处理和量测，具有这样功能的器件称为天线信号通道。根据接收机所具有的通道种类可分为：

1. 多通道接收机

具有多个信号通道，且每一个信号通道只连续跟踪一颗卫星信号。

2. 序贯通道接收机

通常只有 1～2 个信号通道。为了跟踪多颗卫星，需在相应软件的控制下，按时序对各颗卫星的信号进行跟踪和测量。由于按顺序对各颗卫星测量，一个循环所需时间较长（数秒钟）。

3. 多路复用通道接收机

同样只设一两个通道，也是在相应软件控制下按顺序测量卫星信号。但它测量一个循环所需的时间要短得多，通常不会超过 20ms。

（四）按接收机工作原理分类

1. 码相关型接收机

码相关型接收机是利用码相关技术得到伪距观测值。

2. 平方型接收机

平方型接收机是利用载波信号的平方技术去掉调制信号，来恢复完整的载波信号，通过相位计测定接收机内产生的载波信号与接收到的载波信号之间的相位差，测定伪距观测值。

3. 混合型接收机

这种仪器是综合上述两种接收机的优点，既可以得到码相位伪距，也可以得到载波相位观测值。

4. 干涉型接收机

这种接收机是将 GNSS 卫星作为射电源，采用干涉测量方法，测定两个测站间距离。

（五）按产品形态分类

按产品形态可分为导航芯片、OEM 板卡和整机。

1. 导航芯片

导航芯片就是一块芯片，有接收、处理导航信号的能力。主要用来做模块、做板卡，进而封装成终端，根据不同的需求，可提供米级到毫米级精度的产品。

生产芯片的部分主要厂商及芯片示例如图 6-3 所示。

2. OEM 板卡

OEM 是 original equipment manufacturer 的缩写。OEM 板卡是导航芯片和通信模块等零部件的集成。因体积小、功耗低、性能优良且价格低廉等优势而被广泛使用。

生产 OEM 的部分主要厂商及 OEM 板卡示例如图 6-4 所示。

3. 整机

对 OEM 板卡进一步封装就形成了卫星导航接收机整机设备，用户可用来进行导航、定

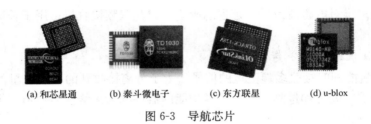

(a) 和芯星通　　　　(b) 泰斗微电子　　　　(c) 东方联星　　　　(d) u-blox

图 6-3　导航芯片

(a) 和芯星通　　　　(b) 司南导航　　　　(c) 东方联星　　　　(b) 泰斗微电子

图 6-4　OEM 板卡

位和授时。根据应用的不同又可分为导航型接收机、定位型接收机、授时型接收机和兼容型接收机等。

生产整机的部分主要厂商及整机示例如图 6-5 所示。

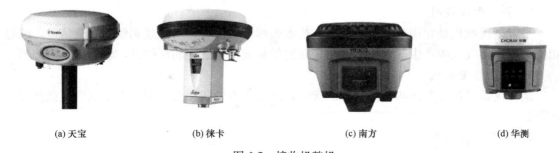

(a) 天宝　　　　(b) 徕卡　　　　(c) 南方　　　　(d) 华测

图 6-5　接收机整机

近年来，由于 GNSS 多个系统均逐步进入部分和完全工作状态，多模多频的 GNSS 兼容互操作接收机逐步进入人们的视野，而且渐渐成为市场的主角。目前，具有同时接收 GPS、GLONASS、BDS 和 Galileo 系统多种信号的接收机，已经纷纷登场问世，并进入各种各样的应用服务领域。

第七章　测量误差的基本知识

第一节　测量误差的来源及其分类

任何观测值都包含着误差。例如，水准测量闭合路线的高差总和往往不等于零；观测水平角时两个半测回测得的角值不完全相等；距离往返丈量的结果总有差异。这些都说明观测值中存在误差，测量误差是不可避免的。

一、测量误差的定义

观测对象客观存在的量，称为真值。每次观测所得的数值，称为观测值。设观测对象的真值为 X，观测值为 $L_i (i=1, 2, \cdots, n)$，则其差数

$$\Delta_i = L_i - X \qquad (i=1, 2, \cdots, n) \qquad (7\text{-}1)$$

称为真误差。

二、测量误差的来源

在测量工作中，当对某一确定的量进行多次观测时，所测得的结果总是存在一些差异。例如数学上平面三角形三个内角之和应是 $180°$，但用仪器观测三角形的三个内角，其和经常不等于 $180°$。由此可见在测量工作中，各观测值之间或观测值与其真值之间总是存在着差异，产生这种差异的原因，是由于观测值中包含有测量误差。测量误差产生的主要原因有：

（1）测量仪器和工具不尽完善，虽事先已将仪器校正合格，但尚有残余的仪器误差没有完全消除。

（2）观测者感觉器官的鉴别能力有限，操作技术水平各有差别，观测方法也不能完美无缺，所以在仪器的安置、照准、读数等方面都会产生误差。

（3）观测时所处的外界条件，如温度高低、湿度大小、风力强弱以及大气折光的影响等方面都会产生误差。

上述仪器、人、外界条件三方面的因素综合起来称为观测条件。观测条件相同的各次观测称为等精度观测。观测条件不同的各次观测称为非等精度观测。不难想象，观测条件的好坏与观测成果的质量有着密切的联系，当观测条件好一些时，观测中所产生的误差一般说来就可能相应地小一些，反之，观测条件差一些时观测成果的质量就要低一些。所以，观测成果的质量高低也就客观地反映了观测条件的优劣。

三、测量误差的分类

根据对观测成果影响的不同，测量误差可分为系统误差和偶然误差两种。

1. 系统误差

在相同的观测条件下对某量进行多次观测，如果误差在大小和符号上按一定规律变化，

或者保持常数，则这种误差称为系统误差。产生系统误差的原因很多，主要是由于使用仪器不够完善所引起的。例如，用一把具有尺长误差为 ΔL 的钢卷尺量距时，每丈量一尺段就包含有 ΔL 的距离误差，丈量的距离越长，所积累的误差也就越大；又如水准仪校正不完善，水准管轴和视准轴不平行时，在水准测量中，距离越长，水准尺上的读数与正确读数相差就越大。这些都是由于仪器不完善而产生的误差。

系统误差对观测值有累积的影响，有时会相当显著。在测量工作中，必须掌握它的规律，设法消除或削弱它对观测成果的影响。如在量距前，对钢卷尺进行检定，求出尺长改正，对所量得的距离加入尺长改正数即可消除尺长误差对所测距离的影响；对于水准管轴和视准轴不平行的误差，可以采用前后尺等距离的方法加以消除。因此，通过一定的观测手段或加改正数的方法，系统误差基本可以消除。

外界条件如空气温度、地球曲率、大气折光的影响，观测者的感觉以及鉴别能力的不足，也会产生系统误差，有的可以改正，有的难以完全消除。例如有些观测者在照准目标时，习惯把望远镜的十字丝照准目标中央的某一侧，也会使观测值带有系统误差。

2. 偶然误差

在相同的观测条件下，对某量进行多次观测，其误差在大小和符号上都具有偶然性，从表面上看，误差的大小和符号没有明显的规律，这种误差称为偶然误差。偶然误差是由于人的感觉器官和仪器的性能受到一定的限制，以及观测时受到外界条件的影响等原因所造成的。例如，用望远镜瞄准目标时，由于观测者眼睛的分辨能力和望远镜的放大倍数有一定的限制，观测时光线强弱的影响，致使照准目标不能绝对正确，可能偏左一些，也只要能偏右一些。又如，水准测量估读毫米时，每次估读也不绝对相同，其影响可大可小，纯属偶然性，数学上称随机性，所以偶然误差也称随机误差。仪器受温度风力等外界条件的影响，对测量结果可能产生符号不同、大小不等的误差，这些都属于偶然误差。

系统误差和偶然误差在观测过程中总是同时存在的，当观测值中系统误差影响占主导地位，偶然误差居次要地位时，观测误差就呈现出系统误差的性质；反之，观测误差就呈现出偶然误差的性质。

偶然误差是本章研究的主要对象。

在测量工作中，还可能产生错误，例如，测错、记错、算错等。必须指出：误差和错误其性质是根本不同的，误差是不可避免的，而错误往往是由于测量工作人员的粗枝大叶造成的，又称粗差，在测量成果中是不允许存在的。凡含有粗差的观测值应舍去不用，并需重测，为此应加强责任心，认真操作。

为了提高观测成果的质量，同时也为了发现和消除错误，在测量工作中，一般都要进行多于必要的观测，称为多余观测。例如，测量一平面三角形的内角，只需要测得其中的任意两个角，即可确定其形状，但实际上也测出第三个角，以便检校内角和，从而判断观测结果的正确性。

第二节　偶然误差的特性及算术平均值原理

一、　偶然误差的特性

少数几个偶然误差的出现，似乎没有规律性，但实践证明，大量的偶然误差呈现出一定的统计规律。例如，在相同的观测条件下，对 174 个三角形的全部内角进行了观测，由于观测值带有误差，各三角形内角和 L 不等于 $180°$，真误差为 $\Delta = 180° - L$，现将误差按大小和正负分类列于表 7-1。

表 7-1 　　　　　　　　　　　　　　　　　误差分布表

误差区间 (")	正误差		负误差	
	个数	相对个数	个数	相对个数
1～10	32	0.184	31	0.178
10～20	23	0.132	21	0.121
20～30	15	0.086	17	0.098
30～40	11	0.063	11	0.063
40～50	5	0.029	4	0.023
50～60	2	0.012	2	0.011
60 以上	0	0.000	0	0.000
和	88	0.506	86	0.494

　　为了更清晰地表达误差分布的情况，除了采用误差分布表的形式外，还可以利用图形来表达。如在图 7-1 中，横坐标表示误差出现的大小，纵坐标表示各区间内误差出现的相对个数除以区间的间隔值（此处间隔值均为 $10''$），这样每一误差区间上的长方条面积就代表误差出现在该区间的相对个数，如画有斜线长方条面积代表的相对个数为 0.184，这种图称为直方分布图。当误差个数无限增加，而误差区间无限缩小时，图中各长方形顶边所形成的折线将变成一条光滑的曲线，这种曲线称为误差分布曲线，在数理统计中，称为正态分布曲线。

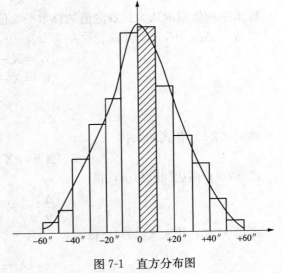

图 7-1　直方分布图

　　由表 7-1 和图 7-1 可以看出：①小误差出现的个数比大误差多；②绝对值相等的正负误差的相对个数基本相等；③最大误差不超过 $60''$。

　　人们通过反复的实践和研究，总结出偶然误差具有如下特性：

　　（1）在一定的观测条件下，偶然误差的绝对值不会超过一定的限值。

　　（2）绝对值较小的误差比绝对值较大的误差出现的机会多。

　　（3）绝对值相等的正误差和负误差出现的机会几乎相等。

　　（4）当观测次数无限增加时，偶然误差的算术平均值趋向于零，即

$$\lim_{n \to \infty} \frac{[\Delta]}{n} = 0$$

$$[\Delta] = \Delta_1 + \Delta_2 + \cdots + \Delta_n$$

式中　n——观测次数。

显然，第四个特性是由第三个特性导出的。第三个特性说明在大量的偶然误差中，正负误差有互相抵消的性能，因此当 n 无限增大时，真误差的简单平均值必然趋向于零。

如果在某组观测成果中，出现了个别的大误差，且超出了一定的限度，则根据特性 1，可判断其属于错误，应该删去，并决定该次观测予以重测或补测。如果在一组测量误差中，正误差远比负误差多或少，由特性 3 可知：在这组误差中，可能存在明显的系统误差，应分析原因，设法消除系统误差的影响。特性 4 说明：在测量工作中，增加观测次数，可以减少偶然误差对测量成果的影响，所以在实际工作中为了提高观测的精度和进行校核，总是进行多次观测，当然，多次观测需要较长的时间，耗费较多的人力物力，其次在较长的时间内，观测条件容易发生变化，因此观测次数的选择适当与否，在一定程度上决定着观测成果的质量。

二、　算术平均值原理

设对某个量 X（真值）进行了 n 次等精度观测，得观测值 L_1，L_2，$\cdots$，L_n，则其算术平均值 x 为

$$x = \frac{L_1 + L_1 + \cdots + L_1}{n} = \frac{[L]}{n} \tag{7-2}$$

算术平均值原理认为：观测值的算术平均值是真值的最可靠值。推导如下：
以 Δ_1，Δ_2，$\cdots$，Δ_n 分别表示 L_1，L_2，$\cdots$，L_n 的真误差，则

$$\left.\begin{array}{l} \Delta_1 = X - L_1 \\ \Delta_2 = X - L_2 \\ \qquad \vdots \\ \Delta_n = X - L_n \end{array}\right\} \tag{7-3}$$

将式（7-3）各式相加得

$$[\Delta] = nX - [L] \tag{7-4}$$

式（7-4）两边同除以 n，得

$$\frac{[\Delta]}{n} = X - \frac{[L]}{n} \tag{7-5}$$

将式（7-2）代入式（7-4）得

$$x = X - \frac{[L]}{n} \tag{7-6}$$

式（7-6）说明，观测值的算术平均值等于观测值的真值减去真误差的算术平均值。

由偶然误差特性 4 可知，当观测次数无限增加时，偶然误差的算术平均值趋近于零，此时观测值的算术平均值 x 将趋近于真值 X。

但在实际工作中，对某一个量观测的次数总是有限的，因此，可以认为算术平均值是一个近似的真值，是一个比较可靠的结果，通常称它为真值的最或然值。

第三节　衡量精度的标准

研究测量误差的目的之一，就是衡量测量成果的精度。所谓精度，是指误差分布的密集或离散的程度。在一定的观测条件下对某一量进行一系列观测，它对应着一种确定不变的误

差分布，图 7-2 是两种不同精度的误差分布曲线，从图 7-2 中可以看出，第一组的误差较集中于零的附近，曲线形状较为陡峭，这一组误差分布较为密集；而第二组的误差对称于零分布的范围较宽，曲线形状较为平缓，这一组误差分布较为离散。由此可以判断：前者观测质量较好，观测精度较高，后者观测质量较差，观测精度较低。但用误差曲线衡量精度的高低较为麻烦，只能得到一个定性的结论，测量学上一般应用中误差来衡量精度。

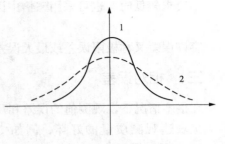

图 7-2 两种误差正态分布曲线的比较

一、中误差

设对一个未知量 X 进行多次等精度观测，其观测值为 L_1，L_2，$\cdots$，L_n，其真误差为 Δ_1，Δ_2，$\cdots$，Δ_n，取各个真误差平方和的平均值的平方根，定义为中误差 m，即

$$m = \pm\sqrt{\frac{[\Delta_i\Delta_i]}{n}}\,(i = 1,\ 2,\ \cdots,\ n) \tag{7-7}$$

这里必须指出中误差 m 与每一个观测值的真误差 Δ 不同，它只是表示该观测列中每个观测值的精度，由于是等精度观测，故每个观测值的精度均为 m，但是等精度观测值的真误差彼此并不相等，有的差异还比较大，这是由于真误差具有偶然误差的性质。

设有甲、乙两组观测值，其真误差分别为：

甲组：$-3''$、$-2''$、$0''$、$+1''$、$+3''$。

乙组：$+3''$、$-4''$、$0''$、$+1''$、$-2''$。

则两组观测值的中误差分别为

$$m_甲 = \pm\sqrt{\frac{9+4+0+1+9}{5}} = \pm2.1''$$

$$m_乙 = \pm\sqrt{\frac{9+16+0+1+4}{5}} = \pm2.4''$$

由此可以看出甲组观测值比乙组观测值的精度高。

应该再次指出，中误差 m 是表示一组观测值的精度。例如，$m_甲$ 是表示甲组观测值中每一观测值的精度，而不能用每次观测所得的真误差（$-3''$、$-2''$、$0''$、$+1''$、$+3''$）与中误差（$\pm2.1''$）相比较，来说明这一组中哪一次的精度高或低。

二、容许误差

偶然误差的第一个特性说明：在一定的观测条件下，偶然误差的绝对值不会超过一定的限值，如果在测量工作中，某一观测值的误差超过这个限值，就认为这次观测的质量不好，该观测结果就应该舍去。那么应当如何确定这个限值呢？实践证明，等精度观测的一组误差中，绝对值大于两倍中误差的偶然误差，其出现的可能性为 0.5%；大于三倍中误差的偶然误差，其出现的可能性仅有 0.3%，因此在实际工作中，常采用二倍中误差作为限值，也称为容许误差，即

$$\Delta_容 = 2m \tag{7-8}$$

当要求较低时，也可采用三倍中误差作为容许误差，即

$$\Delta_{容} = 3m \tag{7-9}$$

容许误差又称极限误差或最大误差。

三、相对误差

在很多情况下，观测值的误差和观测值本身的大小有关，仅用中误差来衡量精度，还不能完全表达观测质量的好坏。例如丈量两段长短不等的距离，一段长 100m，中误差为 ±0.1m，另一段长 1000m，中误差为 ±0.2m，若以中误差来衡量精度，就会得出第一段比第二段的丈量精度要高的错误结论。因为量距误差与距离本身的长短有关，此时应用中误差与观测值之比来衡量丈量的精度，中误差与观测值之比称为相对中误差。

前一段的相对中误差为

$$\frac{1}{N_1} = \frac{m_1}{L_1} = \frac{0.1\text{m}}{100\text{m}} = \frac{1}{1000}$$

后一段的相对中误差为

$$\frac{1}{N_2} = \frac{m_2}{L_2} = \frac{0.2\text{m}}{100\text{m}} = \frac{1}{5000}$$

这说明第二段距离比第一段距离丈量的精度高。相对误差是一个无名数，在测量工作中，通常以分子为 1 的分数表示，分母越大，比值越小，精度越高。

第四节　观测值函数的中误差——误差传播定律

有些未知量往往不能直接测得，而是由某些直接观测值通过一定的函数关系间接计算而得。例如在水准测量中，高差是由前、后视读数求得，即 $h = a - b$。又如两点间的坐标增量是由直接测得的边长 D 及方位角 α，通过函数关系（$\Delta x = D\cos\alpha$，$\Delta y = D\sin\alpha$）间接算得的。前者的函数形式为线性函数，后者为非线性函数。

由于直接观测值含有误差，因而它的函数必然要受其影响而存在误差，阐述观测值中误差与观测值函数的中误差之间关系的定律，称为误差传播定律。下面阐述观测值函数的中误差与观测值中误差的关系。

一、观测值和或差函数的中误差

设有函数

$$z = x \pm y \tag{7-10}$$

式中　z——x、y 的和或差的函数；

x、y——独立观测值。

如果观测值 x 和 y 各产生真误差 Δ_x 和 Δ_y，则函数 z 也产生真误差 Δ_z，即

$$z + \Delta_z = (x + \Delta_x) \pm (y + \Delta_y) \tag{7-11}$$

式（7-11）减去式（7-10），得

$$\Delta_z = \Delta_x \pm \Delta_y \tag{7-12}$$

假如对 x 和 y 分别以同精度各观测了 n 次，则

$$\Delta_{zi} = \Delta_{xi} \pm \Delta_{yi} \quad (i = 1, 2, \cdots, n)$$

将上述 n 个公式两边平方，然后相加得

$$[\Delta_z^2] = [\Delta_x^2] + [\Delta_y^2] \pm 2[\Delta_x \Delta_y]$$

将上式两边除以 n，得

$$\frac{[\Delta_z^2]}{n} = \frac{[\Delta_x^2]}{n} + \frac{[\Delta_y^2]}{n} \pm 2\frac{[\Delta_x \Delta_y]}{n} \tag{7-13}$$

式（7-13）中，Δ_x 和 Δ_y 均为相互独立的偶然误差，则 $[\Delta_x \Delta_y]$ 也具有偶然误差的特性。由偶然误差特性 4 可知，当 $n \rightarrow \infty$ 时，$\frac{[\Delta_x \Delta_y]}{n}$ 趋近于零。

式（7-13）中

$$\frac{[\Delta_z^2]}{n} = m_z^2, \quad \frac{[\Delta_x^2]}{n} = m_x^2, \quad \frac{[\Delta_y^2]}{n} = m_y^2$$

故可将式（7-13）写成

$$m_z^2 = m_x^2 + m_y^2$$

或

$$m_z = \pm \sqrt{m_x^2 + m_y^2} \tag{7-14}$$

当函数 z 为 n 个独立观测值的代数和时，即

$$z = x_1 \pm x_2 \pm \cdots \pm x_n \tag{7-15}$$

按上述的推导方法，可得出函数 z 的中误差为

$$m_z = \pm \sqrt{m_1^2 + m_2^2 + \cdots + m_n^2} \tag{7-16}$$

式中，m_i 是观测值 x_i 的中误差。

当观测值 x_i 为同精度观测时，即各观测值的中误差均为 m，$m_1 = m_2 = \cdots = m_n$，则式（7-16）可写成

$$m_z = \sqrt{n}\, m \tag{7-17}$$

【例 7-1】 设在两点间进行水准测量，已知一次读数的中误差 $m_{读} = \pm 2\mathrm{mm}$，求观测 n 站所得高差的容许误差（取 $\Delta_{容} = 2m$）为多少？

解 水准测量一站的高差

$$h_{站} = a - b$$

则一站高差的中误差为

$$m_{站} = \pm \sqrt{m_{读}^2 + m_{读}^2} = \pm \sqrt{2}\, m_{读} = \pm \sqrt{2} \times 2 = \pm 2.8 (\mathrm{mm})$$

观测 n 站所得总高差 Σh 为

$$\Sigma h = h_1 + h_2 + \cdots + h_n$$

观测 n 站所得高差 Σh 的中误差为

$$m_{\mathrm{h}} = \pm \sqrt{n}\, m_{站} = \pm 2.8\sqrt{n} (\mathrm{mm})$$

观测 n 站所得高差 Σh 的容许误差为

$$\Delta_{\mathrm{h}} = \pm 2m_{\mathrm{h}} = \pm 2 \times 2.8\sqrt{n} \approx \pm 5.6\sqrt{n} (\mathrm{mm})$$

需要指出的是：上述分析仅仅考虑了读数误差，不能作为实际测量中的限差要求。

在一个观测量中，常同时存在几个无函数关系的误差，如在水准测量中进行后视或前视读数时，有水准管气泡不居中所引起的视线不严格水平而产生的误差，有估读毫米值的估读

误差等。这些误差在观测成果中是相加的关系，如上述两种误差对读数值的联合影响为

$$\Delta_{读数} = \Delta_{居中} + \Delta_{估读}$$

所以中误差为

$$m_{读数}^2 = m_{居中}^2 + m_{估读}^2$$

二、 观测值倍数函数的中误差

设有函数

$$z = kx \tag{7-18}$$

式中，z 为观测值 x 的函数，k 为常数。当观测值 x 含有真误差 Δ_x，则函数 z 也将会有真误差 Δ_z，即

$$z + \Delta_z = k(x + \Delta_x) \tag{7-19}$$

式（7-19）减去式（7-18），得

$$\Delta_z = k\Delta_x \tag{7-20}$$

若对 x 共观测了 n 次，则

$$\Delta_{zi} = k\Delta_{xi} \quad (i = 1, 2, \cdots, n)$$

将上述 n 个公式两边平方，然后相加得

$$[\Delta_z^2] = k^2 [\Delta_x^2]$$

上式两边除 n 得

$$\frac{[\Delta_z^2]}{n} = k^2 \frac{[\Delta_x^2]}{n} \tag{7-21}$$

按中误差定义，将上式写成

$$m_z^2 = k^2 m_x^2$$

或

$$m_z = km_x \tag{7-22}$$

【例 7-2】 在 1 : 1000 比例尺地形图上，量得某直线长度 $d = 234.5\text{mm}$，中误差 $m_d = \pm 0.1\text{mm}$，求该直线的实地长度 D 及中误差 m_D。

解 实地长度 $\qquad D = 1000 \times d = 1000 \times 234.5 = 234.5 \text{（m）}$

中误差 $\qquad m_D = 1000 \times m_d = 1000 \times (\pm 0.1) = \pm 0.1 \text{(m)}$

最后结果 $\qquad D = 234.5\text{m} \pm 0.1\text{m}$

三、 线性函数的中误差

设有线性函数

$$z = k_1 x_1 \pm k_2 x_2 \pm \cdots \pm k_n x_n \tag{7-23}$$

式中，x_1，x_2，$\cdots$，x_n 均为独立观测值，k_1，k_2，$\cdots$，k_n 为常数，则按推求式（7-14）和式（7-21）相同的方法，可以得到

$$m_z^2 = k_1^2 m_1^2 + k_2^2 m_2^2 + \cdots + k_n^2 m_n^2$$

$$m_z = \pm\sqrt{k_1^2 m_1^2 + k_2^2 m_2^2 + \cdots + k_n^2 m_n^2} \tag{7-24}$$

式中，m_i 是观测值 x_i 的中误差。

【例 7-3】 设有某线性函数

$$z = \frac{1}{4}x_1 + \frac{1}{5}x_2 + \frac{1}{6}x_3$$

式中，x_1、x_2、x_3 分别为独立观测值，中误差分别为 m_1、m_2、m_3，求函数 z 的中误差。

解 由线性函数中误差的关系式有

$$m_z = \pm\sqrt{\frac{1}{16}m_1^2 + \frac{1}{25}m_2^2 + \frac{1}{36}m_3^2}$$

四、一般函数的中误差

设有函数

$$z = f(x_1, x_2, \cdots, x_n) \tag{7-25}$$

式中，$x_i(i=1, 2, \cdots, n)$ 为独立观测值，中误差为 $m_i(i=1, 2, \cdots, n)$，现在求函数 z 的中误差 m_z。

上述函数的全微分表达为

$$dz = \frac{\partial f}{\partial x_1}dx_1 + \frac{\partial f}{\partial x_2}dx_2 + \cdots + \frac{\partial f}{\partial x_n}dx_n \tag{7-26}$$

由于真误差 Δ 均为小值，故可用真误差替代微分量，得

$$\Delta z = \frac{\partial f}{\partial x_1}\Delta x_1 + \frac{\partial f}{\partial x_2}\Delta x_2 + \cdots + \frac{\partial f}{\partial x_n}\Delta x_n$$

式中，$\frac{\partial f}{\partial x_i}(i=1,2,\cdots,n)$ 是函数对各个变量的偏导数，将观测值 $x_i(i=1, 2, \cdots, n)$ 代入可算出其数值。因此上式相当于线性函数真误差的关系式，按式（7-24）可得

$$m_z^2 = \left(\frac{\partial f}{\partial x_1}\right)^2 m_1^2 + \left(\frac{\partial f}{\partial x_2}\right)^2 m_2^2 + \cdots + \left(\frac{\partial f}{\partial x_n}\right)^2 m_n^2$$

$$m_z = \pm\sqrt{\left(\frac{\partial f}{\partial x_1}\right)^2 m_1^2 + \left(\frac{\partial f}{\partial x_2}\right)^2 m_2^2 + \cdots + \left(\frac{\partial f}{\partial x_n}\right)^2 m_n^2} \tag{7-27}$$

式（7-27）为误差传播定律的一般形式。而式（7-16）、式（7-22）、式（7-24）都可以看成是上式的特例。

【例7-4】 设有某函数

$$D = S\cos\alpha$$

式中，$S=20.000\text{m}$，中误差 $m_S = \pm2\text{mm}$；$\alpha = 60°00'00''$，中误差 $m_\alpha = \pm20''$；求 D 的中误差 m_D。

解 根据函数式 $D = S\cos\alpha$，D 是 S 及 α 的一般函数。其真误差的关系式为

$$\Delta_D = \left(\frac{\partial D}{\partial S}\right)\Delta_S + \left(\frac{\partial D}{\partial \alpha}\right)\Delta_\alpha$$

将上式转化为中误差关系式

$$m_D^2 = \left(\frac{\partial D}{\partial S}\right)^2 m_S^2 + \left(\frac{\partial D}{\partial \alpha}\right)^2 m_\alpha^2$$

式中，$\frac{\partial D}{\partial S} = \cos\alpha$，$\frac{\partial D}{\partial \alpha} = -S\sin\alpha$。

故

$$m_{\mathrm{D}}^2 = \cos^2\alpha m_{\mathrm{S}}^2 + (-S\sin\alpha)^2 \left(\frac{m_\alpha''}{\rho''}\right)^2$$

$$= (0.5)^2 (\pm 2)^2 + (-20 \times 10^3 \times 0.866)^2 \left(\frac{20}{206\ 265}\right)^2$$

$$= 1 + 2.82 = 3.82$$

$$m_{\mathrm{D}} = \pm 1.95\mathrm{mm}$$

在以上计算中，$\dfrac{m_\alpha''}{\rho''}$ 是将角值化成弧度，又因 m_{S} 是以毫米为单位，所以 S 也应以毫米为单位，以使整个式子的单位统一。

应用误差传播定律求观测值函数的精度时，可按下列步骤进行：

（1）根据要求列出函数式。

$$z = f(x_1,\ x_2,\ \cdots,\ x_n)$$

（2）对函数式求全微分，得出函数的真误差与观测值真误差之间的关系式为

$$\Delta z = \frac{\partial f}{\partial x_1}\Delta x_1 + \frac{\partial f}{\partial x_2}\Delta x_2 + \cdots + \frac{\partial f}{\partial x_n}\Delta x_n$$

（3）写出函数中误差与观测值中误差之间的关系式为

$$m_z = \pm\sqrt{\left(\frac{\partial f}{\partial x_1}\right)^2 m_1^2 + \left(\frac{\partial f}{\partial x_2}\right)^2 m_2^2 + \cdots + \left(\frac{\partial f}{\partial x_n}\right)^2 m_n^2}$$

将数值代入上式计算时，必须注意各项的单位要统一。

常用函数的中误差关系式均可由一般函数中误差关系式导出，现将常用观测值函数中误差关系式列于表 7-2 中。

表 7-2　　　　　　　　　　　观测值函数中误差关系式

函数名称	函数关系式	$\dfrac{\partial f}{\partial x_i}$	中误差关系式
一般函数	$Z = f(x_1,\ x_2,\ \cdots,\ x_n)$	$\dfrac{\partial f}{\partial x_i}$	$m_z^2 = \left(\dfrac{\partial f}{\partial x_1}\right)^2 m_1^2 + \left(\dfrac{\partial f}{\partial x_2}\right)^2 m_2^2 + \cdots + \left(\dfrac{\partial f}{\partial x_n}\right)^2 m_n^2$
线性函数	$Z = k_1 x_1 \pm k_2 x_2 \pm \cdots \pm k_n x_n$	k_i	$m_z^2 = k_1^2 m_1^2 + k_2^2 m_2^2 + \cdots + k_n^2 m_n^2$
和差函数	$Z = x_1 \pm x_2$	1	$m_z^2 = m_1^2 + m_2^2$ 或 $m_Z = \sqrt{m_1^2 + m_2^2}$
算术平均值	$Z = \dfrac{1}{n}(x_1 + x_2 + \cdots + x_n)$ $= \dfrac{1}{n}x_1 + \dfrac{1}{n}x_2 + \cdots + \dfrac{1}{n}x_n$	$\dfrac{1}{n}$	$m_z = \pm\dfrac{1}{n}\sqrt{m_1^2 + m_2^2 + \cdots + m_n^2}$ $m_z = \dfrac{m}{\sqrt{n}}$（当 $m_1 = m_2 = \cdots = m_n = m$ 时）
倍数函数	$Z = cx$	c	$m_z = cm$

应用误差传播定律求观测值函数中误差时，首先应根据问题的性质列出函数关系式，而后用表 7-2 中相应的公式来求。如果问题复杂，列出的函数式也复杂，则可对函数式进行全微分，获得真误差关系式后，再求函数的中误差。必须指出，在由真误差关系式写成中误差关系式之前，必须首先判断式中各变量是否误差独立。所谓误差独立，是指各变量间不包含有共同的误差，没有函数关系。如有误差不独立的情况，则应通过误差代换，同类项合并或移项等方法，使所求量的误差表达成独立误差的函数，再应用误差传播定律，转换成中误差

关系式。

【例 7-5】 设有函数 $z = x + y$，式中 $y = 5x$，已知 x 的中误差为 m_x，求 y 和 z 的中误差。

解 1 由 $y = 5x$ 可得，$m_y = 5m_x$；

由 $z = x + y$ 可得 z 的中误差为 $m_z = \pm\sqrt{m_x^2 + m_y^2} = \pm\sqrt{m_x^2 + 25m_x^2} = \sqrt{26}\,m_x$。

解 2 由 $y = 5x$ 可得，$m_y = 5m_x$；

由 $z = x + y$ 及 $y = 5x$ 可得，$z = 6x$。

z 的中误差为：$m_y = 6m_x$。

分析：上述解 2 正确。由于 x 与 y 不是独立观测值，必须合并后求 z 的中误差。因为它们的真误差之间不能满足下式：

$$\lim_{n \to \infty} \frac{[\Delta_x \Delta_y]}{n} = 0$$

不管 n 值如何，恒有

$$\frac{[\Delta_x \Delta_y]}{n} = \frac{[\Delta_x \cdot 5\Delta_x]}{n} = 5\frac{[\Delta_x^2]}{n} = 5m_x^2$$

第五节 等精度直接平差

为了较精确地确定某个未知量的值，必须进行多余观测。根据多余观测，通过平差计算，求得该未知量的最或然值，同时评定观测值及最或然值的精度，这就是平差的目的。对于一个未知量的平差称为直接观测平差，或称直接平差。直接平差分等精度直接平差和不等精度直接平差两种。本节主要介绍等精度直接平差。因为本章第二节已经讲述了如何求等精度观测条件下未知量的最或然值，因此以下将介绍如何评定观测值及最或然值的精度。

一、根据改正数确定观测值中误差 m

在本章第三节中，曾给出了用真误差求一次观测值中误差的公式

$$m = \pm\sqrt{\frac{[\Delta_i \Delta_i]}{n}}$$

其中，$\Delta_i = L_i - X$ $(i = 1, 2, \cdots, n)$。

而在测量工作中，由于观测量的真值往往是不知道的，因而无法应用上式来计算观测值的精度。下面介绍用改正数计算中误差。

观测量的算术平均值 x 与观测值 L_i 的差数称为改正数，用 v_i 表示

$$v_i = x - L_i \qquad (i = 1, 2, \cdots, n) \tag{7-28}$$

为了导出由改正数 v_i 来计算观测值中误差的公式，进一步研究改正数 v 和真误差 Δ 之间的关系。

将式（7-1）加式（7-28）得

$$\Delta_i = -v_i + (x - X) \qquad (i = 1, 2, \cdots, n) \tag{7-29}$$

将上述 n 个公式两边平方，然后相加得

$$[\Delta_i \Delta_i] = [vv] - 2[v](x - X) + n(x - X)^2$$

将上式两边各除以 n 得

$$\frac{[\Delta_i \Delta_i]}{n} = \frac{[vv]}{n} - 2[v]\frac{x-X}{n} + (x-X)^2 \qquad (7-30)$$

由式（7-28）得

$$[v] = nx - [L] = n\frac{[L]}{n} - [L] = 0 \qquad (7-31)$$

将式（7-31）代入式（7-30）得

$$\frac{[\Delta_i \Delta_i]}{n} = \frac{[vv]}{n} + (x-X)^2 \qquad (7-32)$$

其中

$$(x-X)^2 = \left(\frac{[L]}{n} - X\right)^2 = \frac{1}{n^2}([L] - nX)^2$$

$$= \frac{1}{n^2}(L_1 - X + L_2 - X + \cdots + L_n - X)^2$$

$$= \frac{1}{n^2}(\Delta_1 + \Delta_2 + \cdots + \Delta_n)^2$$

$$= \frac{1}{n^2}(\Delta_1^2 + \Delta_2^2 + \cdots + \Delta_n^2 + 2\Delta_1\Delta_2 + 2\Delta_1\Delta_3 + \cdots + 2\Delta_{n-1}\Delta_n)$$

$$= \frac{\Delta_1^2 + \Delta_2^2 + \cdots + \Delta_n^2}{n^2} + 2\frac{\Delta_1\Delta_2 + \Delta_1\Delta_3 + \cdots + \Delta_{n-1}\Delta_n}{n^2}$$

当 n 无限增大时，上式右边第二项趋于零，于是有

$$(x-X)^2 = \frac{[\Delta_i \Delta_i]}{n^2}$$

将上式代入式（7-32）得

$$\frac{[\Delta_i \Delta_i]}{n} = \frac{[vv]}{n} + \frac{[\Delta_i \Delta_i]}{n^2}$$

将式（7-7）代入上式得

$$m^2 = \frac{[vv]}{n} + \frac{1}{n}m^2$$

$$m^2 - \frac{1}{n}m^2 = \frac{[vv]}{n}$$

$$\frac{m^2(n-1)}{n} = \frac{[vv]}{n}$$

$$m^2 = \frac{[vv]}{n-1}$$

故

$$m = \pm\sqrt{\frac{[vv]}{n-1}} \qquad (7-33)$$

上式就是用改正数 v 来计算观测值中误差的公式。

二、 算术平均值中误差 M

设对某量进行 n 次等精度观测，得观测值 L_1、L_2、$\cdots$、L_n，各观测值的中误差均为

m，算术平均值的中误差以 M 表示。现推导算术平均值中误差 M 的计算公式如下：

由公式（7-2）得

$$x = \frac{[L]}{n} = \frac{1}{n}L_1 + \frac{1}{n}L_2 + \cdots + \frac{1}{n}L_n$$

上式为线性函数，且各项的系数与观测精度均相同。故按式（7-24）即可得算术平均值的中误差为

$$M^2 = \left(\frac{1}{n}\right)^2 m^2 + \left(\frac{1}{n}\right)^2 m^2 + \cdots + \left(\frac{1}{n}\right)^2 m^2 = \frac{m^2}{n}$$

故

$$M = \pm \frac{m}{\sqrt{n}} \tag{7-34}$$

分析式（7-34）可以得出以下几点结论：

（1）算术平均值中误差为观测值中误差的 $\frac{1}{\sqrt{n}}$ 倍，因此，增加观测次数可以提高算术平均值的精度。

（2）在观测值中误差一定时，设 $m=1$，那么观测次数 n 增加多少，才是既合理又经济呢？为了对以增加观测次数来提高观测结果的精度有个数量的概念，现用不同的观测次数 n 代入式（7-34），其计算结果列于表 7-3。

表 7-3　　　　　　　　　　　　观测次数与算术平均值中误差关系表

n	1	2	3	4	6	8	12	16	32	64
M	1.00	0.71	0.58	0.50	0.41	0.35	0.29	0.25	0.18	0.12

从表 7-3 可以看出，随着观测次数 n 的增加，M 值随之减小，因此，算术平均值 x 的精度就随之提高。但当观测次数增加到一定的值后，再增加观测次数时，精度提高较慢。因此，单纯用增加观测次数来提高算术平均值 x 的精度不理想，此时应从改进观测方法，选用高精度的仪器，以使观测值中误差 m 减小来达到减小 M 的目的。

【例 7-6】 设对某一水平角进行五次等精度观测，其观测值列于表 7-4，试求其观测值的最或然值、观测值中误差及算术平均值（最或是值）中误差。

表 7-4　　　　　　　　　　　　［例 7-6］计算表

编号	观测值 L	改正数 v	vv	精度评定
1	52°43′18″	−12″	144	
2	52°43′12″	−6″	36	$m = \pm\sqrt{\dfrac{[vv]}{n-1}} = \pm\sqrt{\dfrac{360}{5-1}} = \pm 9.5''$
3	52°43′06″	0	0	
4	52°42′54″	+12″	144	$M = \pm\dfrac{m}{\sqrt{n}} = \pm\dfrac{9.5''}{\sqrt{5}} = \pm 4.2''$
5	52°43′00″	+6″	36	
总和	$x = 52°43′06″$	$[v] = 0$	$[vv] = 360$	

解 （1）计算最或然值为

$$X = \frac{[L]}{n} = 52°43′06″$$

（2）计算观测值中误差为

$$m = \pm \sqrt{\frac{[vv]}{n-1}} = \pm \sqrt{\frac{360}{5-1}} = \pm 9.5''$$

（3）计算算术平均值中误差为

$$M = \pm \frac{m}{\sqrt{n}} = \pm \frac{9.5''}{\sqrt{5}} = \pm 4.2''$$

第六节　测量精度分析示例

前面已经简单地介绍了观测误差的基本知识，现在应用它来分析测量中的一些实际问题。

一、有关水准测量的精度分析

1. 一个测站的高差中误差

在水准测量中，产生误差的因素很多，如仪器与工具的误差，观测的误差和外界条件变化而产生的误差等。现就仪器误差和观测误差对水准测量的影响分析如下。

（1）望远镜的照准误差。实践证明，人肉眼的分辨力一般是 $60''$，就是说两个点子到达眼睛的夹角如果小于 $60''$ 时，则眼睛就无法分辨，就会把它们看成是一个点子。如果采用放大倍率为 V 的望远镜去瞄准，则分辨力就提高了 V 倍。设水准尺离开仪器的距离为 S，则用望远镜观测时的最大照准误差为

$$\Delta_照 = \pm \frac{60''}{v} \times \frac{S}{\rho} \tag{7-35}$$

如果取中误差为最大误差的 1/2 倍，则用望远镜观测所产生的照准中误差为

$$m_1 = \pm \frac{\Delta_照}{2} = \pm \frac{30''}{v} \times \frac{S}{\rho} \tag{7-36}$$

设望远镜的放大倍率 $V=30$ 倍，水准仪到水准尺的最大距离 $S=100\mathrm{m}$，带入式（7-36）得

$$m_1 = \pm \frac{30''}{30} \times \frac{100 \times 10^3}{206\,265} = \pm 0.48(\mathrm{mm})$$

在水准测量中，所使用的区格式木质水准尺是按厘米分画的，估读将带来较大的误差，顾及估读误差在内，照准误差可达 $\pm 1.00\mathrm{mm}$。

（2）水准管气泡居中的误差。在调节水准管气泡居中时，实践证明，气泡偏离水准管中点的中误差为 $\pm 0.15\tau$（τ 是水准管的分画值），用符合棱镜装置的符合气泡居中，对于普通水准仪，其提高精度可设为三倍，则水准管气泡居中的中误差可取 $\pm 0.05\tau$，普通工程水准仪的 τ 为 $20''/2\mathrm{mm}$，取最大视距 $S=100\mathrm{m}$，则水准管居中误差对读数的影响为

$$m_2 = \pm \frac{0.05 \times 20 \times 100 \times 10^3}{206\,265} = \pm 0.50(\mathrm{mm})$$

在两点间进行水准测量时，前视或后视读数的中误差为

$$m_读 = \pm \sqrt{1.00^2 + 0.5^2} = \pm 1.12(\mathrm{mm})$$

故一个测站的高差中误差为

$$m_{站} = \pm\sqrt{2}\,m_{读} = \pm 1.57\,(\text{mm})$$

若采用双面水准尺施测，则

$$m_{站} = \pm\frac{1.57}{\sqrt{2}} = \pm 1.12\,(\text{mm})$$

2. 测站校核限差的规定

(1) 黑面读数与红面读数之差的限差。

黑面读数一次的中误差为 $m_{读}$，同样红面也是一样，故其差数的中误差应为

$$m_{黑-红} = \pm\sqrt{2}\,m_{读} \approx \pm 1.57\,(\text{mm})$$

取其中误差的两倍作为限差

$$\Delta_{黑-红} = 2m_{黑-红} \approx \pm 3.14\,(\text{mm})$$

因为红黑面观测时的条件基本相同，故规定其限差为 3mm。

(2) 黑面高差和红面高差之差的限差。因为黑面高差的中误差 $m_{h黑}$ 等于红面高差的中误差 $m_{h红}$，且都等于 $\pm\sqrt{2}\,m_{读}$，即

$$m_{h黑} = m_{h红} = \pm\sqrt{2}\,m_{读}$$

故黑面高差和红面高差之差的中误差为

$$m_{h黑-红} = \pm\sqrt{2}\times\sqrt{2}\,m_{读} = \pm 2.24\,(\text{mm})$$

取中误差的两倍作为限差，则为

$$\Delta h = 2m_{h黑-红} = \pm 4.48\,(\text{mm})$$

故规定其限差为 5mm。

3. 水准路线的高差中误差及允许误差

设在两点间进行水准测量，共测了 n 个测站，求得高差为

$$h = h_1 + h_2 + \cdots + h_n$$

设 h_1，h_2，$\cdots$，h_n 的中误差均为 $m_{站}$，按等精度和差函数的公式，h 的中误差为

$$m_h = \sqrt{n}\,m_{站} = \pm 1.12\sqrt{n}\,(\text{mm})$$

因为在施测整条水准路线时，观测的条件比较复杂，外界影响也较大，水准路线的高差允许闭合差作了适当放宽，一般规定

$$\Delta h_{允} = \pm 5\sqrt{n}\,(\text{mm})$$

对于平坦地区来说，一般 1km 水准路线不超过 15 站，如用千米数 L 代替测站数 n，则

$$\Delta h_{允} = \pm 20\sqrt{L}\,(\text{mm})$$

式中，L 以千米为单位。

二、　有关水平角观测的精度分析

用 DJ$_6$ 型经纬仪观测水平角，一个方向一个测回（望远镜在盘左和盘右位置观测一个测回）的中误差为 $\pm 6''$。设望远镜在盘左（盘右）位置观测该方向的中误差为 $m_{方}$，按等精度算术平均值的公式，则有 $6'' = \dfrac{m_{方}}{\sqrt{2}}$，即

$$m_方 = \pm\sqrt{2} \times 6'' = \pm 8.5''$$

1. 半测回所得角值的中误差

半测回的角值等于两方向之差，故半测回角值的中误差为

$$m_{\beta半} = m_方\sqrt{2} = \pm 8.5''\sqrt{2} \times 6'' = \pm 12''$$

2. 上、下两个半测回的限差

上、下两个半测回的限差是以两个半测回角值之差来衡量。两个半测回角值之差 $\Delta\beta$ 的中误差为

$$m_{\Delta\beta} = \pm m_{\beta半}\sqrt{2} = \pm 12\sqrt{2} = \pm 17''$$

取两倍中误差为允许误差，则

$$f_{\Delta\beta允} = \pm 2 \times 17'' = \pm 34''（规范规定为 36''）$$

3. 测角中误差

因为一个水平角是取上、下两个半测回的平均值，故测角中误差为

$$m_\beta = \pm\frac{m_{\beta半}}{\sqrt{2}} = \pm\frac{12''}{\sqrt{2}} = \pm 8.5''$$

4. 测回差的限差

两个测回角值之差为测回差，它的中误差为

$$m_{\beta测回差} = \pm m_\beta\sqrt{2} = \pm 8.5''\sqrt{2} = \pm 12''$$

取两倍中误差作为允许误差，则测回差得限差为

$$f_{\beta测回差} = \pm 2 \times 12'' = \pm 24''$$

第八章　小地区控制测量

第一节　控制测量的概念

在绪论中已指出测量工作的组织原则是"从整体到局部、先控制后碎部"，其含义就是在测区内先建立测量控制网来控制全局，然后根据控制网测定控制点周围的地形或进行建筑施工放样。这样不仅可以保证整个测区有一个统一的、均匀的测量精度，而且可以加快测量进度。

在测区内，按测量任务所要求的精度，测定一系列控制点的平面坐标和高程，建立起测量控制网，作为各种测量的基础，这种测量工作称为控制测量。所谓控制网，就是在测区内选择一些有控制意义的点（称为控制点）构成的几何图形。按控制网的功能可分平面控制网和高程控制网。测定控制网平面坐标的工作称为平面控制测量；测量控制网高程的工作称为高程控制测量。

一、国家控制网

国家控制网又称基本控制网，即在全国范围内按统一的方案建立的控制网，它是全国各种比例尺测图的基本控制。它用精密仪器、精密方法测定，并进行严格的数据处理，最后求定控制点的平面位置和高程。

国家控制网按其精度可分为一、二、三、四等四个级别，而且是由高级向低级逐级加以控制。就平面控制网而言，先在全国范围内，沿经纬线方向布设一等网，作为平面控制骨干。在一等网内再布设二等全面网，作为全面控制的基础。为了其他工程建设的需要，再在二等网的基础上加密三、四等控制网（图 8-1）。建立国家平面控制网主要是用三角测量、精密导线测量和 GNSS 测量的方法。就国家高程控制网而言，首先是在全国范围内布设沿纵、横方向的一等水准路线，在一等水准路线上布设二等水准闭合或附合路线，再在二等水准环路上加密三、四等闭合或附合水准路线（图 8-2）。国家一、二等高程控制测量主要采用精密

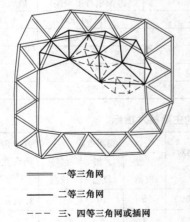

　　—— 一等三角网
　　—— 二等三角网
　　--- 三、四等三角网或插网

图 8-1　国家平面控制网示意图

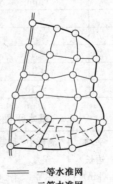

　　═══ 一等水准网
　　—— 二等水准网
　　—— 三等水准网
　　--- 四等水准网

图 8-2　国家高程控制网示意图

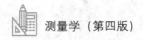

水准测量的方法。

国家一、二等控制网除了作为三、四等控制网的依据外，还为研究地球的形状和大小以及其他科学提供依据。

二、 工程测量平面控制

工程测量平面控制网的布设，可采用卫星定位测量控制网、导线及导线网、三角形网等形式。

平面控制网精度等级的划分：GNSS 卫星定位测量控制网依次为二、三、四等和一、二级，导线及导线网依次为三、四等和一、二、三级，三角形网依次为二、三、四等和一、二级。

平面控制网的布设，应遵循下列原则：

（1）首级控制网的布设，应因地制宜，且适当考虑发展。当与国家坐标系统联测时，应同时考虑联测方案。

（2）首级控制网的等级，应根据工程规模、控制网的用途和精度要求合理选择。

（3）加密控制网，可越级布设或同等级扩展。

平面控制网的坐标系统，应在满足测区内投影长度变形不大于 2.5cm/km 的要求下，作下列选择：

（1）采用统一的高斯正形投影 3°带平面直角坐标系统。

（2）采用高斯正形投影 3°带，投影面为测区抵偿高程面或测区平均高程面的平面直角坐标系统；或任意带，投影面为 1985 国家高程基准面平面直角坐标系统。

（3）小测区或有特殊精度要求的控制网，可采用独立坐标系统。

（4）在已有平面控制网的地区，可沿用原有的坐标系统。

（5）厂区内可采用建筑坐标系统。

各等级 GNSS 卫星定位控制网的主要技术指标见表 8-1。导线测量的主要技术指标见表 8-2，三角形网测量的主要技术指标见表 8-3。

表 8-1　　　　　　　　　　　GNSS 卫星定位测量控制网的主要技术要求

等级	平均边长（km）	固定误差 A（mm）	比例误差系数 B（mm/km）	约束点间的边长相对中误差	约束平差后最弱边相对中误差
二等	9	≤10	≤2	≤1/250 000	≤1/120 000
三等	4.5	≤10	≤5	≤1/150 000	≤1/70 000
四等	2	≤10	≤10	≤1/100 000	≤1/40 000
一级	1	≤10	≤20	≤1/40 000	≤1/20 000
二级	0.5	≤10	≤40	≤1/20 000	≤1/10 000

表 8-2　　　　　　　　　　　基本平面控制导线测量的主要技术指标

等级	导线长度（km）	平均边长（km）	测角中误差（″）	测距中误差（mm）	测距相对中误差	测回数			方位角闭合差（″）	导线全长相对闭合差
						1″级仪器	2″级仪器	6″级仪器		
三等	14	3	1.8	20	1/150 000	6	10	—	$3.6\sqrt{n}$	≤1/55 000
四等	9	1.5	2.5	18	1/80 000	4	6	—	$5\sqrt{n}$	≤1/35 000
一级	4	0.5	5	15	1/30 000	—	2	4	$10\sqrt{n}$	≤1/15 000

等级	导线长度（km）	平均边长（km）	测角中误差（"）	测距中误差（mm）	测距相对中误差	测回数			方位角闭合差（"）	导线全长相对闭合差
						1"级仪器	2"级仪器	6"级仪器		
二级	2.4	0.25	8	15	1/14 000	—	1	3	$16\sqrt{n}$	≤1/10 000
三级	1.2	0.1	12	15	1/7000	—	1	2	$24\sqrt{n}$	≤1/5000

注　1. 表中 n 为测站数；

　　2. 当测区测图的最大比例尺为 1：1000 时，一、二、三级导线的平均边长及总长可适当放长，但最大长度不应大于表中规定长度的 2 倍。

表 8-3　　　　　三角形网测量的主要技术要求

等级	平均边长（km）	测角中误差（"）	测边相对中误差	最弱边边长相对中误差	测回数			三角形最大闭合差（"）
					1"级仪器	2"级仪器	6"级仪器	
二等	9	1	≤1/250 000	≤1/120 000	12	—	—	3.5
三等	4.5	1.8	≤1/150 000	≤1/70 000	6	9	—	7
四等	2	2.5	≤1/100 000	≤1/40 000	4	6	—	9
一级	1	5	≤1/40 000	≤1/20 000	—	2	4	15
二级	0.5	10	≤1/20 000	≤1/10 000	—	1	2	30

注　当测区测图的最大比例尺为 1：1000 时，一、二级的边长可适当放长，但最大长度不应大于表中规定的 2 倍。

在基本平面控制不能满足测区需要的情况下，可以设置图根平面控制。在测区较小的情况下，图根平面控制也可以作为首级平面控制。图根平面控制可以采用图根导线、极坐标、边角交会和 GNSS 定位等测量方法。下面介绍图根导线的技术指标，其他方法的技术指标参考《工程测量规范》。

图根导线测量，应符合下列规定：

（1）图根导线测量，宜采用 6"级仪器 1 测回测定水平角。其主要技术要求，不应超过表 8-4 的规定。

表 8-4　　　　　图根导线测量的主要技术要求

导线长度（m）	相对闭合差	测角中误差（"）		方位角闭合差（"）	
		一般	首级控制	一般	首级控制
≤$\alpha \times M$	≤1/(2000×α)	30	20	$60\sqrt{n}$	$40\sqrt{n}$

注　1. α 为比例系数，取值宜为 1，当采用 1：500、1：1000 比例尺测图时，其值可在 1～2 之间选用；

　　2. M 为测图比例尺的分母；但对于工矿区现状图测量，不论测图比例尺大小，M 均应取值为 500；

　　3. 隐蔽或施测困难地区导线相对闭合差可放宽，但不应大于 1/(1000×α)。

（2）在等级点下加密图根控制时，不宜超过 2 次附合。

（3）图根导线的边长，宜采用电磁波测距仪器单向施测，也可采用钢尺单向丈量。

（4）图根量距导线，还应符合下列规定：

1）对于首级控制，边长应进行往返丈量，其较差的相对误差不应大于 1/4000。

2）量距时，当坡度大于 2%、温度超过钢尺检定温度范围 ±10℃ 或尺长修正大于 1/10 000 时，应分别进行坡度、温度、尺长的修正。

3）对于采用钢尺量距的附合导线，当长度小于规定导线长度的 1/3 时，其绝对闭合差不应大于图上 0.3mm；对于测定细部坐标点的图根导线，当长度小于 200m 时，其绝对闭合差不应大于 13cm。

三、 工程测量高程控制

工程测量高程控制测量精度等级的划分，依次为二、三、四、五等。各等级高程控制宜采用水准测量，四等及以下等级可采用电磁波测距三角高程测量，五等也可采用 GNSS 拟合高程测量。

首级高程控制网的等级，应根据工程规模、控制网的用途和精度要求合理选择。首级网应布设成环形网，加密网宜布设成附合路线或结点网。

测区的高程系统，宜采用 1985 国家高程基准。在已有高程控制网的地区测量时，可沿用原有的高程系统；当小测区联测有困难时，也可采用假定高程系统。

高程控制点间的距离，一般地区应为 1～3km，工业厂区、城镇建筑区宜小于 1km。但一个测区及周围至少应有 3 个高程控制点。

高程控制测量水准测量技术指标见表 8-5。

表 8-5　　　　高程控制水准测量的主要技术

等级	每千米高差全中误差（mm）	路线长度（km）	水准仪型号	水准尺	观测次数		往返较差、附合或环线闭合差	
					与已知点联测	附合或环线	平地（mm）	山地（mm）
二等	2	—	DS_1	铟瓦	往返各一次	往返各一次	$4\sqrt{L}$	—
三等	6	≤50	DS_1	铟瓦	往返各一次	往一次	$12\sqrt{L}$	$4\sqrt{n}$
			DS_3	双面		往返各一次		
四等	10	≤16	DS_3	双面	往返各一次	往一次	$20\sqrt{L}$	$6\sqrt{n}$
五等	15	—	DS_3	单面	往返各一次	往一次	$30\sqrt{L}$	

注　1. 结点之间或结点与高级点之间，其路线的长度，不应大于表中规定的 0.7 倍；

2. L 为往返测段，附合或环线的水准路线长度（km）；n 为测站数；

3. 数字水准仪测量的技术要求和同等级的光学水准仪相同。

在基本高程控制不能满足测区需要的情况下，可以设置图根高程控制。在测区较小的情况下，图根高程控制也可以作为首级高程控制。图根高程控制可以采用图根水准、电磁波测距三角高程测量方法。

图根水准测量，应符合下列规定：

（1）起算点的精度，不应低于四等水准高程点。

（2）图根水准测量的主要技术要求，应符合表 8-6 的规定。

表 8-6　　　　图根水准测量的主要技术要求

每千米高差中误差（mm）	附合路线长度（km）	仪器类型	视线长度（m）	观测次数		往返较差、附合或环线闭合差（mm）	
				附合或闭合路线	支水准路线	平　地	山　地
20	≤5	DS_{10}	≤100	往一次	往返各一次	$40\sqrt{L}$	$12\sqrt{n}$

注　1. L 为往返测段、附合或环线的水准路线的长度（km）；

2. 当水准线路布设成支线时，其线路长度不应大于 2.5km。

图根电磁波测距三角高程测量，应符合下列规定：

（1）起算点的精度，不应低于四等水准高程点。

（2）图根电磁波测距三角高程的主要技术要求，应符合表8-7的规定。

表 8-7　　　　　　　　图根电磁波测距三角高程的主要技术要求

每千米高差中误差（mm）	附合路线长度（km）	仪器类型	中丝法测回数	指标差较差（"）	垂直角较差（"）	对向观测高差较差（mm）	附合或环形闭合差（mm）
20	5	6"级	2	25	25	$80\sqrt{D}$	$40\sqrt{\Sigma D}$

注　D 为电磁波测距边的长度，单位为 km。

（3）仪器高和觇标高的量取，应精确至1mm。

第二节　导　线　测　量

一、概述

导线测量是建立平面控制网的一种方法。它比较适宜布设在地物复杂的建筑区及障碍物较多的隐蔽区。下面以图根导线为例介绍导线测量的外业工作和内业工作。

导线是用连续的折线把各控制点连接起来，测其边长和转折角，以推算各控制点坐标。这些折线有的组成闭合形状，有的伸展成折线形状。导线按其布置形式的不同可分为如下三种：

（1）闭合导线。自一点出发，最后仍回到该点上，形成闭合多边形如图8-3所示。它本身具有严密的几何条件，具有检核作用。

（2）附合导线。自某高级控制点出发，附合到另一高级控制点上，成为伸展的拆线形状如图8-4所示。此种布设形式，由于附合在两个已知点和两个已知方向上，所以具有检核条件，图形强度好。

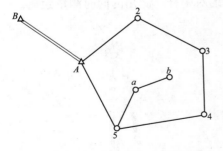

图8-3　闭合导线和支导线

图8-4　附合导线

（3）支导线。由某一点出发，既不闭合于起始点也不附合于另一控制点，如图8-3中的 a、b 点。这种导线因缺乏图形检核条件，错误不易发现，一般只能用在无法布设附合或闭合导线的少数特殊情况，并且要对边数和边长进行限制。

二、导线测量的外业工作

导线测量的外业工作包括：踏勘选点、导线边长测量、角度观测和起始边定向。

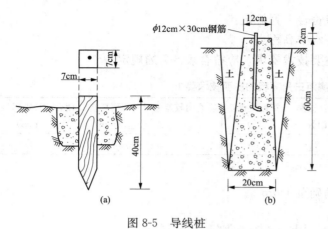

图 8-5 导线桩

1. 踏勘选点

踏勘选点的任务是根据测图的要求和测区的具体情况，拟订导线的布置形式，实地选定导线点并设立标志。临时性的导线点可用木桩，并在桩顶钉一个小钉表示点位〔图 8-5（a）〕；永久性的导线点应用混凝土桩〔图 8-5（b）〕或铁柱，在顶部刻"十"字，标以点位。导线点应统一编号，为了寻找的方便，要绘制导线点草图。选点时，应注意下列几点：

（1）相邻导线点间必须通视，便于量距或测距。

（2）点位要选在视野开阔，控制面积大，便于碎部测量的地方。

（3）导线点应分布均匀，具有足够的密度，以便控制整个测区。

（4）导线边长应大致相等，相邻边长不宜相差悬殊，图根导线的边长可参照表 8-1。

（5）导线点应选在不易被行人车马触动，土质坚硬，便于安置仪器的地方。

2. 转折角测量

导线的转折角用经纬仪按测回法进行观测。转折角有左角和右角之分，在导线前进方向左边的角度称为左角，右边的角度称为右角。附合导线一般观测左角，闭合导线一般观测内角，若按顺时针编号，多边形的内角就是右角。图根导线的角度观测应满足表 8-4 技术要求。

测角的照准标志，可用三根小竹杆捆成的三脚架（或罗盘仪脚架）悬挂大垂球，以垂球线作为瞄准标志，当边长较长时，可在垂球线上绑一小圆筒作瞄准标志〔图 8-6（a）〕，也可用铁三角对中架，在对中架孔里插入长 0.8～1m，直径约 1cm 的小花杆作瞄准标志〔图 8-6（b）〕。目前更多地应用图 8-6（c）所示的带棱镜的对中杆，测角的同时测量距离。

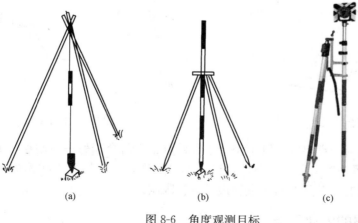

图 8-6　角度观测目标

3. 边长测量

边长测量可以采用经过检定的钢尺或电磁波测量的方法测量两点间的水平距离，技术要求见第一节。

4. 起始边定向

闭合导线的起始边定向分两种情况：一是没有高一级控制点可以连接，或在测区内布设的是独立闭合导线，这时，需要在第 1 点上测出第一条边的磁方位角，并假定第 1 点的坐标，就具有起始数据，如图 8-7（a）所示。第二种情况如图 8-7（b）所示，A、B 为高一级控制点，1、2、3、4、5 等点组成闭合导线，则需要测出连接角 β' 及 β''，还要测出连接边长 D_0，才能计算起始数据。

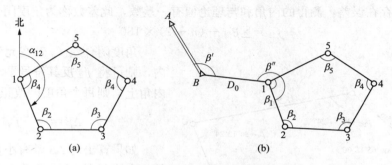

图 8-7 闭合导线的起始边定向

附合导线的两端点均为已知点，只要在已知点 B 及 C（图 8-8）上测出 β_1 及 β_6，就能获得起始数据，β_1 及 β_6 称为连接角。

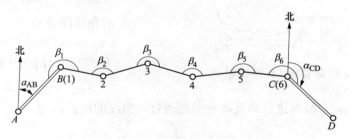

图 8-8 附合导线的起始边定向

控制测量成果的好坏，直接影响测图的质量。如果测角和测量距离达不到要求，要分析研究，找出原因，进行局部返工或全部重测。

三、 导线测量的内业工作

导线测量的内业工作就是根据外业观测数据进行内业计算，又称导线平差计算，即用科学的方法处理测量数据，合理地分配测量误差，最后求出各导线点的坐标值。

为了保证计算的正确性和满足一定的精度要求，计算之前应注意两点：一是对外业测量成果进行复查，确认没有问题，方可进行计算；二是对各项测量数据和计算数据取到足够位数。对小区域和图根控制测量的所有角度观测值及其改正数取到整秒；距离、坐标增量及其改正数和坐标值均取到毫米。取舍原则："四舍六入，五前单进双舍"，即保留位后的数大于五就进，小于五就舍，等于五时则看保留位上的数是单数就进，是双数就舍。

（一）闭合导线内业计算

图 8-9 是实测图根闭合导线，图中各项数据是从外业观测手簿中获得的。

已知 A 点的坐标 $X_A=450.000\text{m}$，$Y_A=450.000\text{m}$，导线各边长，各内角和起始边 AB 的方位角 α_{AB} 如图 8-9 所示，试计算 B、C、D、E 各点的坐标。

1. 角度闭合差的调整

闭合导线的内角和在理论上应满足下列条件

$$\sum \beta_{测}=(n-2)\times 180° \tag{8-1}$$

式中 n——闭合导线内角的个数。

由于观测存在误差，测得的内角和与理论值有一差数，此差数称为角度闭合差 f_β

$$f_\beta=\sum \beta_{测}-(n-2)\times 180° \tag{8-2}$$

角度闭合差 f_β 若在允许误差范围之内，则可将 f_β 反其符号平均分配在各个内角上，则每个角度的改正数 $\Delta\beta$ 为

$$\Delta\beta=-\frac{1}{n}f_\beta \tag{8-3}$$

如果算出的 $\Delta\beta$ 带有小数，可把它凑整，在边长较短的夹角上多分配一些，使改正后的各内角总和满足式（8-1）的理论条件。

实例中：$\sum \beta_{测}=540°00'57''$

故角度闭合差为

$$f_\beta=540°00'57''-540°=57''$$

表 8-2 规定的允许角度闭合差为

$$f_{\beta允}=\pm 60''\sqrt{5}=\pm 134''$$

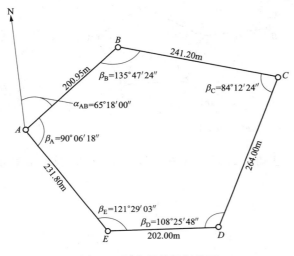

图 8-9　闭合导线算例草图

由于 $f_\beta<f_{\beta允}$，故可进行角度闭合差的调整，角度的改正值为

$$\Delta\beta=-\frac{57''}{5}=11.4''$$

改正时，为了凑整到整秒，在短边所夹的角 β_A 和 β_B 上改正 $12''$，其他各角改正 $11''$，然后计算改正后的角度值（见表 8-8 第 2、3、4 栏）。

2. 导线边方位角的推算

各导线边方位角推算，是根据起始边的方位角和改正后的各导线转折角来计算。如图 8-9 所示，各边方位角的推算方法如下

BC 边的方位角　　　　　$\alpha_{BC}=\alpha_{AB}+180°-\beta_B$

CD 边的方位角　　　　　$\alpha_{CD}=\alpha_{BC}+180°-\beta_C$

AB 边的方位角　　　　　$\alpha_{AB}=\alpha_{EA}+180°-\beta_A-360°$（校核）

由上式可以总结出推算方位角的规律如下：计算时按照导线点编号 A、B、C 等，方向前进、所有导线内角都是右角，当在某个导线点要推算前一边的方位角时，则将后一边的方位角加 $180°$，再减去该导线点前后两边所夹的角，便得到前一边的方位角，即

$$\alpha_{前}=\alpha_{后}+180°-\beta_{右} \tag{8-4}$$

若按式（8-4）算出的方位角是负值时则应加上 360°。

为了校核，最后还要把 AB 边的方位角推算出来，如算出的 AB 边方位角与起算数据一样，则说明计算无误，否则应查明错误之处。方位角推算结果列于表 8-8 第 5 栏中。

如果所有导线内角都在前进方向的左侧，按同样方法可推导出式（8-4）相类似的公式如下

$$\alpha_{前}=\alpha_{后}-180°+\beta_{左} \tag{8-5}$$

同样，若按式（8-5）算出的方位角是负值时则应加上 360°。

3. 坐标增量计算

导线点的坐标增量计算公式推导如下：

如图 8-10 所示，设 D_{12}、α_{12} 为已知，则 12 边的坐标增量为

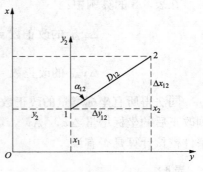

$$\left.\begin{aligned}\Delta x_{12}&=D_{12}\cos\alpha_{12}\\\Delta y_{12}&=D_{12}\sin\alpha_{12}\end{aligned}\right\} \tag{8-6}$$

可以验算，当方位角在 90°～360° 时，上式依然成立。此项计算填在表 8-8 中第 7 栏。

图 8-10 坐标增量计算

4. 坐标增量闭合差的计算与调整

因为闭合导线是一闭合多边形，其坐标增量的代数和在理论上应等于零，即

$$\left.\begin{aligned}\sum\Delta x_{理}&=0\\\sum\Delta y_{理}&=0\end{aligned}\right\}$$

但由于测定导线边长和观测内角过程中存在误差，所以实际上坐标增量之和往往不等于零而产生一个差值，这个差值称为坐标增量闭合差。分别用 f_x，f_y 表示为

$$\left.\begin{aligned}f_x&=\sum\Delta x\\f_y&=\sum\Delta y\end{aligned}\right\} \tag{8-7}$$

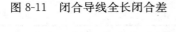

图 8-11 闭合导线全长闭合差

由于纵、横坐标增量闭合差的存在，致使闭合导线所构成的多边形不能闭合而形成一个缺口，如图 8-11 所示，缺口 AA' 的长度称为全长闭合差，以 f 表示。由图可知

$$f=\sqrt{f_x^2+f_y^2} \tag{8-8}$$

导线越长，角度观测和边长测定的工作量越多，误差的影响也越大。所以，一般用 f 对导线全长 $\sum d$ 的比值 K 来表示其质量，K 称为导线相对闭合差。

$$K=\frac{f}{\sum d}=\frac{1}{\dfrac{\sum d}{f}}$$

对于量距导线和测距导线，其导线全长相对闭合差一般不应大于 1/2000。

在表 8-8 的算例是钢尺量距导线，其 K 为 1/3980，符合精度要求。则可将坐标增量闭合差差进行调整，以消除导线全长闭合差 f。调整的方法是：将坐标增量闭合差以相反符

号，按与边长成正比分配到导线的坐标增量中，公式为

$$\left.\begin{array}{l} \nu_{\Delta xi}=\dfrac{d_i}{\sum d}(-f_x) \\[3mm] \nu_{\Delta yi}=\dfrac{d_i}{\sum d}(-f_y) \end{array}\right\} \tag{8-9}$$

式中　$\nu_{\Delta xi}$，$\nu_{\Delta yi}$——第 i 条边的纵、横坐标增量的改正数；

　　　　d_i——第 i 条导线边的长度；

　　　　$\sum d$——导线的总长。

在表 8-8 的算例中：

$$\Delta x_{AB} \text{ 的改正数} = +\frac{0.286}{1139.950} \times 200.950 = +0.050(\text{m})$$

$$\Delta y_{AB} \text{ 的改正数} = -\frac{0.016}{1139.950} \times 200.950 = -0.003(\text{m})$$

同法得所有坐标增量的改正数填入表 8-8 第 7 栏的括弧内。Δx、Δy 分别加上改正数得到改正后的坐标增量 $\Delta x'$、$\Delta y'$，填入第 8 栏内。改正后坐标增量的代数和应等于零，用此条件校核计算是否有误。

表 8-8　　　　　　　　　　　　　　　闭合导线坐标计算表

测站	角度观测值 (° ′ ″)	改正数 (″)	改正后角值 (° ′ ″)	方位角 α (° ′ ″)	边长 d(m)	坐标增量计算值 (改正数)(m)		改正后坐标增量 (m)		坐标值 (m)	
						$\Delta x'$	$\Delta y'$	ΔX	ΔY	x	y
1	2	3	4	5	6	7		8		9	
A				65 18 00	200.950	+83.970 (+0.050)	+182.565 (−0.003)	+84.020	+182.562	450.000	450.000
B	135 47 24	−12	135 47 12	109 30 48	241.200	−80.567 (+0.061)	+227.346 (−0.003)	−80.506	+227.343	534.020	632.562
C	84 12 24	−11	84 12 13	205 18 35	264.000	−238.659 (+0.066)	−112.863 (−0.004)	−238.593	−112.867	453.514	859.905
D	108 25 48	−11	108 25 37	276 52 58	202.000	+24.207 (+0.051)	−200.544 (−0.003)	+24.258	−200.547	214.921	747.038
E	121 29 3	−11	121 28 52	335 24 06	231.800	+210.763 (+0.058)	−96.488 (−0.003)	+210.821	−96.491	239.179	546.491
A	90 06 18	−12	90 06 06							450.000	450.000

计算	$\sum d = 1139.950$m，$\sum \Delta x = 0$，$\sum \Delta y = 0$，$f_\beta = +57''$，$f_x = -0.286$（m），$f_y = +0.016$（m）； $f_{\beta允} = \pm 60\sqrt{5} = \pm 134''$，$f = \sqrt{f_x^2 + f_y^2} = 0.286$（m）； $K = \dfrac{f}{\sum d} = \dfrac{1}{3980}$

5. 导线点的坐标计算

根据导线起算点 A 的已知坐标及改正后的纵、横坐标增量，可按下式计算 B 点的坐标为

$$x_B = x_A + \Delta x'_{AB} \atop y_B = y_A + \Delta y'_{AB} \Bigg\}$$　　　　　　　　(8-10)

在表 8-8 的算例中，起始点 A 的坐标已知，则 B 点的坐标为

$$X_B = X_A + \Delta x_{AB} = 450.000 + 84.020 = 534.020$$

$$Y_B = Y_A + \Delta y_{AB} = 450.000 + 182.562 = 632.562$$

依法算出其他各导线点坐标填入表 8-8 第 9 栏中。最后算出起始点的坐标，应与起算数据相等，以此校核计算是否有误。

（二）附合导线的内业计算

图 8-12 中，已知 A、E 两点的坐标为 $(X_A$、$Y_A)$、$(X_E$、$Y_E)$；BA 边的方位角为 α_{BA}，EF 边的方位角 α_{EF}，现有一条附合导线从 A 开始，附合到 E 上，测量了连接角、转折角和各个边的长度，附合导线计算方法和计算步骤与闭合导线相同，只是由于已知条件的不同，致使角度闭合差和坐标增量闭合差的计算略有不同。

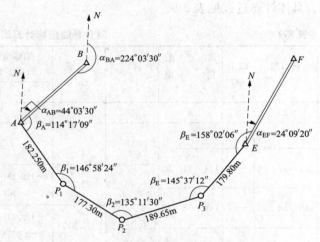

图 8-12　附合导线算例草图

1. 角度闭合差的计算和调整

在附合导线中，因为角度观测存在误差，所以根据已知边 BA 的方位角 α_{BA} 和连接角、转折角观测值推算得的 EF 边方位角 α'_{EF} 往往不等于该边的已知方位角 α_{EF}，其差值就是附合导线的角度闭合差 f_β，即

$$f_\beta = \alpha'_{EF} - \alpha_{EF}$$　　　　　　　　(8-11)

计算方位角 α'_{EF} 的公式可推导如下

$$\begin{aligned}\alpha_{AP_1} &= \alpha_{BA} + \beta_A - 180° \\ \alpha_{P_1P_2} &= \alpha_{AP_1} + \beta_1 - 180° \\ \alpha_{P_2P_3} &= \alpha_{P_1P_2} + \beta_2 - 180° \\ &\vdots \\ \alpha'_{EF} &= \alpha_{EF} + \beta_E - 180°\end{aligned}\Bigg\}$$　　　　　　　　(8-12)

式（8-12）全部相加有

$$\alpha'_{EF} = \alpha_{BA} + \sum\beta - n180°$$　　　　　　　　(8-13)

式（8-13）中 n 为 β 角的个数。

算出 α'_{EF} 后，即可根据式（8-11）算得角度闭合差 f_β，如果 f_β 在允许范围内则可进行角度闭合差的调整，角度闭合差的调整方法与闭合导线相同。

2. 坐标增量闭合差的计算

在图 8-12 中，由于 A、E 的坐标为已知，所以从 A 到 E 的坐标增量也就已知，即

$$\sum\Delta x_{理} = x_E - x_A$$

$$\sum\Delta y_{理} = y_E - y_A$$

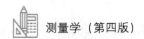

通过附合导线测量也可以求得 A、E 间的坐标增量，用 $\sum\Delta x$、$\sum\Delta y$ 表示由于测量误差故存在坐标增量闭合差

$$f_x = \sum\Delta y - (x_E - x_A) \Big\rbrace$$
$$f_y = \sum\Delta y - (y_E - y_A) \Big\rbrace \qquad (8\text{-}14)$$

附合导线的导线全长闭合差、全长相对闭合差以及坐标增量闭合差的调整与闭合导线相同。具体计算过程见表 8-9。

表 8-9 附合导线坐标计算表

测站	转折角 ° ′ ″	改正值 ″	改正后角值 ° ′ ″	方位角 ° ′ ″	边长 (m)	坐标增量计算值（改正数）(m) Δx	坐标增量计算值（改正数）(m) Δy	改正后的坐标增量 (m) $\Delta x'$	改正后的坐标增量 (m) $\Delta y'$	坐标值 (m) x	坐标值 (m) y
1	2	3	4	5	6	7		8		9	
B				224 03 30							
A	114 17 09	−06	114 17 03			−169.384 (−0.030)	+67.261 (+0.025)	−169.414	+67.286	640.900	1068.740
				158 20 33	182.250						
P_1	146 58 24	−07	146 58 17			−102.489 (−0.029)	+144.676 (+0.024)	−102.518	+144.700	471.486	1136.026
				125 18 50	177.300						
P_2	135 11 30	−06	135 11 24			+31.289 (−0.031)	+187.051 (+0.026)	+31.258	+187.077	368.968	1280.726
				80 30 14	189.650						
P_3	145 37 12	−06	145 37 06			+124.623 (−0.029)	+129.603 (+0.024)	+124.594	+129.627	400.226	1467.803
				46 07 20	179.800						
E	158 02 06	−06	158 02 00							524.820	1597.430
				24 09 20							
F											

计算 $f_\beta = +31'$，$\sum d = 729.000\text{m}$，$f_x = +0.119\text{m}$，$f_y = -0.099\text{m}$；

$f_{\beta 允} = \pm60''\sqrt{5} = \pm134''$，$f = \sqrt{f_x^2 + f_y^2} = 0.155\text{m}$，$K = \dfrac{f}{\sum d} = \dfrac{1}{4709} < \dfrac{1}{2000}$

第三节　GNSS 控制测量

用 GNSS 卫星定位技术建立的测量控制网称为 GNSS 控制网。目前，GNSS 控制网可大致分为两类：一类是国家或区域性的高精度的 GNSS 控制网；另一类是局部性的 GNSS 控制网，包括城市或矿区控制网及各类工程控制网，如公路勘测中的首级控制网或水深测量时的陆上控制网。一般来说，这类 GNSS 网中相邻点间的距离为几公里至几十公里，其主要任务就是直接为城市建设或工程建设服务。

GNSS 控制网的建立与用常规地面测量方法建立控制网类似，按其工作性质可以分为外业工作和内业工作两大部分。外业工作主要包括选点、建立测站标志、野外观测作业等；内业工作主要包括 GNSS 控制网的技术设计、数据处理和技术总结等。也可以按工作程序大体分为 GNSS 网的技术设计、仪器检验、选点与建造标志、外业观测与成果检核、GNSS 网的平差计算以及技术总结等若干个阶段。

尽管 GNSS 测量具有精度高、速度快等优越性，但为了得到可靠的观测成果，也必须有科学的技术设计，严谨的作业管理和工作作风，且 GNSS 测量也应遵循统一的规范。近年来，为了实际工作的需要，我国和一些国家已经制订了一些 GNSS 测量规范，但由于 GNSS 定位技术的迅速发展，这些规范还难以适应于各种不同的情况，为此，有关部门正在修订。在实际作业中，可以根据实用上的要求和所采用的作业模式，制订相应的补充技术规定。

本节主要介绍建立局部 GNSS 控制网的外业程序和方法，以及内业数据处理所要做的主要工作。

一、　GNSS 控制网的技术设计

（一）技术设计的一般原则

建立城市或其他局部性 GNSS 控制网是一项重要的基础性工作，而技术设计则是建立 GNSS 网的第一步，是保证控制网能够满足经济建设需要，并保证成果质量可靠的关键性工作。因此，必须科学地、严谨地做好这一工作。GNSS 网技术设计的一般原则包括以下几个方面。

1. 充分考虑建立 GNSS 控制网的应用范围

对于工程建设的 GNSS 网，应该既考虑勘测设计阶段的需要，又要考虑施工放样等阶段的需要。对于城市 GNSS 控制，既要考虑近期建设和规划的需要；又要考虑远期发展的需要；还可以根据具体情况扩展 GNSS 控制网的功能。例如，因为 GNSS 测量具有高精度和不要求通视的优点，有的城市已经考虑将城市 GNSS 网建立成为兼有监测三维形变功能的控制网。这样既可以为城市建设提供发现隐患、预防灾害的极有价值的信息；也有利于充分发挥 GNSS 网和测绘工作在城市建设中的作用。

2. 采用分级布网的方案

适当地分级布设 GNSS 网，有利于根据测区的近期需要和远期发展分阶段布设，而且可以使全网的结构呈长短边相结合的形式。与全网均由短边构成的全面网相比，可以减少网的边缘处误差的积累，也便于 GNSS 网的数据处理和成果检核分阶段进行。分级布网是建立常规测量控制网的基本方法，因为 GNSS 测量有许多优越性，所以并不要求 GNSS 网按常规控制网分很多等级布设。例如，大城市的 GNSS 控制网可以为三级：首级网中相邻点的平均距离大于 5km；次级网中相邻点平均距离为 1～5km；三级网相邻点平均距离可小于 1km，且可采用 GNSS 与全站仪相结合的方法布设。对于小城市，分两级布设 GNSS 网即可。

为提高 GNSS 网的可靠性，各级 GNSS 网必须布设成由独立的 GNSS 基线向量边（或简称为 GNSS 边）构成的闭合图形网，闭合图形可以是三角形、四边形成多边形，也可以包含一些附合路线，GNSS 网中不存在支线。

3. GNSS 测量的精度标准

单频 GNSS 接收机的精度指标是

$$\sigma = 10(\text{mm}) + 2\text{ppm} \times d(\text{km})$$

双频 GNSS 接收机的精度指标是

$$\sigma = 3(\text{mm}) + 0.5\text{ppm} \times d(\text{km})$$

以上指标参照是 GNSS 测量系统接收机指标，一般是指在某些标准条件下的精度。而 GNSS 规范中的规定考虑了一些实际工作中外界因素的影响。在 GNSS 网的技术设计中，应根据测区大小和 GNSS 网的用途来设计网的等级和精度标准。

GNSS 测量的精度标准通常用网中相邻点之间的距离中误差表示，其形式为

$$\sigma = \pm\sqrt{a^2 + (b \times d)^2} \tag{8-15}$$

式中　σ——距离中误差；

　　　a——固定误差，mm；

　　　b——比例误差系数，ppm；

　　　d——相邻点间距离，km。

现行《工程测量规范》中对各等级 GNSS 平面控制网的各项技术指标的规定见表 8-1。

4. GNSS 网的基准设计

GNSS 测量得到的是 GNSS 基线向量，是属于 WGS-84 坐标系的三维坐标差，而实用上需要得到属于国家坐标系或地方独立坐标系的坐标。为此，在 GNSS 网的技术设计时，必须说明 GNSS 网的成果所采用的坐标系统和起算数据，也就是说明 GNSS 网采用的基准，或者称之为 GNSS 网的基准设计。

GNSS 网的基准与常规控制网的基准类似。包括位置基准、方位基准和尺度基准。GNSS 网的位置基准，通常都是由给定的起算点坐标确定。方位基准可以通过给定起算方位角值确定，也可以由 GNSS 基线向量的方位作为方位基准，尺度基准可以由地面的电磁波测距边确定，或由两个以上的起算点之间的距离确定，也可以由 GNSS 基线向量的距离确定。在基准设计时应考虑以下几个问题：

（1）为求定 GNSS 点在地面坐标系的坐标，应在地面坐标系中选定起算数据和联测原有控制点若干个用以坐标转换。同时又要使新建的高精度 GNSS 控制网不受旧资料精度较低的影响。为此，应将新的 GNSS 网与旧控制点进行联测，联测点一般不应少于 3 个。

（2）为保证 GNSS 网进行约束平差后坐标精度的均匀性，以及减少尺度比误差影响，对 GNSS 网内重合的高等级国家点或原城市等级控制网点，除未知点联结图形观测外，对它们也要适当地构成长边图形。

（3）GNSS 网平差后，可以得到 GNSS 点在地面参照坐标系中的大地高，为求得 GNSS 点的正常高，可具体联测高程点，联测的高程点要均匀分布于网中，对地形起伏较大地区联测高程点应按高程拟合曲面的要求进行布设。

（4）GNSS 网的坐标系统尽量应与测区过去采用的坐标系统一致，如果采用的是地方独立坐标系，一般应该了解以下几个参数：

1）所采用的参考椭球体，一般是以国家坐标系的参考椭球为基础；

2）坐标系的中央子午线的经度值；

3）纵、横坐标的加常数；

4）坐标系的投影面高程及测区平均高程异常值；

5）起算点的坐标。

二、GNSS 控制网的图形设计

GNSS 网的图形设计主要是根据网的用途和用户要求，侧重考虑如何保证和检核 GNSS 数据质量；同时还要考虑接收机类型、数量和经费、时间、人力及后勤保障条件等因素，以期在满足要求的前提条件下，取得最佳的效益。

1. GNSS 网构成的基本概念

在进行 GNSS 网图形设计前，应该明确有关 GNSS 网构成的几个概念，掌握网的特征条件计算方法。

观测时段：测站上开始接收卫星信号到观测停止，连续工作的时间段，简称时段。

同步观测：两台或两台以上接收机同时对同一组卫星进行的观测。

同步观测环：三台或三台以上接收机同步观测获得的基线向量所构成的闭合环，简称同步环。

独立观测环：由独立观测所获得的基线向量构成的闭合环，简称独立环。

异步观测环：在构成多边形环路的所有基线向量中，只要有非同步观测基线向量，则该多边形环路叫异步观测环，简称异步环。

独立基线：对于 N 台 GNSS 接收机的同步观测环，有 J 条同步观测基线，其中独立基线数为 $N-1$。

非独立基线：除独立基线外的其他基线称为非独立基线，总基线数与独立基线之差即为非独立基线数。

2. GNSS 网特征条件的计算

按 R. A Sany 提出的观测时段数计算公式为

$$C = nm/N \tag{8-16}$$

式中　n——网点数；

m——每点设站数；

N——接收机数。

总基线数

$$J_{总} = CN(N-1)/2 \tag{8-17}$$

必要基线数

$$J_{必} = n-1 \tag{8-18}$$

独立基线数

$$J_{独} = C(N-1) \tag{8-19}$$

多余基线数

$$J_{多} = C(N-1)-(n-1) \tag{8-20}$$

根据以上公式及对应关系就可以确定一个具体 GNSS 网图形结构的主要特征。

3. GNSS 网同步图形构成及独立边的选择

根据式（8-17），对于由 N 台 GNSS 接收机构成的同步图形中一个时段包含的 GNSS 基线数为

$$J = N(N-1)/2 \tag{8-21}$$

但其中仅有 $N-1$ 条是独立的 GNSS 边，其余为非独立边。当接收机数 $N=2\sim5$ 时所构成的同步图形见图 8-13。

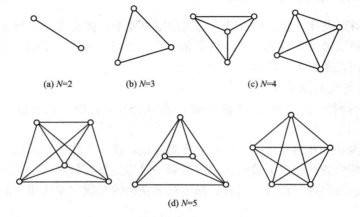

(a) $N=2$　　(b) $N=3$　　(c) $N=4$

(d) $N=5$

图 8-13　N 台接收机同步观测所构成的同步图形

对应于图 8-13 的独立 GNSS 边可以有如图 8-14 所示的不同选择。

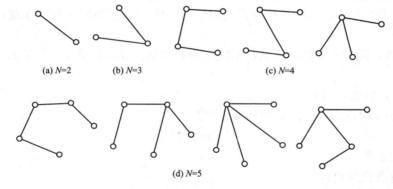

(a) $N=2$　　(b) $N=3$　　(c) $N=4$

(d) $N=5$

图 8-14　GNSS 独立边的不同选择

当同步观测的 GNSS 接收机数 $N \geqslant 3$ 时，同步闭合环的最少数应为

$$T = J - (N-1) = (N-1)(N-2)/2 \tag{8-22}$$

N 与 J、T 的关系见表 8-10。

表 8-10　　　　　　　　　　　　　　　N 与 J、T 的关系表

N	2	3	4	5	6
J	1	3	6	10	15
T	0	1	3	6	10

4. GNSS 网的图形设计

（1）GNSS 网的图形设计。根据对所布设的 GNSS 网的精度要求和其他方面的要求，设计出独立的 GNSS 边构成的多边形网，称为 GNSS 网的图形设计。

（2）GNSS网的图形。

1）点连式，如图8-15所示，相邻同步图形之间仅有一个公共点的连接。

2）边连式，如图8-16所示，同步图形之间由一条公共基线连接。

3）网连式，指相邻同步图形之间有两个以上公共点相连接，如图8-17所示。

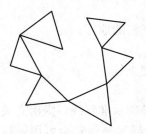
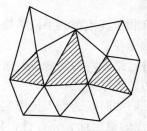
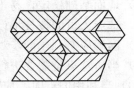

图8-15 点连式图形　　图8-16 边连式图形　　图8-17 网连式图形

4）边点混合连接式，如图8-18所示，把点连式与边连式有机地结合起来，组成GNSS网的方式。

5）三角锁连接，如图8-19所示，用点连式或边连式组成连续发展的三角锁同步图形。

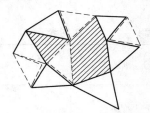
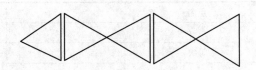

图8-18 边点混合连接式图形　　　　图8-19 三角锁连接图形

6）导线网形连接，如图8-20所示。

6）星形布设，如图8-21所示。

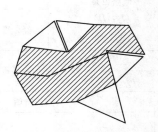
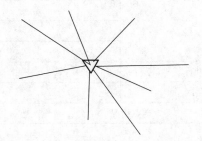

图8-20 导线网形连接图形　　　　图8-21 星形连接图形

三、GNSS测量的外业实施及技术设计书编写

（一）测区踏勘及选点

选点工作应遵守以下原则：

（1）点位应设在易于安装接收设备。视野开阔的较高点上。

（2）点位目标要显著，视场周围15°以上不应有障碍物，以减少GNSS信号被遮挡或障碍物吸收。

（3）点位应远离在功率无线电发射源（如电视机、微波炉等）其距离不少于 200m；远离高压输电线，其距离不得少于 50m。以避免电磁场对 GNSS 信号的干扰。

（4）点位附近不应有在面积水域或不应有强烈干扰卫星信号接收的物体，以减弱多路径效应的影响。

（5）点位应选在交通方便，有利于其他观测手段扩展与联测的地方。

（6）地面基础稳定，易于点的保存。

（7）选点人员应按技术设计进行踏勘，在实地按要求选定点位。

（8）网形应有利于同步观测边、点联结。

（9）当所选点位需要进行水准联测时，选点人员应实地踏勘水准路线，提出有关建议。

（10）当利用旧点时，应对旧点的稳定性、完好性，以及觇标是否安全可用做检查，符合要求方可利用。

GNSS 网点标志埋设一般应埋设具有中心标志的标石，以精确标志点位，点的标石和标志必须稳定、坚固以利长久保存和利用。在基岩露头地区，也可以直接在基岩上嵌入金属标志。

表 8-11 GNSS 网点点之记

日期： 年 月 日　　记录者：　　　绘图者：　　　校对者：

点名及等级	点名		土　质			
	点号					
	等级		标石说明			
	通视点列表					
			旧点名			
			概略位置 (L, B)		纬　度	
					经　度	
所在地						
交通路线						

选点情况			点位略图	
单位				
选点员		日期		
联测水准情况				
联测水准等级				
点位说明				

每个点标石埋设结束后，应按表 8-11 填写点之记并提交以下资料：

（1）点之记。

（2）GNSS 网的选取点网图。

（3）土地占用批准文件与测量标志委托保管书。

（4）选点与埋石工作技术总结。

（二）资料收集

（1）各类图件。

（2）各类控制点成果。

（3）测区有关的地质、气象、交通、通信等方面的资料。

（4）城市及乡、村行政区划表。

（三）设备、器材筹备及人员组织

设备、器材筹备及人员组织包括以下内容：

（1）筹备仪器、计算机及配套设备。

（2）筹备机动设备及通信设备。

（3）筹备施工器材，计划油料，材料的消耗。

（4）组建施工队伍，拟定施工人员名单及岗位。

（5）进行详细的投资预算。

其中最主要的一部分工作是仪器的选用，下面详细介绍 GNSS 接收机的选取。

1．接收机的选用

接收机的选用与控制测量等级及外业观测要求间相关性较强，可参考表 8-12 对接收机进行选型。

表 8-12　　　　　　　　　　　　　接收机选用参考表

等　　级		二　等	三　等	四　等	一　级	二　级
接收机类型		双频或单频	双频或单频	双频或单频	双频或单频	双频或单频
仪器标称精度		10mm＋2ppm	10mm＋5ppm	10mm＋5ppm	10mm＋5ppm	10mm＋5ppm
观测量		载波相位	载波相位	载波相位	载波相位	载波相位
卫星高度角（°）	静态	≥15	≥15	≥15	≥15	≥15
	快速静态	—	—	—	≥15	≥15
有效观测卫星数	静态	≥5	≥5	≥4	≥4	≥4
	快速静态	—	—	—	≥5	≥5
观测时段长度（min）	静态	≥90	≥60	≥45	≥30	≥30
	快速静态	—	—	—	≥15	≥15
数据采样间隔（s）	静态	10～30	10～30	10～30	10～30	10～30
	快速静态	—	—	—	5～15	5～15
点位几何图形强度因子（PDOP）		≤6	≤6	≤6	≤8	≤8

注　当采用双频接收机进行快速静态测量时，观测时段长度可缩短为 10min。

2．接收机的检验

接收机全面检验的内容，包括一般检验、通电检验和实测检验。

（1）一般检验：主要检查接收机设备各部件及其附件是否齐全、完好，紧固部分是否松动与脱落，使用手册及资料是否齐全等。

（2）通电检验：接收机通电后有关信号灯、按键、显示系统和仪表的工作情况，以及自测试系统的工作情况，当自测正常后，按键作步骤检验仪器的工作情况。

（3）实测检验：测试检验是 GNSS 接收机检验的主要内容。其检验方法有：用标准基线检验；已知坐标、边长检验；零基线检验；相位中心偏移量检验等。

1）用零基线检验接收机内部噪声水平。

基线测试方法如下：

①选择周围高度角 10°以上无障碍物的地方安放天线，连天线、功分器和接收机。

②连接电源，两台 GNSS 接收机同步接收四颗以上卫星 1～1.5h。

③交换功分器与接收机接口，再观察一个时段。

④用随机软件计算基线坐标增量和基线长度。基线误差应小于 1mm。否则应送厂检修或降低级别使用。

2）天线相位中心稳定性检验。

①该项检验可在标准基线、比较基线或 GNSS 检测场上进行。

②检测时可以将 GNSS 接收机带天线两两配对，置于基线的两端点。

③按上述方法在与该基线垂直的基线中（不具备此条件，可将一个接收机天线固定指北，其他接收机天线绕轴顺时针转动 90°、180°、270°）进行同样观察。

④观测结束，用软件解算各时段三维坐标。

3）GNSS 接收机不同测程精度指标的测试。

该项测试应在标准检定场进行。检定场应含有短边和中长边。基线相对中误差应达到 1×10^{-5}。

检验时天线应严格整平对中，对中误差小于 ±1mm。天线指向正北，天线高量至 1mm。测试结果与基线长度比较，应优于仪器标称精度。

4）仪器的高度低温试验：对于有特殊要求时需对 GNSS 接收机进行高、低温测试。

5）对于双频 GNSS 接收机应通过野外测试，检查在美国执行 SA 技术时其定位精度。

6）用于天线基座的光学对点器在作业中应经常检验，确保对中的准确性，其检校参照控制测量中光学对点器核校方法。

（四）拟定外业观测计划

1．根据外业踏勘选点的结果拟定观测计划

观测计划拟定的主要依据有：

（1）GNSS 网的规模大小。

（2）GNSS 卫星星座几何图形强度。

（3）参加作业的接收机数量。

（4）交通、通信及后勤保障。

2．观测计划的主要内容

（1）编制 GNSS 卫星的可见性预报图。

（2）选择卫星的几何图形强度。

（3）选择最佳观测时段。

（4）观测区域的设计与划分。

（5）编排作业调度表；作业调整度表见表 8-13。

表 8-13　　　　　　　　　　　　　　　GNSS 作业调度表

时段编号	观测时间	观测者		备注	观测者		备注	观测者		备注
		机号			机号			机号		
		点名			点名			点名		
		点号			点号			点号		
1										
2										
3										
4										

（6）采用规定格式 GNSS 测量外业观测通知（表 8-14）单进行调度。

表 8-14　　　　　　　　　　　　　　GNSS 测量外业观测通知单

观测日期　　　　　　　　　　　　年　月　日
组别：　　　　　　　　　　　　　操作员：
点位所在图幅：
测站编号/名：
观测时断：1：　　　　　　　　　　2：
　　　　　3：　　　　　　　　　　4：
　　　　　5：　　　　　　　　　　6：
安排人：　　　　　　　　　　　　　　　　　　　　　　年　月　日

3. 设计 GNSS 网与地面网的联测方案

根据 GNSS 网形设计一般性原则的要求，GNSS 网与地面网的联测，可根据测区地形变化和地面控制点的分布而定，一般在 GNSS 网中至少要重合观测三个以上的地面控制点作为约束点。

（五）GNSS 测量的外业实施

1. GNSS 控制测量作业的基本技术要求见表 8-15。

表 8-15　　　　　　　　　　　GNSS 控制测量作业的基本技术要求

等级	二等	三等	四等	一级	二级
接收机类型	双频或单频	双频或单频	双频或单频	双频或单频	双频或单频
仪器标称精度	10mm＋2ppm	10mm＋5ppm	10mm＋5ppm	10mm＋5ppm	10mm＋5ppm
观测量	载波相位	载波相位	载波相位	载波相位	载波相位

等级		二等	三等	四等	一级	二级
卫星高度角（°）	静态	≥15	≥15	≥15	≥15	≥15
	快速静态	—	—	—	≥15	≥15
有效观测卫星数	静态	≥5	≥5	≥4	≥4	≥4
	快速静态	—	—	—	≥5	≥5
观测时段长度（min）	静态	≥90	≥60	≥45	≥30	≥30
	快速静态	—	—	—	≥15	≥15
数据采样间隔（s）	静态	10~30	10~30	10~30	10~30	10~30
	快速静态	—	—	—	5~15	5~15
点位几何图形强度因子（PDOP）		≤6	≤6	≤6	≤8	≤8

注：当采用双频接收机进行快速静态测量时，观测时段长度可缩短为 10min。

2. 天线安置

（1）在正常点位，天线应架设在三脚架上，并安置在标志中心的上方直接对中，天线基座上的圆水准气泡必须整平。

（2）特殊点位，当天线需要安置在三角点觇标的观测台或回光台上时应先将觇标拆除，防止对 GNSS 信号的遮挡。

天线的定向标志应指向正北，并顾及当地磁偏角的影响，以减弱相位中心偏差的影响。天线定向误差依定位精度不同而异，一般不应超过 $\pm(3°\sim5°)$。

（3）刮风天气安置天线时，应将天线进行三向固定，以防倒地碰坏。雷雨天气安置时，应该注意将其底盘接地，以防雷击天线。

（4）架设天线不宜过低，一般应距地 1m 以上。天线架设好后，在圆盘天线间隔 120°的三个方向分别量取天线高，三次测量结果之差不应超过 3mm，取其三次结果的平均值记入测量手簿中，天线高记录取值 0.001m。

（5）测量气象参数：在高精度 GNSS 测量中，要求测定气象元素。每时段气象观测应不少于 3 次（时段开始、中间、结束）。气压读至 0.1mbar（$1bar = 10^5 Pa$），气温读至 0.1℃，对一般城市及工程测量只记录天气状况。

（6）复查点名并记入测量手簿中，将天线电缆与仪器进行连接，经检查无误后，方能通电启动仪器。

3. 开机观测

观测作业的主要目的是捕获 GNSS 卫星信号，并对其进行跟踪、处理和量测，以获得所需要的定位信息和观测数据。

天线安置完成后，在离开天线适当位置的地面上安放 GNSS 接收机，接通接收机与电源、天线、控制器的连接电缆，并经过预热和静置，即可启动接收机进行观测。

通常来说，在外业观测工作中，仪器操作人员应注意以下事项：

（1）当确认外接电源电缆及天线等各项连接完全无误后，方可接通电源，启动接收机。

（2）开机后接收机有关指示显示正常并通过自测后，方能输入有关测站和时段控制信息。

（3）接收机在开始记录数据后，应注意查看有关观测卫星数量、卫星号、相位测量残差、实时定位结果及其变化、存储介质记录等情况。

（4）一个时段观测过程中，不允许进行以下操作：关闭又重新启动；进行自测试（发现故障除外）；改变卫星高度角；改变天线位置；改变数据采样间隔；按动关闭文件和删除文件等功能键。

（5）每一观测时段中，气象元素一般应在始、中、末各观测记录一次，当时段较长时可适当增加观测次数。

（6）在观测过程中要特别注意供电情况，除在出测前认真检查电池容量是否充足外，作业中观测人员不要远离接收机，听到仪器的低电报警要及时予以处理，否则可能会造成仪器内部数据的破坏或丢失。对观测时段较长的观测工作，建议尽量采用太阳能电池或汽车电瓶进行供电。

（7）仪器高一定要按规定始、末各测一次，并及时输入及记入测量手簿之中。

（8）接收机在观测过程中不要靠近接收机使用对讲机；雷雨季节架设天线要防止雷击，雷雨过境时应关机停测，并卸下天线。

（9）观测站的全部预定作业项目，经检查均已按规定完成，且记录与资料完整无误后方可迁站。

（10）观测过程中要随时查看仪器内存或硬盘容量，每日观测结束后，应及时将数据转存至计算机硬、软盘上，确保观测数据不丢失。

4．观测记录

（1）观测记录。观测记录由 GNSS 接收机自动进行，均记录在存储介质（如硬盘、硬卡或记忆卡等）上，其主要内容有：

1）载波相位观测值及相应的观测历元。

2）同一历元的测码伪距观测值。

3）GNSS 卫星星历及卫星钟差参数。

4）实时绝对定位结果。

5）测站控制信息及接收机工作状态信息。

（2）测量手簿

测量手簿是在接收机启动前及观测过程中，由观测者随时填写的。

观测记录和测量手簿都是 GNSS 精密定位的依据，必须认真、及时填写，坚决杜绝事后补记或追记。

外业观测中存储介质上的数据文件应及时拷贝一式两份，分别保存在专人保管的防水、防静电的资料箱内。存储介质的外面，适当处应贴制标签，注明文件名、网区名、点名、时段名、采集日期、测量手簿编号等。

接收机内存数据文件在转录到外存介质上时，不得进行任何剔除或删改，不得调用任何对数据实施重新加工组合的操作指令。

第四节　高程控制测量

三等与四等水准测量除限差有所区别外，其所用仪器和施测方法基本相同。下面将三、四等水准测量一并介绍，仅在不同之处，另作说明。

一、 三、 四等水准点的选点及布设

水准测量的目的，是要测定一些点的高程，并且要求把这些点固定和保存下来。为此，

事先应在已有的小比例尺地形图上进行设计。然后进行实地踏勘确定，这些点应选在土质坚实，不易受震、不易破坏和便于观测的地方，并按规定埋设标石。

永久性的三、四等水准点，需要长期保存，因此多用石桩或水泥柱埋入地下〔图 8-22（a）〕，桩顶嵌入金属标志，其顶部呈半圆球形，水准点的高程就是指半圆球球顶的高程。为了保护桩顶和水准点，应在其上加护盖，并注明水准点的等级、号数及施测单位等，如图 8-22（b）所示。

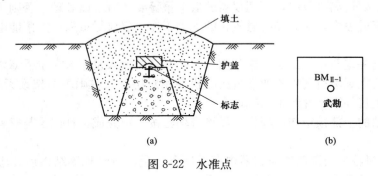

图 8-22　水准点

临时的四等水准点，一般可选在坚固的岩石、桥墩等固定的地物上，刻上记号，用红漆写明点号等。

三、四等水准路线力求布设成附合或闭合线路，以便校校和提高精度。

二、　三、　四等水准测量使用的仪器

三、四等水准测量按规定应用 DS_3 型水准仪和双面水准尺。水准尺一般为红、黑两面水准尺，在观测中不但可以检查错误，而且可以提高精度。一对双面尺的黑面起始读数均为零，而红面起始读数，通常一把为 4.687m，另一把为 4.787m。

三、　三、　四等水准测量施测方法及有关规定

现以四等水准测量为例，将观测、计算的方法叙述如下。

1. 一个测站上的观测顺序

（1）瞄准后视尺黑面，读取下丝、上丝读数，令符合水准气泡两端影像准确符合后，读取中丝读数，分别记入表 8-16 第（1）、（2）、（3）项。

（2）瞄准后视尺红面，令气泡重新准确符合，读取中丝读数，记入表 8-16 内第（4）项。

（3）瞄准前视尺黑面，读取下丝、上丝读数，令气泡准确符合后，读取中丝读数，分别记入表 8-16 中第（5）、（6）、（7）项。

（4）瞄准前视尺红面，令气泡重新准确符合，读取中丝读数，记入表 8-16 内第（8）项。

以上四等水准每站观测顺序简称为后（黑）——后（红）——前（黑）——前（红）。对于三等水准测量，应按后（黑）——前（黑）——前（红）——后（红）的顺序进行观测。

测得上述 8 个数据后，随即进行计算，如果符合规定要求，可以迁站继续施测；否则应

重新观测，直至所测数据符合规定要求时才能迁站。

2. 测站上的计算及校核

（1）视距部分。

后距＝[（1）项－（2）项]×100，记入表 8-16 内第（9）项。

前距＝[（5）项－（6）项]×100，记入表 8-16 内第（10）项。

后、前距差 d＝⑨项－⑩项，记入表 8-16 内第（11）项。

后、前距差累积值 d＝本站（11）＋前站（12），记入表 8-16 内第（12）项。

表 8-16   四等水准测量记录

测站编号	点号	后尺下丝	前尺下丝	方向及尺号	水准尺读数		$K+$黑－红	高差中数	高程 (m)
		后尺上丝	前尺上丝		黑面	红面			
		后距	前距						
		后前距差 d	累计差 $\sum d$						
		（1）	（5）	后	（3）	（4）	（13）		
		（2）	（6）	前	（7）	（8）	（14）		
		（9）	（10）	后一前	（15）	（16）	（17）	（18）	
		（11）	（12）						
1	BM₁	1.571	0.744	后 47	1.384	6.171	0		43.578
		1.197	0.358	前 46	0.551	5.239	−1		
	TP₁	37.4	38.6	后一前	+0.833	+0.932	+1	+0.832	44.410
		−1.2	−1.2						
2	TP₁	2.021	2.101	后 46	1.834	6.521	0		44.410
		1.647	1.716	前 47	1.908	6.696	−1		
	TP₂	37.4	38.5	后一前	−0.074	−0.175	+1	−0.074	44.336
		−1.1	−2.3						
3	TP₂	1.919	2.053	后 47	1.726	6.513	0		44.336
		1.534	1.676	前 46	1.866	6.554	−1		
	TP₃	38.5	37.7	后一前	−0.140	−0.041	+1	−0.140	44.196
		+0.8	−1.5						
4	TP₃	1.865	2.041	后 46	1.732	6.419	0		44.196
		1.600	1.774	前 47	1.907	6.693	+1		
	TP₄	26.5	26.7	后一前	−0.175	−0.274	−1	−0.174	44.022
		−0.2	−1.7						

仪器至水准尺的距离，使用 DS₃ 型水准仪观测时，四等水准测量应小于 100m（三等水准测量应小于 75m）。四等水准测量要求仪器到后尺和前尺的距离大致相等，其差数不得大于 3m（三等水准不得大于 2m）；各测站的累积差数不大于 10m（三等水准不得大于 5m）。

不论是四等或三等水准测量，在观测时，三丝（上、中、下丝）均应能够读数，不允许只读两丝（即上丝、中丝或中丝、下丝）乘以 2 来求得视距。

（2）高差部分。四等水准测量采用双面水准尺，因此应根据红、黑面读数进行下列校核计算：

1）理论上讲，同一把水准尺的黑面读数＋K值减去红面读数应为零，即

后视尺   （3）项＋K－（4）项＝（13）项

前视尺   （7）项＋K－（8）项＝（14）项

其中，K为水准尺红、黑面起始读数的差值，系一常数值。在本例中47号尺的K＝4.787m；46号尺的K＝4.687m。由于测量有误差，（13）项和（14）项往往不为零，但其不符值不得超过上3mm（三等水准不得超过2mm）。

2）理论上讲，用黑面尺测得的高差与用红面尺测得的高差应相等。

（3）项－（7）项＝（15）项（黑面尺高差）

（4）项－（8）项＝（16）项（红面尺高差）

因为两把尺的红面起始读数各为4.787m和4.687m，两者相差0.1m，所以理论上在（16）项上加或减去0.1m之后与（15）项之差应为零，但由于测量有误差，往往不为零，其不符值不得超过5mm（三等水准不得超过3mm），并记入第（17）项。

（17）项＝（15）项－[（16）项±0.1m]

表中第（17）项除了检查用黑、红面测得的高差是否合乎要求外，同时也用作检查计算是否有误，这是因为

$$（17）项＝（15）项－[（16）项±0.1m]$$
$$＝（13）项－（14）项$$

当以上计算合格后，再按下式计算出高差中数为

$$高差中数（18）项＝\frac{1}{2}[（15）项＋（16）项±0.1m]$$

这一站的观测与计算工作结束后，方可把仪器搬到下一站进行观测，此时前视尺作为后视尺，后视尺作为前视尺。以后各站的观测程序、计算和校核与上述相同。

三等水准测量应沿路线进行往返观测。四等水准测量当两端点为高级水准点或自成闭合环时只进行单程测量。四等水准支线则必须进行往返观测。每一测段的往测与返测，其测站数均应为偶数。

四、 三、 四等水准测量的成果整理

当一条水准路线的测量工作完成后，首先应将手簿的记录计算进行详细的检查，并计算高差闭合差是否超过如下容许误差为

平地 $\Delta h_允＝±20\sqrt{L}$（mm）（四等），$\Delta h_允＝±12\sqrt{L}$（mm）（三等）

山地 $\Delta h_允＝±6\sqrt{n}$（mm）（四等），$\Delta h_允＝±4\sqrt{n}$（mm）（三等）

式中 L——路线长度，km；

      n——测站数。

确认无误后，才能按照第二章的方法进行高差闭合差的调整和高差的计算。否则要局部返工，甚至全部返工。

第九章　大比例尺地形图的测绘

第一节　地形图的基本知识

测区控制网建立后，就可以根据控制点进行碎部测量，即以一个控制点为测站，另外一个控制点为后视方向，按一定的比例尺，测出其周围能代表各种地物、地貌等特征点的点位及高程，用规定的符号展绘到图纸或计算机上，这种不仅表示地物的平面位置，而且也表示地面高低起伏情况的图称为地形图。

随着测绘技术的迅速发展，用全站仪及 GNSS 接收仪测绘大比例尺地形图的方法已经普及，从外业数据采集到内业成图形成了一整套的自动化作业方法。鉴于在水利工程和土木工程的规划、设计和施工中，一般都需要测绘大比例尺地形图，因此，本章将主要介绍大比例尺地形图的全站仪数字测图法和 GNSS 实时动态系统（GNSS RTK）测图技术。

一、比例尺

地形图上任意一线段的长度与地面上相应线段的水平距离之比称为比例尺。比例尺的表示方法有两种：数字比例尺和图示比例尺。

1. 数字比例尺

数字比例尺一般用分子为1、分母为整数的分数表示。例如图上一线段长度为 d，相应实地水平距离为 D，则该图的比例尺为

$$\frac{d}{D} = \frac{1}{\dfrac{D}{d}} = \frac{1}{M} \tag{9-1}$$

式中　M——比例尺分母，分母越小，比例尺越大。

工程测量中通常把1：500、1：1000、1：2000 和 1：5000 的比例尺地形图称为大比例尺地形图；把1：10 000、1：25 000 和 1：50 000 的地形图称为中比例尺地形图；把1：100 000、1：200 000、1：500 000 和 1：1 000 000 的地形图称为小比例尺地形图。

2. 图示比例尺

为了使用方便，避免由于图纸伸缩引起误差，通常在地形图图幅的下方绘一图示比例尺。最常见的图示比例尺为直线比例尺。图 9-1 为 1：1000 直线比例

图 9-1　图示比例尺示意图

尺，它是在图纸上先绘两条平行的线条，把全长分为若干个 2cm 长的基本单位，再将左端的一个基本单位分成 10 等分。直线比例尺上所注记的数字表示以米为单位的实地水平距离。由它能读到基本单位的十分之一。

3. 比例尺精度

一般人眼能分辨图上的最小距离为 0.1mm。因此，把相当于图上 0.1mm 的实地水平距离称为比例尺精度。对于不同的比例尺，其比例尺精度的数值也不相同，表 9-1 为各种大比例尺的比例尺精度值。

表 9-1   比例尺精度

比例尺	1：500	1：1000	1：2000	1：5000
比例尺精度（m）	0.05	0.1	0.2	0.5

比例尺精度的概念对于测图和用图都具有十分重要的意义。一方面，可以根据比例尺精度，确定测图时测量的地物应准确到什么程度。例如，需要测 1：1000 的地形图，实地量距精度只需达到 0.1m，因为测量得再精确，在图上也表示不出来。另一方面，可按照用图的要求，根据比例尺精度确定测图比例尺的大小。例如，在设计用图中，要求在图上能反映地面上 0.2m 的精度，则所采用的测图比例尺应为 1：2000。

从表 9-1 可以看出，比例尺越大，所表示的地物、地貌就越详细，精度也就越高，但测图工作量也随之成倍地增加。因此，应按实际需要选择测图比例尺。

二、 地物符号

根据地物符号大小和描绘方法的不同，可分为比例符号、非比例符号、线形符号和注记符号。

（1）比例符号。将地面物体按测图比例尺缩小，用规定的符号测绘于图上。它的特点是能真实地反映该物体轮廓的位置、形状及大小。如房屋、河流、湖泊、耕地等这些轮廓较大的地物，常采用比例符号。

（2）非比例符号。有些地物，如测量控制点、地质钻孔、纪念碑等，不能按测图比例尺缩绘，但又很重要，必须在图上表示其点位，则往往采用比它们缩绘后大得多的特定符号表示，这类符号称为非比例符号。如控制点符号等。

（3）线形符号。线形符号是指地物的长度依地形图比例尺缩绘，而宽度不依比例尺表示的地物符号。如围墙、篱笆、铁路、输电线路等一些线状延伸的地物，都用线形符号表示，描绘时中心线应和实际地物的中心线一致。

（4）注记符号。有些地物除用一定的符号表示外，还需要说明和注记，如河流和湖泊的水位，村、镇、工厂、铁路、公路的名称等。

测图的比例尺不同，其符号的大小和详略也有所不同。测图比例尺愈大，用比例符号描绘的地物就愈多。具体表示方法详见《国家基本比例尺地图图示　第 1 部分：1：500、1：1000、1：2000 地形图图式》。

三、 地貌符号

在地形图中，常用等高线表示地貌，因为等高线不仅能表示出地面的起伏形态，而且能表示出地面坡度和地面点的高程。对于不便用等高线表示的地貌，如峭壁、冲沟、梯田等特殊地方，可测出其实际轮廓，再绘注相应的符号表示。

1. 等高线的概念

等高线是地面上高程相同的相邻点所连成的闭合曲线。如图 9-2 为一山头，当水面的高程为 85m 时，水面与山头的交线即为 85m 的等高线；若水位上升 5m，则得 90m 的等高线；随后又上升 5m，则得 95m 的等高线。然后把这些实地的等高线垂直投影到水平面上，并按规定的比例尺缩绘在图纸上，即可得到表示该山头地貌形态的等高线图。

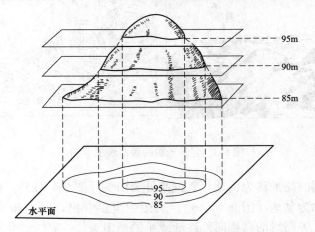

图 9-2　用等高线表示地貌的方法

2. 等高距和等高线平距

相邻两等高线间的高差称为等高距（或等高线间隔），用 h 表示。如图 9-2 中的等高距为 5m。在同一地形图上，等高距应相同。基本等高距的大小应按测图比例尺、测区地形类别及用图目的来确定，一般情况参见表 9-2。

表 9-2　　　　　　　　　　　　　地形图的基本等高距　　　　　　　　　　　　　　　m

比例尺	地 形 类 别			
	平坦地（$\alpha<3°$）	丘陵地（$3°\leqslant\alpha<10°$）	山地（$10°\leqslant\alpha<25°$）	高山地（$\alpha\geqslant25°$）
1∶500	0.5	0.5	1	1
1∶1000	0.5	1	1	2
1∶2000	1	2	2	2

注　α 为地面倾角。

相邻两等高线间的水平距离称为等高线平距，用 d 表示。它随地面坡度的变化而变化。在同一幅地形图上，等高距相同。地面坡度越陡，等高线平距就越小，等高线就越密集；若地面坡度相同，则等高线平距就相等。

3. 等高线的分类

（1）首曲线。在同一幅图上，按规定的等高距测绘的等高线称为首曲线，也称为基本等高线。常用 0.15mm 实线表示。

（2）计曲线。为了便于读图，每隔四条首曲线加粗描绘一条等高线，这些加粗的等高线称为计曲线。常用 0.3mm 的粗实线表示，并在计曲线上的适当位置注记高程。注高程时，计曲线断开，字头朝高处。

4. 地貌的基本形态及其等高线

地表形态千变万化，但仔细观察分析，不外乎是山头、山脊、山谷、鞍部、盆地等几种基本形态的组合。地貌的这些基本形态及其相应的等高线如图 9-3 所示。

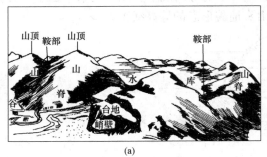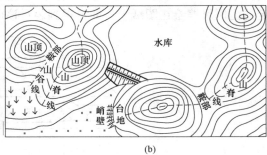

图 9-3　各种地貌的等高线示意图

隆起而高于四周的高地称为山地，其最高处为山头 [图 9-4（a）]，而低于四周的低地称为洼地，大的洼地称为盆地 [图 9-4（b）]。从图中可以看出，山头和盆地的等高线形状是相似的。其区别是：等高线的高程向外逐渐减小的是山头，等高线的高程向外逐渐增加的是盆地。如果等高线上没有注记高程，则可用示坡线表示。示坡线是一条垂直于等高线而指示坡度下降方向的短线。

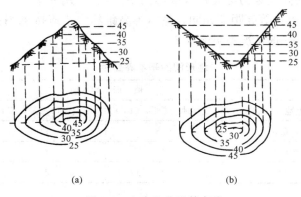

图 9-4　山头和盆地等高线

沿一个方向延伸的高地称为山脊，山脊上最高点的连线称为山脊线（即分水线）；沿一个方向延伸的低地称为山谷，山谷最低点的连线称为山谷线（即集水线）；介于两个山头之间的低地，形状好像马鞍一样，称为鞍部。如图 9-5 为山脊、山谷和鞍部的形态及其等高线。

近于垂直的山坡称为峭壁或绝壁，在峭壁处等高线非常密集甚至重叠，可用峭壁符号表示，如图 9-6 所示。下部凹进的峭壁称为悬崖，悬崖的等高线投影到水平面上会出现相交，一般将下部凹进的地方用虚线表示，如图 9-7 所示。

除上述以外，还有冲沟、地缝裂、坑穴等一些特殊地貌，其表示方法可参见地形图图式。

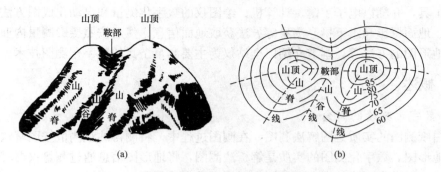

图 9-5 山脊、山谷和鞍部

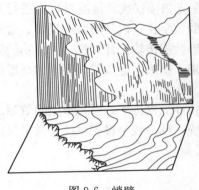

图 9-6 峭壁

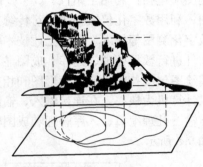

图 9-7 悬崖

5. 等高线的特性

（1）同一条等高线上的各点高程相同。

（2）等高线应是一条闭合的曲线，若不在本图幅内闭合，就必在相邻的图幅内闭合。只有遇到用符号表示的峭壁和坡地时才能断开。

（3）除峭壁或悬崖外，不同高程的等高线不能重合或相交。

（4）等高线与山脊线和山谷线正交，且山脊的等高线向低处凸出，山谷的等高线向高处凸出。

（5）在同一幅地形图上等高距相同。等高线越密，表示地面坡度越陡；等高线越稀，则表示地面坡度越缓。

第二节　全站仪数字化测图技术

遵循测量工作"从整体到局部，先控制后碎部"的原则，在控制测量工作结束后，就可以根据图根控制点测定地物和地貌特征点的平面位置和高程，并按规定的比例尺和符号缩绘成地形图。

地面上地物和地貌的特征点称为碎部点，测量其平面位置和高程的工作称为碎部测量。根据碎部测量的方法划分，地形图成图方法主要分为以下三种：以平板仪、水准仪或经纬仪、光电测距仪或皮尺为主要测量工具的传统白纸测绘方法；以全站仪或 GNSS 接收机为主要测量工具，并辅以电子手簿、计算机、绘图仪的数字化测量和自动化成图方法；以航空航天摄影、地面摄影和水下摄影测量等方法获取地面信息、然后按照摄影测量内业处理方法进行绘制地形图的方法等。本节介绍以全站仪为主要测量工具的数字化测图技术。

一、 概述

（一）数字化测绘的概念

传统白纸测图的实质是图解法测图，在测图过程中，将测得的观测值按图解法转化为静态的线画地形图。数字化测图的实质是解析法测图，将地形图信息通过测量仪器转化为数字输入计算机，以数字形式储存于存储器中，形成数字地形图。

数字测图（digital mapping）是目前广泛应用的一种测绘地形图的方法。从广义上说，数字测图应包括：利用全站仪、GNSS 接收机、三维激光扫描仪或其他测量仪器进行野外数字测图；利用数字化仪或扫描仪对传统方法测绘原图的数字化；以及对航空摄影、遥感像片进行数字化测图等技术。利用上述技术将采集到的地形数据传输到计算机，并由功能齐全的成图软件进行数据处理、建库、成图显示，再经过编辑、修改，生成符合要求的地形图。需要时用绘图仪或打印机完成地形图和相关数据的输出。

以计算机为核心，在连接输入、输出硬件设备和软件的支持下，对地形空间数据进行采集、传输、处理编辑、入库管理和成图输出的整个系统，称为数字成图系统，其主要流程示意图如 9-8 所示。

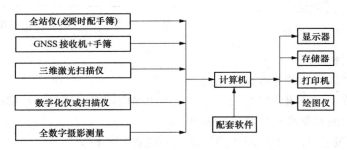

图 9-8　全站仪数字化测图的流程示意图

数字化测图不仅仅是为了减轻测绘人员的劳动强度，保证地形图绘制质量，提高绘图效率，而更具有深远意义的是由计算机进行数据处理，并可以直接建立数字地面模型和电子地图，为建立地理信息系统提供可靠的原始数据，以供国家、城市和行业部门的现代化管理，以及工程设计人员进行计算机辅助设计使用。提供地图数字图像等信息资料已成为建立数码城市，为城市化决策服务，以及一些部门和工程设计、建设单位必不可少的工作，正越来越受到各行各业的普遍重视。

（二）数字测图的主要特点

测图技术是在野外直接采集碎部点的三维坐标，与传统白纸测图方法相比，其特点非常明显，主要表现在以下方面。

1. 自动化程度高

由于采用全站仪或 GNSS 接收机在野外采集数据，自动记录存储，并可直接传输给计算机进行数据处理、绘图，不但提高了工作效率，而且减少了错误的产生，使绘制的地形图精确、美观、规范。同时由计算机处理地形信息，建立数据库，并能生成数字地图和电子地图，有利于后续的成果应用和信息管理工作。

2. 精度高

数字化测图的精度主要取决于对地物和地貌点的野外数据采集的精度，而其他因素的影响，如微机数据处理、自动绘图等误差，对地形图成果的影响都很小，测点的精度与比例尺大小无关。全站仪的解析法采集精度远远高于图解法的精度。

3. 使用方便

数字测图采用解析法测定点位坐标与绘图比例尺无关；利用分层管理的野外实测数据，可以方便地绘制不同比例尺的地形图或不同用途的专题地图，实现了一测多用，同时便于地形图的管理、检查、修测和更新。

4. 为地理信息系统提供基础数据

地理空间数据是地理信息系统的信息基础，数字地图可提供实时的空间数据信息，以满足地理信息系统的需求。

二、 全站仪数字测图技术

全站仪数字测图包括野外数据采集和内业成图两部分。野外数据采集的作业方法有全站仪草图法、全站仪编码法、电子平板法等。内业成图软件包括南方测绘公司的 CASS 成图软件、清华山维公司的 EPSW 软件等。

（一）全站仪测图的一般规定

（1）宜使用 6″级全站仪，其测距标称精度，固定误差不应大于 10mm，比例误差系数不应大于 5ppm。

（2）仪器的对中偏差不应大于 5mm，仪器高和棱镜高应量至 1mm；定向时应选择较远的图根点，并测量另一图根点的高程和坐标作为测站检核，检核点的平面位置较差不应大于图上 0.2mm，高程较差不应大于基本等高距的 1/5；作业过程中和作业结束前应对定向方向进行检查。

（3）全站仪测图的最大测距长度的规定：对于 1∶500、1∶1000、1∶2000 的地物点最大测距分别不超过 160、300、450m，地形点最大测距分别不超过 300、500、700m。

（4）在建筑密集的地区作业时，对于全站仪无法直接测量的点，可以采用支距法、线交会法等几何作图方法进行测量，并记录相关数据。

（5）采用草图法作业时，应按测站绘制草图，并对测点进行编号。测点编号应与仪器的记录点号相一致。草图的绘制宜简化标示地形要素、属性和相互关系等。

（6）全站仪测图可以采用图幅施测，也可以分区施测。按图幅施测时，每幅图应测出图廓外图上 5mm；分区施测时，应测出区域界线外图上 5mm。

（7）对采集的数据应进行检查处理，删除或标注作废数据、重测超限数据、补测错漏数据。对检查修改后的数据，应及时与计算机联机通信，生成原始数据文件并做备份。

（8）测图的应用程序，应满足内业数据处理和图形编辑的基本要求；数据传输后，宜将测量数据转换为常用数据格式。

（二）野外数据采集作业程序

1. 控制点成果准备

在控制测量的外业和内业工作结束后，应将测算的结果编制成控制点成果表，以便外业设站和检查后视点时查阅。控制点成果表的内容见表9-3。

表9-3   控制点成果表

点名	类别	所在地	纵坐标 x 横坐标 y	高程 (m)	边长 (m)	方位角 ° ′ ″	备注
1	导线点	石桥旁	800.000 500.000	48.531	156.444	52 29 46	
2	导线点	李家湾 西南角	895.246 624.109	48.369	152.623	139 53 03	
3	导线点	小石溪 东侧	778.529 722.449	36.245	227.292	234 26 35	
4	导线点	公路旁 高地	646.356 537.538	53.340	158.163	346 17 05	
1	导线点	石桥旁	800.000 500.000	48.278			

下面以中纬全站仪为例介绍野外数据采集方法。其他仪器作业程序大致相同。

2. 设站和定向

（1）在测站点安置全站仪，对中整平。

（2）在"常规测量"界面按 MENU 进入主菜单，如图9-9（a）所示；按 F1 进入"数据采集"界面，如图9-9（b）所示。

（3）按 F1 进入"设置作业"界面，如图9-9（c）所示，可以"新建"或选择一个项目作为本次测量数据存储的作业；设置完成后，按"确定"返回"数据采集"界面；

（4）按 F2 进入"设置测站"界面，如图9-9（d）所示，按 F3"坐标"，可以输入测站点坐标和高程；如果作业中已经有该点坐标和高程，可以采用"查找"或"列表"找到该点，按"确定"即可。

（5）测站坐标和高程输入完毕后，进入"输入仪器高"界面，如图9-9（e）所示，输入仪器高，按确定后，返回"数据采集"界面。

（6）按 F3 进入"定向"界面，如图9-9（f）所示，可以采用"人工定向"和"坐标定向"两种方式定向，"人工定向"直接输入棱镜高和方位角，"坐标定向"需要输入后视点坐标和高程，全站仪自动计算方位角后进行瞄准定向。"坐标定向"方法是：按 F2 进入"坐标定向"界面，如图9-9（g）所示，输入点号、坐标和高程，按"确定"，进入9-9（h）界面，瞄准后视点，检查全站仪显示的方位角和已知方位角无误后，按"确定"即完成了设站和定向工作。

（7）为了检验上述工作的正确性，必须测量另外一个已知控制点的坐标和高程，比较测量值和控制测量结果之差是否满足规范要求，如果不满足要求，应查找原因，进行改正。测量另外一个控制点的方法是：在"数据采集"界面下按 F4"开始"，进入碎部点采集界面，如图 9-9（i）所示，输入点号、棱镜高，瞄准棱镜，按"测存"，即可将测量点的相关数据存储在全站仪中。

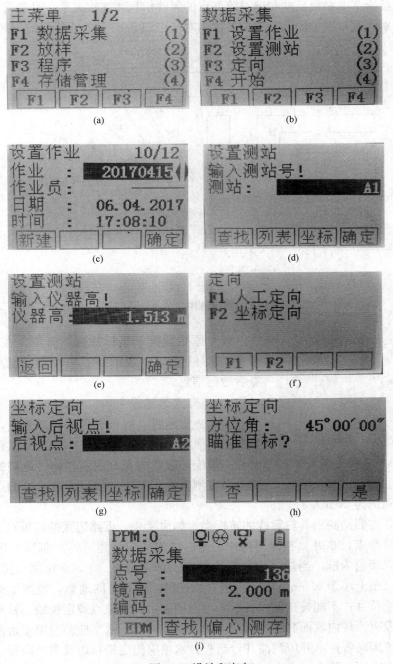

图 9-9　设站和定向

3. 碎部点信息采集及绘制草图

（1）根据现场实际情况，立棱镜人员选择碎部点安置棱镜，绘图员绘制草图，仪器观测员照准棱镜进行测量，测量信息将自动存储在全站仪内，碎部点数据采集具体方法参考图9-9（i）。

（2）绘图员绘草图必须反映和记录碎部点的属性信息和连接关系，且要与仪器内存储的信息一致，特别注意草图中的点号与全站仪内对应。图9-10是外业草图的一部分。

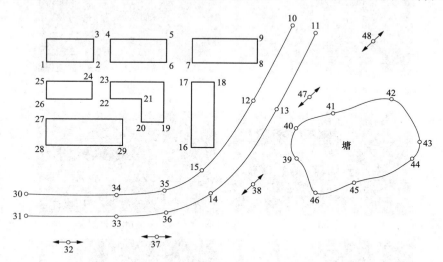

图9-10 数字测图中的手绘草图

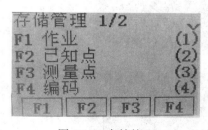

图9-11 存储管理

（3）原始数据和坐标数据的查看。在主菜单界面，按F4"存储管理"，显示如图9-11所示选单，根据需要查看数据信息。

4. 碎部点选择原则

测绘地形图时，能否合理选择碎部点，将直接关系到测图的质量和速度。测量碎部点工作又称为跑点。碎部点一般应选取既能充分表示地物、地貌的特征，又均匀分布在测区内，代表性较强的点。碎部点的密度，一般在图上的间隔约为2cm左右。

对于地物，主要是测出其轮廓线的转折点，如房屋角、道路边线的转折点、管线的转折点、河岸线的转折点，水井、独立树的中心等。一般规定，建（构）筑物宜用其外轮廓表示，房屋外廓以墙角为准。当建（构）筑物轮廓凸凹部分在1：500比例尺图上小于1mm或在其他比例尺图上小于0.5mm时，可用直线连接。独立性的地物，能按比例尺表示的应实测外廓，填绘符号；不能按比例尺表示的应准确表示其定位点或定位线。铁路应测注轨面高程，在曲线段应测注内轨面高程；涵洞应测注洞底高程。水渠应测注渠顶边高程；堤、坝应测注顶部及坡脚高程；水井应测注井台高程；水塘应测注塘顶边及塘底高程；当河沟、水渠在地形图上的宽度小于1mm时，可用单线表示。

对于地貌，应测出最能反映地貌特征的山脊线、山谷线、山顶、鞍部、山脚线及坡度变化处，在地势比较平坦而地物又稀少的地区跑点，则只需注意地形点均匀分布既可。崩塌残蚀地貌、坡、坎和其他地貌，可用相应符号表示。露岩、独立石、土堆、陡坎等，应注记高程或比高。

5. 地物和等高线的勾绘

在地形测量的过程中，应做到随测、随记、随算、随绘。绘制草图时，参照实地情况随即用将地物、地貌勾绘出来。地物的勾绘是将各转折点按其顺序连起来。如房屋，将屋角用直线连起来即成；道路、河流按其转折点顺序连成光滑的曲线；水井、独立树等地物可在图上标明其中心位置，画个记号，待电脑绘图时用规定的符号描绘。

对于地貌，绘图者可根据测出的碎部点，把有关的地貌特征点连起来，在草图上轻轻地勾出地形线（山脊线用实线，山谷线用虚线），如图 9-12 所示，然后在两相邻点之间，按其高程内插等高线，并要使内插的等高线高程为等高距的整倍数。

等高线内插法的原理是：由于碎部点一般选在坡度变化处，这样相邻碎部点之间的坡度可视为均匀的。因此，内插等高线时，可按平距与高差成正比的方法处理。如图 9-13 中，A、B 两点的高程分别为 38.5m 和 31.6m，取等高距为 1m 时，就有 32、33、34、35、36、37、38m 的七条等高线通过，依平距与高差成正比的原理，便可定出它们在图上的位置。

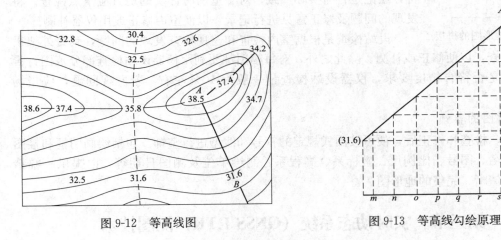

图 9-12 等高线图

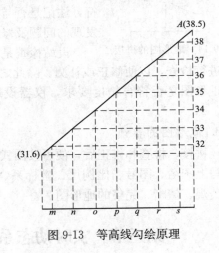

图 9-13 等高线勾绘原理

在电子绘图中，等高线的绘制可以由绘图软件自动完成。

三、地形图的拼接、检查与整饰

地形图是进行工程规划、设计的依据，图上字、线条如有错误均可能会对工程设计产生影响，甚至会造成严重的工程事故。因此，在地形测量完毕后，要根据测量规范的要求，对地形图进行检查整理，以保证成图质量。

1. 地形图的拼接

当测区面积较大时，必须采用分幅测图。在各相邻图幅的衔接处，由于测量和绘图误差，使得地物轮廓线和等高线都不可能完全吻合（图 9-14）。如误差在允许范围以内，必须对这些地物及等高线进行必要的改正。

为了图幅的拼接，测图时规定每幅图应测出图廓线以外 5mm。可以将两幅图放在一个文件中，便可检查接边处地物和等高线的衔接情况。若图廓线两侧相应地物和等高线的偏差不超过规定的碎部点位中误差或高程中误差的 $2\sqrt{2}$ 倍时，在保持地物、地貌相互位置和走

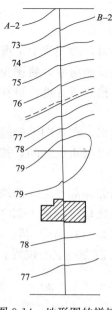

图 9-14　地形图的拼接

向正确性的条件下，取其平均位置进行绘制，并以此修改这两幅图接边处的地物和地貌位置。

2. 地形图的检查

地形图除了在测绘过程中要随时进行检查外，测完后必须对成图质量作全面检查，其内容包括室内检查、实地检查。

（1）室内检查。室内检查主要是检查图面内容表示是否合理、地物线条和等高线勾绘是否清楚，连线有无矛盾，各种注记是否清晰或有无遗漏，图边是否接好，各种手簿和资料是否齐全无误。若发现错误或疑点，则做出记号，经实地检查后修改。

（2）实地检查。实地检查是根据室内检查所发现的问题，到野外直接检查、校对，包括实地全面对照和设站检查两种。

实地全面对照就是拿着图板沿选定的路线进行实地对照查看，检查地物、地貌有无遗漏，图上等高线所表示的地貌是否与实际相符，注记是否与实际一致，对于室内有怀疑的地方应重点检查。将发现的问题及修正意见进行记录，以便室内修正或用仪器补测。

设站检查是根据室内检查和巡视检查发现的问题，到野外架设仪器进行检查，以便修正或补测。除此之外，对每幅图都要利用仪器设站检查部分范围，看原测地形图是否符合精度要求，仪器设站检查量一般为 10% 左右，若发现问题，应当场修正。

3. 地形图的整饰

经拼接、检查和修正后，便可按图式规定的符号和线型进行整饰。包括绘画图框和接图表，写上图名、图号、比例尺、坐标系、高程系、测绘单位及测图日期等，以提供一幅精确、美观、清晰、完整的地形图。

第三节　实时动态系统（GNSS RTK）测图技术

目前利用 GNSS 接收机测图主要采用的方法有 GNSS RTK 技术和 GNSS CORS 技术。

GNSS RTK（Real Time Kinematic）技术就是利用 GNSS 进行实时动态测量，RTK 定位技术是基于载波相位观测值的实时动态定位技术，能够实时地提供测站点在指定坐标系中的三维定位结果，并达到厘米级精度。在 RTK 作业模式下，参考站通过数据链将其观测值和测站坐标信息一起传送给流动站。流动站不仅通过数据链接收来自参考站的数据，还要采集 GNSS 观测数据，并在系统内组成差分观测值进行实时处理。流动站可处于静止状态，也可处于运动状态。RTK 技术的关键在于数据处理技术和数据传输技术。

GNSS CORS（Continuous Operational Reference System）是 GNSS 连续运行参考站系统，为一个或多个固定且连续运行的 GNSS 参考站，利用现代计算机、数据通信和互联网技术组成的网络，实时地向不同类型、不同需求、不同层次的用户自动提供经过检验的不同类型的 GNSS 观测值（载波相位、伪距），各种改正数、状态信息以及其他有关 GNSS 服务项目的系统。GNSS 流动站通过无线通信获取 CORS 中心提供的信息以及通过 GNSS 采集的观测数据，计算被测点的位置信息。

本节介绍 GNSS RTK 数据采集方法。

一、　术语介绍

（1）观测时段：测站上开始接收卫星信号到停止接收，连续观测的时间长度。

（2）同步观测：两站或两站以上接收机同时对同一组卫星进行观测。

（3）天线高：观测时接收机相位中心到测站中心标志面的高度。

（4）参考站（或基准站）：在一定的观测时间内，一台或几台接收机分别在一个或几个测站上，一直保持跟踪观测卫星，其余接收机在这些测站的一定范围内流动作业，这些固定测站就称为参考站。

（5）流动站：距离参考站的一定范围内流动作业，并实时提供三维坐标的 GNSS 接收机称为流动站。

（6）世界大地坐标系 1984（WGS-1984）：由美国国防部在与 WGS72 相关的精密星历 NSWC-9Z-2 基础上，采用 1980 大地参考数和 BIH1984.0 系统定向所建立的一种地心坐标系。

（7）在航初始化（OTF）：整周模糊度的在航解算方法。

（8）截止高度角：为了屏蔽遮挡物（如建筑物、树木等）及多路径效应的影响所设定的角度阈值，低于此角度视野域内的卫星不予跟踪。

（9）坐标系统和时间系统。RTK 测量采用 WGS84 系统，当 RTK 测量要求提供其他坐标系（如 1954 北京坐标或 1980 国家坐标系等）时，应进行坐标转换。

坐标转换求转换参数时应采用具有 3 点共同测点以上的两套坐标系成果，采用 Bursa-Wolf、Molodenky 等经典、成熟的模型，使用 PowerADJ3.0、SKIpro2.3、TGO1.5 以上版本的通用 GNSS 软件进行求解，也可自行编制求参数软件，经测试与鉴定后使用。转换参数时应采用三参数、四参数或七参数不同模型形式，视具体工作情况而定，但每次必须使用同一组参数进行转换。坐标转换参数不准确可影响到 2～3cm 左右 RTK 测量误差。

当要求提供 1985 国家高程基准或其他高程系高程时，转换参数必须考虑高程要素。如果转换参数无法满足高程精度要求，可对 RTK 数据进行后处理，按高程拟合、大地水准面精化等方法求得这些高程系统的高程。

RTK 测量宜采用协调世界时（UTC）。当采用北京标准时间时，应考虑时区差加以换算。

二、　GNSS RTK 测图的一般要求

1. 作业前应收集

测区的控制点成果及 GNSS 测量资料；测区的坐标系统和高程基准的参数，包括参考椭球参数、中央子午线经度、纵横坐标的加常数，投影面正常高、平均高差异常等；WGS-84 坐标系与测区地方坐标系的转换参数，WGS-84 坐标系的大地高基准与测区的地方高程基准的转换参数。

2. 参考站点位的选择应符合的规定

（1）应根据测区的面积、地形地貌和数据链的通信范围均匀布设参考站。

（2）参考站站点的地势应相对较高，周围无高度角超过 15°的障碍物和强烈干扰接收卫

星或反射卫星信号的物体。

（3）参考站的有效作业半径不应超过 10km。

3. 参考站的设置应符合的规定

（1）接收机天线应精确对中、整平。对中误差不应大于 5mm；天线高的量取应精确至 1mm。

（2）正确连接天线电缆、电源电缆和通信电缆等；接收机天线与电台天线之间的距离不宜小于 3m。

（3）正确输入参考站的相关数据，包括点名、坐标、高程、天线高、基准参数、坐标高程转换参数等。

（4）电台频率的选择不应与作业区其他无线电频率相冲突。

4. 流动站的作业应符合的规定

（1）流动站作业的有效卫星数不宜少于 5 个，PDOP 值应不小于 6，并应采用固定解成果。

（2）正确地设置和选择测量模式、基准参数、转换参数和数据链的通信频率等，其设置应与参考站相一致。

（3）流动站的初始化应在比较开阔的地方进行。

（4）作业前，宜检测 2 个以上不低于图根精度的已知点。检测成果与已知成果的平面较差不应大于图上 0.2mm，高程较差不应大于基本等高距的 1/5。

（5）作业时如果出现卫星信号失锁，应重新测试初始化，并经重合点检查合格后方可继续作业。

（6）结束前，应进行已知点的检查；数据应及时存到计算机并备份。

三、 GNSS RTK 外业操作方法（ 以中海达 V60 为例 ）

GNSS RTK 外业工作大同小异，本节以中海达 V60 GNSS 接收机及其配套手簿 iHAND20 为例介绍如何进行数据采集。

1. 中海达 V60 GNSS 接收机和 iHAND20 手簿

图 9-15 为中海达 V60 GNSS 接收机外观，包括上盖、下盖、防护圈和控制面板。接收机控制面板从左到右分别为 Fn 键（功能键），LED 显示屏和电源键。指示灯从左到右分别为卫星灯、状态灯（双色灯）、电源灯（双色灯）。功能键配合电源键可以设置工作模式、数据链、UHF 电台频道、卫星高度角、采样间隔、复位接收机等。

图 9-16 为下盖底部，包括电池仓、五芯插座、八芯插座、电台天线接口、喇叭等。

图 9-17 为 iHAND20 手簿，包括按键部分和显示屏部分。除了常规应用软件外，手簿中内置了用于 GNSS 测量的 Hi-Survey 软件。

2. 架设基准站

架设基准站包括：对中、整平、天线电缆及电源电缆的连接、量取天线高、基准站接收机开机等。基准站可以安置在已知点上，也可以安置在未知点上。

图 9-18 为数据链接采用外置电台时的基准站实物图，左边为 GNSS 接收机，右边为外置电台及天线。

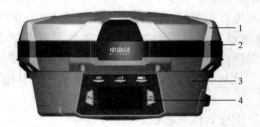

图 9-15　中海达 V60 GNSS 接收机
1—上盖；2—防护圈；3—下盖；4—控制面板

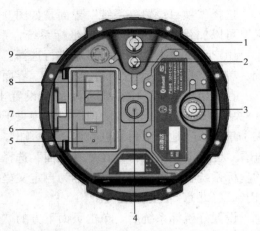

图 9-16　中海达 V60 GNSS 接收机下盖底部
1—八芯插座及防护塞；2—五芯插座及防护塞；
3—UHF 电台天线接口；4—连接螺孔；
5—电池仓；6—弹针电源座；7—SIM 卡槽；
8—SD 卡槽；9—喇叭

图 9-17　iHAND20 手簿

图 9-18　基准站架设

3. 新建项目及参数设置

在一个新测区，首先新建一个项目（＊.PRJ），存储测量的参数，同时软件自动建立一个和项目名同名的文件（＊.DAM），坐标点库、放样点库、控制点库都放到项目文件夹里的 MAP 文件夹中。

单击 IHAND20 手簿桌面上的 Hi-Survey 应用程序进入主界面的"项目"栏，如图 9-19 所示，单击"项目信息"，如图 9-20 所示，在"项目名"栏填入项目名，按"确定"就增加

147

了一个新项目。

选择"项目设置→系统"界面，如图 9-21 所示，单击█进入坐标系统管理界面。"预定义"可以加载系统内预定义的坐标系统，系统内按照大洲、国家进行区域分类列出投影列表，用户可以根据实际作业区域进行选择。"自定义"根据测区实际情况添加自定义坐标系统。单击"自定义"进入"坐标系统"界面（图 9-22）。

在"坐标系统"中根据实际情况设置坐标系统参数。投影选择"高斯自定义"，输入"中央子午线经度"，需要更改的只有中央子午线经度，中央子午线经度是指测区已知点的中央子午线。当地经度可用接收机实时测出，手簿通过连上 GNSS 接收机，在悬浮窗上单击查看"位置信息"获得。在"基准面"选择中，源椭球一般为 WGS 84，目标椭球和已知点的坐标系统一致，如果目标坐标为自定义坐标系，则可以不更改此项选择，设置为默认值："BJ54"（北京 54 坐标系）。

设置好坐标系统后，单击页面下方的"保存"按钮，保存参数。

图 9-19　HI-SURVEY 主界面（项目）

图 9-20　"项目信息"界面

图 9-21　"系统"界面

图 9-22　"坐标系统"界面

148

4. 基准站连接及配置

单击图 9-19 界面下端的"设备",选择"基准站",进入"设备连接"界面,如图 9-23 所示,选择"蓝牙"连接方式将为基准站的 GNSS 接收机与手簿连接。连接成功后直接进入"设置基准站"界面,如图 9-24 所示。选择天线类型,输入基准站仪器高。单击""进行"平滑采集",平滑完成后单击右下角"确定"。

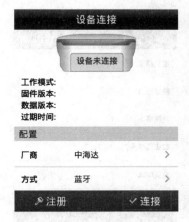

图 9-23 基准站设备连接

图 9-24 基准站设置

如果基准站架设在已知点上,且知道转换参数,则可不单击平滑,直接输入该点的 WGS 84 的"B、L、H"坐标,或事先打开转换参数,输入该点的当地"X、Y、H"坐标,基准站将以该点的 WGS 84 中的"B、L、H"坐标为参考发射差分数据。

基准站数据链用于设置基准站和移动站之间的通信模式及参数,包括"内置电台""内置网络""外部数据链"。GNSS RTK 测量中测区较小时可以选择"内置电台",如图 9-25 所示,设置电台频道、空中波特率和功率。随后单击"其他",如图 9-26 所示,选择差分模式,电文格式,默认为 RTK,RTCM(3.2),设置完成后,单击右上角"设置",软件提示将断开蓝牙,转去连接移动站。这时查看主机差分灯是否每秒闪一次红灯,如果用电台时,电台收发灯每秒闪一次。如果正常,则确定后连接移动站。

图 9-25 设置基准站(数据链)

图 9-26 设置基准站(其他)

5. 设置移动站

连接手簿与移动站 GNSS 主机方式与基准站类似。手簿与移动站连接成功后，单击"设备→移动站"，进入"设置移动站"对话框。在图 9-27"数据链"和图 9-28"其他"中选择、输入的参数必须和基准站一致。

按右上角"设置"按钮，软件提示移动站设置成功，单击返回软件主界面。

图 9-27 设置基准站（数据链）

图 9-28 设置基准站（其他）

6. 碎部测量

单击主菜单（测量）上的"碎部测量"按钮（图 9-29），可进入碎部测量界面，图形界面（图 9-30）和文本界面（图 9-31）可通过"文本/图形"按钮切换。

碎部测量的方法和全站仪数字化测图类似，测量数据通过"数据交换"导出需要的格式（图 9-32），复制到电脑，即可在绘图软件中进行地形图的绘制。

图 9-29 主菜单（测量）

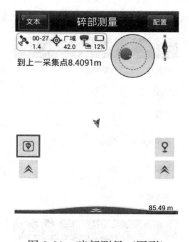

图 9-30 碎部测量（图形）

图 9-31　碎部测量（文本）

图 9-32　数据交换

第四节　地形图绘图软件介绍

用全站仪或 GNSS RTK 采集碎部点的坐标数据，需要在测图软件中绘制成地形图。国内有多种成熟的成图软件。本章结合南方测绘仪器有限公司的 CASS 软件进行简单介绍，详情请参考说明书。

CASS 地形地籍成图软件是基于 AutoCAD 平台技术的数字化测绘数据采集系统。广泛应用于地形成图、地籍成图、工程测量应用领域，且全面面向 GIS，彻底打通数字化成图系统与 GIS 接口，使用骨架线实时编辑、简码用户化、GIS 无缝接口等先进技术。

一、界面简介

如图 9-33 为南方 CASS7.0 开始界面，是在 Auto CAD 的基础上开发的应用程序。包括执行主要命令的下拉菜单区，拥有各种快捷键的工具栏区，显示图形及操作的绘图区，命令输入及提示操作的命令提示区，绘制各种地物地貌的屏幕菜单区。

二、数据通信

全站仪数据下载可以应用专门的软件进行，也可以使用本软件菜单中"数据→读取全站仪数据"，打开"全站仪内存数据转换"窗口进行仪器选择、参数选择、文件存储位置选择等，导出全站仪中数据。

GNSS 接收机手簿中的数据可以直接导入，实现存储。

三、展碎部点点号

根据要求设置比例尺："绘图处理→定当前图形比例尺"，在命令窗口输入比例尺。

展碎部点："绘图处理→展野外测点点号"，会弹出"输入坐标数据文件名"窗口，选定文件名，确定后，所有碎部点将根据坐标展绘在 CASS 中。

如果在屏幕上不能看见碎部点编号，则可以通过"绘图→定显示区"命令使其显示。

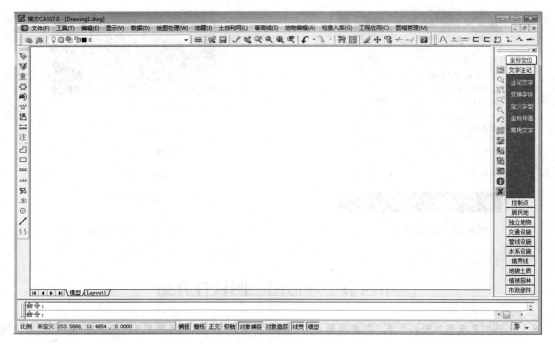

图 9-33　CASS 7.0 操作界面

四、 根据草图绘制地物

CASS 中可以应用"坐标定位"和"点号定位"来捕捉点位进行地物的连接。"坐标定位"可以直接在屏幕上捕捉点位（需要打开"对象捕捉"）；"点号定位"是直接输入点的编号捕捉点位。两者各有优势，可根据需要选择。

根据草图，首先确定地物或地貌符号属于哪一类，然后在图 9-34 所示的屏幕菜单中选择，选择后会弹出具体的地物地貌类型，根据具体类型进行地物地貌的绘制。

例如根据草图 9-10，1、2、3 号点为一简单房屋的三个角点，现在根据这三个角点绘制一个矩形房屋。选择屏幕菜单的"居民点→一般房屋"，弹出如图 9-35 所示窗口。

选择"四点房屋"，在命令窗口显示如图 9-36 所示，选择"1. 已知三点"，然后顺序输入三个点的点号 1、2、3，一个四点房屋就会自动生成。

五、 展高程点

单击"绘图处理→展高程号"，会弹出"输入坐标数据文件名"窗口，选定需要的文件名，确定后，可以将每个碎部点的高程展绘在 CASS 中。

六、 数字地面模型的建立和等高线的绘制

数字地面模型 DTM（Digital Terrain Model）作为对地形特征点空间分布及关联信息的一种数字表达方式，现已广泛应用于测绘、地质、水利、工程规划设计、水文气象等众多学科领域。在测绘领域，DTM 是在一定区域内，表示地面起伏形态和地形属性的一系列离散

点坐标（x，y）数据的集合。如果地形属性是用高程表示时，则为数字高程模型 DEM（Digital Elevation Model）。依据野外测定的地形点三维坐标（x，y，H）组成数字地面模型，以数字的形式表述地面高低起伏的形态，并能利用 DTM 提取等高线，形成等高线数据文件和跟踪绘制等高线，这就使得地形图测绘真正实现数字化成为可能。

图 9-34 屏幕菜单

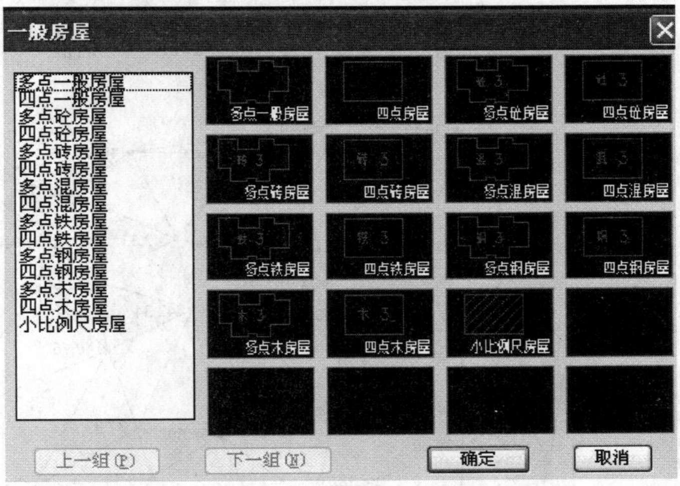

图 9-35 "一般房屋"窗口

图 9-36 "四点房屋"命令窗口

各个测图系统都有数字地面模型的建立软件，现介绍 CASS 测图系统的建立方法。

1. 构建三角网

根据碎部点三维地形数据采集方式的不同，可分别采用不同的数字地面模型的建模方法，常用的有密集正方形格网法和不规则三角形格网法两种，CASS7.0 是用后者。

在建立数字地面模型之前，要先定显示区，输入该测区野外采集的坐标文件，据此建立 DTM。

在 CASS7.0 中打开"等高线→建立 DTM"，则出现相应的对话框（图 9-37）。

如果选择"用数据文件生成"，则需要在"坐标数据文件名"中选择一个坐标数据文件；如果选择"由图面高程点生成"，按"确定"后将进入选择高程点命令框。如果"结果显示"栏选择"显示建三角网结果"，按"确定"后显示如图 9-38 所示。

这种三角网是直接利用测区野外实测的所有地形特征点构造出邻接三角形组成的格网形

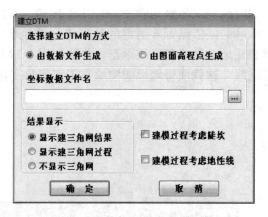

图 9-37 "建立 DTM"对话框

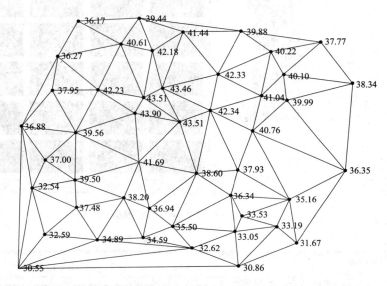

图 9-38 显示的三角网

结构，是由不规则三角形组成。其基本思路是：首先在野外根据实际地形进行数据采集的、呈不规则分布的碎部点进行检索，判断出最临近的三个离散碎部点，并将其连接成最贴近地球表面的初始三角形；以这个三角形的每一条边为基础，连接临近地形点组成新的三角形；再以新三角形的每条边作为连接其他碎部点的基础，不断组成新的三角形；如此继续，所有地形碎部点构造的连接三角形就组成了格网。

可以对三角格网进行"删除三角形""过滤三角形""增加三角形"等操作，最后将修改好的三角格网保存（单击"修改结果存盘"）。

2. 等高线的绘制

单击"绘制等高线"，弹出"绘制等值线"对话框（图 9-39），在选择和修改相关信息后，单击"确定"则可完成等高线的绘制（图 9-40）。最后单击"等高线→删三角形"，可将三角网全部删除。

图 9-39 "绘制等值线"对话框

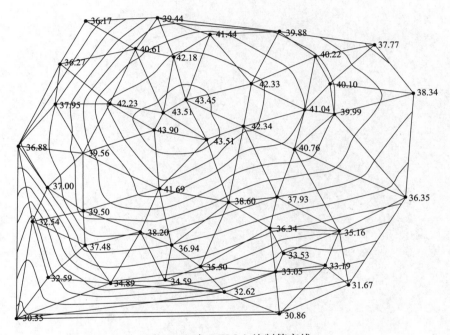

图 9-40 在 DTM 上绘制等高线

七、地形图的处理和输出

在测图过程中，由于地物、地貌的复杂性，难免有测错、漏测发生，因此必须对所测内容进行编辑、修饰，然后进行图形分幅、图廓整饰等，最后输出地形图。

1. 图形的显示与编辑

在屏幕上显示的图形可根据野外实测草图或记录的信息进行检查，若发现问题，用程序可对其进行编辑和修改，同时按成图比例尺完成各类文字注记、图式符号以及图名图号、图廓等成图要素的编辑。经检查和编辑修改而准确无误的图形，连同相应的信息保存在图形数据文件中。

2. 图形分幅

在数字测图时，并未进行图幅的划分，因此，对所采集的数据范围应按照标准图幅的大小或用户确定的图幅尺寸，进行分幅，也称为图形截幅。在 CASS7.0 中，单击屏幕菜单"绘图处理→批量分幅"，对相关参数进行修改，按"确定"就可以进行地形图分幅。

3. 绘图仪自动绘图

野外采集的地形信息经数据处理、图形分幅、屏幕编辑后，形成了绘图数据文件。利用这些绘图数据，即可由计算机软件控制绘图仪输出地形图。

绘图仪作为计算机输出图形的重要设备，其基本功能是将计算机中以数字形式表示的图形描绘到图纸上，实现数（x、y 坐标串）—模（矢量）的转换，形成图纸。

第十章　地形图的应用

第一节　概　　述

在工程的规划与设计阶段，需要应用各种不同比例尺的地形图。用图时，应认真阅读，充分了解地物分布和地貌变化情况，才能根据地形与有关资料，做出科学而经济的规划与设计。应用选择时除对下列各项地形图的基本知识应了解清楚之外，还应能根据应用需要选择精度指标适宜的地形图。

一、　地形图基本知识

1. 比例尺

规划设计时常用的有 1：50 000、1：25 000、1：10 000、1：5 000、1：2 000、1：1 000 及 1：500 等几种比例尺的地形图。应适当选用不同比例尺的地形图，以满足规划设计的需要。

2. 地形图图式

除应熟悉国家制定相应比例尺的图式外，还应了解有的单位习惯常用的一些图式。对显示地貌的等高线应能判别出山头与盆地、山脊和山谷等地貌。

3. 坐标系统与高程系统

我国大比例尺地形图一般采用全国统一规定的高斯平面直角坐标系统，某些工程建设也有采用假定的独立坐标系统。高程系统国家于 1987 年 5 月启用"1985 年国家高程基准"。

4. 图的分幅与编号

测区较大，图幅多，必须根据拼接示意图了解每幅图上、下、左、右相邻图幅的编号，便于拼接使用。

二、　地形图的分幅和编号

地形图的分幅与编号有两种方法：一种是国家基本地形图的分幅与编号，比例尺为 1：1 000 000～1：5 000，另一种是正方形分幅法，比例尺为 1：2 000～1：500。

（一）国家基本地形图的分幅与编号

1. 1：1 000 000 地形图的分幅及编号

1：1 000 000 地形图的分幅从地球赤道向两极，以纬差 4°为一行，每行依次以拉丁字母 A、B、C…、V 表示，经度由 180°子午线起，从西向东，以经差 6°为一列，依次以数字 1、2、3、…、60 表示，如图 10-1 所示。

我国地处东半球赤道以北，图幅范围在经度 72°～138°、纬度 0°～56°内，包括行号 A、B、C、…、N 的 14 行，列号 43、44、…、53 的 11 列，见图 10-2。每幅 1：1 000 000 的地

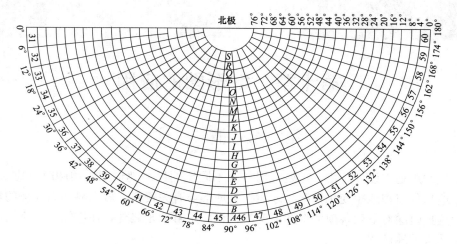

图 10-1 1∶1 000 000 地形图的分幅与编号

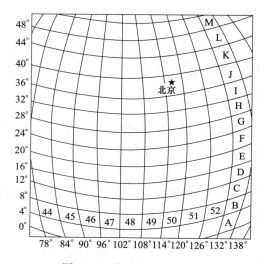

图 10-2 我国 1∶1 000 000
地形图的分幅与编号

形图图号，由该图的行号与列号组成，如北京所在的 1∶1 000 000 地形图的编号为 J50。由于南北半球的经度相同而纬度对称，为了区别南北半球对应图幅的编号，规定在南半球的图号前加一个 S。如 SL50 表示南半球的图幅。

2. 1∶500 000～1∶5 000 地形图的编号

1∶500 000～1∶5 000 地形图的编号均以 1∶1 000 000 地形图编号为基础，采用行列编号方法（图 10-3）。将 1∶1 000 000 地形图所含各比例尺地形图的经差和纬差划分成若干行和列，横行从上到下、纵列从左到右按顺序分别用三位阿拉伯数字表示，不足三位前面补零，取行号在前、列号在后的排列形式标记，各比例尺地形图分别采用不同的字符作为其比例尺代码（表 10-1），1∶500 000～1∶5 000 地形图的图号由其所在 1∶1 000 000 地形图图号、比例尺代码和行列号共十位码组成。

表 10-1   1∶500 000～1∶5 000 比例尺代码表

比例尺	1∶500 000	1∶250 000	1∶100 000	1∶50 000	1∶25 000	1∶10 000	1∶5 000
代码	B	C	D	E	F	G	H

列举如下。

（1）1∶500 000 地形图的编号（图 10-4）。

每幅 1∶1 000 000 地形图划分为 2 行 2 列，共 4 幅 1∶500 000 地形图，其经差 3°、纬差 2°，晕线所示图号为 J50B001002。

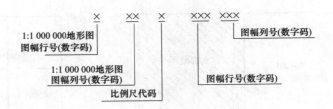

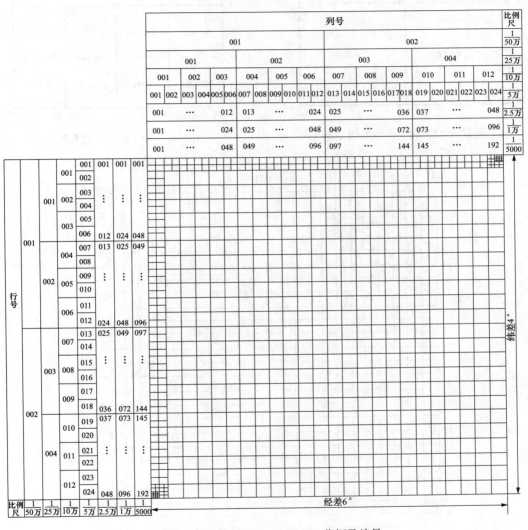

图 10-3 1:500 000～1:5 000 分幅及编号

（2）1:250 000 地形图的编号（图 10-5）。

每幅 1:1 000 000 地形图划分为 4 行 4 列，共 16 幅 1:250 000 地形图，其经差 1°30′、纬差 1°，晕线所示图号为 J50C003003。

（3）1:100 000 地形图的编号（图 10-6）。

每幅 1:1 000 000 地形图划分为 12 行 12 列，共 144 幅 1:100 000 地形图，其经差 30′、纬差 20′，单斜晕线所示图号为 J50D010010。

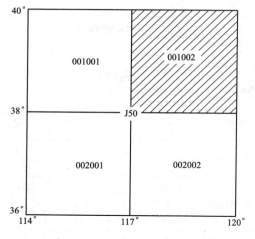

图 10-4　1∶50 000 地形图分幅

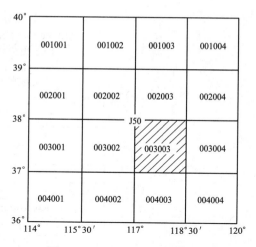

图 10-5　1∶250 000 地形图分幅

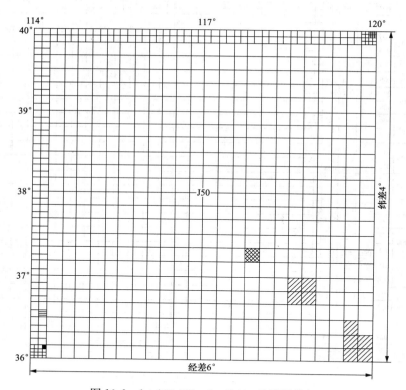

图 10-6　1∶100 000～1∶5 000 地形图分幅

（4）1∶50 000 地形图的编号（图 10-6）。

每幅 1∶1 000 000 地形图划分为 24 行 24 列，共 576 幅 1∶50 000 地形图，其经差 15′、纬差 10′，双晕线所示图号为 J50E017016。

（5）1∶25 000 地形图的编号（图 10-6）。

每幅 1∶1 000 000 地形图划分为 48 行 48 列，共 2304 幅 1∶25 000 地形图，其经差 7′

30″、纬差 5′，平行晕线所示图号为 J50F042002。

（6）1：10 000 地形图的编号（图 10-6）。

每幅 1：1 000 000 地形图划分为 96 行 96 列，共 9216 幅 1：10 000 地形图，其经差 3′45″、纬差 2′30″，黑块所示图号为 J50G093004。

（7）1：5000 地形图的编号（图 10-6）。

每幅 1：1 000 000 地形图划分为 192 行 192 列，共 36 864 幅 1：5 000 地形图，其经差 1′52.5″、纬差 1′15″，1：1 000 000 地形图幅最东南角的 1：5 000 地形图图号为 J50H192192。

各比例尺地形图的经纬差、行列数和图幅数成简单的倍数关系，见表 10-2。

表 10-2　　　　　　　　各比例尺地形图经纬差、行列数和图幅数关系

比例尺		1：1 000 000	1：500 000	1：250 000	1：100 000	1：50 000	1：25 000	1：10 000	1：5 000
图幅范围	经差	6°	3°	1°30′	30′	15′	7′30″	3′45″	1′52.5″
	纬差	4°	2°	1°	20′	10′	5′	2′30″	1′15″
行列数量关系	行数	1	2	4	12	24	48	96	192
	列数	1	2	4	12	24	48	96	192
图幅数量关系		1	4	16	144	576	2304	9 216	36 864
			1	4	36	144	576	2 304	9 216
				1	9	36	144	576	2304
					1	4	16	64	256
						1	4	16	64
							1	4	16
								1	4

（二）矩形分幅法

矩形分幅用于大比例尺地形图的分幅，图幅的图廓线为直角坐标格网线，图幅的大小可分成 40cm×40cm、40cm×50cm、50cm×50cm，见表 10-3。

表 10-3　　　　　　　　　　　　　正方形图幅表

比例尺	图幅大小（cm²）	实地面积（km²）	1：5000 图幅内分幅数
1：5000	40×40	4	1
1：2000	50×50	1	4
1：1000	50×50	0.25	16
1：500	40×40	0.062 5	64

矩形分幅的编号可按以下几种方式编号。

（1）按图廓西南角坐标公里数编号：x 坐标在前，y 坐标在后，中间用短线连接。1：5 000取至 km 数；1：2 000、1：1000 取至 0.1km；1：500 取至 0.01km。例如某幅 1：1 000 比例尺地形图西南角图廓点的坐标 $x=83\ 000m$，$y=15\ 500m$，该图幅号为 83.0-15.5。

（2）按流水编号：测区内从左到右、从上到下，用阿拉伯数字编号。图 10-7（a）中晕线所示图号为 15。

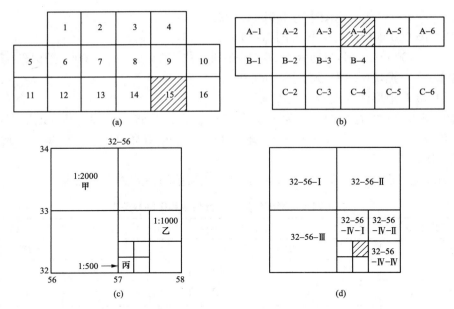

图 10-7　正方形分幅及编号

（3）按行列编号：测区内按行列排序编号。图 10-7（b）中晕线所示图号为 A-4。

（4）以 1∶5 000 比例尺地形图为基础编号：图 10-7（c）中 1∶5 000 比例尺地形图编号为 32-35，各种较大比例尺地形图的分幅及编号见图 10-7（c）及（d），图 10-7（d）中晕线所示图号为 32-56-Ⅳ-Ⅲ-Ⅱ。

三、地形图的选用

地形图是经济建设和国防建设的基础资料。在工程建设中，需要在地形图上进行工程建筑物的规划设计，为了保证工程设计的质量，所使用的地形图都具有一定的精度。因此，对设计人员来讲，只有在了解地形图精度的基础上，才有可能正确地选用合乎要求的地形图。同时，设计人员还应根据规划设计的具体工程对象，按工程规划设计的不同阶段，对图纸上平面位置和高程的精度要求，向测绘人员提出适当的要求，从而确定测图的比例尺。

（一）地形图的精度

地形图的精度通常是指它的数学精度，即地形图上各点的平面位置和高程的精度。在测绘地形图时，是由图根点向周围测绘碎部点的。所以，地形图上地物点平面位置的精度是指地物点对于邻近图根点的点位中误差而言，而高程精度是指等高线所能表示的高程精度。

地形图图上地物点相对于临近图根点的点位中误差不超过表 10-4 的规定。

表 **10-4**　　　　　　　　　　　　　图上地物点的点位中误差

区域类型	点位中误差（mm）
一般地区	0.8
城镇建筑区、工矿区	0.6
水域	1.5

注　1. 隐蔽或施测困难的一般地区测图，可放宽 50%。

　　2. 1∶500 比例尺水域测图，其他比例尺的大面积平坦水域或水深超出 20m 的开阔水域测图，根据具体情况，可放宽至 2.0mm。

等高（深）线的插求点或数字高程模型相对于临近图根点的高程中误差不超过表 10-5 的规定。

表 10-5　　　　　　　　等高（深）线插求点或数字高程模型的高程中误差

一般地区	地形类别	平坦地	丘陵地	山　地	高山地
	高程中误差（m）	$\frac{1}{3}H_d$	$\frac{1}{2}H_d$	$\frac{2}{3}H_d$	$1\,H_d$
水域	水底地形倾角（°）	$\alpha<3$	$3\leqslant\alpha<10$	$10\leqslant\alpha<25$	$\alpha\geqslant25$
	高程中误差（m）	$\frac{1}{2}H_d$	$\frac{2}{3}H_d$	$1\,H_d$	$\frac{3}{2}H_d$

注　1. H_d 为地形图的基本等高距。

　　2. 对于数字高程模型，H_d 的取值应以模型比例尺和地形类别按表 9-2 取用。

　　3. 隐蔽或施测困难的一般地区测图，可放宽 50%。

　　4. 当作业困难、水深大于 20m 或工程精度要求不高时，水域测图可放宽 1 倍。

工矿区细部坐标点的点位和高程中误差，不应超过表 10-6 的规定。

表 10-6　　　　　　　　　细部坐标点的点位和高程中误差

地 物 类 别	点位中误差（cm）	高程中误差（cm）
主要建构筑物	5	2
一般建构筑物	7	3

（二）选用地形图的若干问题

1. 工程建设各阶段的用图

在工程的规划、设计、施工各阶段中，都要使用各种不同比例尺的地形图。

如作流域规划时，一般选用 1∶50 000 或 1∶100 000 比例尺的地形图，以计算流域面积，研究流域的综合开发利用；在修建水库时，要选用 1∶10 000 或 1∶25 000 比例尺的地形图，以计算水库库容；用于工程布置及地质勘探，要选用 1∶5000 或 1∶10 000 比例尺的地形图；对于水工建筑物的设计，要选用 1∶1 000、1∶2 000 或 1∶500 比例尺的地形图；在施工阶段。一般要选用 1∶100、1∶200 或 1∶500 比例尺的施工详图。特别在设计阶段，设计人员应根据设计建筑物的平面位置和高程的精度要求，确定使用地形图的比例尺。

2. 按点位精度要求决定用图的比例尺

地物点平面位置的精度与地形图比例尺的大小有关。设计对象的位置有一定的精度要求，如果选用地形图比例尺的大小不当，就会影响设计质量。所以，设计人员应根据实际需要的平面位置精度来选用适当比例尺的地形图，例如，在进行渠道布置时，若要求渠道中心桩的测设中误差不大于 ±2.0m，那么应选用多大比例尺的地形图？设计时，从图上一地物点量至渠道某点，量取两点距离的中误差 $m_{量}$ 一般认为为 ±0.2mm，地物点图上平面位置的中误差 $m_{点}=\pm0.8$mm（在一般地区），这样图上布置渠道的点位中误差为

$$m_{设}=\pm\sqrt{m_{量}^2+m_{点}^2}=\pm\sqrt{0.2^2+0.8^2}=\pm0.82（mm）$$

若施工测设点位中误差为 ±0.5m，则

（1）如选用 1∶2 000 比例尺的地形图时，实地的点位中误差为

$$m_实 = \pm\sqrt{0.5^2 + (0.000\,82 \times 2000)^2} = \pm1.71(\text{m}) < \pm2.0\text{m}$$

（2）如选用 1：5 000 比例尺的地形图，则实地的点位中误差为

$$m_实 = \pm\sqrt{0.5^2 + (0.000\,82 \times 5000)^2} = \pm4.13(\text{m}) > \pm2.0\text{m}$$

由此可知，需要满足上述精度的要求，应选用 1：2 000 比例尺的地形图，而不能用 1：5 000 比例尺的地形图。

3. 根据点的高程精度要求确定等高距

在规划设计时，由地形图上确定一点的高程，是根据相邻两条等高线按比例内插求得的。因而点的高程误差主要受两项误差的影响，一是等高线高程中误差。二是图解点的平面位置时产生的误差所引起的高程误差。

例如在某一设计中，要求设计对象的高程中误差不超过 ±1.0m，需要选用多大等高距的地形图。

设 $m_等$ 为等高线的高程中误差。在平坦地区为等高距的一半。由于一点的高程从两条等高线量取，故其中误差为 $\pm\sqrt{2} \cdot m_等$。图解点平面位置的中误差一般为图上的 ±0.2mm。因此该点在实地的点位中误差 $m_位 = 0.2M(\text{mm})$（M 为比例尺分母），由它引起的高程中误差为 $\pm0.2M\tan\theta$（mm）（θ 为地面坡度角），则在图上设计时所求某点的高程中误差为

$$m_h = \pm\sqrt{(\sqrt{2} \cdot m_等)^2 + \left(\frac{0.2M}{1000}\right)^2 \tan^2\theta}$$

若选用 1：2 000 比例尺地形图时：

（1）选等高距为 1m，则 $m_等 = 0.5$m，若地面坡度为 6°，其高程中误差为

$$m_h = \pm\sqrt{(\sqrt{2} \times 0.5)^2 + (0.4 \times \tan6°)^2} = \pm0.71(\text{m}) < \pm1.0\text{m}$$

（2）选用等高距为 2m 时，$m_等 = 1.0$m，地面坡度相同时，其高程中误差为 $m_h = \pm\sqrt{2 \times 1.0^2 + (0.4 \times \tan6°)^2} = \pm1.41(\text{m}) > \pm1.0\text{m}$。

由此可以看出．为了满足高程中误差不超过 ±1.0m 的要求，应选用等高距为 1.0m 的地形图。而不能用等高距为 2m 的地形图。至于选用多大比例尺较为适宜。还要结合平面位置的精度要求全面地加以考虑。

4. 按点位和高程的精度要求选用地形图

某些工程在选用地形图时，既要从平面位置的点位精度来考虑地形图的比例尺，又要从高程精度来考虑等高线的等高距。

例如，某工程在丘陵地区，要求点位中误差不超过 ±1.0m，高程中误差不超过 ±0.5m，所选用的地形图必须满足上述两项要求。若选用 1：1 000 比例尺地形图。在丘陵地区实地点位中误差为 ±0.8m，小于 ±1.0m，能满足点位精度的要求。考虑高程精度，若丘陵地区地面坡度为 6°时，则

（1）当选用等高距为 1m 时，$m_等 = \pm0.5$m，图解点位中误差在实地为 ±0.2m，则内插点的高程中误差为

$$m_h = \pm\sqrt{2m_等^2 + \left(\frac{0.2M}{1000}\right)^2 \tan^2 6°} = \pm\sqrt{2 \times 0.5^2 + 0.2^2 \times \tan^2 6°}$$
$$= \pm0.71(\text{m}) > \pm0.5\text{m}$$

（2）改选用等高距为 0.5m，$m_等 = \pm0.25$m，则内插点的高程中误差为

$$m_h = \pm\sqrt{2\times 0.25^2+(0.2\tan6°)^2}=\pm0.34(\text{m})<\pm0.5\text{m}$$

因此，选用 1∶1 000 比例尺的地形图，其等高线的等高距应为 0.5m，方能同时满足上述两项要求。

对地形图的选用，除从精度要求考虑外，有时还要考虑设计工作的方便，以便能在图纸上将所有设计的建筑物清晰地绘出，则要求较大的比例尺图面，而精度要求可低于图面比例尺，这时可采用实测放大图，也可按小一级比例尺的精度要求，施测大一级比例尺的地形图。

第二节 地形图应用的基本内容

一、 地形图基本要素识读

识读地形图是对地形图内容和知识的综合了解和运用，其目的是正确地使用地形图，为各种工程的规划、设计提供合理、准确的服务。每幅地形图是该图幅的地物、地貌的总和，而地物、地貌在图上是用地形图图式规定的各种符号和等高线及各种注记表示的。因此，熟悉这些符号和等高线的特性是识读地形图的前提。此外，识读时要讲究方法，要分层次地进行识读，即从图外到图内，从整体到局部，逐步深入到要了解的具体内容。这样对图幅内的地形有了完整的概念后，才能对可以利用的部分提出恰当、准确的用图方案。现以图 10-11 为例，说明识读地形图的步骤和方法。

（一）识读图廓外注记

从图廓外注记中可了解到测图年月、成图方法、坐标系统、高程基准、等高距、所用图式、成图比例尺、行政区划和相邻图幅的名称。根据成图比例尺即可确定其用途，如比例尺小于 1∶1 000 时就不能用于建筑设计，但可用于建筑规划和公路建设的初步设计。如果测图年代已久，实际地形又发生了很大变化，应测绘新图才能满足要求。

（二）识读地貌

从图 10-11 中的等高线形状和密集程度可以看出，其大部分地貌为丘陵地，东北部白沙河两岸为平坦地、东部山脚至图边为缓坡。由于丘陵地内小山头林立，山脊、山谷交错，沟壑纵横、地貌显得有些破碎；从图中的高程注记和等高线注记来看，最高的山顶为图根点 N_4，其高程为 108.23m，最低的等高线为 78m，图内最大高差 30m。图内丘陵地的一般坡度为 10% 左右，这种坡度的地形对各种工程的施工并不很困难。在图的中部有一宽阔的长山谷，底部很平缓，也是工程建设可以利用的地形。

（三）识读地物和植被

大部分人工地物都建在平坦地区，而地物的核心部分是居民地，有了居民地则有电力线、通信线等相应的设施和通往的道路。因此，识读地图时以居民地为线索，即可了解一些主要地物的来龙去脉。如图 10-8 中的沙湾是唯一的居民点，各级道路由沙湾向四周辐射，有贯穿东西方向的大车路，通向北图边的简易公路，还有向南经过白沙河沙场通往金山的乡村路。横跨全图的大兴公路，其支线通过白沙河的公路桥向北出图，其主干线从东南出图，通往岔口和石门。图内另一主要地物为白沙河，自图幅西北进入本图，流经沙湾南侧，至东北出图，此河也是高乐乡和梅镇的分界线。

图 10-8　识读地物和植被

　　图上的植被分布也是与地形相联系的，菜园和耕地多分布在居民地附近和地势平坦地区；森林则多在山区。如本幅图的白沙河北岸和通过沙湾的大车路之间的植被是菜地，图幅中部的平山谷和东部的山脚平缓处都是耕地和小块梯田，自金山至西图边的北山坡分布有零星树木和灌木。

　　不同地区的地形图有不同的特点，要在识图实践中熟悉地形图所反映的地形变化规律，从中选取满足工程要求的地形，为工程建设服务。由于国民经济和城乡建设的迅速发展，新增地物不断出现，有时当年测绘的地形图也会落后于现实的地形变化。因此，通过地形图的识读了解到所需要的地形情况后，仍需到实地勘察对照，才能对所需地形有切合实际的了解。

二、 图上确定点的平面坐标

确定图上任意一点的平面坐标，可根据图上方格网及其坐标值直接量取。如图 10-9 所示，欲求 A 点的坐标，过 A 点作坐标格网的垂线 ef 和 gh，用比例尺量出 ab、ad、ag、ae 长度，按下式计算 A 点的坐标为

$$\left. \begin{array}{l} x_A = x_a + \dfrac{l}{ab} \cdot ag \\[2mm] y_A = y_a + \dfrac{l}{ab} \cdot ae \end{array} \right\} \tag{10-1}$$

式（10-1）为坐标方格网原有边长（一般为 10cm），ab、ad 是图纸受伸缩影响后的坐标方格网边长，按式（10-1）计算 A 点的坐标，可避免图纸伸缩的影响。

在地形图上量取点的坐标，其精度受图解精度的限制，一般认为图解精度为图纸上的 0.1mm，因此，图解坐标精度不会高于 0.1mm 乘比例尺分母。

三、 图上确定一点的高程

在地形图上可利用等高线确定点的高程。若某点恰好位于某等高线上，该点的高程就等于所在的等高线高程，如图 10-13 中的 A 点，其高程为 35m。

若某点位于两等高线之间，则应用内插法按平距与高差成正比的关系可求得该点的高程。如图 10-10 中的 K 点，位于 33m 和 34m 的等高线之间，欲求其高程，则通过 K 点作相邻两等高线的垂线 mn，量得 mn、mk 的长度，即可按下式求得 K 点的高程为

$$H_k = H_m + \frac{mk}{mn} \cdot h \tag{10-2}$$

式中　H_m——m 点的高程；

　　　h——等高距。

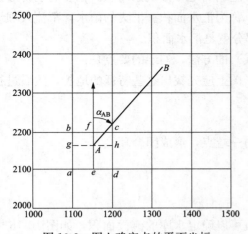

图 10-9　图上确定点的平面坐标

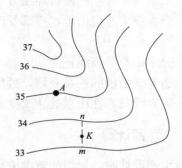

图 10-10　图上确定一点的高程

四、 图上量测直线的长度和方向

在同一幅图中，欲求两点间的水平距离和某一直线的方向，一般采用直接量取法，即根

据比例尺用尺子量测距离，用量角器量测直线的坐标方位角。

当所求直线的两点不在同一幅图内或精度要求较高时，可在图上分别量出两个点的坐标值，然后计算其长度和坐标方位角。如图 10-9 所示，先得到 A、B 点的坐标，再按下式计算其直线的长度 D_{AB} 和坐标方位角 α_{AB} 为

$$D_{AB} = \sqrt{(x_B - x_A)^2 + (y_B - y_A)^2} \tag{10-3}$$

$$\alpha_{AB} = \text{arctg} \frac{y_B - y_A}{x_B - x_A} \tag{10-4}$$

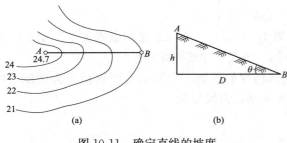

图 10-11　确定直线的坡度

五、　确定直线坡度

地面的倾斜可用坡度或倾斜角表示。如图 10-11 所示，设斜坡上任意两点 A、B 间的水平距离为 D，相应的图上长度为 d，高差为 h，地形图比例尺的分母为 M，则两点间的坡度 i 或倾斜角 θ 可按下式计算

$$i = \tan\theta = \frac{h}{D} = \frac{h}{d \cdot M} \tag{10-5}$$

i 一般用百分率（％）或千分率（‰）表示。

第三节　地形图在工程规划设计中的应用

一、　在地形图上确定汇水面积

为了防洪、发电、灌溉等目的，需要在河道上适当的地方修筑拦河坝。在坝的上游形成水库，以便蓄水。坝址上游分水线所围成的面积，称为汇水面积。汇集的雨水，都流入坝址以上的河道或水库中，图 10-12 中虚线所包围的部分就是汇水面积。

确定汇水面积时，应懂得勾绘分水线（山脊线）的方法，勾绘的要点是：

（1）分水线应通过山顶、鞍部及山脊，在地形图上应先找出这些特征的地貌，然后进行勾绘。

（2）分水线与等高线正交。

（3）边界线由坝的一端开始，最后回到坝的另一端点，形成闭合环线。

（4）边界线只有在山顶处才改变方向。

二、　库容计算

进行水库设计时，如坝的溢洪道高程已定，就可以确定水库的淹没面积，如图 10-15 中的阴影部分，淹没面积以下的蓄水量（体积）即为水库的库容。

计算库容一般用等高线法。先求出图 10-12 中阴影部分各条等高线所围成的面积，然后计算各相邻两等高线之间的体积，其总和即为库容。

设 S_1 为淹没线高程的等高线所围成的面积，S_2、S_3、$\cdots S_n$、S_{n+1} 为淹没线以下各等高

线所围成的面积，其中 S_{n+1} 为最低一根等高线所围成的面积，h 为等高距，h' 为最低一根等高线与库底的高差，则相邻等高线之间的体积及最低一根等高线与库底之间的体积分别为

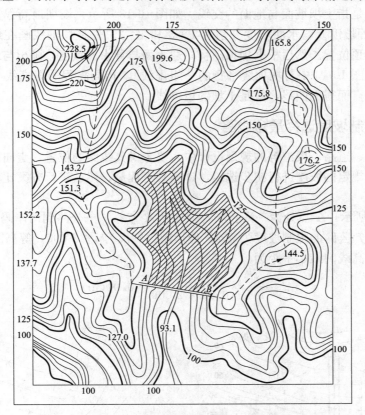

图 10-12 在地形图上确定汇水面积与水库库容示例

$$V_1 = \frac{1}{2}(S_1 + S_2)h$$

$$V_2 = \frac{1}{2}(S_2 + S_3)h$$

$$\vdots$$

$$V_n = \frac{1}{2}(S_n + S_{n+1})h$$

$$V'_n = \frac{1}{3} \times S_{n+1} \times h' \text{（库底体积）}$$

因此，水库的库容为

$$V = V_1 + V_2 + \cdots + V_n + V'_n$$
$$= \left(\frac{S_1}{2} + S_2 + S_3 + \cdots + \frac{S_{n+1}}{2}\right)h + \frac{1}{3}S_{n+1}h' \tag{10-6}$$

如果溢洪道高程不等于地形图上某一条等高线的高程时，就要根据溢洪道高程用内插法求出水库淹没线，然后计算库容。这时水库淹没线与下一条等高线间的高差不等于等高距，上面的计算公式要做相应的改动。

三、 在地形图上确定土坝坡脚

土坝坡脚线是指土坝坡面与地面的交线。如图 10-13 所示，设坝顶高程为 73m，坝顶宽度为 4m，迎水面坡度及背水面坡度分别为 1：3 和 1：2。先将坝轴线画在地形图上，再按坝顶宽度画出坝顶位置。然后根据坝顶高程，迎水面与背水面坡度，画出与地面等高线相应的坝面等高线（图 10-13 中与坝顶线平行的一组虚线），相同高程的等高线与坡面等高线相交，连接所有交点而得的曲线，就是土坝的坡脚线。

四、 按限制坡度选择最短线路

在进行管线、道路、渠道等的规划设计中，要考虑其线路的位置、走向和坡度。一般先在地形图上根据规定的坡度进行初步选线，计算其工程量，然后进行方案比较，最后在实地选定。

如图 10-14 所示，A 点处为一采石场，现要从 A 点修一条公路到河岸码头 B，以便把石块运下山来。已知公路的限制坡度为 5%，地形图比例尺为 1：2 000，等高距 $h=1$m，则路线通过相邻两等高线的最小平距为

$$d=\frac{h}{iM}=\frac{1}{0.05\times 2\,000}=0.01(\text{m}) \tag{10-7}$$

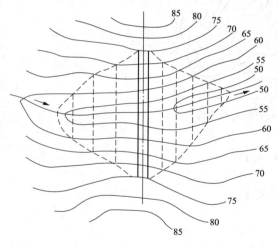

图 10-13 在地形图上确定土坝坡脚线示例

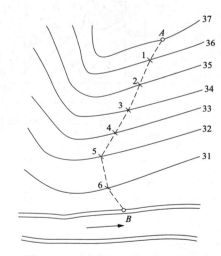

图 10-14 按限制坡度选择最短线路

于是，以 A 为圆心，0.01m 为半径画弧，交 36m 等高线于 1 点，再以 1 点为圆心，依法交出 2 点，直至路线到达 B 为止，然后把相邻各交点连起来，即为所选路线。当相邻两等高线的平距大于 d 时，说明该地面坡度已小于设计的已知坡度。此时，取两等高线间的最短路线即可，图 10-14 中的 5—6 即为此种情况。

五、 绘制断面图

在进行路线、管道、隧洞、桥梁等工程的规划设计中，往往要了解沿某一特定方向的地面起伏情况及通视情况。此时，常利用大比例尺地形图绘制所需方向的断面图。

欲绘制图 10-15 中 *AB* 直线方向的断面图，其方法如下。

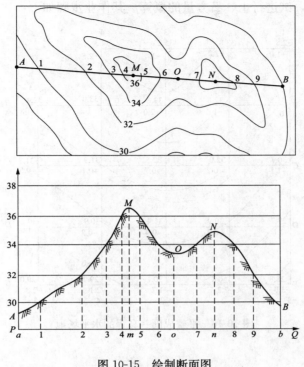

图 10-15　绘制断面图

1. 绘制距离尺和高程尺

在图纸上先画一横线 *PQ* 表示水平距离方向，再过 *P* 点作垂线表示高程方向。一般水平距离比例尺与地形图比例尺相同，高程比例尺比水平距离比例尺大 10～20 倍。

2. 断面点的确定

在地形图上沿 *AB* 方向量取各交点（1、2、3、…、*B*）至 *A* 点的距离，然后在距离尺上以 *a* 为起点依次截取 1、2、3、…、9、*b* 各点；再通过距离尺上的各点作垂线与相应高程线的交点即为断面点。

3. 描绘地面线

将各断面点用光滑曲线连接起来，即得直线 *AB* 的断面图。断面图不仅可以表示地形变化的特征，而且可以了解地面上两点间的通视情况，以便考虑工程的施工方法。

六、　建筑场地的平整

在工业与民用建筑中，通常要对拟建地区的自然地貌加以改造，整理成水平或倾斜的场地，使之适合于布置和修建各类建筑物，有利于排除地面水，满足交通运输和敷设地下管线的需要。这种改造地貌的工作，通常称为平整场地。在平整场地工作中，为了使填、挖方量基本平衡，要借助于地形图进行土、石方量的概算，下面分两种情况介绍土、石方计算的方法。

（一）平整成同一高程的水平场地

图 10-16 为 1：1000 比例尺地形图，要求在其范围内平整为同一高程的水平场地，并满足填挖方平衡的条件，试进行土、石方量的概算。其作业步骤如下：

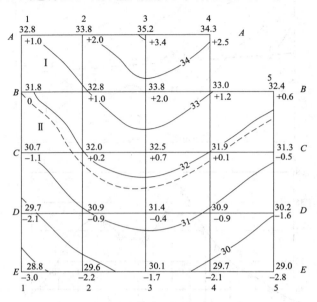

图 10-16　平整成同一高程的水平场地

1. 绘制方格网

在拟平整场地的范围内绘制方格网。方格网的大小取决于地形复杂的程度和土、石方概算的精度，一般取 10、20、50m 等。图中方格网的边长为 10mm（相当于实地 10m）。

2. 计算设计高程

首先根据地形图上的等高线内插求出各方格角点的地面高程，注于相应角点右上方；再将每一方格四个角点的高程加起来除以 4，得到每一方格的平均高程；然后把所有方格的平均高程加起来除以方格总数，即得设计高程。由图中可以看出，角点 A_1、A_4、B_5、E_1、E_5 的高程用到一次，边点 B_1、C_1、D_1；E_2、E_3、E_4、D_5、C_5、A_2、A_3 的高程用到两次，拐点 B_4 的高程用到三次，中间各方格角点 B_2、B_3、C_2、C_3 等的高程用到四次，因此，设计高程的计算公式可写成

$$H_{设} = \frac{\sum H_{角} + 2\sum H_{边} + 3\sum H_{拐} + 4\sum H_{中}}{4n} \tag{10-8}$$

式中　$\sum H_{角}$、$\sum H_{边}$、$\sum H_{拐}$、$\sum H_{中}$——分别为角点、边点、拐点和中点的地面高程之和；

n——方格总数。

将图中各方格角点的高程及方格总数代入式（10-8），求得设计高程为 31.8m。

3. 绘出填挖边界线

在地形图上根据内插法定出高程为 31.8m 的设计高程点，连接各点，即为填挖边界线（图 10-16 中虚线所示），通常称为零线。在零线以北为挖方区，以南为填方区，零线处

表示不挖不填的位置。

4. 计算填、挖高度

各方格角点的填、挖高度为该点的地面高程与设计高程之差，即

$$h = H_{地} - H_{设} \tag{10-9}$$

正数表示挖深，负数为填高。并将计算的各填、挖高度注于相应方格角点下方。

5. 计算填、挖土石方量

土石方量的计算，不外乎有两种情况：一是整个方格都是填方（或挖方）。二是在一个方格之中，既有填方又有挖方。现以图 10-19 中的方格 I 和方格 II 为例，说明这两种情况的计算方法。

$$V_{I挖} = \frac{1}{4}(1.0 + 2.0 + 1.0 + 0) \times A_{I挖} = 1.0 A_{I挖}$$

$$V_{II挖} = \frac{1}{4}(0 + 1.0 + 0.2 + 0) \times A_{II挖} = 0.3 A_{II挖}$$

$$V_{II填} = \frac{1}{4}(0 + 0 - 1.1) \times A_{II填} = -0.37 A_{II填}$$

同法计算其他方格的填、挖方量，然后按填、挖方量分别求和，即为总的填、挖方量。

（二）平整成一定坡度的倾斜场地

如图 10-17 为 1：1 000 比例尺地形图，拟在图上将（40×40）m²（图上方格边长为 10mm，相当于实地 10m）的地面平整为从南到北，坡度为 +10％ 的倾斜场地，并且使填、挖方量基本平衡，其作业步骤如下。

1. 绘制方格网，计算场地重心的设计高程

在上述拟建场地内绘成 10m×10m 的方格。根据填、挖方平衡的原则，按水平场地的计算方法，求出该场地重心的设计高程为 31.8m。

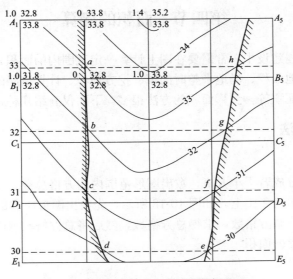

图 10-17　平整成一定坡度的场地

2. 计算倾斜面最高点和最低点的设计高程

在图 10-17 中，场地从南至北以 10% 为最大坡度，则 A_1A_5 为场地的最高边线，E_1E_5 为最低边线。已知 A_1E_1 长 40m，则 A_1、E_1 的设计高差为

$$h_{A_1H_1} = D_{A_1E_1}i = 40 \times 10\% = 4.0 \text{(m)}$$

由于场地重心的设计高程为 31.8m，且 A_1E_1、A_5E_5 均为最大坡度方向，所以 31.8m 也是 A_1E_1 及 A_5E_5 边线中心点的设计高程，有

$$H_{A_1 \text{设}} = H_{A_5 \text{设}} = 31.8 + 2.0 = 33.8 \text{(m)}$$
$$H_{E_1 \text{设}} = H_{E_5 \text{设}} = 31.8 - 2.0 = 29.8 \text{(m)}$$

3. 绘出填、挖边界线

在 A_1E_1 边线上，根据 A_1、E_1 的设计高程内插 30、31、32、33m 的设计等高线位置，且过这些点作 A_1A_5 的平行线，即得坡度为 10% 的设计等高线（图中虚线所示）。设计等高线与原图上同高程等高线交点（a、b、c、d 和 e、f、g、n）的连线即为填、挖边界线（图中有短线的曲线）。两条边界线之间为挖方，两侧为填方。

4. 计算方格角点的填、挖高度

根据原图的等高线按内插法求出各方格角点的地面高程，注在角点的右上方；再根据设计等高线按内插法求出各方格角点的设计高程，注在角点的右下方。然后按式（10-9）计算出各角点的填、挖高度，注在角点的左上方。

5. 填、挖方量的计算

仿前述水平场地方法计算。

以上仅介绍了按给定坡度，将原地形改造成倾斜面的作业方法。有时还会碰到要求平整后的倾斜面必须包含某些不能任意改动的地面点。这时应将这些地面点均列为设计倾斜面的控制高程点，然后根据控制高程点的高程来确定设计等高线的平距和方向。

第四节　面积的测算

在规划设计和工程建设中，常需要在图上计算一定范围内的面积，如规划设计某城市一区域的面积、厂矿用地面积、场地平整时的填、挖方面积、计算道路的土石方时，计算横断面填、挖面积、汇水面积等。测算面积的方法很多，下面仅介绍几种常用的方法。

一、离散单元法

（一）方格法

方格法是将图形分成若干小方格，数出图形范围内的方格总数，从而计算图形面积。量测时可把透明方格纸覆盖于图上，如图 10-18 所示，先数出图形所占的整方格数，再将不完整的方格用目估拼凑成整方格数，求得总方格数，然后将总方格数乘以每个方格所代表的实地面积，即得整个图形的面积。

（二）梯形法

梯形法是将图形分成若干等高的梯形，然后按梯形面积计算公式进行测算。如图 10-19 所示，l_i 为梯形中线的长度，h 为梯形的高，则图形面积 A 按下式计算

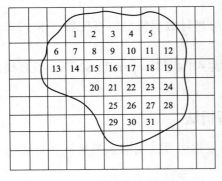

图 10-18　方格法计算面积

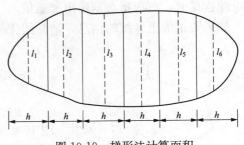

图 10-19　梯形法计算面积

$$A = h(l_1 + l_2 + \cdots + l_n) = h\sum l \tag{10-10}$$

为了便于计算，梯形的高一般采用 1cm，这样只需量取各梯形的中线长求和，即能迅速得出所求面积。

采用上述两种方法计算不规则图形面积的精度，主要取决于方格网或平行线间隔的大小，方格网或平行线间隔越小，误差也越小，但工作量也相应增加。一般其精度约为测算面积的 $\frac{1}{50} \sim \frac{1}{100}$。

二、数字求积仪

数字求积仪采用具有专用程序的微处理器代替传统的机械计数器，使所量面积直接数显的一种求积仪。图 10-20 为一款数字求积仪。

数字求积仪的使用方法是：把图纸或其他要量测的物体放置于光滑的水平面上，按下电

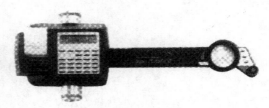

图 10-20　数字求积仪

源开关启动求积仪，在设定一系列的参数后就可以开始量测。测量时，将追踪点沿被测物体周边转动一周后回到原来的一点，追踪点运动过程中，滚轴随着转动，采集到的信息通过微处理器处理后，即可在显示屏上显示。Super PLANIX α 求积仪不仅可以测量面积，而且可以测量边长、角度等。其特点有：

（1）显示屏为 LCD 两行 16 位显示，键盘为 32 键，量测范围为 380mm×100m，精度 ±0.1%（100mm×100mm 面积量测），最小直线读数 0.05mm；可以采用自备电源和外接电源。

（2）可以采用三种模式进行量测。其中包括：直线和面积量测模式、三角量测模式、角度量测模式。直线和面积量测模式可进行边长和面积量测；三角量测模式可进行三角形的坐标、底边边长、高以及面积量测；角度量测模式可进行坐标、边长以及角度量测。

（3）可以进行面积单位制和单位的设置。单位制包括公制、英制和任意单位制。单位可以选取所在单位制里的任意单位。

（4）比例尺和坐标系统的设置。允许分别输入 X、Y 方向上的比例尺，也可以通过实际量测改正。坐标系统可以设置数学坐标系和测量坐标系，也可以进行坐标值的校正。可以进

行小数点的设置。

（5）输出模式选择。当仪器与打印机连接时，可进行数据输出；当仪器与 RS-232C 接口电缆连接时，可选择数据输出和通信。

如果要了解更详细的信息，请参阅 TAMAYA 数字求积仪 Super PLANIX α 仪器操作说明书。

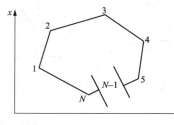

图 10-21　坐标解析法计算面积

三、 坐标解析法

坐标解析法是根据边界线轮廓点的坐标计算面积，如图 10-21 所示。

计算公式为

$$S = \frac{1}{2}[(x_1 \cdot y_2 + x_2 \cdot y_3 + \cdots + x_n \cdot y_1) - (x_1 \cdot y_n + x_2 \cdot y_1 + \cdots + x_n \cdot y_{n-1})] \quad (10\text{-}11)$$

式中，x_i，y_i 为边界轮廓点的坐标。如已知准确的区域边界点坐标，则坐标解析法求得的面积精度较高。

第十一章　施工测量的基本工作

第一节　概　　述

任何工程建设都要经过勘测设计和施工两个阶段。勘测设计阶段的测量工作主要是测绘各种比例尺的地形图，为设计人员提供必要的地形资料。而施工阶段的测量工作则是按照设计人员的意图，将建筑物的平面位置和高程测设到地面上，作为施工的依据，并在施工过程中，指导各工序间的衔接，监测施工质量。

由于施工现场各种建筑物分布较广，为了使建筑场地各工段能同时施工，且具有相同的测设精度，施工测量与地形测图一样，亦应遵循"从整体到局部"的原则和"先控制后细部"的工作程序，即先在施工现场建立统一的施工控制网（平面控制网和高程控制网），然后根据控制网点测设建筑物的主要轴线，进而测设细部。

施工放样的精度较地形测图高，且与建筑物的等级、大小、结构形式、建筑材料和施工方法等有关。通常高层建筑物的放样精度高于低层建筑物；钢结构建筑物的放样精度高于钢筋混凝土结构建筑物；工业建筑的放样精度高于民用建筑；连续自动化生产车间的放样精度高于普通车间；吊装施工方法对放样的精度要求高于现场浇筑施工方法。总之，要根据不同的精度要求来选择适当的仪器和确定测设的方法，并且要使施工放样的误差小于建筑物设计容许的绝对误差。否则，将会影响施工质量。

施工测量贯穿于施工的全过程。因此，测量人员应根据施工进度事先制订切实可行的施测计划，排除施工现场的干扰，确保工程施工的顺利进行。

第二节　放样的基本测量工作

施工测量的基本任务是点位的放样。传统放样点位的基本工作包括：已知直线长度的放样、已知角度的放样和已知高程的放样。现分别叙述如下：

一、距离放样

从直线的一个已知端点出发，沿某一确定方向量取设计长度，以确定该直线另一端点点位的方法称为已知直线长度的放样。

在地面上放样已知直线的长度与丈量两点间的水平距离不同。丈量距离时，通常先用钢尺沿地面量出两点间的距离 L'，然后加上尺长改正 ΔL、温度改正 ΔL_t 和倾斜改正 ΔL_h，以算出两点间的水平距离 L，即

$$L = L' + \Delta L + \Delta L_t + \Delta L_h \tag{11-1}$$

在放样一段已知长度的直线时，其作业程序恰恰与此相反。首先，应根据设计给定的直

线长度 L（水平距离），减去上述各项改正，求得现场放样时的长度 L'，即

$$L' = L - \Delta L - \Delta L_t - \Delta L_h \qquad (11\text{-}2)$$

然后，用计算出的长度 L' 在实地放样。

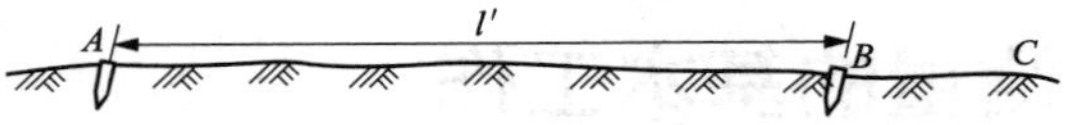

图 11-1　已知直线长度的放样

如图 11-1 所示，某厂房主轴线 AB 的设计长度为 48m，欲从地面上相应的 A 点出发，沿 AC 方向放样出 B 点的位置。设所用的 30m 钢尺，在检定温度为 20℃，拉力 10kg 时的实际长度为 30.005m，放样时的温度 $t = 12℃$，概略量距后测定两端点的高差 $h = +0.8$m，求放样时的地面实量长度 L'。

1. 各项改正数的计算

$$\Delta L = L \times \frac{l - l_0}{l_0} = 48 \times \frac{30.005 - 30}{30} = +0.008(\text{m})$$

$$\Delta L_i = L \times \alpha \times (t - t_0)$$
$$= 48 \times 0.000\,012 \times (12 - 20)$$
$$= -0.005(\text{m})$$

$$\Delta L_h = -\frac{h^2}{2L} = -\frac{0.8^2}{2 \times 48} = -0.007(\text{m})$$

2. 放样长度的计算

$$L' = L - \Delta L - \Delta L_i - \Delta L_h$$
$$= 48 - 0.008 + 0.005 + 0.007$$
$$= 48.004(\text{m})$$

放样时，从 A 点开始沿 AC 方向实量 48.004m 得 B 点，则 AB 即为所求直线的长度。

二、角度放样

根据已知水平角的角值和一个已知方向，将该角的第二个方向测设到地面上的工作，称为角度放样。由于对测设精度的要求不同，其放样方法也有所不同。

1. 一般方法

如图 11-2 所示，设 OA 为地面上已有方向线，欲从 OA 方向向右测设一个角度 α，以定出 OB 方向。为此，将全站仪安置于 O 点，盘左度盘读数为零瞄准 A 点。松开照准部制动螺旋，转动照准部，使度盘读数为 α 时，沿视线方向在地面上定出点 B'。然后倒转望远镜，以同样的方法用盘右测设一角值 α，沿视线方向在地面上定出另一点 B''。由于测设误差的影响，点 B' 和 B'' 不重合，取 B' 和 B'' 的中点 B 为放样方向，即 $\angle AOB$ 为要测设的 α 角。

2. 精确方法

为了提高 α 角的测设精度，可采用作垂线改正的方法。如图 11-3 所示，将全站仪安置于 O 点，先用盘左放样 α 角，沿视线方向在地面上标定出 B' 点，然后用测回法观测 $\angle AOB'$

若干测回，取其平均角值为 α'，它与设计角之差为 $\Delta\alpha$；为了得到正确的方向 OB，先根据丈量的 OB' 长度和 $\Delta\alpha$ 值计算垂直距离 $B'B$，即

$$B'B = OB'\tan\Delta\alpha \approx OB'\frac{\Delta\alpha''}{\rho''} \tag{11-3}$$

式中，$\Delta\alpha = \alpha' - \alpha$；$\rho'' = 206265''$ 即一个弧度的角值，以秒计。

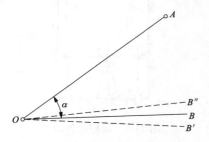

图 11-2　已知角度放样的一般方法

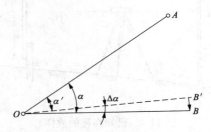

图 11-3　已知角度的放样的精密方法

然后过 B' 点作 OB' 的垂线，再从 B' 点沿垂线方向，向外（$\Delta\alpha$ 为负时）或向内（$\Delta\alpha$ 为正时）量取 $B'B$ 定出 B 点，$\angle AOB$ 即为欲测设的 α 角。

三、高程放样

在施工过程中，标定建筑物各个不同部位设计高程的工作称为高程放样。高程放样的方法，随着施工情况的不同大致可分为如下两种。

1. 地面点的高程放样

将设计高程测设于地面上，一般是采用几何水准的方法，根据附近水准点引测获得。如图 11-4 所示，A 为已知水准点，其高程为 H_A，B 为欲标定高程的点，其设计高程为 H_B。将 B 点的设计高程 H_B 测设于地面，可在 A、B 两点间安置水准仪，先在 A 点立尺，读取后视读数 a，则 B 点水准尺上应有的读数 b 为

$$b = H_A + a - H_B \tag{11-4}$$

在 B 点上立尺，使尺紧贴木桩上下移动，直至尺上读数为 b 时，紧贴尺底在木桩上画一条红线，此线就是欲放样的设计高程 H_B。

2. 高程的传递

当开挖较深的基槽、开挖隧洞竖井或建造高楼时，就得向低处或高处引测高程，这种引测高程的方法称为高程的传递。现以从高处向低处传递高程为例，说明其作业方法。

如图 11-5 所示，A 为地面水准点，其高程已知，现欲测定基槽内水准点 B 的高程。为此，在基槽边埋一吊杆，从杆端悬挂一钢尺（零端在下），尺端吊一重锤。在地面上和基槽内各安置一架水准仪，分别在 A、B 两点竖立水准尺，由两架水准仪同时读取水准尺和钢尺上的读数 a_1、b_1、a_2、b_2，则 B 点的高程为

$$H_B = H_A + a_1 - b_1 + a_2 - b_2 \tag{11-5}$$

为了保证引测 B 点高程的正确，应改变悬挂钢尺的位置，按上述方法重测一次，两次测得的高程较差不得大于相关要求。

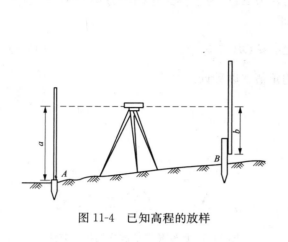

图 11-4 已知高程的放样

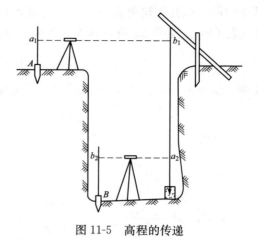

图 11-5 高程的传递

第三节 点的平面位置放样

点的平面位置放样的传统方法有：直角坐标法、极坐标法、角度交会法、距离交会法及方向线交会法等。放样时，可根据控制点与待定点的相互关系、地形条件等因素适当选用。

一、 直角坐标法

若在施工场地预先布设了建筑基线、建筑方格网或矩形控制网，则可采用直角坐标法进行点位的放样。

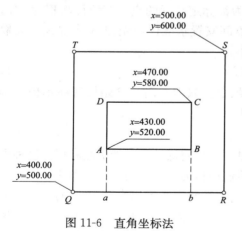

图 11-6 直角坐标法

如图 11-6 所示 $QRST$ 是建筑场地上已有的矩形控制网。$ABCD$ 是需放样的建筑物，它们的坐标分别注于图中。

放样之前，应根据各点坐标，计算出建筑物的长度、宽度以及测设点相对于邻近控点的坐标增量等测设数据。例如，在图 11-6 中，建筑物的边长为

$AB=CD=580.00-520.00=60.00$（m）

$AD=BC=470.00-430.00=40.00$（m）

A 点相对于邻近控制点 Q 的坐标增量为

$\Delta x=430.00-400.00=30.00$（m）

$\Delta y=520.00-500.00=20.00$（m）

放样时，将全站仪安置于控制点 Q 上，瞄准 R 点，沿此方向线从 Q 量 20m 定出 a 点，再由 a 点向前量 60m 定出 b 点。搬仪器至 a 点，使度盘读数为零瞄准 R 点，望远镜向左转 90°，沿视线方向从 a 点量 30m 得 A 点，再从 A 点向前量 40m 得 D 点，再把仪器搬至 b 点，使度盘读数为零瞄准 Q 点，将望远镜向右转 90°，在此视线方向上从 b 点量 30m 得 B 点，再从 B 点向前量 40m 得 C 点。这样就将建筑物的四个角点在地面上标定出来了。最后，检查建筑物的角点 D 和 C 是否为 90°，边长 AB 和

CD 是否为 60m，误差应在允许范围之内。

二、 极坐标法

极坐标法是根据极坐标原理，由一个角度和一段距离测设点的平面位置的一种方法。由于全站仪的出现，该方法得到了广泛的应用。如图 11-7 所示，A、B 为控制点，其坐标已知，P 为欲放样点，其坐标可由设计图上求得。欲将 P 点测设于地面，首先应由坐标反算公式求得放样数据 β 和 D_{AP}

$$\left.\begin{array}{l} \alpha_{\mathrm{AB}}=\arctan\dfrac{y_{\mathrm{B}}-y_{\mathrm{A}}}{x_{\mathrm{B}}-x_{\mathrm{A}}}=\arctan\dfrac{\Delta y_{\mathrm{AB}}}{\Delta x_{\mathrm{AB}}} \\[3mm] \alpha_{\mathrm{AP}}=\arctan\dfrac{y_{\mathrm{P}}-y_{\mathrm{A}}}{x_{\mathrm{P}}-x_{\mathrm{A}}}=\arctan\dfrac{\Delta y_{\mathrm{AP}}}{\Delta x_{\mathrm{AP}}} \end{array}\right\} \tag{11-6}$$

则

$$\beta=\alpha_{\mathrm{AP}}-\alpha_{\mathrm{AB}} \tag{11-7}$$

$$D_{\mathrm{AP}}=\sqrt{\Delta x_{\mathrm{AP}}^{2}+\Delta y_{\mathrm{AP}}^{2}} \tag{11-8}$$

放样时，将全站仪安置于 A 点，按前一节所述方法测设 β 角，定出 AP 方向，再沿此方向从 A 量距离 D_{AP}，即得 P 点在地面上的平面位置。

三、 角度交会法

角度交会法是根据测设角度的方向线交会得出点的平面位置的一种方法。如图 11-8 所示，A、B、C 为三个控制点，其坐标已知，P 为待放样点，其坐标为设计所给。采用角度交会法欲定出 P 点的实地位置，首先要计算放样数据 β_1、β_2、β_3，即

$$\left.\begin{array}{l} \beta_1=\alpha_{\mathrm{AB}}-\alpha_{\mathrm{AP}} \\ \beta_2=\alpha_{\mathrm{BC}}-\alpha_{\mathrm{BP}} \\ \beta_3=\alpha_{\mathrm{CP}}-\alpha_{\mathrm{CB}} \end{array}\right\} \tag{11-9}$$

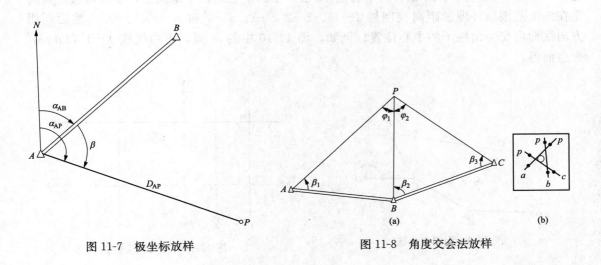

图 11-7　极坐标放样　　　　　　　　图 11-8　角度交会法放样

$$\left.\begin{aligned}
\alpha_{AP} &= \arctan \frac{y_P - y_A}{x_P - x_A} \\
\alpha_{BP} &= \arctan \frac{y_P - y_B}{x_P - x_B} \\
\alpha_{CP} &= \arctan \frac{y_P - y_C}{x_P - x_C}
\end{aligned}\right\} \tag{11-10}$$

放样时，将全站仪分别安置于 A、B、C 三个控制点上，先用盘左测设角 β_1、β_2、β_3，交会出 P 点的大致位置，在此位置上打一个大木桩，然后在桩顶平面上按角度放样的一般方法画出 AP、BP、CP 的方向线 ap、bp、cp，如图 11-8（b）所示，三条方向线在理论上应交于一点，但实际上由于放样的误差往往不交于一点，而构成一个三角形，该三角形称为示误三角形。如示误三角形的最长边在允许范围内，则取三角形内切圆圆心作为 P 点的点位。

为了提高测设点位的精度，在进行交会设计时，应使交会角 φ_1、φ_2 在 $30° \sim 120°$ 之间。

四、距离交会法

距离交会法是由两个已知点向同一放样点测设两段距离，交会出点的平面位置的一种方法。当地面平坦又无障碍物，且待放样点离控制点间的距离不超过钢尺一个尺段时，采用此方法较方便。

如图 11-9 所示，P_1、P_2 是待放样点，A、B、C、D 为控制点。根据 P_1、P_2 点的设计坐标和各控制点的已知坐标，反算求得点 P_1、P_2 距附近控制点间的距离 S_1、S_2、S_3、S_4。用钢尺分别以 A、B 为圆心，以 S_1、S_2 为半径在地面上画弧，其交点即为 P_1 点的位置；同样以 C、D 为圆心，以 S_3、S_4 为半径交出 P_2 点的位置。最后，量取 P_1P_2 的实地长度，并与设计长度相比较，其误差应在允许范围以内，以检核放样精度。

五、方向线交会法

方向线交会法主要是利用两条视线交会定点。如图 11-10 所示，某厂房内设计有两排柱子，每排 6 根，共计 12 根。为了将这 12 根柱子的中心测设于地面上，事先可按照其间距在施工范围以外埋设距离控制桩 1—1′、2—2′、…、6—6′ 和 a—a′、b—b′，然后利用方向线即可交会出柱子的中心位置。例如，图 11-10 中的 m 点，可由视线 1—1′ 和 a—a′ 交会而得。

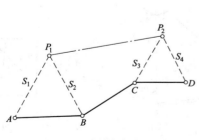

图 11-9　距离交会法

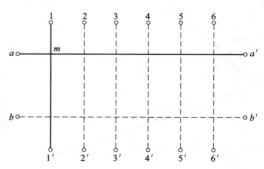

图 11-10　方向线交会法

第四节 坡度放样

在修筑道路、敷设给、排水管道、平整建筑场地等工程的施工中，常常需要将设计的坡度线测设于地面，据以指导施工。

如图 11-11 所示，A 为已知点，其高程为 H_A，要求沿 AB 方向测设一条坡度为 1‰的直线，其施测步骤如下：

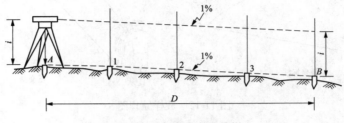

图 11-11 直线坡度的放样

（1）根据 A、B 两点间的水平距离 D 及设计坡度，计算 B 点的设计桩顶高程为
$$H_A = H_B - D \times 1\text{‰}$$

（2）按照高程放样的方法，放样出 B 点的设计高程。

（3）将水准仪安置于 A 点，使一个脚螺旋位于 AB 方向上，另外两个脚螺旋连线垂直于 AB 方向，量取仪器高 i。

（4）用望远镜照准 B 点处的水准尺，转动微倾螺旋或在 AB 方向上的一个脚螺旋，使视线在水准尺上的读数为仪器高 i，然后分别在中间点 1、2、3 上打入木桩，使这些桩上的水准尺读数都等于仪器高 i，则各桩顶的连线即表示坡度为 1‰的直线。

第五节 全站仪坐标放样

利用中纬 ZT15 Pro 全站仪进行放样的基本原理有两种：极坐标法和正交法，如图 11-12 所示。极坐标法确定放样点位的关键指标有水平距离差，水平方向差和高差；正交法确定放样点位需要关键指标为横向距离差，纵向距离差和高差。

P_0 为设站点，P_1 为当前棱镜位置点，P_2 为放样点，a_- 为水平距离差，b_+ 水平方向差，c_- 为高差，d_{1-} 纵向距离差，d_{2+} 横向距离差，d_{3+} 高差。

放样的具体程序为：在测站点安置全站仪，对中整平。在常规测量界面，按 M 键进入主菜单。按 F2 选择测量程序，进入程序列表。按 F3 选择放样功能，按要求完成应用程序设置，即设站和后视定向工作，如图 11-13 所示，放样程序界面显示的前两项工作输入测站点、输入后视点具体操作参考全站仪测图对应部分内容。然后按 F4 选择待放样数据存放的作业，按 F3 选择开始，进入放样程序。放样点可以按顺序选择，也可输入点号查询或直接输入需要放样点的坐标。放样前期准备操作参考图 11-13 所示界面。

在图 11-13 右图中按 F4 选择开始后，全站仪会自动显示放样点的坐标，确定后显示计算的放样参数，水平角值和水平距离值，按提示进行操作，进入图 11-14 所示界面。然后按

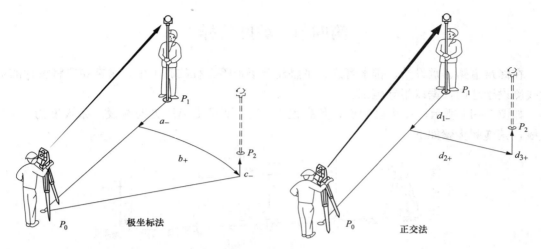

图 11-12　放样原理图

图 11-13　放样点选择

F1 选择"距离"，表示按照极坐标法放样原理进行后续操作；按 F2 选择正交表示按照正交法放样原理进行后续操作。

一、极坐标法

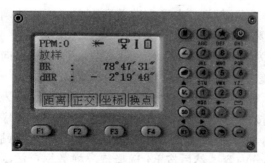

图 11-14　极坐标法角度测量界面

图 11-14 所显示的界面是极坐标法放样的角度测量界面，旋转照准部，在 dHR 绝对值较小时采用水平微动调节，使 dHR 值为 $0°00'00''$，让司镜员将棱镜立于视线方向，此时对应于图 11-12 极坐标法放样原理图中的"b_+"水平方向差为零。然后测量员按 F3 测距，测量在仪器所指方向上的棱镜距仪器中心的水平距离和两点地面间的高差，如图 11-15 所示。

司镜员根据提示改变棱镜和仪器之间的距离，dHD 值为零后调节棱镜中心的高度使高差 dZ 值为零，此时跟踪杆底部所在位置即为放样点的坐标位置，完成一个点位的放样。

二、 正交法

在图 11-15 所显示的界面中按 F2 选择"正交"后进行正交法方式放样点位坐标，进入图 11-16 操作界面，旋转照准部瞄准司镜员所持棱镜，按 F3 进行测距，显示出"d 纵向"，"d 横向"和"dH"，分别对应正交放样原理图中 d_1、d_2 和 d_3 三项信息。根据信息调整棱镜位置，当"d 纵向"、"d 横向"横向距离差为零后，调节跟踪杆高度，照准部俯仰望远镜角度，找到高差为零的位置即为放样点的空间点位。

图 11-15 极坐标法放样操作界面

图 11-16 正交法放样操作界面

在进行以上两种放样方法的同时都可在相应的操作界面内选择坐标按钮，查看照准部瞄准点的坐标。

第六节 GNSS RTK 坐标放样

利用 GNSS RTK 设备进行坐标点位放样也需要进行基准站与流动站的配置，其配置方法参照第九章第四节。中海达 RTK 测量软件支持多种形式的放样工作，比如点放样、线放样、面放样及道路放样。本节主要讲述中海达 RTK 测量系统的点（坐标）放样操作，其他形式的放样原理与之类似。点放样即根据已知目标点坐标，使用测量软件计算仪器当前位置与目标位置间的空间距离，然后根据相关提示信息测设到实际位置的方法。

启动中海达 GNSS RTK 测量系统手簿测量软件，相关配置完成后单击测量页面，选择点放样功能，选择放样点数据，软件支持五种方式添加点放样数据，图 11-17 显示了放样点选择添加方式。

（1）手动输入，可直接在选择放样点界面输入放样坐标点，同时可勾选"保存到放样点库"将输入的点保存到放样点库中。

（2）单击屏幕，可在选择放样点界面，单击点选按钮■，可跳转到地图界面屏选放样点。

（3）从坐标库选择，可在选择放样点界面，在点名处输入待查找点名，单击搜索■按钮支持从坐标点库、放样点库和控制点库中搜索，搜索结果在界面中显示供用户选择，若未找到指定点名坐标将进行提示。

（4）直接在坐标点库、放样点库和控制点库列表中进行选择，可进入点库界面，在点库界面选择坐标点、放样点和控制点进行放样。

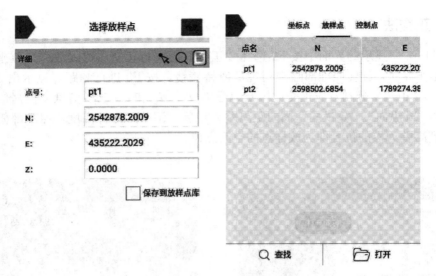

图 11-17　选择放样点

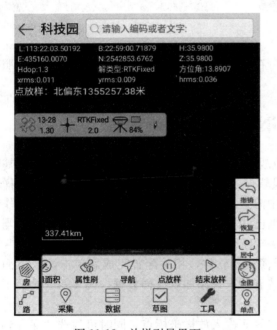

图 11-18　放样引导界面

（5）打开 tdb 和 sd2 格式的点数据并显示在点库中进行选择，在点库界面，单击"打开"按钮，可跳转到文件管理界面，选择 tdb 和 sd2 格式的文件进行放样点的导入。

放样时，即当前点（定位箭头）到目标点（红色小旗子）的靠近过程如图 11-18 所示。放样提示圆圈变为红色，则放样成功并达到设置的"放样精度"。到达放样点后，软件中出现"已达到放样点精度，已自动结束放样"的提示。若放样时，未到达放样精度要求，可单击"结束放样"手动结束放样过程。

第十二章　工业与民用建筑中的施工测量

第一节　工业厂区施工控制测量

为工业厂区勘测设计阶段施测地形图而布设的测图控制网，主要是从测量地形图来考虑的，这些控制点的分布、密度以及精度，都难以满足建筑物施工时测设的要求，而且从勘测到施工阶段，一般要历经一段时间，控制点可能被破坏。因此，施工前必须在工业厂区布设专门的施工控制网，作为建筑物施工放样的依据。为建立施工控制网而进行的测量工作，称为施工控制测量。建立施工控制网可以保证工业厂区各建筑物的相对位置满足设计的要求，避免测量误差的累积。同时借助于控制点可以将厂区的建筑物分成若干片，便于分批分期组织施工。

大型工业场地上的施工控制网通常分两级布设：厂区控制网和厂房矩形控制网。前者主要用来放样厂房轴线和各种管线。在厂区控制网的基础上布置的厂房矩形控制网是工业厂区的二级控制，用于放样厂房的细部尺寸、位置。

一、厂区控制网

厂区控制网可根据具体情况布设成不同的导线形式。关于导线的布置形式和施测方法，第八章中已经作了较详细的阐述，下面重点介绍工业建筑场地常用的建筑方格网的布设和施测方法。

1. 建筑方格网的布设和主轴线的选择

建筑方格网常由正方形或矩形组成，如图 12-1 所示，为建筑设计总平面图上建筑群的一部分，各建筑物相互平行。为放样建筑物各轴线的位置，应在总平面图上布置建筑方格网。布置时应根据建筑设计总平面图上各建筑物、构筑物和各种管线的布设，结合施工现场的地形情况，先选定建筑方格网的主轴线，然后布置方格网。当厂区面积较大时，方格网本身又可分为两级，首级为基本网，可采用"＋"字形，"口"字形或"田"字形，然后在此基础上加密。如厂区面积不大时，应尽可能布置成全面方格网（图 12-2）。

设计方格同时应注意以下几点：

（1）方格网的主轴线应选择在整个厂区的中部，并与主要建筑物的基本轴线平行。

（2）方格网的折角应严格成 90°。

（3）正方形格网的边长一般为 100～200m；矩形格网的边长视建筑物的大小和分布而定，一般为几十米至几百米。

（4）相邻方格网点之间应保持通视，埋设的标点应能长期保存。图 12-1 中，MN、CD 为建筑方格网的纵横主轴线，它是建筑方格网扩展的基础。当厂区较大、主轴线较长时，也可以只测设其中的一段（如图 12-1 中的 AOB 段），A、O、B 是主轴线的定位点，称为主点。

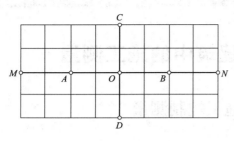

图 12-1　建筑方格网

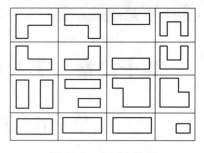

图 12-2　全面方格网

2. 确定各主点的施工坐标

设计建筑方格网时，应使其主轴线与主要建筑物的基本轴线平行。为了便于计算与放样，常需要建立施工坐标系。其坐标轴的方向一般与建筑物主轴线的方向平行，并将坐标原点设在总平面图的西南角，使所有建筑物的设计坐标与主点坐标都为正值。

将主轴线上的主点测设于地面上，通常是根据工业厂区内已有的测量控制点来进行的，而这些测量控制点的坐标系统大多为国家坐标系或当地的城市坐标系，它与施工坐标系常常不一致，这就存在着坐标转换的问题。

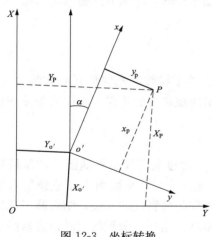

图 12-3　坐标转换

如图 12-3 所示，设 XOY 为测量坐标系，$xo'y$ 为施工坐标系。如果知道了施工坐标系原点 o' 在测量坐标系中的坐标（$X_{o'}$、$Y_{o'}$）以及 x 坐标轴的方位角 α。则 P 点由施工坐标（x_p，y_p）换算成测量坐标（X_P，Y_P）的公式为

$$\left.\begin{array}{l} X_\mathrm{P} = X_{o'} + x_\mathrm{p}\cos\alpha - y_\mathrm{p}\sin\alpha \\ Y_\mathrm{P} = Y_{o'} + x_\mathrm{p}\sin\alpha + y_\mathrm{p}\cos\alpha \end{array}\right\} \tag{12-1}$$

由测量坐标换算为施工坐标的公式为

$$\left.\begin{array}{l} x_\mathrm{p} = (X_\mathrm{P} - X_{o'})\cos\alpha + (Y_\mathrm{P} - Y_{o'})\sin\alpha \\ y_\mathrm{p} = -(X_\mathrm{P} - X_{o'})\sin\alpha + (Y_\mathrm{P} - Y_{o'})\cos\alpha \end{array}\right\} \tag{12-2}$$

以上各式中施工坐标系原点 o' 的测量坐标（$X_{o'}$，$Y_{o'}$）与方位角 α，可以通过 2 个或 2 个以上的公共已知点求得。

3. 建筑方格网主轴线的测设

（1）主点的测设。如图 12-4 所示，点 1、2、3 为测量控制点，A、O、B 为建筑方格网主轴线的主点，欲将主点 A、O、B 测设于地面，首先在施工总平面图上求得 A、O、B 的施工坐标，然后换算为测量坐标，将控制点及主点坐标输入全站仪，由测量控制点 1、2、3分别测设出 A、O、B 三个主点的概略位置，以 A'、O'、B' 表示（图 12-5），为便于调整点位，在测量的概略位置埋设混凝土桩，并在桩的顶部设置一块 $10\mathrm{cm} \times 10\mathrm{cm}$ 的铁板。

（2）调整。由于测设的误差，三主点 A'、O'、B' 一般不在一条直线上，因此需要检查

与调整。为此，在主点 O' 上安置全站仪，精确地测量 $\angle A'O'B'$ 的角度 β，如它与 $180°$ 之差超过 $10''$，应进行调整。

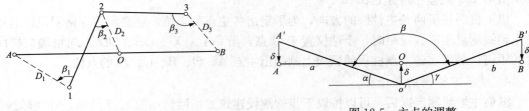

图 12-4　主点的测设　　　　　　图 12-5　主点的调整

调整时，将 A'、O'、B' 三点按图 12-5 中所示的箭头方向各移动一个微小的改正值 δ，使 A、O、B 三点成一直线，δ 值可按下式计算

$$\delta = \frac{ab}{2(a+b)} \cdot \frac{180°-\beta}{\rho''} \tag{12-3}$$

式中，a、b 分别为 AO、OB 的长度。

式（12-3）的推导如下：

由图 12-5 知

$$\alpha + \gamma = 180° - \beta \tag{12-4}$$

因 α、β 很小，所以

$$\alpha = \frac{2\delta}{a}\rho'' , \quad \gamma = \frac{2\delta}{b}\rho'' \tag{12-5}$$

$$\frac{\alpha}{\gamma} = \frac{b}{a}$$

$$\alpha = \frac{b}{a}\gamma \tag{12-6}$$

将式（12-6）代入式（12-4），得

$$\gamma = \frac{a}{a+b}(180°-\beta) \tag{12-7}$$

将式（12-7）代入式（12-5），即得式（12-3）。

如 $a=b$，则得

$$\delta = \frac{a}{4} \cdot \frac{(180°-\beta)}{\rho''} \tag{12-8}$$

按 δ 值移动 A'、O'、B' 三点以后，再测量 $\angle AOB$，如测得的角度与 $180°$ 之差仍超过规定的限差时，应继续进行调整，直到误差在容许范围以内。

主轴线上的三主点 A、O、B 定出以后，将全站仪安置于 O 点，测设另一主轴线 COD（图 12-6）。测设时，利用全站仪先瞄准 A 点，分别向左、向右各转 $90°$，在地面上定出 C'、D' 两点，精确测量 $\angle AOC'$ 和 $\angle AOD'$，分别计算出它们与 $90°$ 之差 ε_1、ε_2，按下式求得距离改正值 l_1、l_2 为

$$l_1 = D_1\frac{\varepsilon_1}{\rho''} , \quad l_2 = D_2\frac{\varepsilon_2}{\rho''} \tag{12-9}$$

式中，D_1、D_2 分别为 OC' 和 OD' 两点间的距离。

改正时，将 C' 沿垂直 OC' 方向移动距离 l_1 得 C 点，同法可以定出 D 点。需要指出的是，改正时的移动方向应根据实测的角度大小决定。最后还应精确实测改正后的 $\angle COD$，其角值与 $180°$ 之差不应超过 $\pm 10''$。

以上仅测设了两条主轴线的方向，为了定出各主点的点位，还必须按方格网设计的边长沿主轴线测量距离。量距时，全站仪置于 O 点，沿 OA、OC、OB、OD 方向精确放样所需要的距离，最后在各主点桩顶的铁板上刻画出主点 A、O、B、C、D 的点位。

4. 建筑方格网的测设

纵横主轴线测定以后，可以按以下步骤测设建筑方格网。如图 12-7 所示，在主轴线的 4 个端点 A、B、C、D 上分别安置全站仪，均以主点 O 为起始方向，分别向左、右各测设 $90°$ 角，由全站仪测距可以定出方格四个角点 1、2、3、4。同时在另一方向进行测角测距校核。如果校核的角点位置不一致时，则可适当地进行调整，以定出 1、2、3、4 点的最后位置，并以混凝土桩标定。这样就构成了"田"字形的方格点，再以此为基础，沿各方向用全站仪定出各方格点，这就构成了方格网，各方格网点亦同样要用混凝土桩或大木桩标定，称距离指标桩。

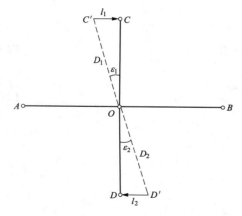

图 12-6 垂直向主点的测设与调整

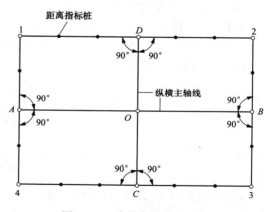

图 12-7 建筑方格网的测设

二、厂房矩形控制网

厂区建筑方格网是用来放样厂房轴线及各种管线的，为了放样厂房的细部位置，必须在建筑方格网的基础上测设厂房矩形控制网，作为工业厂区的二级控制。

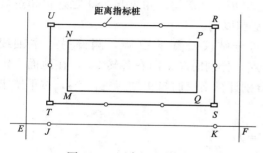

图 12-8 厂房矩形控制网

如图 12-8 所示，M、N、P、Q 为某厂房轴线，R、S、T、U 是为放样厂房细部位置而设置的厂房矩形控制网，为了不受厂房基坑开挖的影响，设计时应使厂房矩形控制网位于厂房轴线以外 1.5m，E、F 系建筑方格网中已测设的两个方格点。方格点的坐标是已知的，厂房轴线四个角点 M、N、P、Q 的坐标已知，根据具体情况设计厂房矩形控制网 R、S、T、U 四个点的坐标。

厂房矩形控制网的测设可以按以下步骤进行。

1. 测设 J、K

全站仪安置于方格点 E 上，瞄准方格点 F，沿此方向从 E 点精确地测设距离 EJ，使其等于 E、T 两点的横坐标差，定出 J 点。同样，从 F 点沿 FE 方向测设一段距离等于 F、S 两点的横坐标差，定出 K。

2. 矩形控制网点的测设

全站仪安置于 J 点，瞄准 F 点，分别用正、倒镜测设 90°角，得 JU 方向，沿此方向精确测设距离 JT 及 JU（距离 JT 为 E、T 两点的纵坐标差，JU 为 E、U 两点的纵坐标差），在地面上可以定出 T、U 两点。定点时，可以选用盘左位置粗略地定出两点的位置，打入大木桩，再用盘左、右位置精确地标定点位，并在桩顶刻画"＋"记号标明 T、U 两个厂房矩形控制网的角点。然后将仪器安于 K 点，用同样的方法，可以定出 S、R 两个厂房矩形控制网的角点。

3. 检查

用钢尺或全站仪精确地测量矩形控制网各边的长度，检查其与矩形控制网的设计长度是否相符，相对误差不得超过 1/10 000；再将全站仪分别安于 U、R 点，检查 ∠RUT、∠SRU 是否为 90°，误差不得超 ±10″。

4. 标定距离指标桩

厂房矩形控制网是放样厂房细部位置（如厂房柱子）的依据。因此，在厂房矩形控制网测设好以后，应沿 UR 及 TS 方向上定出距离指标桩的位置，钉以大木桩，并在桩顶刻画"＋"记号，距离指标桩间的距离通常为设计柱子间距（一般为 6m）的整倍数（如 24、48m）。根据厂房柱跨距亦可定出标明跨距的距离指标桩。

以上所述方法一般用于小型或设备基础较简单的中型厂房。对于大型或设备基础较复杂的中型厂房，应先测设厂房矩形控制网的主轴线，据此测设厂房矩形控制网。

三、 厂区的高程控制

为进行厂区各建筑物的高程放样，必须在厂区的建筑场地上布设水准点。水准点的密度应尽可能地满足安置一次仪器即可测设出所需要的高程。测绘建筑场地地形图时所敷设的水准点的数量，对施工阶段来说，一般是不够的，因此必须在此基础上加密水准点，加密的方法可以采用闭合或附合水准路线。应指出的是，在加密水准点以前，需要对测绘地形图时所布设的水准点进行现场检查，只有在确认其点位无变动时才可使用。在一般情况下，建筑方格网点可以兼作高程控制点，即在已布设的方格网点桩面的中心点旁设置一个突出的半球状标志。

布设高程控制的精度要求视不同的情况而定。一般的情况下，宜采用四等水准测量的方法构成闭合或附合水准路线测定各水准点的高程。对于连续生产的车间或管道线路，则需提高精度等级，采用三等水准测量的方法测定各水准点的高程。

在布设厂区高程控制的同时，还应以相同的精度在各厂房场地的内部或附近专门设置 ±0 水准点，±0 是厂房内部底层的地坪高程，它主要是为了便于厂房构件的细部放样。特别需要指出的是，设计中各建筑物 ±0 的高程可能不一致。

第二节 厂房柱列轴线的测设和柱基施工测量

一、 柱列轴线的测设

图 12-9 中，*RSTU* 是根据建筑方格网测设的厂房矩形控制网。矩形控制网经检查符合精度要求后，即可据此测设厂房柱列轴线。

图中Ⓐ、Ⓑ、Ⓒ和①、②、③等轴线为厂房的柱列轴线。根据矩形控制网上所标定的距离指标桩，按设计的柱子间距或跨距可以用钢尺定出各柱列轴线桩（称为轴线控制桩）的位置，打入大木桩，并在桩顶钉以小钉，标明各柱列轴线方向，作为基坑放样和施工安装的依据。

应该注意的是，由于厂房的柱基类型很多，尺寸不一，所以柱列轴线不一定是基础中心线。

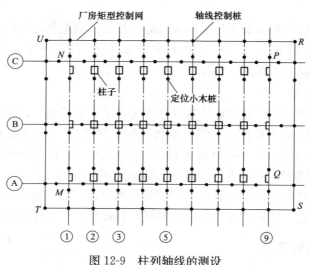

图 12-9 柱列轴线的测设

二、 基坑的放样

基坑开挖以前，应根据厂房基础平面图和基础大样图的设计尺寸，把基坑开挖的边线测设于地面上。

如图 12-10 所示，Ⓐ～Ⓐ与⑤～⑤表示柱列轴线的方向，柱基放样时，全站仪分别安置在相应的轴线控制桩上，依柱列轴线在地上交出各柱基的位置，然后按照基础大样图的尺寸，用特制角尺，根据定位轴线放样出基坑开挖线，用白灰标明开挖范围。为了在基坑开挖过程中，较方便地交出柱基的位置，并作为修坑和立模的依据，可在坑的周围定四个定位小桩，桩顶钉上小钉。

三、 基坑的高程测设

基坑挖到一定深度后，须在坑壁四周离坑底 0.3～0.5m 处设置水平桩（图 12-11），作为基坑修坡、清底和打垫层的高程依据。

除了设置水平桩外，还应在基坑底部测设出垫层的高程。如图 12-11 所示，在坑底设置垫层标高桩，使桩顶恰好等于垫层的设计高程。

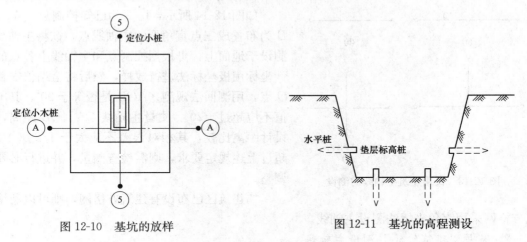

图 12-10　基坑的放样

图 12-11　基坑的高程测设

四、　基础模板的定位

垫层达到设计高程以后，应根据坑边定位桩用拉线和吊垂球的方法，在垫层上放出柱基中心线，并用墨斗弹出墨线，作为支撑模板和布置钢筋的依据。竖立模板时，应使模板底线对准垫层上所标的定位线，用吊垂球的方法检查模板是否竖直。最后在模板的内壁用水准仪测设出柱基顶面的设计高程，并标出记号，作为柱基混凝土浇筑的依据。

在柱基拆模以后，根据各柱列轴线控制桩用全站仪将柱列轴线投测到杯形基础顶面上。用墨线弹出标记（图 12-

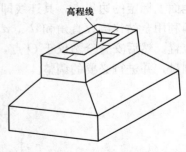

图 12-12　基础模板的定位

12）。同时还要在杯口内壁用水准仪测设一标高线，从该线起向下量取一个整分米数即到杯底的设计标高，供整修底部标高之用。

第三节　民用建筑施工中的测量工作

一、　民用建筑主轴线的测设

根据测量工作的一般原则可知，任何建筑施工放样前，必须在施工现场进行控制测量，作为施工放样的依据。民用建筑施工中，通常布设建筑主轴线（又称建筑基线）的控制形式，作为民用建筑施工放样的依据。

民用建筑主轴线的布置形式应根据建筑物的分布，施工现场的地形和原有控制点的情况而定。通常可布置成如图 12-13 所示的各种形式：三点直线形，三点直角形，四点丁字形，五点十字形。无论采用哪种形式，应满足主轴线靠近主要建筑物，并与建筑物轴线平行，以

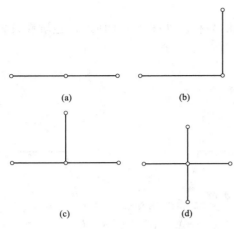

图 12-13　民用建筑主轴线的测设

方便使用直角坐标法进行施工放样；主轴线的点数不得少于三个。主轴线的测设方法如下：

1. 根据已有控制点测设主轴线

如图 12-14 所示，1、2 为已知控制点，A、O、B 为布置成三点直角形的主轴线点。欲将主轴线点测设于地面上，可根据控制点和主轴线上各点的设计坐标用极坐标法进行放样，然后将全站仪安置于 O 点，用测回法观测 $\angle AOB$ 是否等于 $90°$，其不符值不应超过 $\pm 20''$，丈量主轴线 OA、OB 距离，与设计距离比较，其相对误差不应大于 $1/2\ 000$，如超过上述规定要求，则需检查测量，并进行必要的调整。

如建筑区已布设有建筑方格网，则可以利用建筑方格网采用直角坐标法测设主轴线。

2. 根据"建筑红线"测设主轴线

在城建区新建一幢建筑或一群建筑，须按城市规划部门批复的总平面图所给定的建筑边界线（一般称为建筑红线）来测设主轴线。如图 12-15 所示，Ⅰ、Ⅱ、Ⅲ三点为规划部门在地面上标定的边界点，其连线即为"建筑红线"。建筑物的主轴线，应根据建筑红线来标定，即利用全站仪测设直角和 d_1、d_2 距离的平行线推移法可以确定主轴线上 A、O、B 三点的位置。然后安置全站仪于 O 点，测量 $\angle AOB$，其与 $90°$ 之差不得超过 $\pm 20''$，否则，需检查测量，并进行必要的调整。

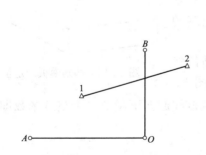

图 12-14　根据已有控制点测设主轴线

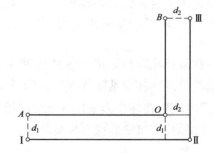

图 12-15　根据"建筑红线"测设主轴线

二、 民用建筑物的定位

民用建筑物的定位，就是将建筑物外廓的各轴线交点，测设于地面上。可以采用以下方法进行定位。

1. 根据已有的建筑物定位

如图 12-16 所示，办公楼为已有的建筑物，今欲在其东侧新建一幢教学楼，从总平面图上知，两建筑物外缘间距为 d_2，教学楼的长、宽分别为 d_3、d_4。办公楼的定位可以这样进行：首先沿教学楼的东、西墙用线绳延长一段距离 d_1 得 M、N 点，在地面做好标志。将全

站仪安置在 M 点，瞄准 N 点，沿视线方向放样距离 d_2 得 A'，放样距离 d_3 得 B'。然后将全站仪分别安置在 A'、B' 点上，瞄准 M 点，照准部旋转 $90°$，沿视线方向放样距离 d_1 得 A、B 两点，放样距离 d_4 得 D、C 两点。A、B、C、D 即为教学楼外墙定位轴线的交点。为检查测设是否正确，应量取 DC 的距离，其与设计长度之差不得超过 $1/2\ 000$，并观测 $\angle D$ 和 $\angle C$，其与 $90°$ 之差不得超过 l'，否则应复查或重新测设。

2. 根据主轴线定位

如图 12-17 所示，AOB 为民用建筑的主轴线，它们的位置已经测设于地面上。①、②、③和Ⓐ、Ⓑ、Ⓒ是总平面图上该建筑物外墙轴线，各轴线交点的距离以及建筑物离主轴线的距离是已知的。根据主轴线对该建筑物定位，可以采用极坐标法进行放样。其距离误差不得超过设计长度的 $1/2\ 000$，并用全站仪观测各交点的角度与 $90°$ 之差，较差不得超过 $1'$。

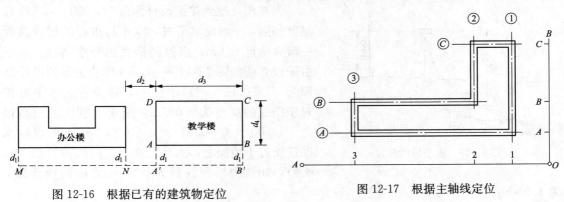

图 12-16　根据已有的建筑物定位　　　　图 12-17　根据主轴线定位

三、 龙门板的设置

民用建筑物施工的第一步是基础开挖，但基础开挖时，所测设的轴线交点柱将被挖掉。因此，为了在施工阶段，能及时而方便地恢复各轴线的位置，一般把民用建筑物定位时所测设的轴线延长到开挖线以外。并固定标志。常用的方法是设置龙门桩和龙门板。

如图 12-18 所示，A、B、C、D 为已定位的某教学楼的外墙轴线的交点。首先在这些轴线交点的延长线以外 2m 处，设置龙门桩，龙门桩要钉得牢固、竖直、两桩的连线尽量与该轴线垂直，桩的外侧面应与基槽平行。

然后根据施工现场附近的水准点高程，用水准仪将室内地坪设计标高±0 测设到各龙门桩上，并做上标记。若施工现场地面起伏较大，也可测设比±0 高或低一整数的高程线标志。根据龙门桩上的标志，把龙门板钉在龙门桩上，使龙门板的边缘高程正好为上±0。龙门板钉好后，用水准仪检测龙门板的顶面高程，允许误差为±3mm。

龙门板设置好以后，应将建筑物的定位轴线测设于龙门板上。

四、 基础施工测量

基础施工测量的目的就是在施工现场测设出基槽开挖边线，并用石灰线撒出，以便开挖。测设的方法是：根据龙门板上定位轴线的位置和基础宽度，可以在地面上放样出基槽边线，实际的基槽开挖边线还应顾及基础挖深时边坡的尺寸。

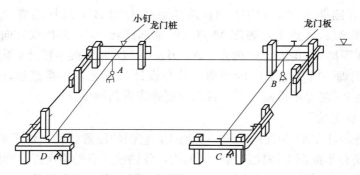

图 12-18 龙门板的设置

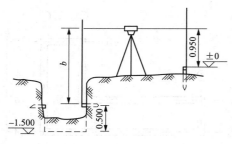

图 12-19 水平桩的测设

当基槽开挖到接近设计深度时，应用水准仪在槽壁每隔 3m 测设水平桩，水平桩桩面的设计高程一般离槽底 0.5m，以控制槽底的开挖高程。水平桩测设方法如图 12-19 所示，设基槽底部的设计高程为 −1.500m（相对于 ±0），欲设置的水平桩相对于槽底的高差为 −0.5m，则水平桩桩面的高程为 −1.500 −（−0.5）= −1.000（m），测设时水准仪安置于地面上，水准尺立于龙门板的顶部（即 ±0），如读得后视读数为 0.950m，则前视读数 b 为 1.950m。

按照测设已知高程的方法，沿槽壁上下移动木桩，使前视读数为 1.950m，则尺底的高程即为欲放样的高程（−1.000m），打入水平桩。

第四节 建筑物的沉降观测与倾斜观测

一、建筑物的沉降观测

1. 沉降观测的意义

工业与民用建筑中，由于地基承受上部建筑物的重量；或工业厂房投入运行后，受机器运转的振动；或地基长期受地下水的侵蚀等，都会使建筑物产生下沉现象。下沉量过大或沉降不均匀，就会使建筑物产生倾斜、裂缝甚至破坏。为了掌握建筑物沉降情况，及时发现建筑物有无异常的沉降现象，以便采取相应措施，保证建筑物的安全，同时也为检查设计理论和经验数据的准确性，为设计和科研提供资料，在建筑的施工过程中和建成以后的一段时间，必须对建筑物进行连续的沉降观测。

2. 水准点和观测点的布设

（1）水准点的布设。建筑物的沉降观测根据埋设在建筑物附近的水准点为基准点进行水准测量，所以水准点本身必须稳定可靠。为了对水准点进行相互校核，监测其本身的变动，水准点的数目应不少于三个。布设水准点时应注意以下几点：

1）水准点应埋设在沉降区域以外，通视良好，且不受施工影响的安全地点。

2）水准点与观测点之间的距离不能太远（一般不超过 100m），以保证观测的精度。

3）水准点基础的埋深应有足够的深度，以防止自身的下沉。

（2）观测点的布设。观测点是设置在建筑物及其基础上、用来反映建筑物沉降的标志点。观测点的数目和位置应能够全面反映建筑物的沉降情况，这与建筑物的大小、基础的形式、荷载以及地质条件等有关。一般说来，民用建筑应沿房屋的四周每隔 20m 左右设置一点，特别是墙角、纵横墙连接处。工业厂房的观测点应布置在柱子基础、承重墙及厂房转角处。大型设备基础及较大动荷载的周围、基础形式改变处及地质条件变化处容易产生沉陷，宜布设适量的观测点。烟囱、水塔、高炉、油罐等圆形建筑物，则应在其基础的对称轴线上布设观测点。

观测点的标志形式，如图 12-20 所示。图 12-20（a）为设置在墙上的观测点；图 12-20（b）为钢筋混凝土柱上的观测点；图 12-20（c）为设置在基础上的观测点。

（3）观测时间。沉降观测的时间和次数，应根据工程进度、建筑物的大小、地基的土质情况以及基础荷重增加情况而定。

标志埋设稳固后，开始第一次观测，以后每增加一次较大荷载，都要进行沉降观测。工程竣工投入运行后，还应持续观测。观测频率视沉降量大小及速度而定。开始可以一个月观测一次，以后随着沉降速度的减慢，可以三个月、半年、一年观测一次，直到沉降稳定为止。

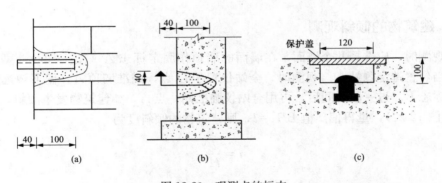

图 12-20　观测点的标志

3. 观测方法和精度要求

沉降观测是用水准仪定期进行水准测量，以测定各观测点的高程，然后依其高程变化计算沉降量。

根据建筑物不同等级要求，可以按照国家相应等级的水准测量方法施测。

必须指出的是，沉降观测的第一次观测成果是以后各次观测成果比较的基础，如第一次观测的精度不够或存在错误，不但无法补测，而且在成果比较中将出现不可解决的矛盾。因此，首次至少观测两次，两次较差满足要求后取两次观测的平均值作为基准值。

4. 沉降观测的成果整理

沉降观测应提交可靠的观测成果，供有关部门分析和研究。观测的数据应记入专用的外业手簿中。每次观测结束后，应检查记录计算是否有误，精度是否合格，文字说明是否齐全。其次进行闭合差调整，计算各观测点的高程，并计算相邻两次观测间的本次沉降量和累计沉降量。上述数据均应列入沉降观测成果表中，此外，还应注明观测日期和荷载情况。为了更形象地表示沉降、时间、荷载之间的关系，还应画出各观测点的沉降－荷载－时间关系曲线图（图 12-21）。

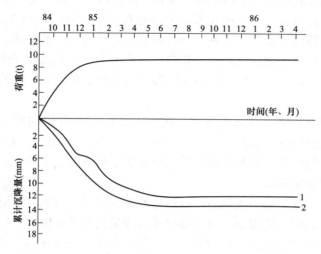

图 12-21 沉降-荷载-时间关系曲线图

二、 建筑物的倾斜观测

倾斜观测时，应选择几个墙面，在墙面的墙顶作固定标志 A（图 12-22），离墙面大于墙高的适当位置选定测站 O。观测时，全站仪置于 O 点，瞄准墙顶 A，俯下望远镜至水平位置，作标志 B。过一段时间后，再用全站仪瞄准同一点 A，如建筑物发生倾斜，向下投影得点 B'（图 12-22），量得偏离值 $BB'=l$，则建筑物的倾斜度为

$$i = \frac{l}{H}$$

式中，H 为 AB 间的高度。

为提高精度，每次观测应取盘左、盘右两个位置的平均结果来标定点 B 或 B'。

测定圆形建筑物（如烟囱、水塔等）的倾斜度，主要是求顶部中心对底部中心的偏离。如图 12-23 所示，A_1、A_2 为烟囱顶部边缘的点，B_1、B_2 为烟囱底部边缘两点。观测时，先在烟囱底部放一块木板。全站仪距烟囱的距离应大于烟囱高度的 1.5 倍。分别瞄准顶部边缘 A_1、A_2，将它们投影到木板上，取 A_1、A_2 的中点得顶部中心位置 A，同法把底部边缘两点 B_1、B_2 投到木板上，得底部中心位置 B，AB 间的距离 δ_a 就是 A_1、A_2 方向上顶部中心偏离底部中心的距离。同样在垂直方向上测定顶部中心的偏心距 δ_b，则顶部中心相对于底部中心的总偏度 $\delta = \sqrt{\delta_a^2 + \delta_b^2}$，则烟囱的倾斜度为

$$i = \frac{\delta}{H}$$

式中，H 为烟囱的高度。

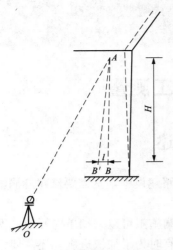

图 12-22　建筑物的倾斜测量

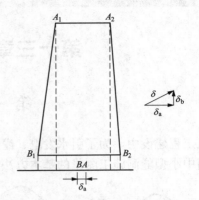

图 12-23　圆形建筑物倾斜度的测定

第五节　竣工总平面图的编绘

工业与民用建筑物要求按设计图纸进行施工，但在施工过程中，由于设计时没有考虑到的因素引起变更设计之事时有发生，而这种变更设计的情况必须通过实测反映到竣工总平面图上，特别是地下管道等隐蔽工程，以便为建筑物的使用、管理、维修及扩建、改建等提供必要的资料和依据。因此，在工程竣工后，必须编绘竣工总平面图，以反映施工后工程的全面实际情况。

竣工总平面图应包括下列内容：

（1）施工现场保存的测量控制点、建筑方格网、主轴线、矩形控制网等平面及高程控制点。

（2）地面建筑物和地下构筑物竣工后的平面及高程。

（3）给水、排水、通信、电力及热力管线的平面位置及高程。

（4）交通线路及设施的平面位置及高程。

竣工总平面图的编绘，一般包括外业实测和内业资料编制两方面的工作。

外业实测工作是在每一单项工程完成后，由施工单位进行竣工测量，提交工程的竣工测量成果。

竣工总平面图的编绘是一项重要而细致的工作。施工单位应在整个施工过程中，随时积累有关变更设计的资料，特别对隐蔽工程绝不能在工程结束后才进行竣工测量，而应及时验收及时测绘。地面建筑物在竣工后，应根据建筑物场地的控制点，进行全面竣工测量。

编绘竣工总平面图的比例尺，一般采用 1∶1 000，对局部工程密集部分，可用 1∶500比例尺编绘。

如果在同一张竣工总平面图上，由于涉及地面和地下建筑物很多而使编绘的线条过于密集，则可进行分类编绘，如综合竣工总平面图、管线竣工总平面图、交通运输总平面图等。

第十三章　隧洞施工测量

第一节　概　　述

在工程建设中，为了引水发电、灌溉或在铁路、公路建设中，常需要修建隧洞。本章主要介绍中小型隧洞施工测量的基本方法。

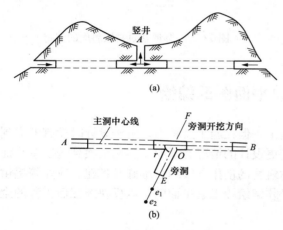

图 13-1　隧洞开挖示意图

隧洞施工可以一端单向开挖或两端双向开挖，有时为了加快进度，还需要增加工作面，可以在隧洞中心线上较低处开挖竖井（图 13-1），也可以在适当位置向中心线开挖旁洞或斜洞。隧洞施工测量的任务是：标定隧洞中心线，定出掘进中线的方向和坡度，保证按设计要求贯通，同时还要控制掘进的断面形状，使其符合设计尺寸。隧洞测量工作一般包括：洞外定线测量、洞内定线测量、隧洞高程测量和断面放样等。

在隧洞开挖时需要严格控制开挖方向和高程，保证隧洞的正确贯通。要保证隧洞的正确贯通，就是要保证隧洞贯通时在纵向、横向及竖向等几方面的误差（称为贯通误差）在允许范围以内。相向开挖的隧洞中线如果不能理想地衔接，其长度沿中线方向伸长或缩短，即产生纵向贯通误差；中线在水平面上互相错开，即产生横向贯通误差；中线在竖直面内互相错开，产生竖向贯通误差，也称高程贯通误差。贯通限差随相向开挖长度的不同有所区别，具体限差参见相关规范。

第二节　洞外定线测量

洞外定线测量的任务主要是在地面上标定隧洞进出口、竖井、旁洞、斜洞等位置及其开挖方向。

一、隧洞中心线的测设

在地面上测设隧洞中心线，可以根据隧洞的大小长短采用不同的方法。

（一）直接定线测量

对于较短的隧洞，可在现场直接选定洞口位置，然后用全站仪按正倒镜测直线的方法标定隧洞中心线掘进方向，并求出隧洞的长度。如图 13-2 所示，A、B 两点为现场选定的洞口位置，由于两点互不通视，可以采用如下方法标定隧洞中心线：首先初选一点 C'，使其尽量在 AB 的连线上，将全站仪安置在 C' 点上，瞄准 A 点，倒转望远镜，在 AC' 的延长线上定出 D' 点，为了提高定线精度，可用盘左盘右观测的平均位置作为 D' 点；随后搬仪器至 D' 点，同法在洞口附近定出

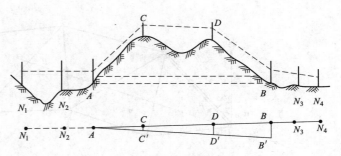

图 13-2　隧洞直线定线示意图

B' 点。通常 B' 与 B 不相重合，此时量取 $B'B$ 的距离，并用全站仪测得 AD' 和 $D'B'$ 的水平长度，求出改正距离 $D'D$ 为

$$D'D = \frac{AD'}{AB'}B'B \tag{13-1}$$

在地面上从 D' 点沿垂直于 AB 方向量取距离 $D'D$ 得到 D 点，再将仪器安置于 D 点，依上述方法反向定线，由 B 点标定至 A 洞口，如此重复定线，直至 C、D 位于 AB 直线上为止。最后在 AB 的延长线上各埋设两个方向桩 N_1、N_2 和 N_3、N_4，以指示开挖方向。

（二）解析法定线测量

对于较长的隧洞或曲线隧洞，直接在地面上用上述方法测定隧洞中心线及其长度会很困难，此时可以用三角测量方法建立施工控制网进行定线。

图 13-3 中 ABC 为隧洞中心线，A、C 为洞口位置，在 B 处隧洞转了一个 θ 角。定线时，在地面上沿隧洞中心线布设小三角锁作为施工控制网，并以洞口中心点 A 作为一个三角点，以减少测量的计算工作。

小三角测量的布设方法、精度要求以及坐标计算可参照有关资料。

通过计算，求得施工控制网中各点的坐标及各边的方位角。据此在地面上标定洞口 A、C 的位置及隧洞的开挖方向 AB 与 CB，其方法如下。

1. 洞口位置的标定

洞口 A 正好位于三角点上，而洞口 C 不在三角点上，但 C 点设计坐标已知，可根据 6、7、8 三个控制点用角度交会法将 C 点在实地测设出来。根据各控制点的已知坐标和 C 点的设计坐标计算出各边方位角（α）和交会角（β）为

$$\alpha_{6c} = \arctan\frac{y_c - y_6}{x_c - x_6} ; \ \alpha_{7c} = \arctan\frac{y_c - y_7}{x_c - x_7} ; \ \alpha_{8c} = \arctan\frac{y_c - y_8}{x_c - x_8}$$

$$\beta_1 = \alpha_{6c} - \alpha_{67} ; \ \beta_2 = \alpha_{76} - \alpha_{7c} ; \ \beta_3 = \alpha_{87} - \alpha_{8c}$$

2. 开挖方向的标定

为了在地面上标出隧洞开挖方向 AB 和 CB，同样是根据各点的坐标先算出方位角，然后算出定向角 β_4、β_5，即

$$\alpha_{AB} = \arctan\frac{y_B - y_A}{x_B - x_A} ; \ \alpha_{CB} = \arctan\frac{y_B - y_C}{x_B - x_C}$$

$$\beta_4 = \alpha_{AB} - \alpha_{A2} ; \ \beta_5 = \alpha_{CB} - \alpha_{C8}$$

测设时，在 A、C 点安置全站仪，分别测设定向角 β_4、β_5，即得到开挖方向 AB 和 CB；

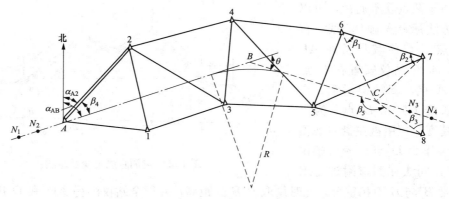

图 13-3　隧洞三角网布置图

同时在隧道开挖方向的后方标定掘进方向桩 N_1、N_2、N_3、N_4。

3. 隧洞长度计算

对于上述曲线隧洞，其长度可以按下式得到

$$D = D_{AB} + D_{BC} - 2R \tan \frac{\theta}{2} + R \cdot \frac{\pi\theta}{180°} \tag{13-2}$$

二、 竖井、 旁洞位置的测定

对于较长的隧洞，往往要增加工作面以加快开挖进度，此时需要设置竖井或旁洞。

竖井是在隧洞地面中心线上某处，如图 13-1 中的 A 处，向下开挖至该处隧洞洞底，然后对向开挖增加工作面。它的测量工作包括：在实地确定竖井开挖位置，测定高程以求得竖井开挖深度，在开挖至洞底时再将开挖方向及洞底高程通过竖井传递至洞内作为掘进依据。

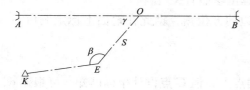

图 13-4　旁洞中线与主洞中线示意图

旁洞是在隧洞一侧开挖，与隧洞中心线相交后，沿隧洞中心线对向开挖以增加工作面。根据洞口的高低可分为平洞和斜洞，平洞沿隧洞设计高程开挖，斜洞洞口高于隧洞设计高程。图 13-4 为旁洞开挖平面图，A、B 为隧洞洞口位置，E 为旁洞洞口位置，K 为控制点，其坐标均已知。旁洞中线与主洞中线的交角 γ 可根据需要设定。为了在 E 点指示旁洞的开挖，必须算出定向角 β 和 EO 的距离 S。为此，应先算出 O 点的坐标，然后再推算 β 和 S。

根据图 13-4 及已知坐标可知：$\alpha_{OA} = \alpha_{BA} = \arctan \dfrac{y_A - y_B}{x_A - x_B}$，$\alpha_{OE} = \alpha_{OA} - \gamma$，则交点 O 的坐标可以由下式解算

$$\left. \begin{array}{l} \tan\alpha_{OA} = \dfrac{y_A - y_O}{x_A - x_O} \\[3mm] \tan\alpha_{OE} = \dfrac{y_E - y_O}{x_E - x_O} \end{array} \right\} \tag{13-3}$$

由此得定向角　　　　　　　　　　$\beta = \alpha_{EO} + 360° - \alpha_{EK}$

式中，$\alpha_{EK} = \arctan \dfrac{y_K - y_E}{x_K - x_E}$。

距离
$$S = \sqrt{(y_E - y_O)^2 + (x_E - x_O)^2}$$

现场测设时，在 E 点安置全站仪，后视 K 点，精确测设 β 角，得旁洞的开挖方向，当开挖至 O 点后，即可根据 γ 标定沿主洞中线的开挖方向。

开挖斜洞时，由于斜洞洞口高程高于隧洞设计高程，开挖的是倾斜长度，故应根据所得的水平距离 S 及两洞口间的高差 h 计算出斜距及开挖坡度 i。

第三节 洞内定线及断面放样

洞外定线测量完毕后，为了指导洞内施工，应将隧洞中心线引入洞内，并进行隧洞断面放样。

一、 洞内定线测量

洞内定线测量的方法，视隧洞的长短而异，下面介绍常用的两种方法。

1. 直接定线法

此法适用于开挖短且直的隧洞。如图 13-2 所示，$ACDB$ 为隧洞的中心线，N_1、N_2 和 N_3、N_4 分别为洞口的方向桩。

为了指示隧洞的开挖方向，可将全站仪安置于 N_2 点，后视 N_1 点，倒转望远镜，此时望远镜的视线方向即为隧洞中心线方向。隧洞开挖一段距离（如 20m 左右）后，应在洞内设置中线桩，中线桩通常是在洞底与洞顶上钻一小孔，塞上木桩做成。为了较精确的使中线桩的标点位于隧洞中心线的方向上，通常采用正倒镜定线。此后，随着隧洞向前开挖，每隔 20m 左右埋设一中线桩。

2. 导线定线法

对于较长的隧洞，为了防止直接定线时误差的累积，可以在洞内测设导线进行定线。为此首先仍用直接定线法每隔 20m 左右设置中线桩（洞顶与洞底需埋设标志）。然后选择相隔 100m 左右的中线桩作为导线点，由于按上述直接定线法所埋设的洞底中线桩常受爆破、出渣运输等施工干扰，故导

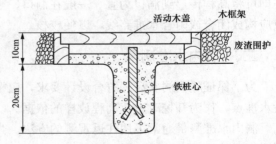

图 13-5 导线点的埋设

线点可按图 13-5 所示进行埋设，即采用混凝土包裹铁桩心，并在上加设活动盖板，铁桩心可用直径 12～16mm、长约 25cm 的钢筋，铁桩顶刻画十字线，十字线交点即为导线点点位。

洞内导线测量的等级根据开挖长度的不同而不同，如相向开挖长度小于 2 公里时可以采用一级导线施测。

在直线隧洞施工测量中，由于导线沿隧洞的中心线布设，故影响隧洞贯通精度的主要因素是角度测量的误差，因而测角时，必须利用精确做好对中工作，以减少仪器对中与目标偏心误差的影响。在曲线隧洞中，还必须注意提高导线的量距精度，以减少量距误差对隧洞贯

通的影响。

　　根据洞外平面控制点进行洞内导线计算时，为了计算方便，常以隧洞轴线为 X 坐标轴。为了保证不出现错误，洞内导线应由两组分别进行观测和计算。对于曲线隧洞，可以利用较高精度的全站仪进行导线测量。

二、隧洞断面放样

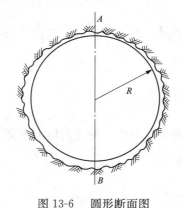

图 13-6　圆形断面图

　　为了隧洞向前开挖，必须及时将隧洞断面放样到待开挖的工作面上，以便布置炮眼，并检查前一次断面开挖情况。

　　如图 13-6 所示，为一圆形的隧洞断面。放样时，将全站仪安置于洞内中线桩上，后视另一中线桩，倒转望远镜，即可在待开挖的工作面上，用红油漆标定出中垂线 AB；为了定出隧洞断面，还应在中垂线上找出断面的圆心，因此，应根据洞口设计高程、隧洞的纵坡以及开挖工作面与洞口的距离，算出圆心应有的高程，然后根据洞内水准点，将圆心测设出来，按照圆心和测设半径即可在岩面上画出圆形的断面形状。

第四节　隧洞水准测量

一、洞外水准测量

　　为了保证隧洞开挖的正确贯通，除了要进行隧洞定线外，还要根据隧洞的长短与大小，在洞外测设三等、四等或等外水准点，以便控制开挖高程。

　　在布设水准点时，要求水准点在爆破影响范围之外，但离洞口也不能太远，引测 2～3 站即可将高程传递到洞口为宜。一般在洞口、竖井、旁洞或斜洞附近都应布设水准点。水准点应构成闭合或附合水准路线，以便校核。

二、洞内水准测量

　　为了保证隧洞洞底高程符合设计要求，应根据洞外水准点将高程引入洞内，并在洞内布设水准点，作为开挖时进行高程放样的依据。

　　洞内水准测量通常采用往返观测的方法。为了防止施工爆破的影响，对洞内水准点的高程应随时检查。

第五节　竖井传递开挖方向

　　采用开挖竖井来增加工作面时，需要将洞外的隧洞中线通过竖井传递到洞内，以控制开挖方向。其方法较多，现仅介绍方向线法。

　　如图 13-7 所示，A、B 为隧洞中线上的方向桩，为了将方向传递到洞内，可在 B 点上安置全站仪，瞄准 A 点，仔细移动井内悬挂吊有重锤的两条细钢丝（可用绞车控制移动），使其严格位于全站仪的视线上，钢丝的直径与吊锤的重量随井深而不同，将吊锤浸入盛有液体（如机油或水）的桶中，为了提高传递方向的精度，两条钢丝之间的距离应尽可能大些，但不能碰着井壁，为此，待悬锤稳定后可从井上沿钢丝下放信号圈（小钢丝圈），看其是否顺利落下，并在井上、井下丈量两悬锤线间的距离，其差不大于 2mm 则满足要求，然后在井下将全站仪安置在距钢丝 4～5m 处，用逐渐趋近的方法，使仪器中心严格位于两悬锤线的方向上，此时根据视线方向即可在洞内标定出中线桩（如点 1、点 2、点 3 等），控制开挖方向。

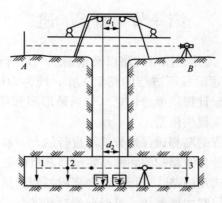

图 13-7　由竖井传递开挖方向

第十四章　线路工程测量

第一节　概　　述

　　"线路"是渠道、管道、道路、输电线路以及输油（气）管道等的总称。这些线路工程的勘测设计、施工和运营管理阶段所进行的测量工作，统称为线路工程测量。它的主要任务：一是为线路工程的规划设计提供地形信息（包括地形图和断面图）；二是将设计的线路位置测设于实地，为线路施工提供依据。

　　勘测设计阶段：线路工程的勘测设计是分阶段进行的，一般先进行初步设计，再进行施工图设计。在此阶段测量可分为线路初测和线路定测，其目的是为各阶段设计提供详细的资料。初测的主要工作是对所选定的路线进行平面和高程控制测量，并测绘路线大比例尺带状地形图；定测的主要工作有线路中线测量、纵断面测量和横断面测量。

　　施工阶段：线路工程施工阶段的测量工作是按设计文件要求的位置、形状及规格将道路中线及其构筑物测设于实地。施工阶段的主要测量工作有复测中线及放样等。

　　运营管理阶段：线路工程运营管理阶段的测量工作是为线路及其构筑物的维修、养护、改建和扩建提供资料。

　　本章主要结合渠道测量和管道测量介绍中线测量、纵断面测量、横断面测量、数字地形图在线路工程测量中的应用。

第二节　中线测量

一、渠道中线测量

1. 选线原则

　　对于灌溉渠道，选线的任务是选定一条由水源贯穿灌区的合理渠线，在地面上标定渠道中心线的位置。渠道线路选择的好坏将直接影响到工程效益和修建费用，以及占用耕地、拆除或迁移地面建筑物等许多重要问题。因此，在选线时，必须认真进行调查研究，深入了解灌渠面积，农田需水量、地形、地质、土壤、水文，以及修建附属建筑物时的材料来源、施工条件和群众要求等情况。

　　灌区面积较大、较长的渠道选线，一般是在调查研究的基础上根据渠系规划布置，先在灌区地形图上初步选定渠道的线路，即根据灌区的主要灌溉任务确定渠道大致走向和必须经过的位置，然后进行实地勘查，察看地形图上初选线路是否合理，最后确定路线。灌区面积较小、不长的渠道，可以根据调查研究的资料和渠系规划布置方案直接实地查勘选线，不必进行图上选线。

　　总的来说，选定渠线时必须考虑到灌溉面积较大，而且占用耕地少，开挖或填筑的土石方量少，所需修建的附属建筑物少；同时也要考虑到渠道沿线有较好的地质条件，尽量避免通过沙滩等不良地段，以免发生严重的渗漏和塌方现象。

在平原地区选择线路时，应尽可能选成直线。如遇渠道转弯时，应在转折处打下木桩。在山区或丘陵地区选择线路时，渠道一般是环山而走（图14-1），必须测量沿线高程。若渠线选得过低，则施工时要填高渠底，增加修建和维护渠道的难度。若选得过高则开挖的土方量过大，增加投资。为了选择合适的渠道走向，可根据渠首引水高程、渠道比降和渠道上某点至渠首的距离，算出该点应有的高程，然后用全站仪或 GNSS 接收机探测该点位置。

图 14-1　渠道选线

2. 中线测量

当渠道中线在地面上标定后，即可用全站仪或 GNSS 接收机测量渠线的长度，标定渠道的中心桩，这个工作称为中线测量。丈量时一般每隔 100m（或 50、20m 等整数）在渠道中心线上打一个标明里程的木桩称为"里程桩"。渠首开始，起始桩的里程为 0＋000（意思是 0 公里又 000m）。若每 100m 打一个桩，则第二个桩的里程为 0＋100m…依此类推。

当渠道越过山沟、山岗等地形突然变化的地方，除每隔规定的距离打里程桩外，为了反映实际地形情况，还必须在地形变化的地方增打一些桩称为"加桩"。图 14-2 是遇到沟的情况，在沟的一边加桩的桩号为 2＋265，沟对边加桩号为 2＋327，表示沟宽 62m，沟中加桩 2＋310 表示沟底。2＋200，2＋300，2＋400 均为每隔 100m 所打的里程桩。渠线上拟修建的各种建筑物的位置，例如渡槽、隧洞和涵洞的位置，其起点和终点均需加桩。在渠道上所打的里程桩和加桩，通称为中心桩。在中线测量和打里程桩的同时，应由专人绘画沿线地形、地物图。在图上标出各里程桩的位置，记录沿线地质、地貌、地物和土、石分界线等情况。

图 14-2　中心桩布置图

对于渠道上的拐弯处，应在渠道拐弯处测设一段曲线，使水沿着曲线方向流动，以免冲刷渠道，这时渠线上的里程桩和加桩均应设置在曲线上，并按曲线长度计算里程。

二、管道中线测量

根据地下管道的规划设计，结合现场勘察，可以在地形图上初步确定管道的位置。管道的起点、终点和转折点称为主点。管道中线测量的任务包括两个方面：一是将图上确定的主点测设于地面；二是沿管道中线方向进行中线测量。由于管线的转折方向都用弯管来控制，所以管道工程测量中一般都不测设曲线。

（一）主点的测设

将图上设计好的主点位置测设于地面，通常包括两方面的工作：主点测设数据的准备和现场测设。

主点的测设数据可根据现场的实际情况（如控制点的分布等）、管道的类型和精度要求的不同，可采用解析法或图解法求得。依据测设数据在现场测设主点，可用极坐标法、角度交会法、直角坐标法和距离交会等进行。为防止出现差错，各主点在实地测设以后，需用相应的方法进行校核。

1. 解析法

当管道附近布设有控制点，且规划设计图上已给出了管道主点的坐标时，可用解析法来求测设数据。

如图 14-3 所示。管道附近已布设有导线点 1、2、3 等点，各导线点的坐标是已知的，管道起点、转折点和管道终点的设计坐标可从设计图上获取。

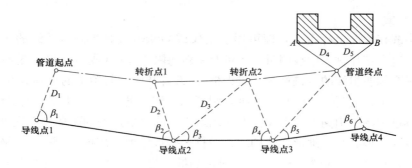

图 14-3 解析法确定主点

由导线点测设各主点的测设数据可以根据坐标进行反算。如图 14-3 中，管道起点与转折点 1 是用极坐标法放样的，其测设数据为 β_1、D_1、β_2、D_2；转折点 2 是由导线点 2、3 利用角度交会法测设的，其测设数据为交会角 β_3、β_4，并测量导线点 2 和转折点 2 的距离 D_3 校核；管道终点是由导线点 3、4 利用角度交会法测设的，由于在规划设计图上用图解法可求得原有建筑物墙角 A、B 至管道终点的距离，故用距离交会法可以校核管道终点的位置。

2. 图解法

当管道规划设计图的比例尺较大，且管道主点附近有可靠的地物时，则可用图解法计算测设数据。

如图 14-4（a）所示，1、2 为原有管道检查井位置，A、B、C 是管道各主点。测设以前，先在设计图上用图解法求得测设长度 D_1、D_2、D_3、D_4、D_5、D_6 和 D_7。管道起点 A 的测设是由检查井 1 沿原有管道 12 的方向，测量长度 D_1 得 A 点，利用 D_2 进行校核；转折点 B 是用 D_3、D_4 以距离交会法测设；管道转折点 C 根据 D_5、D_6 以直角坐标法测设，并以 D_7 进行校核。

（二）中线测量

将管道的起点、转折点和终点等主点测设于地面，仅表示了管道的走向，为便于计算管道的实际长度和绘制纵断面图，须通过量距和测角把管道中心线的平面位置在地面上标示，这项工作称为中线测量。

与渠道测量类似，从管道的起点开始，每隔某一整数距离在管道的中心线上标示里程桩。根据不同管线的要求，里程桩之间的距离，可以为 20、30、50m。

当管道穿越铁路、公路、原有管道等重要地物或管道转折处、或遇地形坡度变化处，需增设加桩。图 14-5 增设 0＋172 的加桩，是因为此处的地面坡度发生了变化。

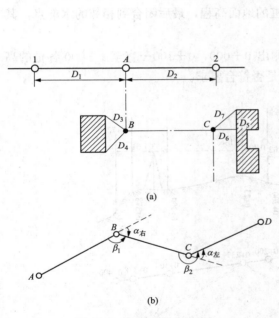

图 14-4　图解法确定主点

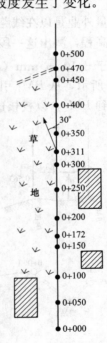

图 14-5　里程桩手簿

管道在转折点处要改变方向，改变后的方向与管道原方向之间的夹角称为转角。如图 14-4（b）所示，A 为管道起点，B、C、D 等为转折点，亦即相邻两直线的交点。转角 $\alpha_{右}$ 表示管线在 B 处向右偏转，$\alpha_{左}$ 表示管线在 C 处向左偏转，β_1 表示管线在各转折点处的右角。测角时，用测回法测量转折点右角 β_1，以计算各转角 α，如图 14-4（b）所示，管道在 B 处向右偏转时

$$\alpha_{右} = 180° - \beta_1$$

当管道在 C 处向左偏转时

$$\alpha_{左} = \beta_2 - 180°$$

209

中线测量时，还要在现场绘出管线两侧的地物和地貌，以供断面图的绘制和深化设计管道之用，这种图称为里程桩手簿。如图 14-5 所示，图中直线表示管道的中心线，直线上的黑点表示里程桩的位置，黑点旁分别注上各桩的桩号，0+172 和 0+311 表示地面坡度变化处的加桩，同时，0+311 处也是管线的转折点，转向的管线仍以原直线方向绘制，箭头表明管线从 0+311m 以后的走向，30°表示管线的偏角，箭头画在中心线的左侧，说明左偏，反之为右偏。加桩 0+470 表示有一道路穿越该处。

第三节　纵断面测量

打好里程桩和加桩以后，需要测量各桩的地面高程，了解纵向地面高低起伏的情况，并绘制线路的纵断面图。下面介绍利用水准仪进行纵断面测量的外业和内业工作。

一、纵断面测量外业

纵断面测量外业是以在线路附近所测设的水准点为依据，按等外水准测量的要求，从一个水准点引测高程，测出这一段线路所有中心桩的地面高程，最后闭合到相邻的水准点，其闭合差不得大于 $\pm 10\sqrt{n}$ mm（n 为测站数）。

如图 14-6 所示，从 BM_1 引测高程，依次测出 0+000，0+100…直至 1+000 各桩的高程，最后闭合到 BM_2，以校核这段纵断面测量是否符合要求。

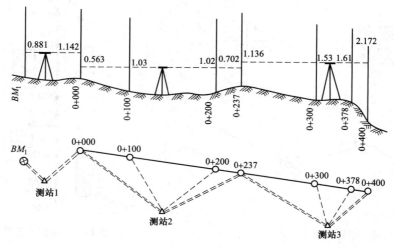

图 14-6　纵断面测量

进行纵断面测量时，由于里程桩或加桩相距不远，设置一个测站往往可以测出几个桩的高程。所以在测量和记录时，采用"视线高法"比较方便，记录格式见表 14-1。表中"前视读数"这一栏内分为"中间点"和"转点"两小栏。转点起着传递高程的作用，它的读数误差直接影响后续各点，因此对转点的读数要更加仔细，要求读至毫米。只有前视读数而没有后视读数的点，叫"中间点"。中间点的读数误差不影响后续各点，读至厘米即可。其计算方法如下

$$视线高程＝后视点高程＋后视读数$$

测点高程＝视线高程－前视读数

例如：在图 14-6 中，已知 BM_1 的高程为 86.102m（表 14-1），仪器设在测站 1，后视 BM_1，得后视读数为 0.881m，此时

视线高程＝86.102＋0.881＝86.983m

前视起始桩（0＋000），得读数为 1.142，这是转点的前视读数，因而求得

起始桩的高程＝86.983－1.142＝85.841（m）

仪器搬至第二测站后，后视转点 0＋000（TP_1），得读数 0.563，则视线高程为：85.841＋0.563＝86.404（m）；由这一站可测得 0＋100 和 0＋200 的前视读数为 1.03 和 1.02，它们是作为中间点来观测的。用第二站的视线高程减去这两个点的前视读数，即可分别求出这两个桩号的高程。这样随测、随记、随算，到适当距离闭合到另一个水准点 BM_2，以检校纵断面测量成果是否符合要求。

表 14-1 纵断面水准测量测量手簿

日期＿＿＿年＿＿＿月＿＿＿日 天气＿＿＿观测者＿＿＿记录者＿＿＿

测点	后视读数（m）	视线高程（m）	前视读数（m）		测点高程（m）	备注
			中间点	转点		
BM_1	0.881	86.983			86.102	已知
0＋000（TP_1）	0.563	86.404		1.142	85.841	
0＋100			1.03		85.37	
0＋200			1.02		85.38	
0＋237（TP_2）	1.136	86.838		0.702	85.702	
0＋300			1.53		85.31	
0＋378			1.61		85.23	
0＋400（TP_3）	1.303	85.969		2.172	84.666	
0＋440（TP_4）	0.412	85.604		0.777	85.192	
0＋500			0.45		85.15	
0＋600			0.10		85.50	
0＋700			0.40		85.20	
$TP5$	0.101	83.964		1.741	83.863	
0＋730			0.03		83.93	
0＋760（TP_6）	3.356	84.358		2.962	81.002	
0＋780（TP_7）	1.691	85.593		0.456	83.902	
0＋800			0.09		85.50	
0＋900			0.39		85.20	
1＋000			0.49		85.10	
BM_2				0.362	85.231	已知高程为 85.215
Σ	9.443			10.314		
校核	9.443 －10.314 －0.871			85.231 －86.102 －0.871		

211

为了检测各测点高程是否发生了计算上的错误，在进行了纵断面测量后，应进行计算校核：

$$\text{后视读数之和}-\text{转点前视读数之和}=BM_2\text{ 的高程}-BM_1\text{ 的高程} \tag{14-1}$$

在所举的例子中（表 14-1）：

后视读数之和－转点前视读数之和＝9.443－10.314＝－0.871（m）；

BM_2 的高程－BM_1 的高程＝85.231—86.102＝－0.871（m）。

校核结果满足式（14-1）的要求，说明计算无误。

测得 BM_2 的高程为 85.231m，但是 BM_2 的已知高程为 82.215m，因而求得纵断面测量闭合差为

$$85.231-85.215=+0.016\ (\text{m})=+16\ (\text{mm})$$

此处，总共设了八个站，故测量的允许误差为

$$\pm 10\sqrt{n}\,\text{mm}=\pm 10\sqrt{8}\,\text{mm}=\pm 28\text{mm}$$

从以上计算可知，闭合差小于允许误差，说明观测成果是满足要求的。

纵断面测量的目的是测出各点的地面高程，所以，应把水准尺放在桩边的地上。但作为转点的观测点，应在桩子附近安置尺垫，把水准尺放在尺垫上，以免由于转点位置的改变而引起差错。在放尺垫时，最好将其选在安置后能与木桩地面大致齐平的地方，以便尽可能减小因增加尺垫而高出地面的误差。另外，转点和中间点的选择可以根据具体情况灵活掌握。

当线路上各里程桩及加桩的高程测出后，为了检查所选路线是否合适，并估算工程量，应根据纵断面外业测量的成果进行内业整理，绘制纵断面图。

二、 纵断面图的绘制

纵断面图的绘制利用 AtuoCAD 绘制。为了能明显地表示出地面起伏的变化，一般高程比例尺（纵向比例尺）要比距离比例尺（横向比例尺）大 10～50 倍，如图 14-7 中，高程比例尺为 1∶100，水平距离比例尺为 1∶5000。现说明如下：

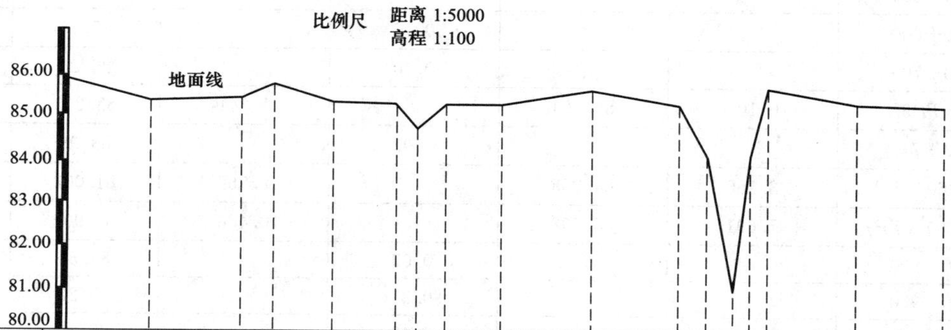

桩号	0+000	0+100	0+200	0+237	0+300	0+378	0+400	0+440	0+500	0+600	0+700	0+730	0+760	0+780	0+800	0+900	1+1000
地面高程	85.84	85.37	85.38	85.70	85.31	85.23	84.67	85.19	85.15	85.50	85.20	83.93	81.00	83.90	85.50	85.20	85.10

图 14-7　某线路纵断面图

"桩号"这一行，是从左向右按距离比例尺填入各里程桩和加桩的桩号。"地面高程"这一行，是将各里程桩及加桩的地面高程凑整到厘米后，填入的地面高程；再根据各桩点的地面高程绘出地面线。

各桩点的地面高程一般都很大，在绘制纵断面图时，高程一般都不从零开始，而从某一合适的数值开始，算例中的高程是从 80.00m 开始的。

第四节　横断面测量

纵断面测量只反映了线路中心线高低起伏的实地情况，而线路都是有一定宽度的，为了较详细地反映线路两旁一定距离内地面高低起伏情况，还须要进行横断面测量。

一、横断面测量外业

横断面测量外业是在各里程桩和加桩处测量垂直于线路方向的地面高低情况。测量的宽度随线路的大小而定。

横断面测量时，先用十字形的方向架（图 14-8）或其他简便方法定出垂直于线路中线的方向，然后从中心桩开始沿此方向测出左右两侧坡度变化点间的水平距离和高差。左、右侧是以线路前进方向为准，面向后方，左手边为左侧，右手边为右侧。

如图 14-9 所示，先测横断面的左侧，第一人将一根断面尺（或皮尺）的一端放在中心桩上，使尺子放平，第二人将另一根断面尺立于坡度变化点处，根据两尺的交点，读出水平距离和高差。例如图中左侧第一段水平距离为 3.0m，高差为 -0.6m。用同样方法可依次测定横断面上左右侧其他各坡度变化点间的距离和高差。在地势平坦地区，有时也可采用水准仪测高差，用皮尺丈量两点间的水平距离。横断面测量记录格式见表 14-2。

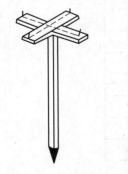

图 14-8　方向架

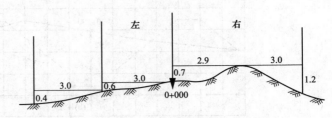

图 14-9　横断面测量

表中所记数据为相邻两点间的水平距离和高差，其中水平距离记在横线之下，高差记在横线之上。如 0+000 桩号左侧第一段记录 $\frac{-0.6}{3.0}$ 表示所测得的坡度变化点距 0+000 里程桩 3.0m，低于该里程桩 0.6m；第二坡度变化点的记录 $\frac{-0.4}{3.0}$，表示它与第一点距离 3.0m，低于第一点 0.4m，此点以后是平地，不用再测，注明"平"字。右侧断面第二点以后的坡度与上一段的坡度一致，所以在记录上注明"同坡"。在中心桩一栏中，横线之上记录里程桩或加桩的桩号，横线之下记录该桩号的高程。

表 14-2 横断面测量手簿

左侧横断面			中心桩	右侧横断面		
平	$\dfrac{-0.4}{3.0}$	$\dfrac{-0.6}{3.0}$	$\dfrac{0+000}{85.84}$	$\dfrac{+0.7}{2.9}$	$\dfrac{-1.2}{3.0}$	同坡
$\dfrac{-0.2}{2.3}$	$\dfrac{-0.3}{3.0}$	$\dfrac{-0.5}{3.0}$	$\dfrac{0+100}{85.37}$	$\dfrac{+0.5}{3.0}$	$\dfrac{-0.7}{3.0}$	$\dfrac{-0.3}{2.5}$
…	…	…	…	…	…	…

二、横断面图的绘制

测完横断面后，根据所测数据，即可将各横断面绘制在 AutoCAD 上。为了计算方便，横断面图的距离比例尺与高程比例尺相同。一般采用 1∶100 或 1∶200。如图 14-10 所示，比例尺为 1∶100，横向表示距离，纵向表示高差，当要绘制 0+000 里程桩的横断面时，先在方格纸适当位置标定 0+000 点，为了绘制右侧第一点，从记录中（表 14-2）查得其数据为 $\dfrac{+0.7}{2.9}$，此时从 0+000 点向右侧按比例量取 2.9m 的一点，再由该点向上（高差为负时向下量取）按比例量取 0.7m，即得右侧第一点。同法可绘出其他各点，连接各点所得的地面线（图 14-10 中的实线）即是 0+000 点的横断面图。

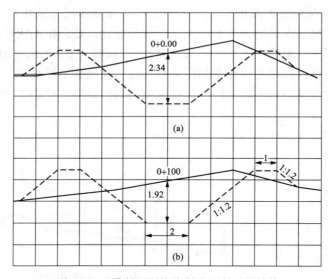

图 14-10　横断面图的绘制及土方量的计算

第五节　土方计算

对于有挖填方工程的线路，如渠道、道路和管道等，需要进行挖填方量的计算。下面以渠道为例介绍土方计算方法。

当渠道的纵、横断面图绘好后，便要计算渠道开挖或填筑的土石方量，以便编制经费预算、进行方案比较。

线路土方计算常采用平均断面法，即先算出相邻两中心桩应挖（或填）的横断面面积并取其平均值，再乘以两断面的距离，求得这两中心桩之间的土方量。以公式表示为

$$V = \frac{1}{2}(A_1 + A_2)D \tag{14-2}$$

式中 V——两中心桩间土方量，m^3；

A_1、A_2——两中心桩上应挖（或填）的横断面面积，m^2；

D——两中心桩间的距离，m。

由上式求出的土方量，虽是近似值，但它简单易算，精度也能满足生产实际的需要，所以生产上大多数采用此法来计算土方量。

从式（14-2）可知，为了计算土方，必须计算各断面应挖或应填的面积。而计算面积之前，要在每个中心桩的横断面图上套绘线路设计断面。

如图 14-10 为渠道土方量的计算，实线分别为 0+000 和 0+100 的实测横断面。设两个量程中心线处挖深分别为 2.34、1.92m，根据挖深将标准横断面与实测断面套在一起，标准断面如虚线所示。从图上清楚地表示出了挖或填的范围，从而可计算填、挖面积。

随着电子地图应用的推广，土石方的计算可以由专门的程序自动解算，这样大大降低了劳动强度。

第六节　数字地形图在线路工程测量中的应用

在数字地形图成图软件的支持下，利用数字地形图可以设置线路中线、设计线路曲线、绘制断面图和计算土石方工程量等。本节简要介绍南方软件 CASS 在线路工程中的应用。

一、生成线路里程文件

为了线路施工和计算土方工程量，沿中线设置里程桩，因此首先要生成里程文件，具体操作步骤如下：

（1）根据设计要求在地形图上用复合线绘出线路中线和线路边线。

（2）单击 CASS 主菜单中的"工程应用"项，单击"生成里程文件"，选择 I "由纵断面线生成"，并单击"新建"，在"命令栏"中将出现"选择纵断面"，此时选择已经在图上绘出的纵断面线（线路中线）；选择完成后出现图 14-11 窗口，根据图示输入所需参数后按"确定"，软件将自动生成横断面线，如图 14-12 所示。

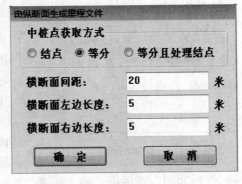

图 14-11　"由纵断面生成里程文件"对话框

（3）单击 CASS 7.0 主菜单中的"工程应用"项，单击"生成里程文件"，选择一种里程文件生成的方式（如"由等高线生成"），命令栏提示"请选取断面线"，选择完成后，弹出需要输入存储里程文件位置的对话框，选择文件夹，输入文件名就形成了里程文件。

（4）绘制断面图的方法有多种，现在介绍通过等高线绘制断面图。单击 CASS 7.0 主菜

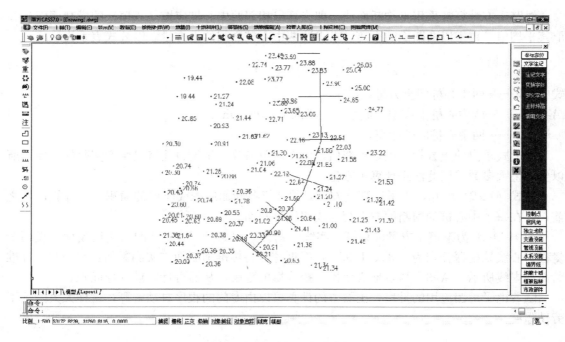

图 14-12 由纵断面生成横断面

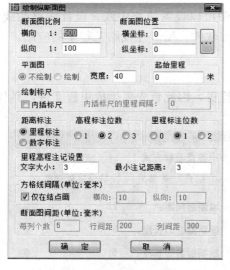

图 14-13 "绘制断面图"对话框

单中的"工程应用"项，单击"绘断面图"，选择"根据等高线"，在选择断面线后，弹出图 14-13 对话框，输入相关信息，即可自动生成断面图。

二、线路土方量的计算

CASS 7.0 软件中路线土方量的计算方法有多种，在此介绍应用断面线计算土方量。

（1）单击 CASS 7.0 主菜单中的"工程应用→断面法土方计算→道路设计参数文件"，会显示图 14-14"道路设计参数设置"窗口，如果事先编制好的线路设计参数文件，在图中可以打开文件，否则在框中输入设计参数，最后保存。

（2）单击"断面法土方计算→道路断面"，弹出图 14-15"断面设计参数"窗口，按照对话框的要求输入相关内容，最后单击"确定"按钮后会弹出"绘制纵断面图"对话框，输入相关内容，按"确定"后，即可绘制线路的纵断面和横断面图（图 14-16）。

（3）单击"断面法土方计算→图面土方计算"，弹出如下命令："选择要计算土方的断面图"：在图上用框线选定所有参与计算的横断面，随后命令栏中出现"指定土石方计算表的位置"：此时在适当位置用鼠标单击图面定点，系统自动在图上绘出土石方计算表，如图 14-17 所示，得出总挖方和填方。

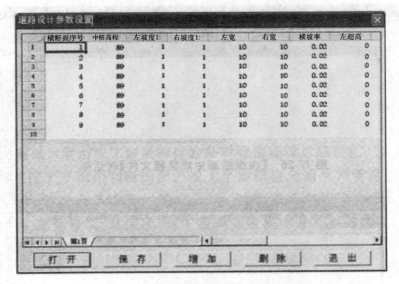

图 14-14 "道路设计参数设置"窗口

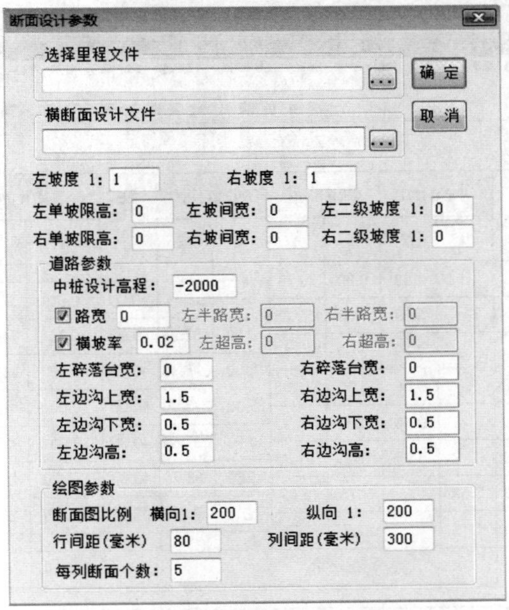

图 14-15 "断面设计参数"窗口

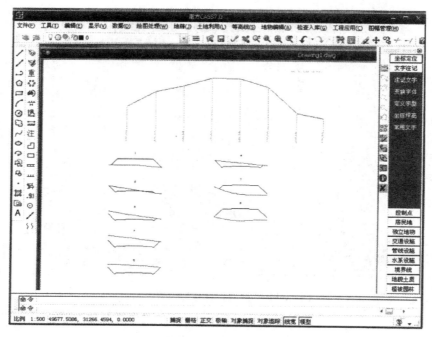

图 14-16　路线纵横断面图

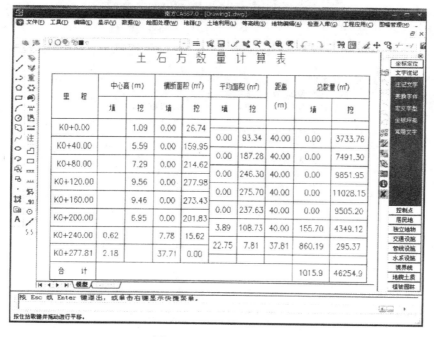

图 14-17　土石方计算表

参 考 文 献

［1］邓念武．测量学［M］.3版.北京：中国电力出版社，2015.

［2］岳建平，邓念武．水利工程测量［M］.5版.北京：中国水利水电出版社，2008.

［3］中华人民共和国建设部，中华人民共和国国家质量监督检验检疫总局.GB/T 12898—2009 国家三、四等水准测量规范［S］.北京：中国标准出版社，2009.

［4］中华人民共和国国家质量监督检验检疫总局，中国国家标准化管理委员会.GB/T 18314—2009 全球定位系统（GPS）测量规范［S］.北京.中国标准出版社，2009.

［5］中华人民共和国国家质量监督检验检疫总局，中国国家标准化管理委员会.GB/T 13989—2012 国家基本比例尺地形图分幅和编号［S］.北京：中国标准出版社，2012.

［6］中华人民共和国国家质量监督检验检疫总局，中国国家标准化管理委员会.GB/T 20257.1—2017 国家基本比例尺地图图式 第1部分：1∶500　1∶1000　1∶2000 地形图图式［S］.北京：中国标准出版社，2017.

［7］张正禄．工程测量学［M］.3版.武汉：武汉大学出版社，2020.

［8］潘正风．数字地形测量学［M］.2版.武汉：武汉大学出版社，2019.

［9］潘正风．数字地形测量学习题和实验［M］.武汉：武汉大学出版社，2017.

［10］程效军．测量学［M］.5版.上海：同济大学出版社，2016.

［11］覃辉．测量学［M］.2版.北京：中国建筑工业出版社，2014.

［12］孔祥元．控制测量学［M］.4版.武汉：武汉大学出版社，2015.

"十四五"普通高等教育本科系列教材

武汉大学规划核心教材

测量学习题与实训指导

金银龙　邓念武　张晓春　刘任莉　编

中国电力出版社
CHINA ELECTRIC POWER PRESS

目 录

第一篇 复习思考题

第一章 概　述

1. 什么是水准面和大地水准面？大地水准面在测量上有何用途？

2. 什么是绝对高程、相对高程、1956 年黄海高程系？

3. 在高斯—克吕格投影中，3°带与 6°带有何区别？

4. 北京某点经度为 116°28′，试计算它所在 3°带与 6°带的带号，相应的 3°带与 6°带的中央子午线的经度是多少？

5. 设地形图上某点的坐标为 $x = 2\ 489\ 576$m，$y = 20\ 225\ 760$m，请问该点离赤道多远？距中央子午线多远？属第几投影带？

6. 测量中的平面直角坐标系与数学中的有何异同？

7. 用水平面代替水准面对高程和距离有何影响？在多大范围内用水平面代替水准面才不至于影响测距和测角的精度。

8. 确定地面点的三个基本要素是什么？

9. 测量工作的基本原则是什么？为什么要遵循此原则？

第二章 水　准　测　量

1. 何谓高差？水准仪是根据什么原理测定两点间高差的？高差正、负号的意义是什么？

2. 何谓后视读数和前视读数？将水准仪置于 P、N 两点之间，在 P 尺上的读数为 1.586m，在 N 尺上的读数为 0.435m，试求高差 h_{NP}，并指出哪点高？

3. 何谓转点？转点的作用是什么？

4. 什么是圆水准器轴、水准管轴？水准仪的水准管和圆水准器各起什么作用？若一台水准仪只有水准管没有圆水准器是否能进行水准测量？

5. 水准管分划值、灵敏度及其内壁的圆弧半径三者之间有何关系？

6. 何谓视准轴？水准管气泡居中视准轴水平，这句话对吗？

7. 何谓视差？产生视差的原因是什么？如何消除视差？

8. 水准仪有哪些主要轴线？它们之间应满足哪些几何条件？哪个是主要条件？为什么？

9. 水准测量中，将水准仪置于前、后尺等距离处，可消除哪些误差？

10. 在进行水准测量时，当后视完毕转向前视时水准管的气泡往往又不居中，为什么？如何处理？能否能用脚螺旋使气泡居中？如果发现圆水准器也偏离中心，如何处理？

11. 已知某水准仪的水准管分划值为 $20''/2$mm，当尺子离仪器 75m 时，欲使因水准管气泡不居中而产生的读数误差不超过 2mm，问气泡偏离中心位置不应超过几格？

12. 水准尺倾斜对水准测量有何影响？设由于水准尺倾斜所引起的读数误差不超过 2mm，当读数为 2.5m 时，允许水准尺倾斜多少？

13. 安置仪器于 A、B 两点中间，测得 A 尺读数为 1.321m，B 尺读数为 1.117m，仪器搬至 B 点附近，测得 B 尺读数为 1.466m，A 尺读数为 1.695m，试问：水准管轴是否平行于视准轴？如不平行，应怎样校正？

↘ 第三章 角 度 测 量

1. 什么是水平角？经纬仪为什么能测出水平角？

2. 如希望用 0°02′ 对准目标 A，对于具有测微尺的光学经纬仪和电子经纬仪各应如何操作？

3. 使用经纬仪测水平角时，当用望远镜瞄准同一竖直面内不同高度的两个目标，在水平度盘上读数是不是一样？测定两个不同竖直面内不同高度的目标间的夹角是否为水平角？

4. 什么是竖直角？观测竖直角时，竖直度盘指标水准管的气泡为什么一定要居中？望远镜和竖直度盘指标的关系怎样？竖直度盘读数和竖直角的关系如何？

5. 观测水平角与竖直角时，用盘左、盘右观测可以消除哪些误差？能否消除仪器竖轴倾斜引起的误差？

6. 经纬仪有哪些主要轴线？它们之间应满足什么条件？

7. 在检验 $CC \perp HH$ 时，为什么要瞄准与仪器同高的目标？在检验 $HH \perp VV$ 时，为什么要瞄准一高处目标？

8. 什么叫指标差？用经纬仪瞄准一目标 A，盘左竖直度盘读数为 91°18′24″，盘右竖直度盘读数为 268°44′48″（盘左望远镜仰起，竖直度盘读数减小），这时 A 点正确的竖直角是多少？指标差是多少？盘右的正确读数应为多少？

9. 仪器对中误差及照准点偏心误差对测角的影响与偏心距 e 和边长 S 各有何关系？

↘ 第四章 距离测量和直线定向

1. 在进行一距离改正时，当钢卷尺实长大于名义长，量距时的温度高于检定时温度，此时尺长改正、温度改正和倾斜改正数为正还是负，为什么？

2. 名义长为 30m 的钢卷尺，其实际长为 29.996m，这把钢卷尺的尺长改正数为多少？若用该尺丈量一段距离得 98.326m，则该段距离的实际长度是多少？

3. 一钢卷尺经检定后，其尺长方程式为 $l_t = 30\text{m} + 0.004\text{m} + 1.2 \times 10^{-5} \times (t - 20) \times 30\text{m}$，式中 30m 表示什么？+0.004m 表示什么？$1.2 \times 10^{-5} \times (t - 20) \times 30\text{m}$ 又表示什么？

4. 视距测量时，测得高差的正、负号是否一定取决于竖直角的正、负号，为什么？

5. 某测距仪"精尺"长为 10m，"粗尺"长为 1000m。利用其测一段距离时，"精尺"测得距离为 3.286m，"粗尺"测得长度为 583.3m，则该段长度为多少？

6. 利用测距仪测距时，为什么要进行气象改正？

7. 为什么要进行直线定向？确定直线方向的方法有哪几种？

8. 什么是方位角、象限角？坐标方位角与象限之间有何关系？正、反坐标方位角之间有何关系？

9. 已知 A 点的磁偏角为西偏 $21'$，过 A 点真子午线与中央子中线的收敛角为 $+3'$，直线 AB 的坐标方位角 $\alpha=60°20'$，求直线 AB 的真方位角与磁方位角，并绘图说明。

第五章　全站仪测量

1. 全站仪测量的基本数据有哪些？

2. 全站仪种类有哪些类型？

3. 全站仪由哪几部分组成？

4. 全站仪与普通经纬仪、测距仪相比有何优势？

第六章　全球导航卫星系统简介

1. 请简述 GNSS 的特点。

2. GNSS 定位方法有哪些，其基本原理是什么？

3. 北斗卫星导航系统主要通过哪几类服务？

4. 目前全球存在几种卫星定位系统？各自状况如何？

第七章　测量误差的基本知识

1. 什么是系统误差？什么是偶然误差？偶然误差有哪些特性？

2. 什么是"一次观测值中误差""算术平均值中误差""相对中误差"？试举例说明。

3. 应用误差传播定律时，等式右边是否要求各项误差必须误差独立？

4. 什么是一测回一方向的中误差？如一测回一方向的中误差为 $\pm2''$，则一测回测角中误差为多少？若要求测角中误差小于 $\pm1''$，需测几个测回？

5. 水平角测量，正倒镜观测主要是为了消除系统误差还是偶然误差？增加测回数是为了削弱系统误差还是偶然误差？

6. 在相同的观测条件下，观测了 10 个三角形，其闭合差为：$+2''$、$+4''$、$-5''$、$-5''$、$+8''$、$-4''$、$+7''$、$-8''$、$-9''$、$+8''$。试计算一次观测值中误差 m 并回答如下问题：

（1）这 10 个三角形的每个三角形，其闭合差的中误差 m 是否相同？

（2）根据中误差 m 计算极限误差 Δ，这 10 个三角形中是否有超过极限误差的三角形？

（3）由三角形的一次观测中误差，计算一个角的测角中误差。

7. 假若规定红黑面高差之差的极限误差为 $\pm5.6\text{mm}$，计算红面高差、黑面高差、红黑面读数差及红黑面一站高差平均数的中误差。

8. 在视距测量中，高差的计算公式为 $h = \frac{1}{2}kl \cdot \sin2\alpha + i - s$ 或 $h = D \cdot \tan\alpha + i - s$，能否将后式微分后换成中误差关系式计算高差中误差 m_h？为什么？

第八章　小地区控制测量

1. 地形测量应遵循什么原则？为什么？

2. 平面控制网有哪几种形式？各有何优缺点？各在什么情况下采用？

3. 导线有哪几种布置形式？各适用于什么情况？

4. 导线测量的外业工作有哪些？

5. 选定导线点时应注意哪些问题？

6. 在导线测量的内业计算中，其角度闭合差调整的原则是什么？坐标增量闭合差调整的原则是什么？如何计算闭合导线、附合导线的坐标增量及坐标增量闭合差？

7. 在推算导线方位角时，按顺时针方向推算和按逆时针方向推算有何不同？

8. 单一水准线路有哪几种形式？其闭合差的分配原则是什么？

9. 在进行四等水准测量时，用双面水准尺读数，测站上应做哪些检核？对一条水准路线有哪些限差规定？

第九章　大比例尺地形图的测绘

1. 什么是地物、地貌？表示地物的符号有哪几类？

2. 平面图和地形图有何不同？

3. 何谓等高线、等高距、等高线平距？等高线分哪几类？如何表示？

4. 等高线有哪些特性？分别绘简图表示。

5. 什么是山脊线、山谷线？等高线的表现特征有何不同？

6. 根据什么原则勾绘等高线？

7. 简述电子测图的工作步骤。

8. 电子测图有哪些优点？

第十章　地形图的应用

1. 地形图的分幅和编号方法有哪些？

2. 地形图选用的基本原则是什么？

3. 如何识读地形图？

4. 如何在地形图上确定一条直线的坡度？

5. 根据地形图求算汇水面积和库容的步骤是什么？为了保证求算的精度，应注意哪些问题？

6. 若在地形图上设计某土坝的位置，应如何确定其坡脚线？

7. 如何将建筑场地平整为水平场地？

第十一章　施工测量的基本工作

1. 放样与测图的区别何在？放样的精度与哪些因素有关？

2. 在地面上要测设一段 24.000m 的水平距离 AB，所使用的钢尺尺长方程式为 $l_t = 30m + 0.005m + 1.2 \times 10^{-5} \times (t - 20) \times 30m$。测设时钢尺的温度为 12℃，所施于钢尺的拉力与检定的拉力相同。概量后测得 AB 两点间桩顶的高差 $h = 0.205m$，试计算在地面上需要量出的长度。

3. 利用高程为 37.531m 的水准点，要测设高程为 37.831m 的室内地坪标高，设尺子立在水准点上时按水准仪的视线在尺上画一条线，问在同一根尺上应该在什么地方再画一条线，才能使视线对准此线时，尺子底部就本室内地坪高程的位置？

4. 点的平面位置的放样方法有哪几种？各适用于什么情况？

5. 已知 $\alpha_{MN} = 300°04'05''$，$x_m = 14.221m$，$y_M = 86.712m$，$x_A = 42.339m$，$y_A = 85.003m$。试计算经纬仪安置在 M 点用极坐标法测设 A 点所需的数据，并绘制草图。

第十二章　工业与民用建筑中的施工测量

1. 如何进行建筑方格网主轴线的测设？

2. 如何进行厂房柱列轴线的放样？

3. 民用建筑施工中的测量工作有哪些？

4. 如何进行建筑物的沉降观测和倾斜观测？

第十三章　隧洞施工测量

1. 由两端对向开挖的隧洞，其贯通误差有哪些？原因何在？

2. 隧洞施工测量包括哪两部分？其目的分别是什么？

3. 为什么对于较长的隧洞定线时，必须建立施工控制网？

4. 简述旁洞、斜洞的洞外定线测量方法。

5. 简述通过竖井传递开挖方向的方法。

第十四章　路线工程测量

1. 渠道选线及中线测量包括哪些内容？

2. 有一盘山渠，已知渠首引水高程为 58.500m，渠深 1.500m，渠道坡降为 1/3000，试求离渠首 3.6km 处 B 点的渠顶高程，若该点附近有一水准点 BM_1 的高程 58.055m，将水准仪置于 BM_1 和 B 点之间，在 BM_1 水准尺读数为 1.732m。试求 B 点的前视读数。

3. 什么是里程桩、加桩、中心桩？

4. 如何进行纵断面测量？精度要求怎样？
5. 如何进行横断面测量？
6. 简述边坡桩放样的方法。

第二篇 练 习 题

↘ 习题一 四等水准测量记录计算

根据图 2-1 中所列四等水准测量的观测数据，将各站所得的红、黑面读数分别填入表 2-1 内，并进行计算及校核，检查各项误差是否超限，最后求出总高差。

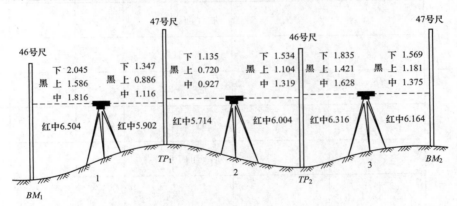

图 2-1

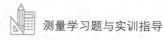

表 2-1   四等水准测量记录

测站编号	点号	后尺下丝 后尺上丝 后距（m） 后前距差 d（m）	前尺下丝 前尺上丝 前距（m） 累计差 $\sum d$（m）	方向及尺号	水准尺读数（m）		$K+$黑－红（mm）	高差中数（m）
					黑面	红面		
				后				
				前				
				后－前				
				后				
				前				
				后－前				
				后				
				前				
				后－前				
总高差计算	$\triangle h =$							

习题二　水准测量闭合差的调整

图 2-2 为附合于三等水准点的四等水准路线，已知 $BM_{\mathrm{III}-A}$ 的高程为 38.442m，$BM_{\mathrm{III}-B}$ 的高程为 39.587m，试计算：

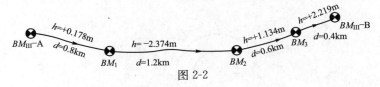

图 2-2

1. 测量误差是否在容许范围内（$\Delta h_{容}=\pm 20\sqrt{L}\ \mathrm{mm}$）；
2. 若闭合差在容许范围内，先进行闭合差的调整（表 2-2），然后求出 BM_1、BM_2、BM_3 的高程。

表 2-2　　　　　　　　　　　　水准测量闭合差的调整

水准点编号	线路长度（km）	高差（m）			高程（m）
		观测值	改正值	改正后高差	
$\sum$					
计算	$\Delta h=$ $\Delta h_{容}=$ 每千米改正数：$\dfrac{-\Delta h}{\sum b}=$				

9

习题三 全圆测回法记录计算

用6″级光学经纬仪按全圆测回法观测水平角（图2-3），其所得观测数据列于表2-3，根据这些数据完成表格的各项计算，检查各项误差是否超限，并求出两测回平均值。

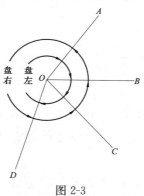

图 2-3

表 2-3 全圆测回法记录计算

测站	目标	水平度盘读数		盘左、盘右平均值 $\dfrac{左+（右±180°）}{2}$	归零方向值	各测回归零方向平均值	水平角值
		盘左 ° ′ ″	盘右 ° ′ ″	° ′ ″	° ′ ″	° ′ ″	° ′ ″
O	A	00 00 30	180 00 54				
	B	42 26 30	222 26 36				
	C	96 43 30	276 43 36				
	D	179 50 54	359 50 54				
	A	00 00 30	180 00 30				
O	A	90 00 36	270 00 42				
	B	132 26 54	312 26 48				
	C	186 43 42	06 43 54				
	D	269 50 54	89 51 00				
	A	90 00 42	270 00 42				

习题四 精密距离丈量

用 30m 钢卷尺丈量基线 AB 的长度，其各段丈量的结果，丈量时的温度，各尺段之高差均填于表 2-4 中，当温度 20℃，拉力 98N 时，钢卷尺实际长度为 30.0041m。试计算各尺段的平均长度、温度改正、倾斜改正、尺长改正及各项改正后的长度及基线总长（各项计算取至 0.1mm）。

表 2-4   精密距离丈量

尺段	次数	前尺读数 (m)	后尺读数 (m)	尺段长数 (m)	尺段平均长度 (m)	温度 t 温度改正 ΔL_t (mm)	高差 h 倾斜改正 ΔL_h (mm)	尺长改正 ΔL_b (mm)	改正后的尺段长度 (m)	备注
1	2	3	4	5	6	7	8	9	10	11
	1	29.850	0.032							
A-1	2	29.863	0.044			22.3°	+0.378			
	3	29.877	0.058							
	1	29.670	0.057							
1-2	2	29.688	0.076			23.1°	+0.247			
	3	29.691	0.078							
	1	29.920	0.077							
2-3	2	29.934	0.089			23.5°	+0.460			
	3	29.939	0.095							
	1	7.570	0.064							
3-B	2	7.579	0.072			24.1°	+0.105			
	3	7.589	0.083							

距离总长＝

习题五 视距测量计算

用经纬仪进行视距测量，其观测数据列于表 2-5（盘左视线水平时，竖盘读数为 90°，望远镜上仰竖盘读数减小），试用计算器计算各点点的水平距离及高程。

表 2-5

视距测量计算

测站 A　　测站高程 37.45m　　仪器高 1.37m　　视距常数 K=100

测点	尺上读数 (m)			视距间隔 (m)	竖盘读数 ° ′	竖直角 ° ′	水平距离 (m)	初算高差 (m)	高差 (m)	高程 (m)
	中丝	下丝	上丝							
1	1.37	2.086	0.663		86 15					
2	1.37	1.997	0.725		94 42					
3	2.00	2.675	1.331		93 21					
4	1.50	1.968	1.047		85 36					

习题六　测量误差的计算

1. 在一个三角形中观测了 α、β 两内角，其中误差分别为：$m_\alpha = \pm 15''$、$m_\beta = \pm 15''$，由 $180°$ 减去 $\alpha + \beta$ 求 γ 角，计算 γ 角的中误差。

2. 用经纬仪观测封闭六边形的六个内角，每个内角观测两测回取其平均值，每测回的中误差为 $\pm 15''$，试估算该六边形内角和的中误差为多少？

3. 设用经纬仪测量水平角，一测回的中误差为±15″，现测量三角形的三个内角，要求三角形闭合差不得大于±30″（容许误差为两倍中误差），问需要测几测回？

4. 在四等水准的闭合路线 $BM_1 \rightarrow A \rightarrow B \rightarrow BM_1$ 中 $h_1 = +0.178\text{m}$、$s_1 = 2\text{km}$，$h_2 = -2.374\text{m}$，$s_2 = 3\text{km}$，$h_3 = +2.184\text{m}$，$s_3 = 1\text{km}$。已知每千米高差的中误差为 $m = \pm2.5\text{mm}$，求经闭合差调整后的高差 h_1' 的中误差（h_1' 为 h_1 经闭合差调整后的高差，高差以 m 为单位）。

5. 设某钢卷尺长为 l，现用该尺连续量了 4 个整尺段，得距离 D，若已知丈量一尺段的中误差 $m=\pm2mm$，试求全长 D 的中误差为多少？

6. 在水准测量中，若照准及气泡居中的中误差为 $\pm2''$，$\pm1''$，现要求在尺上读数误差不得大于 $\pm2mm$（容许误差为两倍中误差），求仪器到水准尺的距离应不大于多少？

7. 全站仪安置于 O 点，利用全圆测回法测量 A、B、C、D 四个方向水平度盘读数，计算水平角。试求一测回 A、B、C、D 四个方向归零方向值的中误差、各水平角 2 测回平均值的中误差。

8. 在 1：2000 地形图上量取 A、B 两点间距离六次，其结果如下：93.7，93.1，93.6，93.9，93.4，93.3（以 mm 为单位）。求下列值并填入表 2-6。

(1) 算术平均值；

(2) 量取一次的中误差；

(3) 算术平均值的中误差；

(4) 地面上的平均距离；

(5) 地面上平均距离的中误差；

(6) 平均距离的相对中误差。

表 2-6 测 量 误 差 的 计 算

观测次序	观测值	改正值 v	v^2	计算
1				
2				量取一次的中误差 $m=$
3				算术平均值的中误差 $M_d=$ 地面上的平均距离 $D=$
4				地面上平均距离的中误差 $M_D=$
5				平均距离的相对中误差 $\dfrac{1}{N}=$
6				
平均值		$[v]=$	$[v^2]=$	

9. 用水准仪从已知高程点 A 测至 B 点，A 至 B 的路线长度为 15km，现已知 A 点的高程中误差 $m_A=\pm 10mm$，要求测定 B 点的高程中误差小于 $\pm 40mm$，问每千米观测高差中误差应为多少？

↘ 习题七　闭合导线的计算

在图 2-4 中，$ABCD$ 为一闭合导线，其观测数据（角度，边长，起始方位角），在图上已注明，已知导线点 A 的坐标 $x_A = 1000.000$m，$y_A = 1000.000$m。角度精确至（"），边长、坐标精确至 mm。

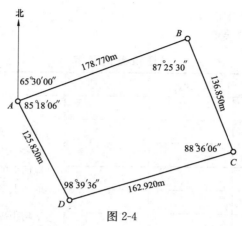

图 2-4

据此在表 2-7 内计算导线点 B、C、D 的坐标。

↘ 习题八　附合导线的计算

在图 2-5 中，导线附合在三角点 B、C 上，其野外观测数据（边长及角度）已注在图上。已知：

B 点的坐标 $x_B = 5806.000$m，$y_B = 785.000$m；

C 点的坐标 $x_C = 5475.620$m，$y_C = 1223.100$m；

AB 边的方位角 $\alpha_{AB} = 149°40'00''$；

CD 边的方位角 $\alpha_{CD} = 8°52'55''$。

据此在表 2-8 中计算导线点 1、2 的坐标。

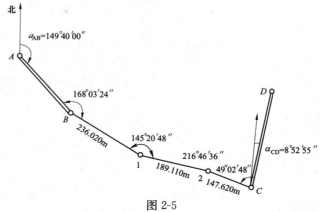

图 2-5

表 2-7

闭 合 导 线 计 算

测站	角度观测值 °′″	改正值 ″	改正后角值 °′″	方位角 °′″	边长 (m)	坐标增量计算值（m）改正数		改正后坐标增量 (m)		坐标值 (m)	
						Δx	Δy	$\Delta x'$	$\Delta y'$	x	y
1	2	3	4	5	6	7		8		9	
计算	$\sum d=$			$\sum \Delta x=$		$\sum \Delta y=$					
	$f_\beta=$			$f_x=$		$f_y=$					
	$f_{\beta容}=$			$f=\sqrt{f_x^2+f_y^2}=$		$K=\dfrac{f}{\sum d}=$					

表 2-8

附 合 导 线 计 算

测站	角度观测值 ° ′ ″	改正值 ″	改正后角值 ° ′ ″	方位角 ° ′ ″	边长 (m)	坐标增量计算值 (m) 改正数		改正后坐标增量 (m)		坐标值 (m)	
						Δx	Δy	$\Delta x'$	$\Delta y'$	x	y
1	2	3	4	5	6	7	7	8	8	9	9

计算

$\sum d =$

$f_\beta =$

$f_{\beta允} =$

$\sum \Delta x =$

$f_x =$

$f = \sqrt{f_x^2 + f_y^2} =$

$\sum \Delta y =$

$f_y =$

$K = \dfrac{f}{\sum d} =$

↘ 习题九 等高线的勾绘（目估法）

图 2-6 为某地区野外碎部测量成果，试根据各碎部点高程用目估法勾绘出该地区的等高线（基本等高距为 1m）。

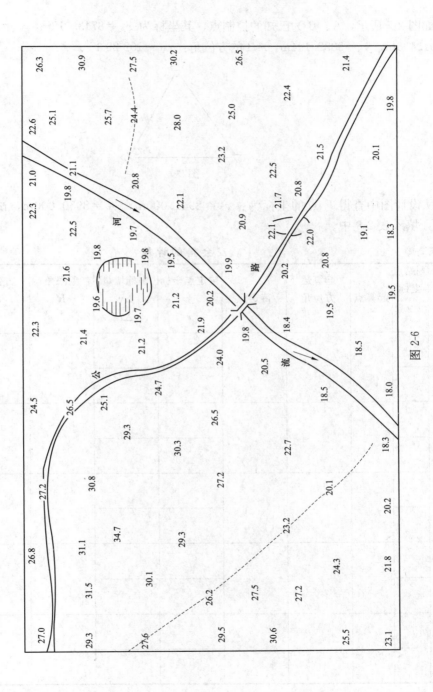

图 2-6

习题十 交会角的计算

如图 2-7 所示，A、B 为已知的控制点，其坐标为 $x_A = 8743.015$m，$y_A = 8798.008$m，$x_B = 8691.436$m，$y_B = 9032.194$m，AB 的方位角：$\alpha_{AB} = 102°25'16''$。

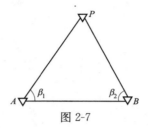

图 2-7

从设计图中查得 P 点的坐标为：$x_P = 8941.000$m，$y_P = 8950.000$m，试计算放样角 β_1 和 β_2，填入表 2-9 中。

表 2-9 交会角的计算

测站点	测站点坐标 y x	起算点	起算边方位角 ° ′ ″	待定点	待定点坐标 y x	坐标增量 Δy Δx	象限角 R ° ′ ″	方位角 α ° ′ ″	放样角 β ° ′ ″

习题十一　线路纵断面水准测量记录计算

根据图 2-8 中所列线路纵断面水准测量的观测数据，将各站测得数字填入表 2-10 内，并用视线高法计算各中心桩的高程（已知 $H_{BM1}=37.243$m，$H_{BM2}=39.666$m）。

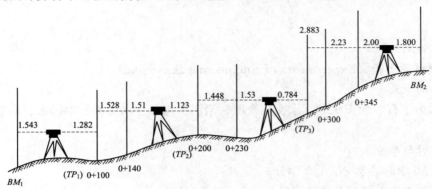

图 2-8

表 2-10　　　　　　　　　　　　　　　　　纵断面水准测量记录

测点	后视读数（m）	视线高程（m）	前视读数（m）		测点高程（m）	备注
			中间点	转点		
						路线校核计算
						$\Delta h=$
						$\Delta h_{容}=$
Σ						
计算校核						

23

第三篇 测量实验指导

一、实验名称

工程测量学实验（Experiments of Engineering Surveying）

二、面向专业

水利水电工程、农田水利、水文水资源、治河工程、土木工程、给排水、港航、城市规划等专业。

三、学时与学分

学时：36学时，学分：1.0学分。

四、实验内容及操作基本要求

1. 实验前应认真阅读实验指导书，做好预习，明确实验目的和要求、方法和步骤，记录与计算规则，以保证按时保质保量地完成实验任务。

2. 严格遵守作息时间，不得迟到或无故缺课，同组学生不得以任何借口代替缺课者完成本次实验。实验因故缺课者，应另找时间补做，并由实验室教师签字方能认可。

3. 上实验课时，学生应认真听取教师对本次实验方法和具体要求的讲解和布置，再以实验小组为单位到实验室填写仪器领用单，领用时应检查仪器、工具是否完好。在实验时，学生应像爱护自己的眼睛一样爱护仪器和工具。

4. 每个小组应按照要求有计划地完成实验内容，每个学生应轮流完成各个实验环节。同学之间要相互配合，相互学习，遇到困难或发现问题要及时解决，不要相互埋怨。

5. 实验时要求爱护校园内的各种设施和花草树木。

6. 实验结束时，应当场提交实验成果，经指导教师审阅同意后，才能归还仪器。如果成果不合格，应及时重测。

7. 归还仪器前，应清点各项用具。若遗失或损坏仪器或工具，应按规定赔偿。

实验一 水准仪的认识、等外水准测量

【目的要求】

1. 了解掌握水准仪基本构造，并能正确使用水准仪，掌握读数方法。
2. 掌握闭合水准路线闭合差的概念。

【实验仪器】

水准仪、脚架、水准尺。

【实验组织】

实验学时为 2 学时，2～4 人一组，轮流分工为：1 人操作仪器，1 人记录计算，2 人立水准尺或将水准尺固定在实验场地内，见表 3-1。

【操作要求】

1. 掌握水准仪的安置，整平以及读数方法。
2. 掌握一个测站水准测量的基本操作步骤。
3. 由 3 个测点构成一个闭合环，观测 3 段高差，求出闭合路线的闭合差 f_n，按 $f_{n允}=\pm10\sqrt{n}$ mm 求出闭合差的允许值，若观测值超限，则进行返工重测。
4. 按实验报告完成记录计算工作。

【操作要点】

1. 在选择测站或转点时，应尽量避免车辆、行人或相互干扰。
2. 读数前应消除视差，微倾式水准仪应严格注意符合气泡居中。
3. 水准尺应直立，已知高程的水准点上不能放尺垫。
4. 同一测站，圆水准器只能整平一次。
5. 在迁站时，上一站前视尺尺垫不得移动。

【技术要求】

1. 视线长度不得超过 100m。
2. 闭合差的允许值为

$$\Delta h_{允}=\pm10\sqrt{n}\ （\mathrm{mm}）$$

或

$$\Delta h_{允}=\pm40\sqrt{L}\ （\mathrm{mm}）$$

式中，n 为测站数，L 为水准路线长度，以 km 计。

表 3-1   水 准 测 量 记 录

日期＿＿＿＿＿＿＿＿＿＿＿＿＿ 时　间＿＿＿＿＿＿＿＿＿＿＿＿＿ 天　气＿＿＿＿＿＿＿＿＿＿＿

仪器＿＿＿＿＿＿＿＿＿＿＿＿＿ 观测者＿＿＿＿＿＿＿＿＿＿＿＿＿ 记录者＿＿＿＿＿＿＿＿＿＿＿

测站	测点	后视读数（m）前视读数（m）		高差（m） +	高差（m） −	高程（m）	备注
		后					
		前					
		后					
		前					
		后					
		前					
		后					
		前					
		后					
		前					
		后					
		前					
		后					
		前					
		后					
		前					
计算的校核		Σ后					
		Σ前					
误差计算		$\Delta h=$					
		$\Delta h_{容}=\pm 10\sqrt{n}$（mm）=					

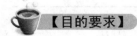

实验二　水准仪的检验与校正

 【目的要求】

1. 掌握水准仪的主要轴线以及轴线间必须满足的条件。
2. 熟悉水准仪检验校正的项目。
3. 熟练掌握每个项目的检验和校正方法。

 【实验仪器】

水准仪、水准尺、脚架。

【实验组织】

实验学时为 2 学时，2～4 人一组，轮流分工为：1 人操作仪器，1 人记录计算，2 人立水准尺或将水准尺固定在实验场地内，见表 3-2。

【操作要求】

1. 检验圆水准器轴 $L_f L_f$ 平行于竖轴 VV 时应旋转 180°。
2. 检验十字丝横丝垂直于竖轴时可以瞄准一个点或一条铅直线进行检验。
3. 检验视准轴 CC 平行于水准管轴 LL 时两个水准尺相距 50m 左右为宜。

【操作要点】

1. 检验和校正按照顺序进行，不能任意颠倒。
2. 在选择测站时，可用步测法或目估法将仪器安置在两尺等距处。
3. 测量正确高差后，可以将仪器安置在任意一尺的附近，距离水准尺约 3m 处。具体操作方法如下：
（1）先将仪器置于距两尺 A、B 等距处，测得正确高差 h_{AB}。
（2）将仪器移至一尺附近，测得高 h'_{AB}，如 $|h'_{AB} - h_{AB}| > 3mm$，则需校正。
（3）要求正确计算远尺上正确读数，掌握用校正针拨水准管上、下校正螺丝的方法。
（4）按要求正确进行记录计算并绘图。

【技术要求】

1. 各项要求经检验如果满足要求，则不需要校正，但必须清楚校正时如何操作。
2. 如果发现不满足要求，则必须在老师的指导下进行校正，校正时用力要轻，以免损坏仪器。
3. 水准管轴平行于视准轴的允许残余误差为 3mm。

表 3-2   **水准仪检验与校正**

（水准管的检验与校正）

日期_____ 时　间_____ 天　气_____

仪器_____ 检校者_____

仪器安置位置		A 尺读数（m）	B 尺读数（m）	高差（m）	计算	
仪器在两尺中间	第一次				平均高差（m）	
	第二次					
仪器在_____尺附近					远尺应对准的正确读数（m）	

按如下要求绘出草图：

1. A、B 两尺所在地面高低情况；
2. 仪器安置的大致位置；
3. 所用水准仪视准轴的倾斜方向。

➡ 实验三　四等水准测量

☕ 【目的要求】

1. 掌握四等水准测量的观测方法、记录计算方法。
2. 掌握四等水准测量的各项限差规定。

【实验仪器】

水准仪、双面水准尺、尺垫、脚架。

【实验组织】

实验学时为 2~4 学时，4 人一组，轮流分工为：1 人操作仪器，1 人记录计算，2 人立水准尺，见表 3-3。

【操作要求】

1. 严格按照四等水准测量观测程序进行每一站和整个路线的实施。
2. 立尺者应将水准尺竖立铅直。

【操作要点】

1. 需要满足普通水准测量的注意事项。
2. 在选择测站时，用步测法使前后视距大致相等。
3. 在同一测站，应尽量减少前后视距读数的间隔时间。
4. 每站观测完毕应立即进行计算，满足要求后才能搬站，若超限应立即重测。

【技术要求】

1. 前距、后距不得超过 100m。
2. 前后视距差不得大于 3m。
3. 前后距累计差不得大于 10m。
4. "K＋黑－红"不得超过 3mm。
5. "$h_黑$－（$h_红$±0.1）"不得超过 5mm。
6. 闭合差的允许值为

$$\Delta h_允 = \pm 6\sqrt{n} \ (\text{mm})$$

或

$$\Delta h_允 = \pm 20\sqrt{L} \ (\text{mm})$$

式中，n 为测站数，L 为水准路线长度，以 km 计。

表 3-3   四等水准测量记录

日　期＿＿＿＿＿＿＿＿＿＿　　时　间＿＿＿＿＿＿＿＿＿＿　　天　气＿＿＿＿＿＿＿＿＿＿

仪　器＿＿＿＿＿＿＿＿＿＿　　观测者＿＿＿＿＿＿＿＿＿＿　　记录者＿＿＿＿＿＿＿＿＿＿

测站编号	点号	后尺下丝	前尺下丝	方向及尺号	水准尺读数（m）		$K+$黑－红（mm）	高差中数（m）
		后尺上丝	前尺上丝		黑面	红面		
		后距（m）	前距（m）					
		后前距差 d（m）	累计差 $\sum d$（m）					
				后				
				前				
				后－前				
				后				
				前				
				后－前				
				后				
				前				
				后－前				
				后				
				前				
				后－前				
				后				
				前				
				后－前				
误差计算	$\Delta h=$ $\Delta h_{容}=\pm20\sqrt{L}$（mm）$=$ 或 $\Delta h_{容}=\pm6\sqrt{n}$（mm）$=$							

实验四　测回法测水平角

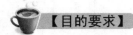

【目的要求】

1. 掌握光学经纬仪的基本构造，能熟练地进行对中、整平、瞄准和读数。
2. 用测回法进行水平角观测的观测方法及记录计算方法。

【实验仪器】

经纬仪、脚架。

【实验组织】

实验学时为 2 学时，2～4 人一组，每人观测一个测回，记录一个测回，见表 3-4。

【操作要求】

1. 掌握经纬仪构造及使用，能熟练地安置仪器，进行对中、整平，瞄准及读数。
2. 掌握测回法观测水平角的方法以及记录计算。
3. 掌握测回法测角的限差规定，如超限必须返工重测。

【操作要点】

1. 经纬仪安放在三脚架上后，必须旋紧连接螺丝，使其连接牢固。

2. 在利用光学对中时，对中误差一般不得超过 1mm。整平仪器时，整平误差不要超过半格。

3. 观测过程中，若水准管气泡偏离中心位置，其值不得大于一格。同一测回内气泡偏离居中位置大于一格则需重测该测回。不允许在同一测回内整平仪器。不同测回之间可以重新整平仪器。

4. 手簿的记录计算一律取到秒，手簿中的数字，分和秒一律要写两位数字。

5. 在一个测回中，不得重新配置度盘。

【技术要求】

1. 6″级仪器测回差应≤24″，2″级仪器测回差≤9″。
2. 各测回的起始读数应加以变换，度盘变换值按 $180°/n$ 计算（n 为测回数）。

表 3-4   **水平角观测记录（测回法）**

日　期＿＿＿＿＿＿＿＿＿＿＿　　　　时　间＿＿＿＿＿＿＿＿＿＿＿　　　天　气＿＿＿＿＿＿＿＿＿＿＿

仪　器＿＿＿＿＿＿＿＿＿＿＿　　　　观测者＿＿＿＿＿＿＿＿＿＿＿　　　记录者＿＿＿＿＿＿＿＿＿＿＿

测站	目标	竖盘位置	水平度盘读数 ° ′ ″	半测回角值 ° ′ ″	一测回平均角值 ° ′ ″	各测回平均角值 ° ′ ″

实验五　全圆测回法测水平角

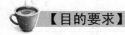

【目的要求】

掌握全圆测回法的观测方法以及记录计算方法。

【实验仪器】

经纬仪、脚架。

【实验组织】

实验学时为 2 学时，2～4 人一组，每人观测一个测回，记录一个测回，见表 3-5。

【操作要求】

1. 对 3 个目标 A、B、C 进行全圆测回法观测。
2. 掌握观测记录和计算方法。
3. 掌握全圆测回法测水平角的各项限差规定，超限必须重测。

【操作要点】

1. 进一步掌握经纬仪的操作要领，继续熟悉经纬仪的整平和对中的要点，提高仪器安置效率。
2. 应选择远近适中，易于瞄准的清晰目标作为起始方向。
3. 上半测回应顺时针旋转照准部逐个瞄准目标进行观测，下半测回应逆时针旋转照准部逐个瞄准目标进行观测。
4. 数据记录时，盘左从上往下顺序记录，盘右从下往上顺序记录。
5. 对比测回法和全圆测回法的异同，分析不同的观测方法对测角精度的影响，思考观测时瞄准方向的先后次序对测角精度的影响。

【技术要求】

1. 使用 6″级的仪器观测时半测回之归零差不超过 24″，各测回同一方向的归零值之差不超过 24″。使用 2″级的仪器观测时半测回的归零差不超过 8″，各测回同一方向的归零值之差不超过 9″。
2. 各测回的起始读数应加以变换，度盘变换值按 $180°/n$ 计算（n 为测回数）。

表 3-5　　　　　　水平角观测记录（全圆测回法）

日期＿＿＿＿　天气＿＿＿＿　仪器＿＿＿＿　观测者＿＿＿＿　记录者＿＿＿＿　检查者＿＿＿＿

测站（测回）	目标	水平度盘读数		盘左盘右平均值 $\dfrac{左+（右\pm180°）}{2}$ °′″	归零方向值 °′″	各测回归零方向平均值 °′″	水平角值 °′″
		盘左 °′″	盘右 °′″				

实验六　视准误差和竖盘指标差的检验和校正

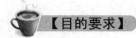【目的要求】

1. 要求掌握经纬仪（全站仪）视准误差和竖盘指标差检验与校正的基本原理。
2. 掌握经纬仪（全站仪）视准误差和竖盘指标差的检验与校正方法。

【实验仪器】

经纬仪（全站仪）、脚架。

【实验组织】

试验学时为 2 学时，2～4 人一组，每人进行独立观测、记录、校正和计算，见表 3-6、表 3-7。

【操作要求】

视准误差和竖直度盘指标差的检验可以同时进行，校正时根据仪器的不同按照不同的程序操作。

【操作要点】

1. 检验和校正按照顺序进行，不能任意颠倒。
2. 各项内容经检验，如条件满足，则不进行校正，但必须清楚如何校正。
3. 对于经纬仪，如果发现视准误差不满足要求，则送至专门实验室进行校正工作。如果竖盘指标差不满足要求，可以在指导教师的协助下完成校正工作，校正工作是通过拨动校正螺丝的方法进行校正。全站仪的校正是启动校正程序进行校正，具体校正流程参考相关说明书。
4. 校正完毕后必须再次检验。

【技术要求】

1. 6″级仪器视准误差的残余误差不超过 10″，2″级仪器视准误差的残余误差不超过 8″。
2. 6″级仪器竖盘指标差的残余误差不超过 20″，2″级仪器竖盘指标差的残余误差不超过 16″。

表 3-6   **视准误差的检验和校正记录**

日期_____   时间_____   天气_____   仪器_____   检验校正者_____

观测类型	竖直度盘位置	度盘读数 ° ′ ″	盘右时正确读数 ° ′ ″	视准误差
检验观测				

填空:

1. 所用仪器的视准误差是_____，其计算公式为 $C=$_____。

2. 盘右的正确读数是_____，计算公式为_____。

3. 校正的步骤是_____

_____

_____

_____ 。

表 3-7   **竖盘指标差的检验和校正记录**

日期_____   时间_____   天气_____   仪器_____   检验校正者_____

观测类型	竖直度盘位置	竖直度盘读数 ° ′ ″	竖直角 ° ′ ″	指标差 ″	盘右时竖直度盘的正确读数 ° ′ ″
检验观测					

填空:

1. 盘左时，上仰望远镜读数_____（填"增加"或"减少"），因此，竖直角计算公式是 $\alpha_L=$_____，$\alpha_R=$_____。

2. 所用仪器的指标差是_____，计算公式为 $i=$_____。

3. 盘右时竖直度盘的正确读数是_____，计算公式为 $R_{正}=$_____。

4. 校正的步骤是_____

_____

_____

_____ 。

实验七　竖直角观测与电磁波测距

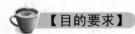
【目的要求】

1. 掌握竖直角观测方法。
2. 掌握电磁波测距方法及计算。

【实验仪器】

全站仪、脚架、棱镜。

【实验组织】

试验学时为 2 学时，2～4 人一组，每人进行独立观测、记录和计算，见表 3-8。

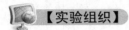
【操作要求】

1. 掌握竖直角概念、竖盘构造、竖直角观测方法。
2. 熟练掌握电磁波测距的计算。

【操作要点】

1. 全站仪和棱镜均应对中整平。
2. 量取仪器高时，应从测站点量到全站仪横轴中心处，且精确到 mm 位。
3. 量取棱镜高时，应从测点量到棱镜中心处，且精确到 mm 位；或者直接读取对中杆上的读数。
4. 读数前请仔细瞄准棱镜中心。
5. 电磁波测距仪需要耗电，因此实验之前要保证对仪器电池进行持续充电。
6. 阳光下观测要对仪器进行适当的遮挡，避免太阳直射。避免电磁环境的干扰。
7. 根据电磁波测距仪固定误差和比例误差的特点做好操作。
8. 测定气象常数进行精密测距的气象改正。
9. 根据测量等级要求选择适当的测距精度。

【技术要求】

1. 水平距离计算到 0.001m，高差计算到 0.001m。
2. 同一台仪器瞄准同一目标观测两次，水平距离的相对误差 $k \leqslant 1/10\ 000$，高差误差 $\Delta h \leqslant 5$mm。

表 3-8   **竖角观测与电磁波测量**

日　　期_____　　时　间_____　　天　气_____　　仪　器_____　　测站_____

测站高程_____　　　　仪器高_____　　　　观测者_____　　记录者_____

测点	目标高	竖盘读数	竖直角	斜距	高差	水平距离	测点高程	备注
	（m）	。　′　″	。　′　″	（m）	（m）	（m）	（m）	

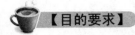 **实验八 距离丈量与直线定向**

【目的要求】

1. 了解掌握用钢尺进行一般量距的方法。
2. 掌握直线定向的方法以及原理。
3. 了解掌握罗盘仪的构造及使用方法。

【实验仪器】

钢尺、花杆、测钎、罗盘仪。

【实验组织】

实验学时为 2 学时，4～6 人一组。做好分工合作，依照观测顺序依次进行，见表 3-9。

【操作要求】

1. 距离丈量时需要测量的是水平距离，如果地面不平时必须使钢卷尺水平。
2. 罗盘仪进行磁方位角观测时应进行往返观测。

【操作要点】

1. 爱护钢尺，不要在地面上拖擦，不要使其折绕和受压，使用完毕擦净卷好。
2. 丈量时钢尺要拉平，用力均匀一致。
3. 使用钢尺时要看清零点，读数至毫米位。
4. 使用罗盘仪定向时，周围不要有电磁场干扰。
5. 罗盘仪使用完毕后应固定磁针。

【技术要求】

1. 钢尺量距时，往返观测的相对误差应不大于 1/2000。
2. 正反磁方位角误差应小于 2°。

表 3-9　　　　　　　　　　　　　　距离丈量记录

日期＿＿＿＿＿＿＿＿＿＿＿＿　　时　间＿＿＿＿＿＿＿＿＿＿＿　　天　气＿＿＿＿＿＿＿＿＿＿＿

仪器＿＿＿＿＿＿＿＿＿＿＿＿　　观测者＿＿＿＿＿＿＿＿＿＿＿　　记录者＿＿＿＿＿＿＿＿＿＿＿

边名＿＿＿＿＿＿＿＿＿＿＿＿＿＿＿＿＿＿＿＿＿＿＿

	测段					全长
往测	距离					
	h 或 α					
	平距					
返测	测段					
	距离					
	h 或 α					
	平距					

简述是否要对全长进行尺长改正和温度改正。

计算：

1. 平均长度 $L_0 = \dfrac{L_往 + L_返}{2} =$

2. 较差 $\Delta L = L_往 - L_返 =$

3. 相对误差 $= \dfrac{\Delta L}{L_0} = \dfrac{1}{\dfrac{L_0}{\Delta L}} =$

➡ 实验九　全站仪的使用

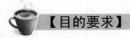

【目的要求】

掌握全站仪的构造及使用方法。

【实验仪器】

全站仪、反射镜、脚架。

【实验组织】

实验学时为 2 学时，2～4 人一组，共同做好对中整平、设站和定向；然后分别测量目标，见表 3-10。

【操作要求】

掌握全站仪的构造、使用及读数方法。熟练地应用全站仪进行角度、距离、高差及三维坐标的观测方法。

【操作要点】

1. 在观测前，应认真听老师的介绍，认真阅读说明书上关于设站和测量的介绍。
2. 采用光学对中（或激光对中）的方式安置仪器。量取仪器高时应量到毫米位，目标高以跟踪杆上刻度为准，或者利用钢卷尺量取跟踪杆底部至棱镜中心处。
3. 在测量时，跟踪杆应正确地竖立在被测点上。

【技术要求】

1. 观测时只需盘左观测。
2. 至少观测三个点的坐标和高程，这三个点必须有某种关系，如在一条线上、成直角等，以方便于检查测量成果。

表 3-10   **全站仪的使用记录**

日期＿＿＿＿＿＿＿＿＿＿＿ 时 间＿＿＿＿＿＿＿＿＿＿＿ 天 气＿＿＿＿＿＿＿＿＿＿＿

仪器＿＿＿＿＿＿＿＿＿＿＿ 观测者＿＿＿＿＿＿＿＿＿＿＿ 记录者＿＿＿＿＿＿＿＿＿＿＿

1. 设站信息

点类型	坐标（m）		高程（m）	定向方位角
	X	Y	H	
测站点				
后视点				

2. 测定

测站 （仪器高）	目标 （棱镜高）	水平度 盘读数 ° ′ ″	垂直度 盘读数 ° ′ ″	竖直角 ° ′ ″	斜距 （m）	平距 （m）	高差 （m）	X	Y	H

实验十　GNSS 接收机的使用

【目的要求】

1. 掌握 GNSS 定位原理。
2. GNSS 接收机的构造及观测方法。

【实验仪器】

GNSS 接收机、便携式电脑、相关软件。

【实验组织】

实验学时为 2 学时，4～6 人一组，4 个实验小组为一实验大组，各小组轮流操作，见表 3-11。

【操作要求】

1. 了解 GNSS 定位原理。
2. 通过教师的演示操作，了解 GNSS 的静态定位方法。

【操作要点】

1. 测量型 GNSS 接收机价格昂贵，在安置和使用时必须严格遵守操作规程，注意爱护仪器。
2. 使用时仪器注意防潮、防晒。
3. GNSS 接收机主机与天线的接口具有方向性，安置前应小心。
4. 避开高压线、变压器等强电场干扰源，消除电磁干扰和多路径效应。

【技术要求】

1. 根据观测网的等级确定观测时长。
2. 注意 PDOP 值对观测数据精度的影响。
3. 对高精度控制网，必须采用静态观测的方法，同时要根据规范确定同步观测时长，消除或削弱多种误差的影响。

表 3-11 GNSS 接收机的认识和使用

日期＿＿＿＿＿＿ 时间＿＿＿＿＿＿ 天气＿＿＿＿＿＿ 仪器＿＿＿＿＿＿ 测站点＿＿＿＿＿＿

测站点高程＿＿＿＿＿＿＿＿＿＿＿ 仪器高＿＿＿＿＿＿ 观测者＿＿＿＿＿＿ 记录者＿＿＿＿＿＿

1. 绘制某一时刻的卫星分布图。

2. 根据实际测量情况填写下面表格。

点号	时间	经度(° ′ ″)	纬度(° ′ ″)	高程(m)	定位模式	精度因子	锁定卫星	可视卫星

实验十一　全站仪施工放样

 【目的要求】

掌握全站仪的放样的方法。

 【实验仪器】

全站仪、反射镜、脚架。

 【实验组织】

试验学时为 2 学时，2~4 人一组，做好分工合作，顺利完成放样工作，见表 3-12。

【操作要求】

掌握全站仪的坐标和高程输入方法，熟练地应用全站仪坐标和高程的放样。

【操作要点】

1. 在观测前，应认真听老师的介绍，认真阅读说明书上关于设站和放样的介绍。
2. 采用光学对中（或激光对中）的方式安置仪器。
3. 量取仪器高时应量到毫米位。
4. 放样时，应根据全站仪的提示先确定放样点的方向，然后指挥跟踪杆在这一方向上前后移动，直到满足要求为止。

【技术要求】

1. 放样只需盘左观测。
2. 放样两个点后，应根据两点之间的计算距离检查实际放样在地面上点的距离，放样点距离测站点较近时，点间距在地面上满足相关要求。

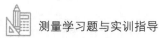

表 3-12   **全站仪施工放样记录**

日期＿＿＿＿＿＿＿＿＿＿　时间＿＿＿＿＿＿＿＿＿＿＿　天气＿＿＿＿＿＿＿＿＿＿

仪器＿＿＿＿＿＿＿＿＿＿　观测者＿＿＿＿＿＿＿＿＿＿＿　记录者＿＿＿＿＿＿＿＿＿＿

1. 设站信息

点类型	坐标（m）		高程（m）	定向方位角
	X	Y	H	
测站点				
后视点				

2. 施工放样数据

测站 （仪器高）	目标 （棱镜高）	X	Y	H	放样方位角 （水平度 盘读数） °′″	放样 平距 （m）	放样 高差 （m）	距离 检查 （m）

➡ 实验十二　电子地图的测绘

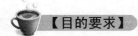【目的要求】

1. 掌握电子平板测图的原理、熟悉测图软件。
2. 初步掌握电子平板测图的方法。

【实验仪器】

全站仪、反射镜、脚架、便携式电脑、测图软件。

【实验组织】

试验学时为 16 学时，3～6 人一组，做好分工合作，高效完成数据采集和绘制草图工作；每个同学独立绘制电子地图，见表 3-13。

【操作要求】

1. 掌握测图原理、了解测图软件的功能和使用。
2. 初步掌握电子测图方法。

【技术要求】

1. 按照地形图图示要求进行地物的绘制。
2. 按照要求进行等高线的绘制。

【操作要点】

1. 在实验前，应认真听老师的介绍，认真阅读说明书上关于数据传输的介绍，连接线的连接应小心谨慎，不要用力插拔。
2. 数据传输完毕后，应关闭全站仪开关，将全站仪放入仪器箱。

【提交资料】

1. 所有测点坐标和高程数据。
2. 指定区域 1：500 地形图电子版和打印版各一份。
3. 电子平板测图过程报告。

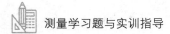

表 3-13   电子地图测绘

日期_____   时间_____   仪器_____

绘图者_____   描述电子平板测图的全过程：

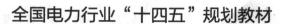

电工实验技术

基本理论

主　编　赵振卫

副主编　王　晶　李　谦

编　写　范成贤　高洪霞

主　审　李红伟

中国电力出版社
CHINA ELECTRIC POWER PRESS

内 容 提 要

本书为全国电力行业"十四五"规划教材。

本书共三篇，第一篇为基本理论，包括电路实验基础知识、常用元器件和测量仪器的基础知识等。第二篇为电工实验，包括电气、控制、信息类专业应掌握的 26 个实验，内容涵盖直流电路实验、单相交流电路实验、三相交流电路实验、时域分析实验以及频域分析实验等。第三篇为模拟仿真，主要内容包括 Multisim 14.0 仿真软件使用介绍和电路仿真分析两部分，电路仿真分析内容包括叠加原理实验、一阶 RC 电路暂态分析、RLC 并联谐振及回转器。

本书是按照教育部高等学校电子信息科学与电气信息类基础课程教学指导分委员会制定的"电路理论"和"电路分析"的实验教学基本要求，为电气、控制、信息类专业本科生电工实验编写的教学用书。

图书在版编目（CIP）数据

电工实验技术/赵振卫主编；王晶，李谦副主编 . —北京：中国电力出版社，2024.12
ISBN 978 - 7 - 5198 - 7858 - 0

Ⅰ．TM13 - 33

中国国家版本馆 CIP 数据核字第 202408V2M4 号

出版发行：中国电力出版社
地　　址：北京市东城区北京站西街 19 号（邮政编码 100005）
网　　址：http://www.cepp.sgcc.com.cn
责任编辑：牛梦洁（010 - 63412528）
责任校对：黄　蓓　李　楠
装帧设计：赵姗杉
责任印制：吴　迪

印　　刷：北京天泽润科贸有限公司
版　　次：2024 年 12 月第一版
印　　次：2024 年 12 月北京第一次印刷
开　　本：787 毫米×1092 毫米　16 开本
印　　张：10.25
字　　数：253 千字
定　　价：38.00 元（全二册）

前　　言

作为电子与电气信息类所有专业最重要的技术基础课之一，"电路"课程在整个电子与电气信息类专业的人才培养和课程体系中起着承前启后的重要作用，同时，该课程也是学生从科学训练转向工程设计的过渡课程。因此，为该课程编写一本既传承传统理论，又结合实际工程需求并反映最新技术进步的实验教材就成为课程建设的一项重要任务。本书作为电路理论课程不可或缺的部分，通过电工实验的动手实践，着重培养学生电路设计与电路实现能力、实验研究能力、分析计算能力，使学生掌握仿真分析和系统设计的初步技能，为后续课程准备必要的电路知识和实践技能。

本书针对电气信息类各专业教学内容的交叉和渗透、专业界限的淡化、弱电向强电渗透的发展趋势，优化了课程的实验教学内容，使之更加符合电子与电气信息类专业的人才培养方案和教学内容体系。为了适应不同实验课的类型和不同实验学时的需求，第二篇电工实验，遵循由简单到复杂、由局部到系统、循序渐进的原则，每个实验中都设计递进式实验内容，且每个实验题目包括多个实验项目，其内容和难易程度基本上覆盖了不同层次的教学需求，教师和同学可以根据实际情况按需选择。另外，每个实验都附有实验原理、实验电路和思考题。学生可以通过自学或在教师的指导下，自行拟定实验步骤和测试方法，独立完成实验全过程。此外作者团队还开发了虚拟仿真实验平台，可以很方便地扫码获取资源，进行操作，为混合式教学提供了有力保障。

随着计算机技术在电工基础中的广泛运用，传统的电工基础技术也因融入计算机技术而被赋予新的生命。本书选择了 Multisim 仿真软件，结合软件使用方法和仿真实验内容，介绍其在电路分析中的应用，使学生理解并掌握电路的计算机辅助分析方法和仿真技术。

本书第一篇由赵振卫编写，第二篇由赵振卫、李谦编写，第三篇由王晶编写。范成贤、高洪霞参加了定稿等工作，全书由赵振卫主编并统稿、李红伟审阅。在编写本书过程中，编者学习借鉴了大量有关参考资料，在此向所有作者表示由衷的敬意和感谢。若因疏忽未提及的参考书目，还恳请谅解。

由于编写时间较为仓促，加上编者水平有限，缺点和不足之处在所难免，敬请读者批评指正。

赵振卫

2024 年 8 月于山东大学

虚拟仿真实验平台

目　　录

0 绪 论

电工基础实验是学生进入电路基础课学习阶段的第一门实验课，是一门以应用理论为基础、专业技术为指导的操作性很强的课程。学生可通过实验加深对所学概念、理论、分析方法的理解，掌握电路实验的基本技能，提高运用所学理论独立分析和解决实际问题的能力，培养安全用电的意识。课程侧重于理论指导下的实践、实验技能的培训以及综合能力的提高，为后续实验课、技术基础课、专业课的学习以及今后的工作打下一个良好的基础。

本课程开设的目的：

（1）配合理论基础教学，验证、巩固和扩充重点理论知识。

（2）学习有关电子测量的基础知识，以及常用电子测量仪器、设备的使用方法和基本测量技术。

（3）通过实验训练，培养学生严谨的科学实验态度及良好的操作习惯以及善于发现问题、分析问题和解决问题的能力。

（4）培养学生运用所学知识制定实验方案、选择实验方法、进行数据处理和误差分析，以及编写实验报告等能力。

（5）培养学生的创新思维。

0.1 安全用电常识

0.1.1 人体安全

（1）人体触电。人体触电分为直接触电、间接触电和其他触电。

直接触电是指人体直接接触到带电体或者是人体过分接近带电体而发生的触电现象，也称正常状态下的触电。常见的直接触电有单极触电和双极触电。

1）单极触电。当人站在地面上或其他接地体上，人体的某一部位触及一相带电体时，电流通过人体流入大地（或中性线），称为单极触电。

2）双极触电。双极触电是指人体两处同时触及同一电源的两相带电体，以及在高压系统中，人体距离高压带电体小于规定的安全距离，造成电弧放电时，电流从一相导体流入另一相导体的触电方式。两相触电加在人体上的电压为线电压，因此不论电网的中性点是否接地，其触电的危险性都很大。

间接触电是指人体触及正常情况下不带电的设备或金属构架，而因故障意外带电发生的触电现象，也称非正常状况下的触电现象。跨步电压触电属于间接触电。

（2）安全电压。安全电压是指不致使人直接致死或致残的电压，一般环境条件下允许持续接触的安全特低电压是 36V。电力行业规定安全电压为不高于 36V，持续接触安全电压为 24V，安全电流为 10mA。电击对人体的危害程度，主要取决于通过人体电流的大小和通电时间长短。

电流强度越大，致命危险越大；持续时间越长，死亡的可能性越大。能引起人感觉到的最小电流值称为感知电流，交流为 1mA，直流为 5mA；人触电后能自己摆脱的最大电流称为摆脱电流，交流为 10mA，直流为 50mA；在较短的时间内危及生命的电流称为致命电流，交流为 50mA，直流为 100mA。在有防止触电保护装置的情况下，人体允许通过的电流一般可按 30mA 考虑。

（3）触电急救。触电急救的第一步是使触电者迅速脱离电源，第二步是现场救护。

1）脱离电源。发生了触电事故，切不可惊慌失措，要立即使触电者脱离电源。使触电者脱离低压（220V）电源应采取的方法：

a. 就近拉开电源开关，拔出插销或熔断器，切断电源。要注意单极开关是否装在相线（火线）上，若是错误装在中性线（零线）上不能认为已切断电源。

b. 用带有绝缘柄的利器切断电源线。

c. 找不到开关或插头时，可用干燥的木棒、竹竿等绝缘体将电线拨开，使触电者脱离电源。

d. 可用干燥的木板垫在触电者的身体下面，使其与地绝缘。

e. 如遇高压触电事故，应立即通知有关部门停电。要因地制宜，灵活运用各种方法，快速切断电源。

2）现场救护。

a. 若触电者呼吸和心跳均未停止，此时应将触电者就地躺平，安静休息，不要让触电者走动，以减轻心脏负担，并应严密观察呼吸和心跳的变化。

b. 若触电者心跳停止、呼吸尚存，则应对触电者做胸外按压。

c. 若触电者呼吸停止、心跳尚存，则应对触电者做人工呼吸。

d. 若触电者呼吸和心跳均停止，应立即按心肺复苏方法进行抢救。

0.1.2　用电设备安全

（1）使用自备电源或与外电线路共用同一供电系统时，电气设备应根据当地要求作保护接零或保护接地。

（2）移动式发电机供电的设备，其金属外壳或底座，应与发电机电源的接地装置有可靠的电气连接。

（3）手持电动工具和单机回路的照明开关箱内必须装设漏电保护器，照明灯具的金属壳必须做接零保护。

（4）各种型号的电动设备必须按使用说明书的规定接地或接零，传动部位按设计要求安装防护装置。

（5）维修、组装和拆卸电动设备，均由经过培训并取得上岗证的电工完成，非电工不准进行电工作业。

0.1.3　安全操作规程

本课程中的一些实验将使用非安全电压，由于人体接触非安全电压后有可能危及生命，学生作为初学者，对仪器、实验台、元器件的性能都不熟悉，必须严格遵守以下安全操作规定。

（1）实验台上各种开关严禁随意合闸。随意合闸后有可能危及操作者本人和他人的生命，有可能损坏实验仪器或元器件，所以必须按要求合闸。

（2）严禁带电操作。接线、改线、拆线前必须切断电源。

（3）必须按规定使用导线。使用非安全电压做实验时，必须用安全导线。

（4）检查无误后方可通电。初次接线或改动线路后，必须自检、互检，确保电路连接正确。

（5）发现异常，立即断电。通电后应随时监测仪器和电路的工作状况，一旦发现异常声音、异常气味、元件温度异常等情况，必须立即切断实验台总开关，并找出产生异常的原因。

（6）通电时不得用手或导电物体接触电路中的裸露金属部分。

（7）不得私自打开、更换实验台上的熔断器（熔丝）。

（8）养成单手操作的习惯。防止误操作或开关发生故障时发生触电事故。

（9）电路中不允许留下悬空的线头。一定要选用足够长的导线连接电路。

（10）同组同学相互监督。一旦发生违章操作的事故，同组的每一个人都有责任。

（11）一旦发现有人触电，应立即切断电源。若无法切断电源，必须用绝缘工具断开带电的导线，防止发生二次触电事故。

（12）电流表和功率表的电流线圈必须与负载串联，用万用表测量电阻前必须切断所有的电源。

（13）先用大量程测量。测量前难以确定被测量的范围时，必须先将测量仪表调到最大量程，然后再根据初测结果选用合适的量程。

（14）发现紧急情况，按下急停开关。按下急停开关后，将立即切断实验室的总电源，所有实验台都停电，因此，只允许在紧急情况下按下急停开关。

（15）操作电源开关时，不可两手同时操作，要避免正面面对开关。

（16）如接通电源后（熔丝）熔断，必须检查故障原因，在排除障碍后，方可重新接通电源。

（17）任何仪表和电器，在未熟悉其使用方法前不得应用；使用任何电源前必须了解其额定值。

（18）在进行电压、电流测量时，应注意电路中的指针式电压表和电流表，如指针迅速指向刻度盘末端，应立即断开电路，检查原因，重新连接。

（19）在实验过程中发生事故时，不要惊慌失措，应立即断开电源，保持现场并报告指导教师检查处理。

（20）实验室内一切仪器设备未经允许不得拆开，不准携带室外。

0.1.4　学生实验守则

实验室是实验教学和科学研究的重要场所，进入实验室的学生，均有责任和义务熟悉并遵守实验室各项规章制度，自觉维护实验室良好环境，保证公共设施与人身财产安全。

（1）进入实验室前必须参加学校组织的各类安全培训，掌握各类应急事故的处理办法，通过实验室安全准入考试。

（2）课前认真预习，明确实验目的，正确理解实验原理，熟悉实验步骤，了解实验仪器的使用方法和注意事项。

（3）学生接好线路或改接线路后，必须经教师检查同意并通知其他做实验的同学后，才能接通电源做实验。

（4）严禁带电拆线、接线，严禁接触带电线路的裸露部分和机器的转动部分。做实验时不得穿大衣、裙子或戴围巾，长发女生需将头发盘起或戴工作帽。

（5）实验室内禁止吸烟、打闹、大声喧哗、随地吐痰和吃东西。

（6）要正确使用仪器设备，未经许可，各种仪器设备不许过载运行或作其他非正常运行。

（7）机器在运转时，实验人员不得离开现场。

（8）禁止蹬、坐各种仪器设备、实验桌。

（9）实验过程中，若发生不安全迹象，任何人都可及时指出，劝其改正。情节严重者，教师有权停止其实验。责任事故造成的损失，当事人应负赔偿责任。

（10）若发生安全事故，必须立即切断电源，保持现场，并报告教师，以便查明情况，酌情处理。

（11）实验完毕，应将所用仪器仪表等放回原处，各种导线分类放好，并清扫场地。

0.2　实验教学目标与基本要求

0.2.1　实验教学的目标

电工实验是培养电工电子类工程技术人员实验技能的重要环节，是理论联系实际的重要手段。电工实验可培养学生利用实验手段去观察、分析和研究问题的能力，可使学生掌握仪器仪表的基本工作原理和使用方法，学习数据的采集与处理并为后续课程学习打下良好的基础。随着计算机应用的普及，计算机辅助分析也已成为课程的重要组成部分。在实验课中加强计算机辅助分析的实践，对现代大学生来说是必不可少的。通过电工实验教学应该达到以下目标：

（1）培养学生严谨的科学态度和实事求是的科学作风。

（2）训练学生基本的实验技能，要求学生能正确使用电压表、电流表、多用表（万用表）、示波器、信号发生器、毫特斯拉计等的仪器仪表，掌握基本的测试技术，具有分析、查找和排除电路故障的能力，具有正确处理实验数据、分析误差的能力，能写出逻辑严谨、理论分析正确、数据记录真实、文理通顺的实验报告。

（3）培养学生通过实验观察和研究电路基本理论规律的能力，以加深对理论知识的理解。

（4）培养学生独立设计实验的初步能力。

（5）培养学生利用计算机进行电工基础的分析与计算的能力，能根据算法及逻辑框图编制简单的计算机程序，掌握程序的调试方法。

0.2.2　实验课前的准备工作

实验预习关系实验效果的好坏。预习时应认真阅读实验教材中的有关内容和附录，对实验目的、要求、原理和可能采取的方法等提前了解，写出预习报告，对要完成实验的每个环节做到心中有数。只有这样才可能在实验过程中发现并分析问题，避免在实验中发生事故，以取得最佳的实验效果。归纳起来，预习的重点包括：

（1）明确实验目的、任务与要求，估算实验结果。

（2）复习有关理论，分析实验原理和方法，熟悉实验电路。

（3）了解相关实验仪器设备的性能及其使用方法。

（4）写出预习报告。预习报告包括准备或设计实验数据表格，分析实验原理，计算有关电路参量，了解本次实验所用仪器设备的使用方法、技术指标和操作注意事项，回答预习思考题。

0.2.3　实验中应注意的问题

实验操作是实验的主要内容之一，也是培养学生动手能力的主要环节，实验中应注意的问题有以下几方面：

（1）养成良好的习惯。对第一次使用的仪器仪表，必须先了解其性能和使用方法，并记录主要仪器设备的名称、型号和规格，切勿违反操作规程，乱拨乱调旋钮，尤其注意不得超过仪表的量程和设备的额定值。

根据实验电路合理布置实验器材。仪器设备的摆放应遵循读数方便、操作安全、摆放整齐、防止相互影响的原则，仪器仪表应严格按照技术要求严禁歪斜放置。

（2）正确接线与检查线路。

1）对初学者来说，首先应按照电路图合理布局与接线。根据电路的特点，选择接线步骤。对简单电路可先选一回路进行接线，然后再连接其他支路。对有些含有集成器件的电路，应按结点连线，以集成器件为中心，再连接其他元件。此外要考虑元件、仪器仪表的对应端、极性和公共参考点等是否连接正确。

2）避免导线之间相互交叉与缠绕，每个接线柱上不宜超过三个接线片，尽量减少牵动一线就引起端钮松动、接触不良或导线脱落，确保电路各部分接触良好。

3）仪器仪表接线柱的松紧要合适，避免因用力过度而导致接线柱螺纹滑丝，使其无法拧紧。

4）改接线路时，应使实验线路的改动量尽可能地小，避免拆光重接。

5）线路接好后，一定要认真检查，确保实验线路无误、仪器仪表量程选择合理、电路参数正确，有的实验必须请指导教师复查接线后方可接通电源。

（3）安全操作。在接通电源前，要保证稳压电源或调压器的起始位置在零位，电路中限流限压装置放在使电路中电流为最小的位置。接通电源后，逐渐增大电压或电流，同时要注意各仪表的偏转是否正常，负载工作状况是否正常，电路有无异常现象（如有声响、冒烟、刺鼻气味等现象）。若有异常情况应立即切断电源并保护现场，仔细检查出现故障的原因。

接通电源后应该粗测一遍，观察实验现象和结果的趋势是否合理。读数时要姿势正确，注意力集中，防止误读。操作或读取数据时，切记不可用手触及带电部分。

改接或拆除电路时必须先切断电源。

（4）数据的记录和整理。

1）实验开始不必急于记录数据。根据实验要求先做试探性操作，观察实验现象和数据分布规律，依据具体情况再做一定的调整。

2）将实验数据记录在事先准备好的表格中，并记录所用仪表仪器的量程或倍率。实验数据记录的多少随数据变化的快慢而异（曲率较大处可多读取一些数据），保证所提供的数据能够描绘出一条光滑而完整的曲线。

3）有效数字的取舍要根据仪表量程和刻度盘实际情况决定，不能盲目增加或删除有效位数。

4）保持正确的读数姿势，确保仪表的"针和影"重叠成一条线。

（5）检查实验结果。数据测试完毕，应认真检查实验数据有无遗漏或不合理的情况，原始记录需经指导教师审阅签字后方能拆除线路，并将实验台上各种器件摆放整齐。原始数据应作为实验报告的附件。做实验报告时若发现原始数据不合理，不得随意涂改，应及时与指导教师联系，采取可能的补救措施。

0.2.4　实验报告与数据整理

实验报告是实验工作的全面总结，整理实验结果是实验的重要环节，通过整理及编写报告可以系统地理解实验中所获得的知识，建立清晰的概念。因此，实验报告要求文字简洁、书写工整、曲线图表清晰，实验结论要有科学根据和分析过程。实验报告应包括以下内容：

（1）实验名称和实验目的。

（2）实验原理与说明。

（3）主要仪器设备的名称、型号、规格和实验台编号。

（4）实验任务，列出具体任务与要求，画出实验电路图，拟定主要步骤和数据记录表格。

（5）数据处理和曲线图表，进行数据处理时要注意有效数字和单位的正确表述。

（6）实验结论、误差分析和实验体会。

（7）回答预习思考题。

数据整理一般是对测量结果进行计算、描绘曲线、分析波形及实验现象，找出其中典型的能够说明问题的特征，从而得到有效的结论。

实验曲线以图形的形式更直观地表达实验结果。曲线应画在坐标纸上，坐标的分度要合理，坐标上以 x 轴代表自变量，y 轴代表因变量。坐标分度的选择应使图纸上任一点的坐标容易读数，为了便于阅读，应将坐标轴的分度值标记出来，每个坐标轴必须注明变量名称和单位。

曲线要细心绘制。通常实验数据在坐标纸上用"＊""•"等不同的符号标出，连接曲线应尽量使用曲线板、电工模板等作图工具。曲线应光滑匀整，不必强使曲线通过所有的点，但应与所有的点相接近，同时使未被曲线经过的点大致均匀地分布在曲线的两侧。此外，在图上要加上必要的注释说明。

记录设备编号和实验台号也是必要的，以便在整理数据时如发现数据有误或异常，可以按原编号设备查对核实。

0.2.5　实验故障分析与处理

实验中常会因为种种意想不到的原因而影响电路的正常工作，有可能会烧坏仪表和元器件。学生通过对电路故障的分析与处理，逐步提高分析问题与解决问题的能力。同时进行故障的分析需具备一定的理论知识和实践经验。

（1）故障的类型与原因。实验故障根据其严重性一般可以分两大类：破坏性和非破坏性故障。破坏性故障可造成仪器设备、元器件等损坏，其现象常常是某些元器件过热并伴有刺鼻的异味、局部冒烟、发出"吱吱"的声音或类似爆竹的爆炸声等。非破坏性故障的现象是电路中电压或电流的数值不正常或信号波形发生畸变等。如果不能及时发现并排除故障，将会影响实验的正常进行或造成损失。故障原因大致有以下几种：

1）电路连接错误或操作者对实验供电系统设施不熟悉。

2）元器件参数或初始状态值选择不合适、元器件或仪器损坏、仪器仪表等实验装置与使用条件不符。

　　3）电源、实验电路、测试仪器仪表之间公共参考点连接错误或参考点位置选择不当。

　　4）导线内部断裂、电路连接点接触不良造成开路或导线裸露部分相碰造成短路。

　　5）布局不合理、测试条件错误、电路内部产生干扰或周围有强电设备，产生电磁干扰。

　　（2）故障检测。故障检测的方法很多，一般按故障部位直接检测。当故障原因和部位不易确定时，可根据故障类型缩小范围并逐点检查，最后确定故障所在部位加以排除。在选择检测方法时，要视故障类型和电路结构确定。常用的故障检测的方法有以下两种：

　　1）通电检测法。用万用表、电压表或示波器在接通电源情况下进行电压或电位的测量。当某两点应该有电压而万用表测出电压为零时说明发生了短路；当导线两端不应该有电压而用万用表测出了电压则说明导线开路。

　　2）断电检测法。对破坏性故障，要采用断电检测法。具体方法是先切断电源，然后用万用表欧姆挡检查电路中某两点有无短路、开路，元器件参数是否正确等。

0.2.6　典型的实验报告

实验名称　　电阻器伏安特性的测量

一、实验目的

测量定值电阻器的伏安特性。

二、实验方案

　　测量定值电阻器伏安特性的电路有两个，图 0-1 为测量高电阻的电压表外接电路，图 0-2 为测量低电阻的电流表外接电路。由于定值电阻是一个 $150\Omega\pm5\%$、4W 的小电阻，应选择图 0-2 所示的电路为实验电路。

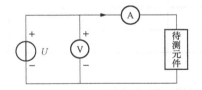 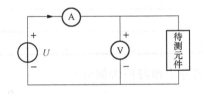

图 0-1　测量高电阻的电压表外接电路　　　图 0-2　测量低电阻的电流表外接电路

三、实验仪器、设备

　　直流稳压电源 1 台，直流电流表 1 只（5—10—20—50mA），数字万用表 1 只，$150\Omega\pm5\%$、4W 电阻 1 个。

四、实验电路

实验电路如图 0-2 所示。

五、实验操作要点

　　（1）直流电源的设定。直流稳压电源设置为独立工作方式，在不接负载时，将电流调节旋钮按顺时针方向调到最大位置，即把电源的输出电流限值设置为最大。调节电压调节旋钮，将输出电压调到 1 V 后关闭电源。

　　（2）接线和通电。按图 0-2 接线，经查线无误后接通电源，注意直流稳压电源输出电压仍应保持为 1 V。

（3）操作和读数。用数字万用表的直流电压挡测量电阻两端的电压，测量时应将红色测试棒接在电阻端电压参考方向的高电位端上，黑色测试棒接在低电位端上，读取数字万用表的示数和直流电流表的示数，并填写在表 0 - 1 中。

六、实验注意事项

（1）正确连接电路，避免直流稳压电源短路。

（2）直流电流表的极性应按电路图中的参考方向连接。

（3）读直流电流表的示数时，应做到垂直表盘面读数，即当电流表的指针与其在刻度表下的镜子中的影子重合时读数。

（4）电路中的电流不能超过电流表的最大量程。

（5）实验时随着电源电压的增加，电阻器的温度也随之上升。所以必须在实验前根据所给定的电阻器的阻值、功率及电流表的最大量程确定加在电阻两端的最高电压，避免因电源电压输出过高，而造成电阻器、电流表的损坏。

（6）计算结果。

1）根据电阻器的额定功率确定额定电压为

$$U_\mathrm{N} = \sqrt{PR} = \sqrt{4 \times 150} = 24.5 (\mathrm{V})$$

2）根据电流表的最大量程确定最高电压为

$$U_\mathrm{m} = I_\mathrm{m}R = 50 \times 10^{-3} \times 150 = 7.5 (\mathrm{V})$$

由上确定，允许直流稳压电源输出的最高电压为 7.5 V。

七、实验数据表格

表 0 - 1 测量定值电阻器的伏安特性

电源电压（V）	1	2	3	4	5	6
I（mA）						
U（V）						
$R=U/I$（Ω）						

（以上部分为预习报告部分）

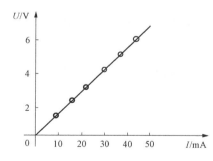

图 0 - 3　150Ω 电阻器伏安特性曲线

八、绘制伏安特性曲线

在毫米方格纸上以 I 为横轴、U 为纵轴，以测量所得的数据为坐标点，将这些点连接起来即可得到所测电阻器的伏安特性曲线，如图 0 - 3 所示。其斜率为

$$K = \frac{6-4}{(41.8 - 28.9) \times 10^{-3}} = 155.0$$

九、实验结论

（1）电阻器伏安特性曲线为过零点的直线，说明电流与电压呈正比，为线性关系，满足欧姆定律，所以该电阻器为线性电阻。

（2）电阻器伏安特性的斜率为 155.0Ω，说明实际电阻为 155.0Ω，与标称电阻值 150Ω 的差值为 5Ω，其误差为 3.33%，不超过容许误差的规定值±5%，实验结果是合格的。

第一篇 基 本 理 论

1 常用元器件和仪器仪表

电工实验中的常用元器件有电阻、电容和电感等，常用的仪器仪表主要有示波器和万用表。本节介绍这些常用元器件和仪器仪表的基本组成、工作原理和使用方法。

1.1 常 用 元 器 件

1.1.1 电阻器

电阻器一般被称为电阻，是一种限流元件。将电阻器接在电路中后，可限制通过所连支路的电流大小。阻值固定不变的电阻器称为固定电阻器，阻值可变的电阻器称为电位器或可变电阻器。理想的电阻器是线性的，即通过电阻器的瞬时电流与外加瞬时电压呈正比。用于分压的可变电阻器，在裸露的电阻体上，紧压着一至两个可移动金属触点，触点位置确定电阻体任一端与触点间的阻值。电阻器是电气、电子设备中使用最多的基本元件之一，主要用于控制和调节电路中的电流和电压，或用作消耗电能的负载、匹配负载、时间常数元件，还可用作振荡滤波等。

电阻器有不同的分类方法：按材料分，有碳膜电阻、金属膜电阻、金属氧化膜电阻和线绕电阻等不同类型；按功率分，有 0.125、0.25、0.5、1、2W 等额定功率的电阻；按电阻值的精确度分，有精确度为 ±5%、±10%、±20% 等的普通电阻，还有精确度为 ±0.1%、±0.2%、±0.5%、±1% 和 ±2% 等的精密电阻。电阻的类别可以通过外观的标记识别。

（1）电阻器的标注。对于色环电阻，会看色环就能识别电阻器。色环法具体规定见表 1-1。普通电阻用四道色环来表示，而精密电阻用五道色环来表示。如图 1-1 所示，在四道色环电阻上，第一道色环表示电阻值的第一位数，第二道色环表示电阻值的第二位数，第三道色环表示电阻值中尾数零的个数（即倍乘），第四道色环表示误差。

第一环：红色
第二环：绿色
第三环：棕色
第四环：黑色

图 1-1 普通电阻的色标环法

在五道色环电阻上，前三道色环分别表示阻值的第一、二、三位数，后两道色环与四色环电阻后两道的含义一样。其中四道色环的电阻，其允许误差只有 ±5%、±10% 和 ±20% 三种。例如某四环电阻，其四道色环分别是蓝、红、橙、银，其电阻值为 $62 \times 10^3 = 62$（kΩ）误差为 ±10%。

表 1 - 1   色 环 法

颜色	左第一位	左第二位	左第三位	右第二位	右第一位（误差）
棕	1	1	1	10^1	±1%
红	2	2	2	10^2	±2%
橙	3	3	3	10^3	
黄	4	4	4	10^4	
绿	5	5	5	10^5	±0.5%
蓝	6	6	6	10^6	±0.25%
紫	7	7	7	10^7	±0.1%
灰	8	8	8	10^8	
白	9	9	9	10^9	
黑	0	0	0	10^0	
金				10^{-1}	±5%
银				10^{-2}	±10%

此外，电阻器的标注方法还有色标法、数码标示法和文字符号法等。

（2）电阻器的参数。电阻器的参数主要有容许误差、标称阻值、标称功率、温度系数、最大工作电压、噪声等。一般在选用电阻器时，仅考虑其中的容许误差、标称值及额定功率三项参数，其他各项参数只在特殊情况下才考虑。

1）容许误差。电阻器的容许误差是指电阻器的实际值相对于标称值的最大容许误差范围。容许误差越小，电阻器的精度越高。普通电阻器常见的容许误差有±0.5%、±1%和±2%这三个等级。

2）标称值。电阻器的标称值即电阻器表面所标注的阻值。电阻器常见的标称值有 E24、E12 和 E6 系列，分别对应不同的精度等级。

表 1 - 2 为电阻器常见的三种系列标称值及容许误差。

表 1 - 2   E24、E12 和 E6 系列标称值及容许误差

标称系列	容许误差	电阻器标称值/Ω
E24	±0.5%	1.1 1.2 1.3 1.5 1.6 1.8 2.0 2.2 2.4 2.7 3.0 3.3 3.6 3.9 4.3 4.7 5.1 5.6 6.2 6.8 7.5 8.2 9.1
E12	±1%	1.2 1.5 1.8 2.2 2.7 3.3 3.9 4.7 5.6 6.4 8.2
E6	±2%	1.5 2.2 3.3 4.7 6.8

3）额定功率。当电流流过电阻器时，电阻将电能转化为热能并散发到周围空间。在规定电压、温度下，不损坏电阻器性能的情况下，电阻器长期工作所能承受的最大功率为"额定功率"。额定功率有两种标记方式：2W 以上的电阻器，直接用数字印在电阻体表面；2W 以下的电阻器，以自身体积大小表示额定功率。

电阻器额定功率系列见表 1 - 3。

表 1 - 3　　　　　　　　　　　　　　　　电阻器额定功率系列

线绕电阻额定功率/W	非线绕电阻额定功率/W
0.05　0.125　0.25　0.5　1　2　4　8　12　16 25　40　50　75　100　150　250　500	0.05　0.125　0.25　0.5　1　2　5　10　25　50 100

（3）电阻器的型号。

1）型号命名方法。国产电阻器的型号由 4 部分组成。

第一部分是元件的主称，用一个字母表示。例如 R 表示电阻，W 表示电位器。

第二部分是元件的主要材料，一般用一个字母表示。例如 X 表示线绕，Y 表示氧化膜。

第三部分是元件的主要分类特征，一般用一个数字或一个字母表示。例如 1 表示普通，7 表示精密，G 表示高功率型。

第四部分是元件的序号，一般用数字表示，表示同类产品中不同品种，以区分产品的外形尺寸和性能指标等。

2）型号命名示例。RJ71 表示精密金属膜电阻器，RX11 表示通用线绕电阻器。

1.1.2　电位器

电位器是可以调节阻值大小的电阻元件，通常由电阻体和一个转动或滑动系统组成，当转动或滑动系统改变触点在电阻体上的位置时，即可获得与动触点位置成一定关系的电阻值。电位器既可作三端元件使用，也可作二端元件使用。

电位器电路符号如图 1-2 所示。它是一个三端元件。1、2 两端之间是固定电阻，3 端是一活动端点，可以从一端移到另一端。1～3 端电阻和 2～3 端电阻也会随活动端点的位移而改变。

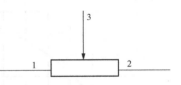

图 1-2　电位器电路符号

（1）种类。组成电位器的关键零件是电阻体和动触点。根据二者间的结构形式和是否带有开关，电位器可分为多种类型。电位器按电阻体的材料分类，有线绕、合成碳膜、金属玻璃釉、有机实芯和导电塑料等类型，电性能主要取决于所用的材料。此外还有用金属箔、金属膜和金属氧化膜制成电阻体的电位器，具有特殊用途。电位器按使用特点区分，有通用、高精度、高分辨力、高阻、高温、高频、大功率等电位器；按阻值调节方式分则有可调型、半可调型和微调型，后二者又称半固定电位器。为克服动触点在电阻体上移动接触对电位器性能和寿命带来的不利影响，又有无触点非接触式电位器，如光敏和磁敏电位器等，供特殊场合应用。

（2）参数。电位器主要技术参数有三项：标称值、额定功率和阻值变化规律。

1）标称值。电位器的标称值系列与电阻器的标称值相同，可参见表 1-2。

2）额定功率。电位器的额定功率是在规定条件下，保证电位器连续正常工作时两个固定端之间允许消耗的最大功率。电位器额定功率系列值见表 1-4。

表 1 - 4　　　　　　　　　　　　　　　　电位器额定功率系列值

额定功率系列/W	线绕电位器/W	非线绕电位器/W
0.025	—	—
0.05	—	—

续表

额定功率系列/W	线绕电位器/W	非线绕电位器/W
0.1	—	—
0.25	0.25	0.25
0.5	0.5	0.5
1.0	1.0	1.0
1.6	1.6	—
2	2	2
3	3	3
5	5	—
10	10	—
16	16	—
25	25	—
40	40	—
63	63	—
100	100	—

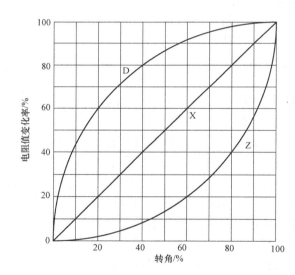

图 1-3　电位器旋转角度（或移动行程）
与实际阻值变化关系

3）阻值变化规律。电位器的阻值变化规律是指电位器的滑动片触点在移动时，其阻值随旋转角度或移动行程而发生的变化关系。常用电位器的变化规律有三种不同形式，分别用字母 X、D、Z 表示，如图 1-3 所示。

X 型为直线型，其阻值按角度均匀变化。它适用于分压、调节电流等。如在电视机中用于场频调整。

D 型为对数型，其阻值按旋转角度（或移动行程）依对数关系变化（即阻值变化开始快，以后缓慢），这种方式多用于仪器设备的特殊调节。在电视机中采用这种电位器调整黑白对比度，可使对比度更加适宜。

Z 型为指数型，其阻值按旋转角度（或移动行程）依指数关系变化（阻值变化开始缓慢，以后变快），它普遍使用在音量调节电路里。由于人耳对声音响度的听觉特性是接近于对数关系的，当音量从零开始逐渐变大的一段过程中，人耳对音量变化的听觉最灵敏，当音量大到一定程度后，人耳听觉逐渐变迟钝。所以音量调整一般采用指数型电位器，使声音变化听起来显得平稳、舒适。

电路中进行一般调节时，采用价格低廉的碳膜电位器；在进行精确调节时，宜采用多圈电位器或精密电位器。

电位器常用型号及含义见表1-5。

表1-5　　　　　　　　　　　　　　　　电位器常用型号及含义

型号	含义	型号	含义
WT	碳膜电位器	WS	实芯电位器
WH	合成膜电位器	WX	线绕电位器
WJ	金属膜电位器	—	—

1.1.3　电容器

电容器是储存电荷的容器。两片相距很近的金属中间被某绝缘物质（固体、气体或液体）隔开，就构成了电容器。两片金属成为极板，中间的物质称为介质。电容器的电路符号如图1-4所示。

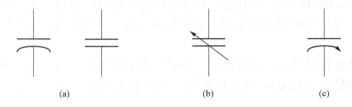

图1-4　电容器的电路符号
(a) 定值电容器；(b) 可变电容器；(c) 微调电容器

（1）电容器基本作用。如果把电容器接在直流电路中，只有当电源开启时的充电和关闭时的放电（当存在放电回路时）这两个暂时的过程中，电容支路上存在电流。所以，就稳态响应而言，直流电流不能通过电容器，相当于开路。如果把电容器接在交流或脉动直流电路中，由于不停地充电放电，便使电路中始终有电流，因此变动电流（交流）能够通过电容器。所以，电容器被广泛应用于各种耦合、旁路、滤波、调谐以及脉冲电路中，具有通交流隔直流的作用。

（2）电容器的分类。电容器根据其结构和可调整性可分为固定电容器、可变电容器两大类。

1) 固定电容器。

固定电容器可以采用各种介质材料，按所选用介质材料的不同，有：

a. 有机介质，包括纸介质电容器、纸膜复合介质电容器和薄膜复合介质电容器。

b. 无机介质，包括云母电容器、玻璃釉电容器和陶瓷电容器。

c. 气体介质，包括空气电容器、真空电容器和充气式电容器。

d. 电解质，包括铝电解电容器、钽电解电容器和铌电解电容器。

常用电容器的主要特点见表1-6。

表1-6　　　　　　　　　　　　　　　常用电容器的主要特点

名称	型号	电容量范围	额定工作电压/V	主要特点
纸介电容器	CZ	1000pF～0.1μF	160～400	价格低，损耗较大，体积也较大

续表

名称	型号	电容量范围	额定工作电压/V	主要特点
云母电容器	CY	4.7pF～30000pF	250～7000	耐高压、高温，性能稳定。体积小，漏电小，电容量小
油浸纸质电容器	CZM	0.1μF～16μF	250～1600	电容量大，耐高压，体积大
陶瓷电容器	CC（高频瓷） CT（低频瓷）	2pF～0.047pF	160～500	耐压高，体积小，性能稳定，漏电小，电容量小
涤纶电容器	CL	1000pF～0.5μF	63～630	体积小，漏电小，质量轻

电解电容是比较常用的大容量功率电容，其中容量较大的是铝电解电容器。这也是铝电解电容的最大优点，能在很小的体积里具有很大的电容量。所以，一般大容量场合选用铝电解电容。其缺点是绝缘电阻低、损耗大、稳定性较差，耐高温性能也差。同时，铝电解电容是具有极性的电容器，在使用中要特别注意它的正负极（电容器引出线端标注有符号），否则极易毁坏。

除了铝质电解电容器以外，还有用钽、铌等材料制成的电解电容器。它们的体积可以做得更小（即容量容易做得更大），而且稳定性、耐高温等都优于铝电解电容，但它们的价格相对较高。

在实际应用中，一般 1μF 以上的电容均为电解电容，而 1μF 以下的电容多为瓷片电容，或者是独石电容、涤纶薄膜电容和小容量的云母电容等。

2）可变电容器。

可变电容器常用的有空气介质和固体薄膜介质两种。空气介质的电容器稳定性高，损耗小，精确度高。固体薄膜介质的电容器制造简单，体积小，但稳定性和精确度都低，损耗大。

可变电容器容量的改变是通过改变极片间相对位置的方法来实现的。固定不动的一组极片称为定片，可动的一组极片称为动片。按照动片运动方式的不同，可变电容器分为直线往复运动式（很少使用）和旋转运动式两种。

可变电容器的主要特征之一是它的容量变化特性。它决定了调谐电路的频率变化规律。根据这个特性，旋转式可变电容器可分为线性电容式、线性波长式、线性频率式和容量对数式。

此外，可变电容器还分单联和多联，联数太多会导致制造困难，所以一般不超过五联。

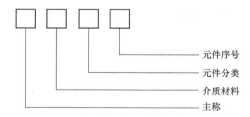

图 1-5　电容器的型号表示

（3）电容器型号的命名方法。电容器的型号由主称（以字母 C 表示）、介质材料、元件分类和元件序号四部分组成，如图 1-5 所示。例如，CJ10 代表金属化纸介质轴向电容器。

（4）电容器的常用容量表示法。

1）直接表示法。直接表示法是用表示数量的字母 m（10^{-3}）、μ（10^{-6}）、n（10^{-9}）和 p（10^{-12}）加上数字组合表示的方法。例如，4n7 表示 $4.7×10^{-9}\mathrm{F}=4700\mathrm{pF}$；33n 表示 $33×10^{-9}\mathrm{F}=0.033μF$；4p7 表示 4.7 pF 等。有时用无单位的数字表示容量，当数字大于 1 时，其单位为

pF；若数字小于 1 时，其单位一般为 μF。例如，3300 表示 3300pF；0.022 表示为 0.022μF。

2）数码表示法。一般用三位数字来表示容量的大小，单位为 pF。前两位为有效数字，后一位表示位率，即乘以 10^i，i 为第三位数字。若第三位为 9，则乘以 10^{-1}。如 223 表示 $22\times10^3 = 22000$pF $=0.022\mu$F；又如 479 表示 47×10^{-1} pF $= 4.7$pF。这种表示方法现在比较常用。

（5）电容器的标称容量。

常用固定电容器的容量标称系列值与允许误差的等级分别见表 1-7 和表 1-8。

表 1-7　　　　　　　　　　　常用固定电容器的容量标称系列值

类型	允许偏差	容量标称值	
纸介、金属化纸介质、低频极性有机薄膜介质电容器	±5%	100pF～1μF	1.0　1.5　2.2　3.3　4.7　6.8
	±10%	1μF～100μF	1　2　4　6　10　15　20　30　50　60
	±20%		80　100
无极性高频有机薄膜介质、瓷介、云母介质等无机介质电容器	±5%	1.0　1.1　1.2　1.3　1.5　1.6　1.8　2.0　2.2　2.4　2.7 3.0　3.3　3.6　3.9　4.3　4.7　5.1　5.6　6.2　6.8　7.5 8.2　9.1	
	±10%	1.0　1.2　1.5　1.8　2.2　2.7　3.3　3.9　4.7　5.6　6.8 8.2	
	±20%	1.0　1.5　2.2　3.3　4.7　6.8	
铝、钽等电解电容器	±10%～±20%	1.0　1.5　2.2　3.3　4.7　6.8	
	−10%～+50%		
	−10%～+100%		

表 1-8　　　　　　　　　　　常用固定电容器允许误差的等级

允许误差	±2%	±5%	±10%	±20%	+20% −30%	+50% −20%	+100% −10%
级别	02	I	II	III	IV	V	VI

（6）电容器性能指标。有标称容量、精度等级、额定工作电压、绝缘电阻、能量损耗。损耗大的电容器不适合用在高频电路中工作。

常用固定电容器的直流工作耐压值系列为：6.3、10、16、25、40、63、100、160、250V 和 400V。

（7）电容器的选用。用万用表的欧姆挡可以简单测量电解电容的优劣，粗略判别其漏电、容量衰减或失效情况，以便合理选用电容器。

1）合理选择电容器型号。一般在低频耦合、旁路等场合，选择金属化纸介质电容；在高频电路和高压电路中，选择云母电容和瓷介电容；在电源滤波或退耦电路中，选择电解电容。

2）合理选择电容器精度等级，尽可能降低成本。

3）合理选择电容器耐压值。加在一个电容器的两端的电压若超过它的额定电压，电容器就会被击穿损坏，一般电容器的工作电压应低于额定电压的 50%～70%。

4）合理选择电容器温度范围，以保证电容器稳定工作。

5）合理选择电容器容量。等效电感大的电容器（电解电容器）不适合用于耦合、旁路高频信号；等效电阻大的电容器不适合用于品质因数要求高的振荡电路中。为了满足从低频到高频滤波旁路的要求，常采用将一个大容量的电解电容和一个小容量的适合于高频的电容器并联使用。

6）在选用电容器时，不仅要满足它的性能要求，还应考虑它的体积、重量以及价格等因素，还应考虑所处的工作环境。

1.1.4　电感器

电感器是能够把电能转化为磁能并存储起来的元件。电感器具有一定的电感，在交流电路中它阻碍电流的变化。如果电感器在没有电流通过的状态下，电源接通时它将试图阻碍电流流过它；如果电感器在有电流通过的状态下，电源断开时它将试图维持电流不变。电感器的电路符号如图 1-6 所示。电感器一般由骨架、绕组、屏蔽罩、封装材料、磁芯或铁芯等组成。

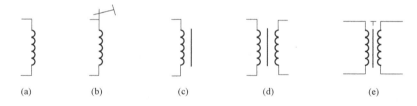

图 1-6　电感器的电路符号

（a）一般电感；（b）带磁芯电感；（c）带铁芯电感；（d）空心变压器；（e）铁芯变压器

（1）电感器分类。

1）自感器。当线圈中有电流通过时，线圈的周围就会产生磁场。当线圈中电流发生变化时，其周围的磁场也发生相应的变化，此变化的磁场可使线圈自身产生感应电动势。

用导线绕制而成，具有一定匝数，能产生一定自感量或互感量的电子元件，常称为电感线圈。为增大电感值，提高品质因数，缩小体积，常加入铁磁物质制成的铁芯或磁芯。电感器的基本参数有电感量、品质因数、固有电容量、稳定性、通过的电流和使用频率等。由单一线圈组成的电感器称为自感器，它的自感量又称为自感系数。

2）互感器。两个电感线圈相互靠近时，一个电感线圈的磁场变化将影响另一个电感线圈，这种影响就是互感。互感的大小取决于电感线圈的自感与两个电感线圈耦合的程度，利用此原理制成的元件称为互感器。

（2）主要参数。

电感器的主要参数有标称电感量、允许偏差、品质因数、分布电容及额定电流等。

1）标称电感量，是电感器上标注的电感量的大小，是线圈自身的固有特性。

电感量也称自感系数，是表示电感器产生自感应能力的一个物理量。

电感器电感量的大小，主要取决于线圈的圈数（匝数）、绕制方式、有无磁芯及磁芯材料等。通常，线圈圈数越多、绕制的线圈越密集，电感量就越大。有磁芯的线圈比无磁芯的线圈电感量大；磁芯磁导率越大的线圈，电感量也越大。

电感量的基本单位是亨利（简称亨），用字母"H"表示。常用的单位还有毫亨（mH）和微亨（μH），它们之间的关系是：1H＝1000mH；1mH＝1000μH。

2）允许偏差。允许偏差是指电感器上标称的电感量与实际电感的允许误差值。

一般用于振荡或滤波等电路中的电感器要求精度较高，允许偏差为±0.2％～±0.5％；而用于耦合、高频阻流等线圈的精度要求不高；允许偏差为±10％～15％。

3）品质因数。品质因数也称 Q 值或优值，是衡量电感器质量的主要参数。它是指电感器在某一频率的交流电压下工作时，所呈现的感抗与其等效损耗电阻之比。电感器的 Q 值越大，其损耗越小，效率越高。

电感器品质因数的高低与线圈导线的直流电阻、线圈骨架的介质损耗及铁芯、屏蔽罩等引起的损耗等有关。

4）分布电容。分布电容是指线圈的匝与匝之间，线圈与磁芯之间，线圈与地之间，线圈与金属之间存在的电容。电感器的分布电容越小，其稳定性越好。分布电容的存在使线圈的等效总损耗电阻增大，品质因数 Q 降低。为了减少分布电容，线圈通常采用丝包线或多股漆包线，有时也用蜂窝式绕线法等。

5）额定电流。额定电流是指电感器在允许的工作环境下能承受的最大电流值。若工作电流超过额定电流，则电感器会因发热而使性能参数发生改变，甚至还会因过电流而烧毁。

（3）电感器选用。电感器的选用可遵循如下原则：

1）电感器的工作频率要满足电路要求。

2）电感器的电感量和额定电流要满足电路要求。

3）电感器的尺寸大小要符合电路板的要求。

4）尽量选用分布电容小和品质因数大的电感器。

5）对于不同性质的电路选择不同类型的电感器。

6）对于有屏蔽罩的电感器，使用时应将屏蔽罩接地，起到隔离电场的作用。

（4）功能用途。电感器具有阻止交流电通过而让直流电顺利通过的特性，频率越大，线圈阻抗越大，此外其在电路中还起到滤波、振荡、延迟、陷波等作用，还有筛选信号、过滤噪声、稳定电流及抑制电磁波干扰等作用。电感在电路最常见的作用是与电容一起，组成 LC 滤波电路。电容具有"阻直流，通交流"的特性，而电感则有"通直流，阻交流"的功能。如果把伴有许多干扰信号的直流电通过 LC 滤波电路，交流干扰信号将被电感变成热能消耗掉；变得比较纯净的直流电流通过电感时，其中的交流干扰信号也被变成磁感能和热能，频率较高的交流干扰信号所引发的感抗也较高，这就可以抑制较高频率的信号干扰。

1.2 常 用 仪 器 仪 表

1.2.1 万用表

万用表又称为复用表、多用表、三用表、繁用表等，是一种多功能、多量程的电子电工测量仪表，一般万用表可测量直流电流、直流电压、交流电流、交流电压、电阻等，有的还可以测电容量、电感量及半导体的一些参数等。万用表种类很多，外形各异，但基本结构和使用方法是相同的，按显示方式分为指针式万用表和数字万用表。

（1）指针式万用表。

指针式万用表主要由表头、测量电路及转换装置三个主要部分组成。表头面板上有测量不同电量的转换开关、变换多种不同量程的刻度盘、欧姆挡调零等。

万用表表头上的表盘印有多种符号，刻度线和数值，根据不同的需要可以选择不同的量程。表头上还设有机械零位调整旋钮，用以校正指针在左端零位。测量电路是用来把各种被测量转换到适合表头测量的微小直流电流的电路，它由电阻、半导体元件及电池组成，它能将各种不同的被测量（如电流、电压、电阻等）、不同的量程，经过一系列的处理（如整流、分流、分压等）统一变成一定量限的微小直流电流送入表头进行测量。转换装置用来选择各种不同的测量电路，以满足不同种类和不同量程测量要求。

（2）数字万用表。数字万用表是目前最常用的一种数字仪表。其主要特点是准确度高、分辨率强、测试功能完善、测量速度快、显示直观、过滤能力强、耗电少，便于携带。它已成为现代电子测量与维修工作的必备仪表，并正在逐步取代即指针式万用表。

1）主要特点。

a. 数字显示，直观准确，无视觉误差，并具有极性自动显示功能。

b. 测量精度和分辨率都很高。

c. 输入阻抗大，对被测电路影响小。

d. 电路的集成度高，便于组装和维修，使数字万用表的使用更为可靠和耐用。

e. 测试功能齐全。

f. 保护功能齐全，有过电压、过电流、过载保护和超输入显示功能。

g. 功耗低，抗干扰能力强，在磁场环境下能正常工作。

h. 便于携带，使用方便。

2）组成与工作原理。数字万用表是在直流数字电压表的基础上扩展而成的。为了能测量交流电压、电流、电阻、电容、二极管正向压降、晶体管放大系数等电量，必须增加相应的转换器，将被测电量转换成直流电压信号，再由 A/D 转换器转换成数字量，并以数字形式显示出来。数字万用表的基本结构如图 1-7 所示。它由功能转换器、A/D 转换器、LCD 显示器（液晶显示器）、电源和功能/量程转换开关等构成。

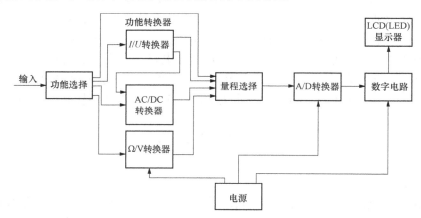

图 1-7　数字万用表的基本结构

（3）指针式万用表与数字万用表对比。指针式万用表通过指针在表盘上摆动的大小来指示被测量的数值，因此也称为机械指针式万用表。指针式与数字万用表各有优点，可根据具体使用要求选用。下面详细给出指针式与数字万用表的对比：

1）测量电压时，数字万用表比指针式万用表的输入阻抗大，所以一般来讲，数字万用表的测量精度要高于指针式万用表的测量精度。

2）数字万用表显示简洁，指针式万用表的表盘复杂。

3）指针式万用表能显示过渡过程的变化趋势，数字万用表则只能显示静态电路参数。

4）数字万用表可以用蜂鸣器发出是否导通的信号，使用方便；指针式万用表只能用表针的偏转传递信息。

5）有些数字万用表具有自动切换量程、短路保护、数据保持、自动关机、电池电量显示、单位显示等功能。

6）在数字万用表上很容易实现扩展功能。

7）有些指针式万用表使用两块电池（1.5V 和 9V）供电，数字万用表通常用一块电池供电，测量电阻时指针式万用表测量精度相对高一些。

8）指针式万用表抗高频电磁干扰能力强。

9）有些数字万用表有测量有效值的功能。

10）指针式万用表可以在没有电池的情况下测量电压和电流。

（4）DT9101 型数字万用表。DT9101 型数字万用表是一种操作方便、读数准确、功能齐全、体积小巧、携带方便、用电池作为电源的手持袖珍式大屏幕液晶显示三位半数字万用表。该仪表可用来测量直流电压、电流、交流电压、电流，电阻，二极管正向压降，晶体三极管 h_{FE} 参数及电路通断。DT9101 型数字万用表面板图如图 1-8 所示。

1）使用方法。

a. 直流电压测量。

（a）将黑色表笔插入 COM 插孔，红色表笔插入 VΩ 插孔。

（b）将功能开关置于 DCV 量程范围，并将表笔并接在被测负载或信号源上。在显示电压读数时，同时会指示出红表笔的极性。

注意：在测量之前不知被测电压的范围时，应将功能开关置于高量程挡后逐步调低。若仅在测量高位显示"1"，说明已超过量程，需调高一挡。不要测量高于 1000V 的电压，虽然有可能有读数显示，但可能会损坏内部电路。在测量高压时，应特别注意避免人体接触到高压电路。

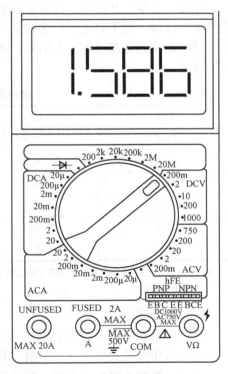

图 1-8　DT9101 型数字万用表面板

b. 交流电压测量。

（a）将黑表笔插入 COM 插孔，红色表笔插入 VΩ 插孔。

（b）将功能开关置于 ACV 量程范围，并将测试笔并接在被测负载或信号源上。

注意：同直流电压测试注意事项（除第三点）。不要测量高于750V有效值的电压，虽然有可能有读数显示，但可能会损坏万用表的内部电路。

c. 直流电流测量。

（a）将黑表笔插入COM插孔。当被测电流在2A以下时，红表笔插A插孔；如被测电流在2～20A，则将红表笔移至20A插孔。

（b）功能开关置于DCA量程范围，测试笔串入被测电路中，红表笔的极性将在数字显示的同时指示出来。

注意：如果被测电流范围未知，应将功能开关置于高挡后逐步调低。如果只有最高位显示"1"，说明已超过量程，需调高量程挡级。A插口输入时，过载会将内装熔丝熔断，必须更换熔丝，熔丝规格应为2A（外形ϕ5mm×20mm）。20A插口没有用熔丝，测量时间应小于15s。

d. 交流电流测量。测试方法和注意事项与直流电流测量相同。

e. 电阻测量。

（a）将黑表笔插入COM插孔，红色表笔插入VΩ插孔（注意：红表笔极性为"＋"）。

（b）将功能开关置于所需量程上，将测试笔跨接在被测电阻上。

注意：当输入开路时，会显示过量程状态"1"。电阻在1MΩ以上时，万用表须数秒后才能稳定读数，对于高电阻测量这是正常的。检测在线电阻时，必须确认被测电路已关闭电源，同时电路的暂态过程基本结束，才能进行测量。表1-9列出了各挡的电压值和电流值，以供参考。

表1-9　　　　　　　　　　　　　　电阻测量各挡电压值、电流值

量程	A＊/V	B/V	C/mA
200Ω	0.65	0.08	0.44
2kΩ	0.65	0.3	0.27
20kΩ	0.65	0.42	0.06
200kΩ	0.65	0.43	0.07
2MΩ	0.65	0.43	0.001
20MΩ	0.65	0.43	0.0001

注　A＊是插座上开路电压；B是跨于相当满量程电阻上的电压值；C是通过短路输入插口的电流值（以上所有数字均为典型值）。

f. 二极管测量。

（a）将黑表笔插入COM插孔，红色表笔插入VΩ插孔（注意：红表笔极性为"＋"）。

（b）将功能开关置于→＋·挡，并将测试笔跨接在被测二极管上。

注意：当输入端未接入时，即开路时，显示过量程"1"。通过被测器件的电流为1mA左右。万用表显示值为正向压降伏特值，当二极管反接时，则显示过量程"1"。

g. 通断检查。

（a）将黑表笔插入COM插孔，红色表笔插入VΩ插孔。

（b）将功能开关置于0＊量程，并将表笔跨接在欲检查的电路两端。

（c）若被检查两点之间的电阻小于30Ω，蜂鸣器便会发出声响。

注意：当输入端未接入时，即开路时，显示过量程"1"。被测电路必须在切断电源的状态下检查通断，因为任何负载信号将使蜂鸣器发声，导致判断错误。

h. 晶体管电流放大倍数 h_{FE} 测量。

（a）将功能管开关置于 h_{FE} 挡上。

（b）先确定晶体三极管是 PNP 型还是 NPN 型，然后再将被测管 E、B、C 三脚分别插入面板对应的晶体三极管孔内。

（c）万用表显示的则是 h_{FE} 近似值，测试条件为基极电流 $10\mu A$，集电极与发射极之间的电压 U_{ce} 约 2.8V。

i. 液晶显示屏幕视角选择。

一般使用或存放时，显示屏可呈锁紧状态。当使用条件需要改变显示屏视角时，可用手指按压显示屏上方的锁扣按钮，并翻出显示屏，使其转到最合适的观测角度。

2）为了测量时获得良好效果及防止由于使用不当而使仪表损坏，应遵守下列注意事项。

a. 仪表在测试时，不能旋转功能开关，特别是在试高电压和大电流时，严禁带电转换量程。

b. 当被测量不能确定其数值时，应将开关旋到最大量程的位置上，然后再选择适应的量程，使指针得到最大偏转。

c. 测量直流电流时，仪表应与被测电路串联，禁止将仪表直接跨接在被测电路的电压两端，以防仪表过负荷而损坏。

d. 测量电路中的电阻阻值时，应将被测电路的电源断开，如果电路中有电容器，应先将其放电后才能测量，切勿在电路带电情况下测量电阻。

e. 每次用完仪表后，最好将范围选择开关旋至交直流电压的 500V 位置上，防止下一次使用时，因偶然疏忽致使仪表损坏。

f. 测量交直流电压时，应将橡胶测试杆插入绝缘管内，不应暴露金属部分。

g. 在切换功能前应将测试笔从测试点移开。

h. 仪表设有电源自动切断功能，当持续工作 30min 左右，电源自动切断，仪表进入睡眠状态。若要重启电源，需按动电源开关两次。

i. 仪表应经常保持清洁和干燥，以免因受潮而损坏和影响准确度。

1.2.2 示波器

示波器是以直角坐标为参数系，以时间扫描为时基两维地显示电量瞬时变化的仪器，它不但能观测低频信号（包括单次信号），同时也能观测高频信号和快速脉冲信号，并能对其表征的参量进行分析和测量。随着数字集成电路技术的发展而出现的数字存储示波器，不但能显示波形，还能对波形进行存储、分析、计算，并能组成自动测试系统，使之成为电子测量领域的基础测试仪器之一，且应用广泛。

数字示波器的工作原理为：输入的模拟信号经耦合电路后送至前端放大器进行放大，经过采样和量化两个过程的数字化处理，将模拟信号转化成数字信号后，在逻辑控制电路的控制下将数字信号写入到存储器中，并由 A/D 转换器数字化，信号以数字形式存入存储器中，微处理器将数字信号从存储器中读出，并经 D/A 转换器转换成模拟信号，经过低通滤波器（LPE）滤波后，并显示在显示屏上。

常用的数字存储示波器面板图如图 1-9 所示。图中选项按钮也可称为屏幕按钮、侧菜单按钮、bezel 按钮或软键。

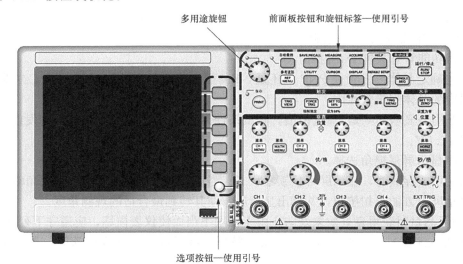

图 1-9　数字存储示波器面板图

示波器是一种综合性的电信号测试仪器，其主要特点有以下三方面：

（1）不仅能显示电信号的波形，而且还可以测量电信号的幅度、周期、频率和相位等。

（2）测量灵敏度高、过载能力强。

（3）输入阻抗大。

示波器按照用途和特点可以分为：

（1）通用示波器，它是根据波形显示基本原理而构成的示波器。

（2）取样示波器，它将高频信号取样，变为波形与原信号相似的低频信号，再进行放大和显示。与通用示波器相比，取样示波器具有频带极宽的优点。

（3）记忆示波器与存储示波器，这两种示波器均具有存储信息的功能，前者是采用记忆示波管，记忆时间可达数天，后者是采用数字存储器来存储信息，其存储时间是无限的。

（4）专用示波器，是为满足特殊需要而设计的示波器，如电视示波器、高压示波器等。

（5）智能示波器，是集智能和数字示波器于一体的新型数字示波器，这种示波器内采用了微处理器，具有自动操作、数字化处理、存储及显示等功能。它是当前发展起来的新型示波器，也是示波器发展的方向。

本节只对目前最普遍、最常使用的数字存储示波器加以介绍。

（1）基本操作。

1）显示区域。除显示波形外，显示屏上还含有很多关于波形和示波器控制设置的详细信息。

a. 显示中心刻度处时间的读数。触发时间为零。

b. 显示边沿或脉冲宽度触发电平的标记。屏幕上的标记指明所显示波形的地线基准点。如没有标记，不会显示通道。

c. 箭头图标表示波形是反相的。

d. 读数显示通道的垂直刻度系数。

e. BW 图标表示通道带宽受限制。

f. 读数显示主时基设置。

g. 如使用视窗时基，读数显示视窗时基设置。

h. 读数显示触发使用的触发源。

i. 使用标记显示水平触发位置。旋转"水平位置"旋钮可以调整标记位置。

j. 读数显示边沿或脉冲宽度触发电平。

k. 显示区显示有用信息；有些信息仅显示 3s。如果调出某个储存的波形，读数显示基准波形的信息，如 RefA 1.00V 500μs。

l. 数字显示触发频率。

2）信息区域。示波器的屏幕底部显示一个信息区域。可提供以下几种有用的信息：

a. 访问另一菜单的方法，例如按下 TRIG MENU（触发菜单）按钮时显示："请利用水平菜单调整触发释抑"。

b. 建议可能要进行的下一步操作，例如按下 MEASURE（测量）按钮时显示："按显示屏按钮以改变测量"。

c. 有关示波器所执行操作的信息，例如按下 DEFAULT SETUP（默认设置）按钮时显示："已调出厂家设置"。

d. 波形的有关信息，例如按下"自动设置"按钮时显示："在 CH1 上检测到正方形波或脉冲"。

（2）使用菜单系统。示波器的用户界面设计用于通过菜单结构方便地访问特殊功能。按下前面板按钮，示波器将在屏幕的右侧显示相应的菜单。该菜单显示直接按下屏幕右侧未标记的选项按钮时可用的选项。

示波器使用下列几种方法显示菜单选项：

1）页（子菜单）选择：对于某些菜单，可使用顶端的选项按钮来选择两个或三个子菜单。每次按下顶端按钮时，选项都会随之改变。例如，按下 TRIGGER Menu（触发菜单）中的顶部按钮时，示波器会循环显示"边沿""视频"和"脉冲"触发子菜单。

2）循环列表：每次按下选项按钮时，示波器都会将参数设定为不同的值。例如，按下 CH1 MENU（CH1 菜单）按钮，然后按下顶端的选项按钮，在"垂直（通道）耦合"各选项间切换。

在某些列表中，可以使用多用途旋钮来选择选项。使用多用途旋钮时，提示行会出现提示信息，并且当旋钮处于活动状态时，多用途旋钮附近的 LED 变亮。

3）动作：示波器显示按下"动作选项"按钮时立即发生的动作类型。例如，如果在出现"帮助索引"时按下"下一页"选项按钮，示波器将立即显示下一页索引项。

4）单选钮：示波器的每一选项都使用不同的按钮。当前选择的选项突出显示。例如，按下 ACQUIRE（采集）菜单按钮时，示波器会显示不同的获取方式选项。要选择某个选项，可按下相应的按钮。

（3）菜单和控制按钮。多功能旋钮（见图 1-10）：通过显示的菜单或选定的菜单选项来确定功能。激活时，相邻的 LED 变亮。表 1-10 列出各旋钮功能说明。

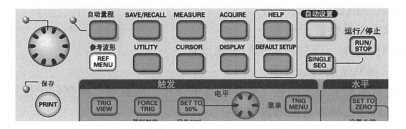

图 1-10　多功能旋钮

表 1-10　　　　　　　　　　　**各旋钮功能说明**

活动菜单或选项	旋钮功能	说明
光标	光标 1 或光标 2	定位选定的光标
DISPLAY（显示）	调节对比度	改变显示屏对比度
HELP（帮助）	滚动	选择索引项、选择主题链接、显示主题的下一页或上一页
水平	释抑	设置接受其他触发事件前所需时间
MATH（数学）	位置	定位数学
	垂直刻度	改变数学波形的刻度
MEASURE（测量）	类型	选择每个信源的自动测量类型
SAVE/RECALL（保存/调出）	动作	将功能设置为保存或调出设置文件、波形文件和屏幕图像
	文件选择	选择要保存的设置文件、波形文件或图像文件，或选择要调整出的设置文件或波形文件
触发	信源	"触发类型"选项设置为"边沿"时，请选择信源
	视频线数	当"触发类型"选项设置为"视频"，"同步"选项设置为"线数"时，将示波器设置为某指定线数
	脉冲宽度	当"触发类型"选项设为"脉冲"时设置脉冲宽度
UTILITY（辅助功能）	文件选择	选择要重命名或要删除的文件
文件功能	名称项	重命名文件或文件夹

（4）了解示波器的功能。为了有效地使用示波器，需要了解示波器的功能有设置示波器、正在触发、采集信号（波形）、缩放并定位波形、测量波形。

图 1-11 显示示波器不同功能及其彼此间关系的方块图。

1）设置示波器。操作示波器时，应熟悉经常用到的几种功能：自动设置、自动量程、保存设置、调出设置和默认设置。

a. 自动设置。每次按"自动设置"按钮，自动设置功能都会获得显示稳定的波形。它可以自动调整垂直刻度、水平刻度和触发设置。自动设置也可在刻度区域显示几个自动测量结果，这取决于信号类型。

b. 自动量程。自动量程是一个连续的功能，可以启用和禁用。此功能可以调节设置值，以便在信号表现出大的改变或在将探头改变位置时跟踪信号。

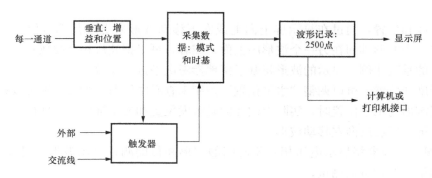

图 1-11 示波器功能方块图

c. 保存设置。关闭示波器电源前，如果在最后一次更改后已等待 5s，示波器就会保存当前设置。下次接通电源时，示波器会调出此设置。可以使用 SAVE/RECALL（保存/调出）菜单永久性保存十个不同的设置。

还可以将设置储存到 USB 闪存驱动器。示波器上可插入 USB 闪存驱动器，用于存储和检索可移动数据。

d. 默认设置。示波器在出厂前被设置为用于常规操作，这就是默认设置。要调出此设置，按下 DEFAULT SETUP（默认设置）按钮。

2）正确触发。触发将确定示波器开始采集数据和显示波形的时间。正确设置触发后，示波器就能将不稳定的显示结果或空白显示屏转换为有意义的波形。当按下"运行/停止"或 SINGLE SEQ（单次序列）按钮开始采集时，示波器执行下列步骤：

a. 采集足够的数据来填充触发点左侧的波形记录部分，称为预触发。

b. 在等待触发条件出现的同时继续捕获数据。

c. 检测触发条件。

d. 在波形记录填满之前继续采集数据。

e. 显示最近采集的波形。

3）采集信号。采集信号时，示波器将其转换为数字形式并显示波形。获取方式的定义为采集过程中信号被数字化的方式和时基设置影响采集的时间跨度和细节程度。获取方式主要有三种：采样、峰值检测和平均值。

采样：在这种获取方式下，示波器以均匀时间间隔对信号进行采样以建立波形。此方式多数情况下可以精确表示信号。然而，此方式不能采集采样之间可能发生的快速信号变化。这可以导致假波现象，并可能漏掉窄脉冲。在这些情况下，应使用峰值检测方式采集数据。

峰值检测：在这种获取方式下，示波器在每个采样间隔中找到输入信号的最大值和最小值并使用这些值显示波形。这样，示波器就可以获取并显示窄脉冲，否则这些窄脉冲在"采样"方式下可能已被漏掉。在这种方式下，噪声似乎更大。

平均值：在这种获取方式下，示波器获取几个波形，求其平均值，然后显示最终波形。可以使用此方式来减少随机噪声。

4）缩放并定位波形。可以调整波形的比例和位置来更改显示的波形。改变比例时，波形显示的尺寸会增加或减小。改变位置时，波形会向上、向下、向右或向左移动。通道指示器（位于刻度的左侧）会标识显示屏上的每个波形。指示器指向所记录波形的接地参考电平。

垂直刻度和位置：通过在显示屏上向上或向下移动波形来更改其垂直位置。要比较数据，可以将一个波形排列在另一个波形的上面，或者，可以把波形相互叠放在一起。可以更改某个波形的垂直比例。显示的波形将基于接地参考电平进行缩放。

水平刻度和位置：可以调整"水平位置"控制来查看触发前、触发后或触发前后的波形数据。改变波形的水平位置时，实际上改变的是触发位置和显示屏中心之间的时间。看起来就像在显示屏上向右或向左移动波形。

5）测量。示波器将显示电压相对于时间的图形并帮助测量显示波形，可以使用刻度、光标进行测量或执行自动测量。

a. 刻度。可通过计算相关的大、小刻度分度并乘以比例系数进行简单的测量。例如，如果计算出在波形的最大值和最小值之间有五个主垂直刻度分度，并且已知比例系数为100mV/格，则可按照下列方法来计算峰峰值电压

$$5 \text{ 格} \times 100\text{mV/ 格} = 500\text{mV}$$

使用此方法能快速、直观地做出估计。例如，可以观察波形幅度，确定它是否略高于 100mV。

b. 光标。使用此方法能通过移动总是成对出现的光标并从显示读数中读取它们的数值从而进行测量。有"幅度"和"时间"两类光标。使用光标时，要确保将"信源"设置为显示屏上想要测量的波形。要使用光标，可按下 CURSOR（光标）按钮。

"幅度"光标在显示屏上以水平线出现，可测量垂直参数。"幅度"是参照基准电平而言的。对于数学计算 FFT（快速傅里叶变换）功能，这些光标可以测量幅度。

"时间"光标在显示屏上以垂直线出现，可测量水平参数和垂直参数。"时间"是参照触发点而言。对于数学计算 FFT 功能，这些光标可以测量频率。"时间"光标还包含在波形和光标的交叉点处的波形幅度的读数。

c. 自动。MEASURE（测量）菜单最多可采用五种自动测量方法。如果采用自动测量，示波器会为用户进行所有的计算。因为这种测量使用波形的记录点，所以比刻度或光标测量更精确。自动测量使用读数来显示测量结果。示波器采集新数据的同时对这些读数进行周期性更新。

6）注意事项。

a. 示波器使用不当容易损坏或影响使用寿命。每次开机前，要把辉度调节旋钮逆时针转到底后，再闭合电源开关。然后缓慢转动增大光点或扫描线的亮度，一般只要看得清楚即可。注意不宜让经过聚焦的小亮点停在屏上不动，防止屏上荧光物质被电子束烧坏而形成暗斑。

b. 在观察过程中，应避免经常启闭电源。示波器暂时不用时不必断开电源，只需调节辉度旋钮使亮点消失，到下次使用时再调亮。因为每次电源接通时，示波管的灯丝尚处于冷态，电阻很小，通过的电流很大，会缩短示波管寿命。

c. 电源电压应限制在 220V±10% 的范围内才能使用。此外，操作面板上各旋钮动作要轻。当旋到极限位置时，只能往回旋转，不能硬扳。

1.2.3　函数信号发生器

函数信号发生器是一种能提供各种频率、波形和输出电平电信号的设备。在测量各种电

信系统或电信设备的振幅特性、频率特性、传输特性及其他电参数时，以及测量元器件的特性与参数时，用作测试的信号源或激励源。

（1）主要技术指标。

1）电压输出。

a. 频率范围：0.2Hz～2MHz，频率调整率0.1～1。

b. 输出阻抗：50Ω。

c. 输出波形：正弦波、三角波、方波、单次波、斜波、TTL（晶体管—晶体管逻辑电平）方波、直流电平。

d. 输出电压幅度：峰—峰值10V±10％（50Ω负载），峰—峰值20V±10％（1MΩ负载）。

e. 对称度：20％～80％。

f. 衰减精度：≤±3％。

2）TTL输出。

a. 输出幅度：≥+3V。

b. 输出信号阻抗：600Ω。

3）频率计数。

a. 频率范围：0.1Hz～10MHz。

b. 测量精度：±1％（±1个字）。

c. 时基频率：10MHz。

d. 闸门时间：10、1、0.1、0.01s。

e. 时基：标称，10MHz。

（2）使用方法。

1）初步检查。

a. 检查电源电压是否满足仪器的要求（220V±22V）。

b. 将占空比控制开关按下，电压输出衰减开关，电平控制开关，频率测量内、外开关均置于常态（未按下）；波形选择开关按下某一键；频率范围选择开关按下某一键；输出幅度调节旋钮置于适当位置。

c. 将电压输出插座与示波器Y轴输入端相连。

d. 开启电源开关，LED屏幕上有数字显示，示波器上可观测到信号的波形，此时说明函数发生器工作基本正常。

2）三角波、方波、正弦波的产生。

a. 按下电源开关。

b. 占空比控制开关，电压输出衰减开关，电平控制开关，频率测量内、外开关均置于常态。

c. 按照所需产生的波形，按下波形方式选择开关的三角波、方波或正弦波按键。

d. 按照所需产生的信号频率，选择适当的频率范围开关按键。然后调节频率调节旋钮，使频率符合要求。

e. 调节输出幅度调节旋钮，可改变输出电压的大小。若需输出电压较小时，应按下电压输出衰减开关。

f. 若需输出信号具有某一大小的直流分量，则将电平控制开关按下，调节电平调节旋钮即可。

3）脉冲波或斜波的产生。

a. 先根据上述三角波、方波、正弦波的产生方法，生成三角波或方波。

b. 按下占空比控制开关，置占空比/对称度选择开关于常态（未按下），此时占空比指示灯亮，调节占空比/对称度调节旋钮，可使方波变为占空比可以变化的脉冲波，或者使三角波变为斜波。

4）TTL 输出。TTL 输出端可以有方波或脉冲波输出，产生方法同 2）或 3）。输出信号的频率可以改变，而信号的高电平、低电平固定，分别是 3V 和 0V。

5）外侧频率。将需测量频率的外部信号接至外侧信号输入插座，按下频率测量内、外开关，指示灯亮，此时 LED 屏幕上显示的数值即为被测信号的频率。

2 电子测量基本方法及常用电参量的测量

凡是利用电子技术测量电的或非电的各种测量方法，统称为电子测量。电工实验必不可少的过程就是测量，测量是掌握这门课程的基础，掌握正确的测量方法，才能深入地学习电工实验。

2.1 电子测量基本方法

在测量过程中采用正确的测量方法是非常重要的，它直接关系到测量工作正确进行以及测量数据的有效性。应根据测量任务的要求，进行认真分析，确定切实可行的测量方法，然后选择合适的测量仪器，进行实际测量。

2.1.1 电子测量的基本内容

电子测量的内容一般可分为电参量的测量，非电参量的测量两类。

（1）电参量的测量分为：

1）电能量的测量。它包括电压、电流、电功率、电场强度等测量。

2）电信号特性的测量。它包括波形、频率、周期、时间、相位、噪声等测量。

3）电路参数的测量。它包括电阻、电容、电感、阻抗、品质因数、电子器件参数等测量。

4）电子设备及仪器性能的测量。它包括增量、衰减量、灵敏度、信噪比等测量。

（2）非电参量的测量。非电参量的测量通过不同类型的传感器将物理的、化学的、机械的非电参量转换成电信号，然后利用电子测量技术测出其相应的电参量，最后将其折合成非电量数据。

与其他测量方法相比，电子测量具有以下特点。

（1）测量频率范围广：电子测量的频率范围几乎可以覆盖电磁频谱。除能测量直流电量外，其频率低端可测至 10^{-6} Hz，而高端可达 170GHz。由于电子测量装置工作频率很宽，所以应用范围相当广泛。

（2）测量量程宽：在 1994 年，高灵敏度的数字电压表的量程可达 10nV～1500V，而测量频率的数字频率计，其量程已接近 17 个数量级。这样宽的测量范围是其他测量技术所无法达到的。

（3）测量准确度高：电子测量仪器的准确度比其他测量装置的准确度高得多，特别是对频率、时间的测量，其准确度已达到 $10^{-13} \sim 10^{-14}$ 的量级。一般在需要进行准确测量的地方，几乎都离不开电子测量。

（4）测量速度快：电子测量是利用电子运动和电磁波的传播来进行工作的，因此它具有极快的测量速度，这也是它在现代科学技术中获得广泛应用的一个重要原因。

（5）可以实现遥测和长期不间断测量，且显示方式清晰、直观。比如将现场待测量转换成易于传输的电信号，通过有线或无线的方式传送到测试中心，从而实现遥测和遥控。

（6）易于实现测试智能化和测试自动化：电子测量的一个突出特点是可以通过各种类型的传感器实现遥测，这对于远距离或人体难以接近的地方的信号测量具有十分重要的意义。

2.1.2　电子测量的方法

电子测量的方法很多，使用较多的测量方法有直接测量法、比较测量法和间接测量法三类。

（1）直接测量法。在测量中，用量具或仪器仪表对某一被测量进行测量，从而得出被测量的量值的方法称为直接测量。例如，用电表测量电路中的电流、电压等。需要指出的是，直接测量并不仅指从仪器仪表的刻度盘上直接读取被测量的数值的测量。实际上有许多比较仪器（例如电桥），虽然不能从表的刻度盘上直接读出被测量的大小，但因为参与测量的对象就是被测量，所以这种测量仍属直接测量。下面介绍用直接法测量电流、电压。

测量电流与电压一般都用直接测量法，即用直读式模拟或数字的电流、电压表直接测量。测电流时电流表与被测电路串联，测电压时电压表与被测电路并联，如图 2-1 所示。如果电流表内阻 $R_A = 0\Omega$，电压表内阻 $R_V \to \infty$，电路的电流和电压可以直接读出来。但实际上由于 $R_A \neq 0$、$R_V \neq \infty$，因此测量仪表接入电路后，会影响原电路的工作状态，从而造成测量误差。为了减少测量误差，要求电流表的内阻 R_A 应比负载电阻 R 小得多；而电压表的内阻 R_V 应比负载电阻 R 大得多。

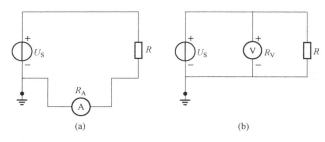

图 2-1　直接测量电路法
（a）电流表接法；（b）电压表接法

为了保证电流表、电压表的通电线圈与外壳之间不致有太高的电压，电流表应接在被测电路的低电位端，电压表的负端也应接在被测电路的低电位端。如果电压表的端子有接地标记，接线时更应注意将接地标记端与被测电路的接地点相连。

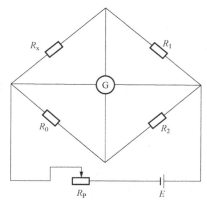

图 2-2　零值法测电阻

（2）比较测量法。比较测量法指测量过程中需要度量器直接参与比较的一种方法。根据比较方式不同，比较测量法又分为两种。

1）零值法。被测量与已知量进行比较时两种量对仪器的作用相消为零的方法称为零值法。例如用电桥测电阻，如图 2-2 示，当调节 R_0，使电桥公式 $R_x = \dfrac{R_1}{R_2}R_0$ 保持恒等时，指零仪表的读数为零。被测电阻 R_x，可由 R_1、R_2、R_0 数值求得。

2）替代法。利用已知量代替被测量，如果不改变测量仪表原来的读数状态，则认为被测量等于已知量。

如图 2-2 中，在不改变 R_1、R_2、R_0 的条件下，用一个标准电阻 R_s 代替 R_x，能使电桥平衡，则认为 $R_s = R_x$。

比较测量法的优点是准确度和灵敏度都比较高，测量误差最小可达 ±0.001％，主要取决于标准度量器的精度以及指零仪表的灵敏度。最小可达 ±0.001％。比较测量法的缺点是设备复杂，操作麻烦。

（3）间接测量法。间接测量法是指测量时，先测出与被测量有关的中间量，然后通过计算间接求得被测量。例如要在不断开电路的条件下测电流，可先测量被测电路中的某电阻 R 上的电压 U，再通过计算得出电流 $I = \dfrac{U}{R}$，又例如对内阻较大的电源，欲测其空载电压，可采用图 2-3 所示的测量方法。

先按图 2-3（a）测出电压 U_1，再按图 2-3（b）串接一个电阻器 R_P，调节 R_P 的数值，使电压表读数 U_2 为 U_1 的一半，因为

$$U_1 = \frac{R_v}{R_0 + R_v} U \qquad (2-1)$$

$$U_2 = \frac{R_v}{R_0 + R_v + R} U \qquad (2-2)$$

式中：R_v 为电压表内阻；R_0 为电源内阻；R 为串联电位器电阻值；U 为被测电源的空载电压。

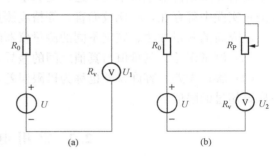

图 2-3　间接测量空载电压
（a）测量电压；（b）串联电阻器

将 $U_2 = \dfrac{U_1}{2}$ 代入式（2-2）并与式（2-1）联立求解得

$$U = \frac{R}{R_v} U_1 \qquad (2-3)$$

2.1.3　测量常用的几个概念

（1）真值 A_0。一个物理量在一定条件下所呈现的客观大小或真实数值称为真值。但是要确切地得到真值，必须利用理想的标准器或测量仪器进行无误差的测量。物理量的真值实际上是无法测得的。

（2）指定值 A_s。由于真值是不可知的，所以设立尽可能维持不变的实物标准（或称为基准），指定其所体现的量值作为计量单位的指定值。一般用指定值（又称约定真值）来代替真值。

（3）实际值 A。在实际测量中，测量值不可能都直接与基准相比对，所以通过一系列的各级实物计量标准构成量值传递网，通过检定把基准所复现的计量单位逐级传递到计量器具，以保证被测量对象所测量值的准确和一致。实际测量时，在每一级的比较中，都以上一级标准所体现的值当作准确无误的值，通常称为实际值，也称为相对真值。

（4）标称值。测量仪器上标定的数值称为标称值。由于制造和测量精度不够以及环境等因素的影响，标称值并不一定等于它的真值或实际值。所以，在标出测量仪器的标称值时，通常还要标出它的误差范围或准确度等级。

（5）示值。由测量仪器指示的被测量值称为测量仪器的示值，也称为测量仪器的测得值或测量值，它包括数值和单位。一般地说，示值与测量仪器的读数有区别，读数是仪器刻度

盘上直接读到的数字。对于数字显示仪表,通常示值和读数是统一的。

(6) 单次测量和多次测量。单次测量是用测量仪器对被测量进行一次测量的过程。在测量精度要求不高的场合,可以只进行单次测量。单次测量不能反映测量结果的精密度,一般只能给出一个量的大致概念和规律。多次测量是用测量仪器对同一被测量进行多次重复测量。依靠多次测量可以观察测量结果的精密度。通常要求较高的精密测量都须进行多次测量。

(7) 等精度测量和非等精度测量。在保持测量条件不变的情况下,对同一被测量进行的多次测量过程称为等精度测量。这里的测量条件包括所有对测量结果产生影响的客观和主观因素。等精度测量的测量结果具有同样的可靠性。如果在对同一被测量的多次重复测量中,不是所有测量条件都维持不变,这样的测量称为非等精度测量。等精度测量和非等精度测量在测量实践中都存在,相比较而言,等精度测量的使用更普遍,有时为了验证某些结果或结论、研究新的测量方法、鉴定不同的测量仪器时也要进行非等精度测量。

(8) 测量误差。测量值与真值之间的差异就是测量误差。

(9) 容许误差。容许误差也称为极限误差,是指在一定观测条件下,偶然误差的绝对值不应该超过的限值。

2.2 常用电量的测量

2.2.1 低电压小电流的测量

电路基本电量主要是指电压、电流、功率、电能、相位、频率等参量。其中电压、电流和功率是最主要的电量。这些量的值将直接决定电路的各种性能状态。由于被测电压或电流的量值(大小)、波形差异极大(对于交流电量,波形、频率也各不相同),由此,对于同一种电量,使用不同结构的仪表进行测量时其结果也将不同,以致产生错误甚至危及安全。这里主要涉及仪表的结构、工作原理和仪表的接入对被测电路工作状态产生的影响。为此,必须首先分析电流或电压的性质。

(1) 电流或电压的性质。

1) 电压和电流的波形(以电压波形为例)。电压和电流的波形决定了它们性质的基本类别。常见的几种电压波形如图2-4所示。

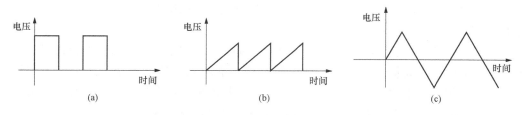

图 2-4 常见的几种电压波形
(a) 方波电压;(b) 锯齿波电压;(c) 三角波电压

正弦交流电量如电压参数,除了通常的有效值 U 外,还有平均值 U_{avg}、峰值 U_p 和峰峰值 U_{p-p},正弦交流电压波形如图2-5所示。

测量电流或电压波形所使用的仪表应根据其原理和技术特性来选用。如果盲目使用仪表，将会造成由波形因素所带来的误差。

2）电压和电流的数量级。被测电压和电流的数量级是考虑测量所选用的仪表和测量方法的重要因素之一。电压和电流的数量级分挡的方法有不同版本，通常在电工测量中将电流和电压的数量级分为高压（大电流）、低压（中小电流）和弱电三个级别，见表2-1。

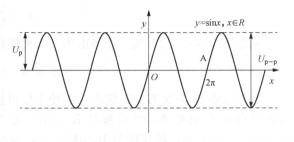

图2-5　正弦交流电压波形

表 2-1　　　　　　　　　　　　　　电压和电流的数量级

电量	高压（大电流）	低压（中小电流）	弱电
电压/V	$>10^3$	$10^3 \sim 10^{-1}$	$<10^{-1}$
电流/A	$>10^2$	$10^2 \sim 10^{-3}$	$<10^{-3}$

从表2-1可见，电压、电流各数量级不同，低压（中小电流）是电工测量中最常见的，其测量技术比较成熟，可以达到较高的准确度；弱电的测量通常要受到测量仪表灵敏度及各种干扰因素的限制；高压（大电流）的测量有时会受到测量仪表量程或绝缘防护等影响。因此，一般方法难以实现对高压和弱电的准确测量。

（2）用直读式仪表测量。

1）直读式仪表测量的特点。

用直读式仪表测量交直流电压、电流和功率是电工测量中最常见的方法。测量范围见表2-1中的低压（中小电流）参量；测量对象是直流和低频正弦交流；测量方法是直接将电流表串接于待测回路中读出待测电流、将电压表并接于待测元器件上读出待测电压。

用直读式仪表测量优点是直接读数，接线简单、测量方便；缺点是受仪表准确度的限制，其误差范围通常为0.1％～2.5％，在测量交流时受频率范围的限制。

2）直读式仪表测量的内阻影响。直读式仪表测量中除仪表的准确度外，还要考虑测量仪表内阻对测量对象（一般是负载电阻）的影响。可以根据仪表内阻与负载电阻的相对比值，选择不同的接线方法，如测量伏安特性时电流表的前接或后接。

当被测线路有接地时，应把电流表接在低电位端；有些电压表端钮上有接地标志，接线时应注意。

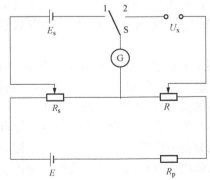

图2-6　直流电位差计测量电压的电路

（3）用直流电位差计精确测量。直流电位差计是用比较测量法进行直流电压、电流的测量，直接测量范围为$10^{-4} \sim 2V$和$10^{-4} \sim 10^4 A$，其优点是可精确测量直流电压（电动势）和电流；缺点是测量方法较复杂，速度较慢。

直流电位差计测量电压（电动势）的电路如图2-6所示。其中E_s是标准电池的电动势，电阻R和R_s是可调标准电阻。工作时开关S接"1"端，调节电阻R_s，使检流计G的电流为零，电位差计的工作电流为

$$I = \frac{E_s}{R_s} \qquad (2-4)$$

再将开关 S 接"2"端，调节电阻 R，再使检流计 G 的电流为零，结果为

$$U_x = RI = E_s \frac{R}{R_s} \qquad (2-5)$$

若电动势 E_s 有足够的稳定性，能使工作电流在测量期间维持恒定，则该方法的误差仅取决于标准电动势 E_s 的误差及 R 与 R_s 比率的误差。由于标准电动势的准确度可达 0.0005%～0.01%，稳定度为 $100\mu V$ 左右；标准电阻的准确度可达 0.005%～0.02%，具有很高的准确度与稳定性，所以这种方法的测量误差可限制在 0.001%～0.1%，是一种精确测量直流电压的方法。

由于用直流电位差计测量时不消耗被测电路的能量，所以对被测电路没有影响，因此也可用来测量直流电源的电动势。当被测电压的数值大于电位差计的量程时，可采用电阻分压器来扩大量程，其最高测量电压可达 1500V。

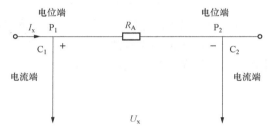

图 2-7　4 端钮的标准电阻

用直流电位差计测量电流，可通过测量被测电流流过标准电阻上的压降来完成。为了减小标准电阻在测量时的接触电阻值，一般采用如图 2-7 所示的 4 端钮标准电阻，图中 P_1、P_2 是标准电阻 R_A 的电位端钮，C_1、C_2 是其电流端钮。

（4）用有效值表测量交流电量有效值。交流电量的有效值是按"方均根"来定义的，它是瞬时值的平方在一周内积分的平均值再取平方根，简称为方均根值，见式（2-6）。即用两个相同的电阻，分别通以交流与直流，在同一时间内发出的热量相等，将此直流的大小作为交流的有效值。对于周期性电压，有

$$U = \sqrt{\frac{1}{T} \int_0^T u^2 \mathrm{d}t} \qquad (2-6)$$

式中：T 为周期。

（5）有效值（RMS）的测量。由于运算放大器具有"运算"的功能，利用运算放大器电路可以完成方均根的运算，原理框图及电路原理如图 2-8 所示。

目前，完成方均根运算的电路已集成为一个专用芯片，加上较少电路元件就完成了有效值的测量。为区别与平均值响应仪表的不同，称采用这种方式测量的仪表为"有效值（Root Mean Square，RMS）表"。

在利用运算放大器电路完成方均根运算的基础上，再配上数字显示器的输入相连接，就完成了一个有效值数字表。从式（2-6）可知，有效值的定义不是仅对正弦交流电量，也符合非正弦周期电量的定义，因此具有有效值测量功能仪表的读数在理论上与波形无关。

有效值表测量虽然和波形无关，但与测量电量的频率有关。由于受到仪表内部放大器频带宽度的限制，如在测量方波时，除基波分量外，还有无穷多的谐波分量，高于仪表上限频率的高次谐波将被抑制，从而产生误差。同时当被测非正弦周期电量的尖峰过高时，会因受到仪表内放大器动态范围的限制而产生波形误差。

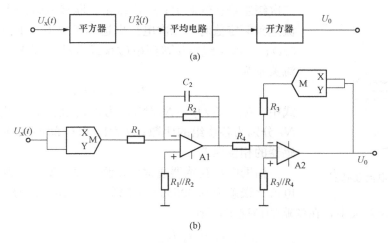

图 2-8 完成方均根运算的原理框图和电路原理图

(a) 原理框图；(b) 电路原理图

2.2.2 高电压大电流的测量

(1) 用电压互感器测量高电压。使用电压互感器（TV）测量高电压是电力系统及输配电系统常用的测量方法。电压互感器如图 2-9 所示，其结构类似变压器，是由高磁导率的磁芯和紧耦合的一、二次绕组构成，其工作状态接近于开路，且一次绕组具有较多的匝数。

电压互感器一次绕组并联被测线路电压 U_1 端，其匝数为 N_1，二次绕组接电压表，其匝数为 N_2。通常电压互感器的二次回路的额定电压规定为 100V。当两绕组紧耦合且不考虑绕组电阻的影响时，有

$$U_1 = K_u e^{-j\theta} U_2 \qquad (2-7)$$

式中：$K_u = N_1/N_2 = U_1/U_2$，为电压互感器的电压比；θ 为 U_1 和 U_2 间的相移，为电压互感器的相位误差。

借助电压互感器通常可测量数十万伏级别的电压。其电压比误差为 $0.005\% \sim 0.5\%$，相位误差约为 $0.3° \sim 40°$。

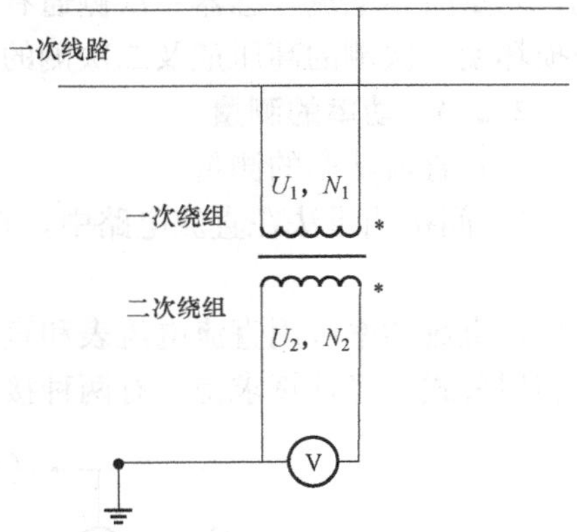

如果其相位误差很小，在可忽略的情况下，则

$$U_1 = K_u U_2 \qquad (2-8)$$

可见，由于 K_u 已知，用交流电压表测出 U_2 即可求得 U_1。

图 2-9 电压互感器

电压互感器也具有将测量回路与高压被测系统隔离开来的作用。但电压互感器绝不允许二次侧短路运行，回路的负载应是仪表的高阻抗电压线圈。如果二次回路阻抗降低，将使电压比误差增大。另外，为防止由于绝缘损坏使一次侧的高压危及二次侧的安全，二次侧的一个端点必须接地。

(2) 用电流互感器测量大电流。电力系统中用电流互感器（TA）测量交流大电流是最常用的方法，图 2-10 所示是用于测量工频交流大电流的电流互感器。电流互感器除了扩大量程外，还可在测量带有高电压下的大电流时起到安全隔离作用。电流互感器有一次绕组和

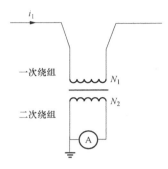

图 2-10　电流互感器

二次绕组绕在铁芯上；一次绕组串联接入被测支路，当被测电流达到额定值时，二次电流也达到额定值（通常标准为 1A 或 5A）；二次绕组直接接到电磁系或电动系仪表，一次和二次电流关系为

$$I_1 = K_i e^{-j\theta} I_2 \qquad (2-9)$$

式中：$K_i = I_1 / I_2 = N_2 / N_1$，为电流互感器的电流比，$N_1$ 和 N_2 分别为各绕组的匝数；θ 为 I_1 和 I_2 间的相移，称为电流互感器的相位误差。

借助电流互感器通常可以测量数十安到上万安的电流，其电流比误差为 $0.005\% \sim 0.5\%$，相位误差约为 $0.3° \sim 120°$。

若其相位误差很小，在忽略的情况下，则

$$I_1 = K_i I_2 \qquad (2-10)$$

可见，通过测量 I_2 即可求得 I_1。

由于 I_1 通常是负载电流，其值取决于负载。因此电流互感器的二次电流也将受到一次侧被测负载电流的控制。当二次侧开断的极端情况下二次侧电流消失，与此同时其一次电流却因负载电流的强制而维持不变。这样，电流互感器的铁芯由于二次侧无去磁电流而使铁芯饱和。这一饱和磁通的波形其前沿和后沿将在二次侧形成很高的尖顶波感应电压，从而危及人身安全。而且，由于铁芯高度饱和加大了铁损，将导致铁芯发热甚至使互感器损坏。因此，测量时当电流互感器一次侧通有电流，其二次侧绝对不允许开路。另外，为防止由于绝缘损坏使一次侧的高压危及二次侧的安全，二次侧的一个端点必须接地。

2.2.3　功率的测量

（1）直流功率的测量。

1）间接测量法在直流电路中，直流功率的计算公式为

$$P = UI \qquad (2-11)$$

可见，直流功率可用直流电流表和直流电压表分别测出通过负载的电流和其两端的电压，然后利用公式，经计算求得。有两种接线方式，如图 2-11 所示。

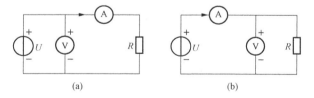

(a)　　　　　　　　　　　(b)

图 2-11　用电压表电流表测量直流功率
（a）接线方式一；（b）接线方式二

图 2-11（a）将电压表接在靠近电源的一侧，所以测量的电压为负载电压和电流表内阻上的压降之和。所测功率为负载功率与电流表内阻消耗的功率之和。这样，电流表的内阻给测量结果造成了一定的误差，所以采用这种接线，要求电流表的内阻比负载电阻小很多。图 2-11（b）将电压表接在靠近负载的一侧，故所测电流为负载电流和通过电压表的电流之和。所测功率为负载功率与电压表消耗的功率之和。由于电压表内阻的影响，使测量结果产

生了误差。所以采用此接线时，应使电压表的内阻比负载电阻大很多。

用这种方法测量直流功率，其测量结果受电压表和电流表内阻的影响。一般情况下，电流表压降很小，所以多采用图 2-11（a）所示接法。只有在负载电阻小，即低电压大电流的线路，才采用图 2-11（b）所示的接法。另外在精密测量中，可以用图 2-11（b）所示接法，然后在电流表读数中扣除电压表中通过的电流即可。

用这种方法测量直流功率，其测量范围受电压表和电流表测量范围的限制。常用电流表的测量范围为 0.1mA～50A，电压表的测量范围为 1～600V。

2）直接测量法。简便的方法是用电动系功率表进行直接测量。其接线要遵守"电源端"原则。由于电动系功率表有电流线圈和电压线圈，它们的内阻对测量结果将产生一定的误差，接线方式如图 2-12 所示。

图 2-12（a）电压线圈接电源侧，电流线圈中通过的电流等于负载电流，但电压线圈两端电压 U_{WV} 为负载电压 U 与电流线圈压降 U_{WA} 之和，即

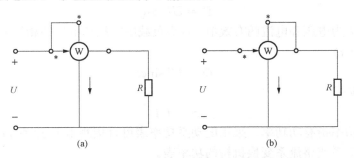

图 2-12　用功率表测量直流功率的接线

(a) 电压线圈接电源侧；(b) 电压线圈接负载端

$$U_{WV} = U + U_{WA} = U + I R_{WA} \qquad (2-12)$$

式中：R_{WA} 为电流线圈的电阻。

功率表的读数为

$$P_W = P + I^2 R_{WA} \qquad (2-13)$$

式中：P 为负载功率；$I^2 R_{WA}$ 为电流线圈消耗的功率。

为了减小测量误差，应使 $I^2 R_{WA}$ 尽量小，所以这种电路适合用于 $R_{WA} \ll R$，即负载电阻较大的场合。

图 2-12（b）为电压线圈接负载端，电压线圈两端的电压等于负载电压，但电流线圈的电流为负载电流与电压线圈电流之和，即

$$I_{WA} = I + I_{WV} = I + \frac{U^2}{R_{WV}} \qquad (2-14)$$

式中：R_{WV} 为电压线圈支路的电阻。

功率表的读数为

$$P_W = P + \frac{U^2}{R_{WV}} \qquad (2-15)$$

为了减小测量误差，应使 $\dfrac{U^2}{R_{WV}}$ 尽量小，所以这种电路适用于 $R_{WV} \gg R$，即负载电阻较小的

场合。

一般情况下，因为电流线圈的功耗比电压线圈的功耗小，如果略去电流线圈的功耗不计，采用电压线圈接电源端的线路较好。在电源本身的功率不大，而仪表的损耗不容忽略时，功率表的读数中应引入校正值，即从读数中减去仪表本身消耗的功率。而且因为电压线圈支路的阻抗值都标在标尺刻度盘上，可根据负载电压求得电压线圈支路消耗的功率。不像电流线圈，其表耗功率会随着负载电流而变化，所以此时采用电压线圈支路接负载端比较好。

测量直流功率还可采用数字功率表直接进行测量。数字功率表是由数字电压表配上功率变换器构成的。由于数字电压表能快速准确地测出电压值，所以只要功率变换器足够准确，测出的功率也就比较准确。数字功率表的准确度高，其误差在 $0.1\% \sim 0.02\%$。

（2）交流功率的测量。交流电路的功率按定义有以下几项。

有功功率（或者平均功率）（W）

$$P = UI\cos\varphi \tag{2-16}$$

式中：U 和 I 为电压和电流的有效值；φ 为负载中电压和电流的相位差。

无功功率（var）

$$Q = UI\sin\varphi \tag{2-17}$$

视在功率（VA）

$$S = UI \tag{2-18}$$

通常所说的功率指有功功率。采用电动系功率表可直接测出工频时的有功功率。较高频率的情况可用热电系或整流系变换机构的功率表。

1）单相功率测量。

a. 单相有功功率的测量。测量单相功率时，由于仪表偏转仅反映有功功率（电压、电流和功率因数之积），并不能反映当功率因数很低时出现的电压、电流中单一量的过载，故必须用电压表和电流表来监视功率表电压和电流的量程。

为了扩大功率表的量程和保证使用安全，测量大电流和高电压情况下的功率可以经过仪用电流互感器和仪用电压互感器来连接，如图 2-13 所示。若电压或电流两者之一需要扩大量程，可以只用一个电压或电流互感器，而另一个不需要扩大量程的电压或电流的测量无需用互感器，可直接接入电压表或电流表。接入互感器后测量的功率表读数要乘以互感器的变比才是实际功率。

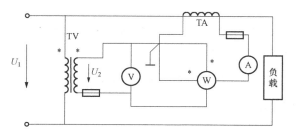

图 2-13 功率表经互感器接入电路

必须指出，用功率表测量交流功率时，除了功率表的电压线圈和电流线圈接入时具有方法误差之外，还存在着频率误差或角误差。由于电压线圈匝数较多，产生的电感使其上的电流与电压有一个很小的相位差。

　　通常功率表可理解为按 $\cos\varphi=1$ 情况下进行标尺分度，测量对象的功率因数不宜过低，否则角误差会增大；另外在低功率因数下偏转值过小也会使读数误差增大。

　　为了适合低功率因数 $\cos\varphi=0.1\sim0.2$ 测量的需要，厂商专为用户设计一种具有角误差补偿的低功率因数功率表，其额定功率因数为 0.1 或 0.2。这种仪表不论在低功率因数还是高功率因数下均具有较好的准确度。

　　b. 单相无功功率的测量。单相无功功率的测量一般用电压表、电流表和有功功率表三种仪表按照测量有功功率的方法，然后间接得到无功功率

$$Q = \sqrt{S^2 - P^2} \qquad (2-19)$$

式中：S 为视在功率；P 为有功功率。

　　另外，也可直接用单相无功功率表测量，其基本结构和对外的测量接线与有功功率表相同，但其内部接线有所不同，仪表线路使其电压线圈产生的磁通滞后于电压 $90°$，故可直接指示无功功率。

　　2）三相功率测量。三相功率的测量，可以选用三相功率表，其原理和接法与二表法测量类似，本节主要介绍最常见的用单相功率表测量三相有功功率。

　　根据三相功率的定义，有

$$P = U_A I_A \cos\varphi_A + U_B I_B \cos\varphi_B + U_C I_C \cos\varphi_C \qquad (2-20)$$

式中：U_A、I_A、U_B、I_B、U_C、I_C 为 A、B、C 相相电压和相电流的有效值；φ_A、φ_B、φ_C 为相电压与相电流的相位角，即功率因数角。

　　当三相电路对称时，有

$$P = \sqrt{3}\, U_L I_L \cos\varphi \qquad (2-21)$$

式中：U_L、I_L 为线电压和线电流。

　　a. 用一表法测量三相负载有功功率。在对称三相电路中，无论是三线制还是四线制，也无论负载接成星形还是三角形，都可以用一只功率表测量其中一相负载的有功功率，则三相总功率等于功率表读数乘以 3。一表法测量电路如图 2-14 所示。

　　在图 2-14 中，功率表的电流线圈和电压线圈分别接在负载相电流和相电压上，因此仪表读数是一相的有功功率。当星形连接负载的中点不能引出或者三角形连接的负载的一相不能断开接线时，可采用图 2-15 所示的人工中性点法将功率表接入。此法两个附加电阻 R_0。

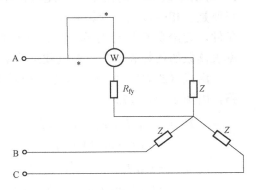

图 2-14　一表法测量三相对称负载有功功率

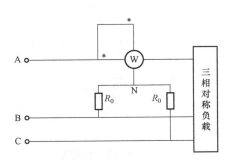

图 2-15　人工中性点法测量有功功率

b. 用二表法测量三相三线制有功功率。

不论负载对称或不对称，也不论负载接成星形还是三角形，都可以用两只单相功率表测量三相有功功率，这种方法称为二表法测量，二表法测量适用于三相三线制，其接线如图 2-16 所示。二表法的接线原则是：两只功率表的电流线圈分别串联接在任意两端线中，它们的电压线圈的"电源端"分别接在电流线圈的端线上，而非"电源端"均接到未接电流线圈的第三条端线上。

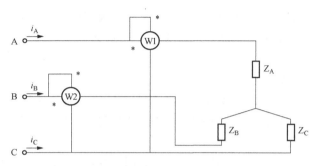

图 2-16　二表法测量三相功率

由二表法的接线原则可知，每只功率表所测电流为线电流，电压为线电压。图 2-16 电路中两只功率表所测电压为

$$P_1 = U_{AC}I_A\cos\angle(\dot{U}_{AC}, \dot{I}_A) \tag{2-22}$$

$$P_2 = U_{BC}I_B\cos\angle(\dot{U}_{BC}, \dot{I}_B) \tag{2-23}$$

而 $u_{AC}i_A + u_{BC}i_B = (u_A - u_C)i_A + (u_B - u_C)i_B = u_Ai_A + u_Bi_B + u_Ci_C$ 三相有功功率为三相瞬时功率 p 在一个周期内的平均值，即

$$P = \frac{1}{T}\int_0^T p\,dt = \frac{1}{T}\int_0^T (u_{AC}\,i_A + u_{BC}\,i_B)\,dt$$

$$= \frac{1}{T}\int_0^T (u_{AC}\,i_A)\,dt + \frac{1}{T}\int_0^T (u_{BC}\,i_B)\,dt \tag{2-24}$$

$$= U_{AC}\,I_A\cos\angle(\dot{U}_{AC}, \dot{I}_A) + U_{BC}\,I_B\cos\angle(\dot{U}_{BC}, \dot{I}_B) = P_1 + P_2$$

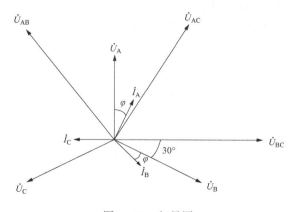

图 2-17　相量图

式中：P_1 为图 2-16 中功率表 W1 的读数；P_2 为功率表 W2 的读数。由此得出结论：只要是三相三线制，满足 $i_A + i_B + i_C = 0$ 的条件，无论负载是否对称，二表法中两功率表读数的代数和即为三相负载总功率。

由式（2-24）可知，若为三相对称电路，由图 2-17 可知

$$P_1 = U_{AC}\,I_A\cos\angle(\dot{U}_{AC}, \dot{I}_A)$$

$$= U_L I_L\cos(30° - \varphi) \tag{2-25}$$

$$P_2 = U_{BC}\,I_B\cos\angle(\dot{U}_{BC}, \dot{I}_B)$$

$$= U_L I_L\cos(30° + \varphi) \tag{2-26}$$

因此则有

$$P = P_1 + P_2$$
$$= U_L I_L \cos(30° - \varphi) + U_L I_L \cos(30° + \varphi)$$
$$= \sqrt{3} U_L I_L \cos\varphi \qquad (2-27)$$

可见两功率表读数的代数和等于三相负载总功率，而一个功率表的读数无任何意义。即使在对称电路中，这两只功率表的读数一般也不相同，它们将随负载的阻抗角而改变。

若负载为阻性，$\varphi = 0$，则两表读数相等，即有

$$P = P_1 + P_2 = 2P_1 = 2P_2$$

若负载功率因数为 0.5（即 $\varphi = \pm 60°$），则其中一只功率表读数为零，即有

$$P = P_1 + P_2 = P_1 （或 P_2）$$

若负载功率因数小于 0.5（即 $|\varphi| > 60°$），则其中一只功率表的读数为负值，指针反向偏转。此时应转动换向开关，使指针正向偏转，但相应的读数应记为负值，这样三相总功率计为两表读数之差。即

$$P = P_1 - P_2 \text{ 或者 } P = P_2 - P_1$$

c. 三表法测量三相功率。

三表法是三功率表法的简称，适用于三相四线制不对称负载的功率测量，三表法测量三相功率如图 2-18 所示。三表法是分别测量每相的有功功率，然后相加。

2.2.4 电路参数的测量

（1）电阻阻值的测量。电阻是电子产品中最常用的电子元件。它是耗能元件，在电路中通常起分压分流的作用，用作负载电阻和阻抗匹配等。固定电阻的测量方法如下。

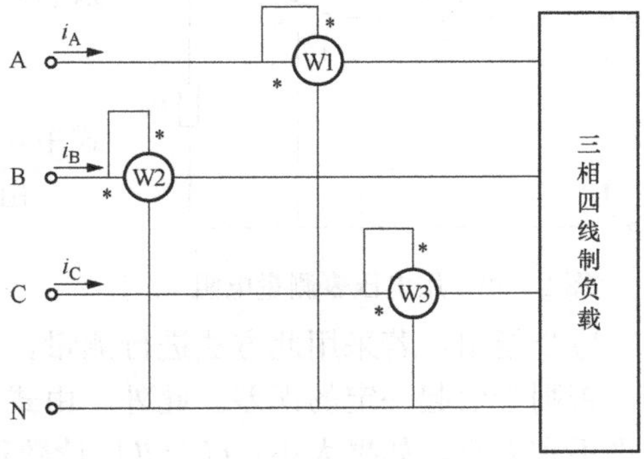

1）万用表测量。模拟式和数字万用表都有电阻测量挡，可以直接测量电阻阻值。模拟式万用表测量时需要选择倍率或量程范围，将两个表笔短路调零，再将万用表并接到被测电阻的两端，读出显示的数值即可。

图 2-18 三表法测量三相功率

在用万用表测量电阻时应注意以下几个问题：

a. 当电阻连接在电路中时，首先应将电路的电源断开，绝不允许带电测量电阻值。如果电路中有电容器连接时，应断开电容器或者将电容器放电后再进行测量。如果电阻两端和其他元件相连，则应断开一端后再测量，否则会造成测量结果的错误。

b. 测量电阻时，要防止把双手和电阻的两个端子及万用表的两个表笔并联捏在一起，因为这样测得的阻值为人体电阻和被测电阻并联后的等效电阻，在测量几千欧以上的电阻时，尤其需要注意这一点。

c. 由于万用表测量电阻时，电阻仅有直流电流流过，并在电阻两端产生一定的压降，所以需要考虑被测电阻所能承受的电压和电流，以免损坏被测电阻。一般对于某些电压和电流承受能力较弱的电阻器件，特别需要引起重视。

d. 在用万用表测量的时候，还要注意换量程调零。注意万用表的内部电池电压是否达到额定要求，否则会带来额外的测量误差。通常在使用中，万用表测量电阻一般只作粗略的

检查测量。

2）伏安法测量。伏安法是一种间接测量的方法。当被测电阻上流过一定电流时，采用电流表和电压表分别测量被测电阻两端的电压和流过的电流，根据欧姆定律 $R=U/I$ 计算出被测电阻的阻值。测量电路通常有电压表外接法和内接法两种，分别如图 2-19（a）、（b）所示。一般根据被测电阻和测量仪表内阻的比值选择测量电路。

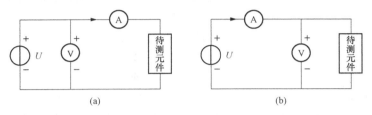

图 2-19 伏安法测量电阻接线图

(a) 电压表外接法；(b) 电压表内接法

3）用一只电压表测量电阻。若电压表的内阻已知，则单独利用一只电压表就可以测量直流电阻，如图 2-20 所示。先将开关位置合于位置 1 上，这时电压表的读数是电源电压 U_1 $=U$。然后，再把开关 S 合于位置 2 上，这时电压表的读数为 U_2，等于电源电压的一部分，则

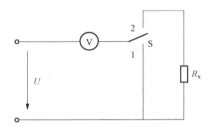

图 2-20 用电压表测量电阻

$$U_2 = \frac{r_v}{R_x + r_v} U = \frac{r_v}{R_x + r_v} U_1$$

式中：r_v 为电压表内阻。

由上式解得

$$R_x = \left(\frac{U_1}{U_2} - 1\right) r_v \qquad (2-28)$$

应当指出，若采用此方法进行测量，在两次读取电压表读数时，电源电压 U 应保持不变，否则会引起一定的误差。此外，由式（2-28）可知，被测电阻相对于电压表的内阻来说也不宜太小，如果太小，U_1 与 U_2 读数很接近，被测电阻的误差是很大的。

4）用一只电流表测量电阻。若电流表的内阻已知，则单独利用一只电流表也可以测出工作状态下的电阻，如图 2-21 所示。先将 S 置于位置 1 上，则电流表的读数为

$$I_1 = \frac{U}{R_x + r_A} \qquad (2-37)$$

式中：r_A 为电流表的内阻。

然后，再把 S 置于位置 2 上，R_0 为已知的标准电阻，这时电流表的读数为

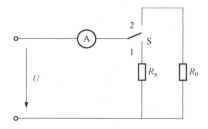

图 2-21 用电流表测电阻

$$I_2 = \frac{U}{R_0 + r_A} \qquad (2-29)$$

由式（2-37）、式（2-38）可得

$$R_x = \frac{I_2}{I_1}(R_0 + r_A) - r_A \qquad (2-30)$$

如果图 2-24 中的 R_0 选用的是一个可变电阻箱，则可借助电阻 R_0 的调试，使得毫安表的两次读数相同，即 $I_1 = I_2$，这时有 $R_x = R_0$。可见，在这种情况下不需知道电流表的内阻 r_A 也能测出被测电阻的数值。

（2）电感值的测量。电感值测量的准确度与工作条件、测试方法和测量工具有关，常见的测量方法如下。

1）交流电桥测量电感。交流电桥测量电感属于比较测量法，优点是测量准确度较高，一般在 $0.5\% \sim 5\%$，而且可以同时测量其品质因数 Q_L（一般是在 1000Hz 情况下）。缺点是调节电桥平衡要交流参数中的实部和虚部分别相等，这比较困难，所以测量速度较慢。

测量电感的经典交流电桥种类很多：有麦克斯韦电桥、电感比较型电桥、欧文电桥和安德生电桥等。麦克斯韦电桥原理如图 2-22 所示。它适合测中值电感。由图 2-22 可得平衡关系

$$L_x = R_a R_b C_n \qquad (2-31)$$

$$R_x = \frac{R_a R_b}{R_n} \qquad (2-32)$$

只要调节电桥中的 R、L 或 C，使指零仪指"零"，则可得到待测电感和其直流电阻。

由于一般交流电桥的线路在测量时不能对被测量提供足够的电流，因此对于非线性电感如铁芯线圈，通常不能用这些电桥来测量。

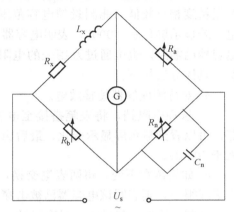

图 2-22 麦克斯韦电桥

2）数字万用表测量电感值。数字万用表测量电感是利用数字式电压表的特性，在测量其他电路元件参数时增加了测量电感的功能。误差一般为 $\pm 2.5\% \sim \pm 5\%$，测量范围为 1mH～20H。

3）相量法测量电感。相量法测量电感又称为三电压法，是一种间接测量法，它不仅可以测量电感，而且常用于测量阻抗，如图 2-23 所示。它利用电路原理中相量分析方法进行测量，计算出电感和直流电阻，测量的精度取决于仪表准确度。其优点是测量方便，只要正弦电源和交流电压表即可。

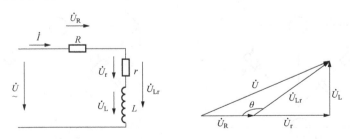

图 2-23 相量法测量电感

相量法测量电感若测量有效值 U、U_R、U_{Lr}，即可利用余弦定理进行计算

$$\theta = \arccos\left(\frac{U_R^2 + U_{Lr}^2 - U^2}{2 U_R U_{Lr}}\right) \qquad (2-33)$$

$$U_r = U_{Lr}\cos(180° - \theta) \qquad (2-34)$$

$$U_L = U_{Lr}\sin(180° - \theta) \tag{2-35}$$

$$I = \frac{U_R}{R} \tag{2-36}$$

$$L = \frac{U_L}{\omega I} \tag{2-37}$$

$$r = \frac{U_r}{I} \tag{2-38}$$

（3）电容值的测量。电容值的测量方法有万用表法和交流电桥法。

1）万用表测量。目前的数字万用表一般都有电容测量挡，可以估测电容的大小，但是测量精度相对较低，能测量的电容范围也较小。在测量电容时，首先必须将电容器短接放电。若显示屏显示"000"，表明电容器已被击穿、短路；若显示屏仅出现最高位"1"，表明电容器已断路。也可通过万用表的电阻挡检测无极性电容器是否存在短路、开路和漏电情况。具体方法如下：

a. 对待测电容器短接放电。

b. 选择电阻挡，将表笔搭接至电容器两端。对于电容值较大（大于 5100pF）的电容器，可以看到显示屏显示变化，最后稳定于某电阻值。该电阻即为电容器的绝缘电阻，一般大于 500kΩ。

c. 如果读数不变，将两表笔交换，若读数仍然不变，则表明该电容器已断路；若读数为零或很小，则表明该电容器已被击穿、短路。

电解电容器容量较大，且有极性，在使用时不可接反。若对电解电容器进行绝缘电阻测量，首先必须短接放电，然后将量程开关置于"Ω"挡，用 20MΩ 挡或 2MΩ 挡进行测量。一般来讲，电容值大，其漏电流也大，测出的绝缘电阻值小。

2）交流电桥法。交流电桥法根据待测电容介质损耗的大小，有如图 2-24、图 2-25 所示的串联电桥和并联电桥两种方法。

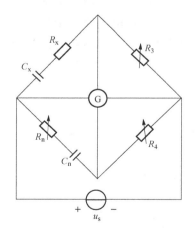

图 2-24　串联电桥

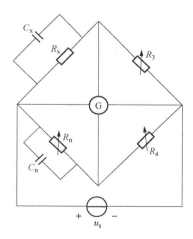

图 2-25　并联电桥

实际电容器并非理想元件，它存在介质损耗，所以通过电容器的电流与它两端的电压的相位差比 90° 小一个 δ 角，此 δ 角称为介质损耗角。tanδ 称为损耗因数。串联电桥适合测量损耗小的电容，C_x 为被测电容，R_x 为其等效串联损耗电阻。对于如图 2-24 所示电路，由电

桥平衡条件可得

$$C_x = \frac{R_4}{R_3}C_n, R_x = \frac{R_3}{R_4}R_n, D_x = \tan\delta = \frac{U_{Rx}}{U_{Cx}} = \frac{IR_x}{I/(\omega C_x)} = \omega C_x R_x = \omega C_n R_n$$

式中：U_{Rx}、U_{Cx}为图 2 - 24 中 R_x 与 C_x 两端的电压；I 为通过 R_x 与 C_x 的电流。

　　测量时，根据被测电容值的范围，通过改变R_3来选取一定的量程，然后反复调节R_4和R_n使得电桥平衡（即检流计读数最小），从R_4和R_n刻度读出C_x和D_x的值。若被测电容的损耗大，则用上述电桥测量，与标准电容相串联的电阻R_n必然很大，这样会降低电桥的灵敏度，因此宜采用如图 2 - 25 所示的并联电桥。并联电桥适合测量损耗较大的电容。C_x为被测电容，R_x为其等效串联损耗电阻，测量时，调节R_n和C_n使得电桥平衡，此时有

$$C_x = \frac{R_4}{R_3}C_n, R_x = \frac{R_3}{R_4}R_n, D_x = \tan\delta = \frac{I_{Rx}}{I_{Cx}} = \frac{U/R_x}{\omega C_x U} = \frac{1}{\omega C_x R_x} = \frac{1}{\omega C_n R_n}$$

式中：I_{Rx}、I_{Cx}为图 2 - 25 中通过 R_x 与 C_x 的电流；U 为通过 C_x 两端的电压。

3 实验测量误差及实验数据误差处理

在测量中，人们对于客观认识的局限性、测量器具不准确、手段不完整、测量条件及测量工作中的疏忽等原因，都会使测量结果与真值不同，这个差别就是测量误差。实验数据误差处理的目的是估计实验结果不确定性的大小，即估计实验结果的精度。

不同的实验测量，对其测量误差的大小要求往往是不同的。随着科学技术的进步，对减小测量误差提出了越来越高的要求。学习掌握一定的误差理论和数据处理知识，为的是能更合理设计和组织实验，正确地选用测量仪器、仪表和测量方法，减小测量误差，得到接近被测量真值的结果。

3.1 测量误差的分类

根据误差的性质不同，测量误差一般分为系统误差、随机（偶然）误差和疏忽误差。

3.1.1 系统误差

系统误差是指在测量和实验中未发现或未确认的因素所引起的误差，而这些因素影响结果永远朝一个方向偏移，其大小及符号在同一组实验测定中完全相同，当实验条件一经确定，系统误差就获得一个客观上的恒定值。当改变实验条件时，就能发现系统误差的变化规律。它使总体特征值在样本中变得过高或过低。在相同条件下，多次测量同一量值时，误差的绝对值和符号保持不变。

产生系统误差的原因有以下几种：

（1）仪器误差。这是由于仪器本身的电气或机械性能不完善或没有按规定条件使用仪器而造成的。如仪器校验不好、精度不准，外界环境（光线、温度、湿度、电磁场等）对测量仪器的影响等所产生的误差。

（2）理论误差（方法误差）。这是由于测量所依据的理论公式本身的近似性，或实验条件不能达到理论公式所规定的要求，或者是实验方法本身不完善所带来的误差。例如伏安法测电阻时没有考虑电表内阻对实验结果的影响等。

（3）操作误差。这是由于观测者个人感官和运动器官的反应或习惯不同而产生的误差，它因人而异，并与观测者当时的精神状态有关。

系统误差有以下三个基本特点：

（1）系统误差为非随机变量，即系统误差的出现不服从统计规律，而是满足某种确定的函数关系。

（2）系统误差具有重现性，即若测量条件不变，则重复测量时，系统误差可以重现。

（3）系统误差具有可修正性，因系统误差的重现特点，可以加以修正。

3.1.2 随机误差

随机误差也称为偶然误差和不定误差，是由于在测定过程中一系列有关因素微小的随机波动而形成的具有相互抵偿性的误差。其产生的原因是分析过程中种种不稳定随机因素的影响，如室温、相对湿度和气压等环境条件的不稳定，分析人员操作的微小差异以及仪器的不稳定等。随机误差的大小和正负都不固定，但多次测量就会发现，绝对值相同的正负随机误差出现的概率大致相等，因此它们之间常能互相抵消。

随机误差有以下四个基本特性：

（1）有界性——在一定的测量条件下，随机误差的绝对值不会超过一定的界限。

（2）单峰性——绝对值小的误差出现的概率大，而绝对值大的误差出现的概率小。

（3）对称性——绝对值相等的正误差和负误差出现的概率相同。

（4）抵偿性——将全部的误差相加，可相互抵消。

根据随机误差的抵偿性，在实际测量中可采用多次测量后取算术平均值的方法消除随机误差。一般情况下随机误差数值较小，工程测量中可以不用考虑。

3.1.3 疏忽误差

在一定的测量条件下，测量值明显地偏离实际值所形成的误差称为疏忽误差，也称为粗大误差，简称粗差。含有疏忽误差的实验数据是不可靠的，应予舍弃。

产生疏忽误差的主要原因有以下几种：

（1）测量方法不当或错误。例如，用普通万用表电压挡直接测量高内阻电源的开路电压；用普通万用表交流电压挡测量高频交流信号的幅值等。

（2）测量操作疏忽和失误。例如，未按规程操作，读错读数或单位；记录及计算错误等。

（3）测量条件的突然变化。例如，电源电压突然增高或降低；雷电干扰；机械冲击等引起测量仪器示值的剧烈变化等。这类变化虽然也带有随机性，但由于它造成的示值明显偏离实际值，因此将其列入粗差范围。

3.2 仪表误差及表示方式

无论电工指示仪表制造得如何精细及其质量如何优良，它的测量值与被测量的真值之间总是存在着某种程度的差异，这个差异称为仪表误差。仪表误差越小，说明仪表的测量值与实际值就越接近。因此，仪表的准确度用误差的大小来说明。

3.2.1 仪表误差的分类

（1）基本误差。仪表出厂时，制造厂保证该仪表在正常条件下的最大误差，可以用最大绝对误差、最大相对误差、最大引用误差来表示，一般用最大绝对误差来表示，可以判断生产出来的仪表是否合格。

（2）附加误差。当测量工作条件发生变化时，仪表本身的误差也会增加，这种因工作条件的变化而产生的误差，称为附加误差。

3.2.2 仪表误差表示方式

（1）绝对误差。测量值（A_x）与实际值（A_0）之差称为绝对误差。绝对误差以 Δ 表示，即

$$\Delta = A_x - A_0 \qquad\qquad (3-1)$$

当 $A_x > A_0$ 时，Δ 是正值；$A_x < A_0$ 时，Δ 是负值，所以绝对误差是具有大小、正负和量纲的数值，它的大小和符号分别表示指示值偏离真值的程度和方向。计算时，可用标准表（用作

校正工作仪表的高准确度仪表）的指示值作为被测量的实际值。

【例 3 - 1】 用一只标准电压表校准甲、乙两只电压表时，读得标准电压表的指示值为 50V，甲、乙两表的读数分别为 51V 和 49.5V，求它们的绝对误差。

解 由式（3 - 1）得：

甲表的绝对误差 Δ_1 为

$$\Delta_1 = A_x - A_0 = 51 - 50 = 1(V)$$

乙表的绝对误差 Δ_2

$$\Delta_2 = A_x - A_0 = 49.5 - 50 = -0.5(V)$$

可见，乙表的指示比甲表准确。因此，在测量同一个量时，可以用绝对误差 Δ 的绝对值来说明指示值偏离真值的程度，但不能说明测量的准确程度。

由式（3 - 1）可推得

$$A_0 = A_x + (-\Delta) = A_x + c \qquad (3 - 2)$$

式中：c 为修正值（更正值、校正值），$c = -\Delta$。

修正值与绝对误差的绝对值大小相等，符号相反。引入修正值，就可以对仪表指示值进行校正，清除其误差，得到被测量的实际值。

（2）相对误差。测量不同大小的被测量时，不能简单地用绝对误差来判断其准确程度。例如甲表在测量 100V 电压时，绝对误差 $\Delta_1 = 1V$，乙表在测量 10V 电压时，绝对误差 $\Delta_2 = +0.5V$，从这里的绝对误差来看，甲表大于乙表。但从仪表误差对测量结果的相对影响来看，却是乙表较大。因为甲表的误差只占被测量的 1%，而乙表的误差占被测量的 5%，所以乙表误差对测量结果的相对影响更大。因此，工程上通常采用相对误差来衡量测量结果的准确程度。

检测系统（仪表）相对误差就是绝对误差 Δ 与被测量实际值 A_0 的比值。通常用百分数来表示，用符号 r 表示相对误差，即

$$r = \frac{\Delta}{A_0} \times 100\% \qquad (3 - 3)$$

【例 3 - 2】 已知甲表测量 100V 电压时，$\Delta_1 = 1V$，乙表测量 10V 电压时，$\Delta_2 = +0.5V$，求它们的相对误差。

解 甲表的相对误差

$$r_1 = \frac{\Delta_1}{A_{01}} \times 100\% = \frac{1}{100} \times 100\% = 1\%$$

乙表的相对误差

$$r_2 = \frac{\Delta_2}{A_{02}} \times 100\% = \frac{0.5}{10} \times 100\% = 5\%$$

可见，乙表的相对误差大于甲表。

在误差较小，要求不太严格的场合，可用仪表的指示值代替实际值计算相对误差。即

$$r = \frac{\Delta}{A_x} \times 100\%$$

（3）引用误差对应不同大小的被测量，有不同的相对误差，因此很难用相对误差全面衡量一只仪表的准确性能。

【例 3 - 3】 一只测量范围为 0～250V 的电压表，在测量 200V 电压时，绝对误差为

+1V。在测量 10V 电压时，绝对误差为+0.9V，求它们的相对误差。

解 测量 200V 电压时，相对误差为

$$r_1 = \frac{1}{200} \times 100\% = 0.5\%$$

测量 10V 电压时，相对误差为

$$r_2 = \frac{0.9}{10} \times 100\% = 9\%$$

可见，随着被测量的变化，相对误差也跟着变化。为此提出了引用误差，以便更好地反映仪表的基本误差。

引用误差是指绝对误差 Δ 与仪表测量上限 A_m（仪表的满刻度值）比值的百分数，用 r_m 表示。即

$$r_m = \frac{\Delta}{A_m} \times 100\% \tag{3-4}$$

由于仪表的测量上限是一个常数，而仪表的绝对误差又大体不变，所以可用引用误差来表示仪表的准确度。引用误差实际上是测量上限的相对误差，即在正常工作条件下，仪表进行测量时由基本误差构成的最大绝对误差 Δ_m 与仪表量程 A_m 之比，国家标准规定用最大引用误差来表示仪表的准确度等级。

目前，我国直读式电工测量仪表共分七级：0.1、0.2、0.5、1.0、1.5、2.5、5.0。前三级常用于精密测量或作其他仪表的校正，后四级作一般工程测量。准确度等级用 K 表示，如果某仪表的等级为 K 级，则说明该仪表的最大引用误差不超过 $K\%$，但不能认为它在刻度上的示值误差都具有 $K\%$ 的准确度。其表达式为

$$\pm K\% = \frac{\Delta_m}{A_m} \times 100\% \tag{3-5}$$

【例 3-4】 用准确度为 0.5 级和上限为 10A 的电流表测量 4A 电流时，求其最大可能出现的相对误差。

解 由式（3-5），该电流表最大绝对误差的绝对值为

$$|\Delta_m| = \left| \frac{K \times A_m}{100} \right| = \left| \frac{0.5 \times 10}{100} \right| = 0.05(A)$$

测 4A 电流时，可能出现的最大相对误差为

$$r = \frac{\Delta_m}{A_0} \times 100\% = \frac{0.05}{4} \times 100\% = 1.25\%$$

由此可见，在一般情况下，测量结果的准确程度（其最大相对误差），并不等于仪表的准确度，两者不能混淆。因此，选用仪表时，不仅要考虑仪表的准确度，还要根据被测量的大小，选择合适的仪表量程，才能保证测量结果的准确性。

【例 3-5】 用 0.2 级和上限量程为 100A 的电流表测 4A 电流时，求其最大相对误差。

解 由式（3-5）得出该表的最大绝对误差的绝对值为

$$|\Delta_m| = \left| \frac{K \times A_m}{100} \right| = \left| \frac{0.2 \times 100}{100} \right| = 0.2(A)$$

测 4A 时，可能出现的最大相对误差为

$$r = \frac{\Delta_m}{A_m} \times 100\% = \frac{0.2}{4} \times 100\% = 5\%$$

可见，仪表的准确度虽然提高了，但测量的最大相对误差反而增大了，所以只追求仪表的准确度等级，而忽略对仪表量程的合理选择，无法保证测量结果的准确性。因此，选择仪表时应使被测量数值处在仪表量程的 2/3 以上。

3.3　减小测量误差的方法

3.3.1　系统误差

在测量过程中形成系统误差的因素是复杂的，难以查明所有的误差，即使经过修正，也不可能全部消除系统误差的影响，但是实际测量工作过程中还是存在一些减小误差的有效方法，主要包括：对仪器仪表示值进行修正，采取特殊的测量方法，采用补偿法减小误差等。

（1）对仪器仪表示值进行修正。利用修正值法可尽量减小和修正因为仪器自身原因所导致的系统误差。修正值是校正状态下的被测量相对真值（A'_0）与被校正仪表实际读数（A'_x）之差，是由计量部门对被校正仪器检查之后确定对测量结果应予以修正的数值（C）。

$$C = A'_0 - A'_x = -\Delta' \tag{3 - 6}$$

修正值通常以量值、修正值表格或修正曲线形式给出，若在测量之前能预先对所用仪表的各个刻度求出校正值，测量时就可以依据实际测量环境中被校正仪表的读数（A'_x）和对应的修正值（C）求得被测量的真值。

$$A'_0 = A'_x + C \tag{3 - 7}$$

仪器的修正值具有时间性限制，使用的修正值应在仪器的检定有效期内，否则无法保证量值传递的准确性。对于自动化程度较高的测量仪器，可以将修正值预先储存在仪器中，测量时由仪器自动进行修正。

（2）采用特殊的测量方法。在条件允许的前提下，可采用特殊的测量方法减小方法误差，常见的思路包括：零位测量法、替代法、交换法等。

1）零位测量法的思路是：设法使被测量与可调节的已知标准量进行比较，并使两种量在比较过程结束时相等，仪器仪表的指零处于零位，则被测量值等于已知标准量的值。例如天平零位法的测量误差主要取决于标准量具的误差，标准量具的误差较小。

2）替代法的思路是：在相同的测量条件下，用可调的标准量具替代被测量接入测量装置。调整标准量具，使测量仪表的示值与被测量接入时相同，则此时标准量具的数值等于被测量。使用替代法时，被测量的结果与仪器本身误差不再受测量仪表的影响，主要取决于标准量具的准确度。一般情况下，标准量具的误差很小，因而可以减小或消除系统误差。

3）交换法的思路是：在条件允许的情况下，若已知某个导致系统误差的因素对测量仪器的影响，可对一个量重复测量两次，在前后两次测量过程中，设法使导致误差的因素对测量结果的影响恰恰相反，然后取两次测量的平均值作为测量值。例如，为了消除地磁场对电动系仪表的影响，可以在一次测量之后，将仪表调转180°重新再测一次，前后两次地磁场对仪表的影响相反，取其前后两次测量的平均值作为测量值；电动系电压表、电流表或功率表使用于直流电路时，为消除测量机构屏蔽层剩磁影响，提高测量精度，可通过负载端钮接线互换方式测量两次，取两次读数的平均值作为测量值。

（3）采用补偿法减小误差。采用补偿法时，需要针对被补偿元件或测量电路的特征及受到误差因素影响后的参数变化规律设计相应的补偿形式与参数。例如，无补偿时，磁电系表头可动线圈的阻抗值随温度上升而上升，可设计锰铜电阻与负温度系数（NTC）元件并联形式的补偿电路与表头可动线圈串联，选择适当的锰铜电阻和 NTC 元件参数值后，可使整体电阻值几乎不受温度变化的影响。

3.3.2 随机误差

随机误差的特点是在多次测量中，误差绝对值的波动有一定的界限，正负误差出现的机会相同，如图 3-1 所示。A_0 假设为实际值。根据统计学的知识分析知道，当测量次数足够多时，随机误差的算术平均值趋近于零。因此，可以通过取多次测量值的平均值的办法来消除随机误差。

3.3.3 疏忽误差

要减小疏忽误差，首先要强化操作人员的工作责任心和测试技能，其次是尽量采取措施，避免测

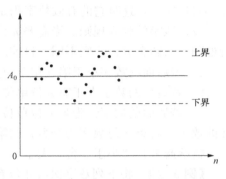

图 3-1 随机误差分布图

试环境或测试条件的剧烈波动。正确认真地测量并读取每一个测量数据。如有差错，应及时剔除并尽量对其进行补测。补测点的分布应根据被测量的变化情况确定，若被测量变化较快，则补测点可分布相对密集。

3.4 测 量 数 据 处 理

测量数据的处理，就是将测量得到的原始数据进行计算、分析、整理和归纳，求出被测量的最佳估计值，并计算其精确程度。测量结果通常用数字、表格、图形或经验公式表示。用数字方式表示的测量结果，可以是一个数据，也可以是一组数据。用图形方式表示的测量结果，可以是将测量中数据处理后绘制的图形，也可以是显示在屏幕上的图形，它具有形象、直观的特点，例如，放大器的幅频特性曲线等。

3.4.1 有效数字表示法

由于在测量中不可避免地存在误差，并且仪器仪表的分辨能力有一定的限制，测量数据不可能完全准确。测量数据进行计算时，遇到如 π、e、$\sqrt{2}$ 等无理数也只能取近似值。因此，得到的数据通常只是一个近似数。当用这个数表示一个量时，为了确切表示，通常规定误差不得超过末位单位数字的一半。如末位数字是个位，则包含的误差绝对值应不大于 0.5。对于这种误差不大于末位单位数字一半的数，从它左边第一个不为零的数字起，直到右面最后一个数字止，都称为有效数字。

（1）关于有效数字的几个问题。

1）在第一位非零数字左边的 0 不是有效数字，而在非零数字中间的 0 和右边的 0 是有效数字。例如，$0.0516\mathrm{k}\Omega$ 的左边两个 0 不是有效数字，而 9.06V 和 2.30mA 中的 0 都是有效数字。

2）有效数字与测量误差的关系：一般规定误差不能超过有效数字末位单位数字的一半。因此，有效数字的末位数字为 0 时，不能随意删除。例如 2.30mA 表明误差不超过 $\pm 0.005\mathrm{mA}$，若随意改写为 2.3mA，则意味着测量误差不超过 $\pm 0.05\mathrm{mA}$。

3）若用 10 的方幂来表示数据，则 10 的方幂前面的数字都是有效数字，如 $10.50 \times 10^3\,\mathrm{Hz}$，

它的有效数字是 4 位。

4）有效数字不能因选用的单位变化而改变，如 9.06V，它的有效数字为 3 位，若改用 mV 为单位，则 9.06V 变为 9060mV，有效数字就变成了 4 位，所以当单位改变后应写为 9.06×10^3 mV，这时它的有效数字仍是 3 位。

（2）数字的舍入规则。当需要 n 位有效数字时，对超过 n 位的数字就要根据舍入规则进行处理。与四舍五入法则不同，目前广泛采用的舍入规则（当保留 n 位有效数字时）如下：

1）若后面的数字小于第 n 位单位数字的 0.5 就舍掉。

2）若后面的数字大于第 n 位单位数字的 0.5，则第 n 位数字进 1。

3）若后面的数字恰为第 n 位单位数字的 0.5，若第 n 位数字为偶数或零时，则舍掉后面的数字，若第 n 位数字为奇数，则第 n 位数字加 1。

概括起来是"小于 5 舍，大于 5 入，等于 5 时取偶数"。

【例 3 - 6】 将下列数字保留 3 位有效数字，45.77、36.251、43.035、38050、47.15。

解 45.77 的 3 位有效数字为 45.8（0.07＞0.05，进 1）。

36.251 的 3 位有效数字为 36.3（0.051＞0.05，进 1）。

43.035 的 3 位有效数字为 43.0（0.035＜0.05，舍掉）。

38050 的 3 位有效数字为 380×10^2（第 4 位是 5，第 3 位为零，舍掉）。

47.15 的 3 位有效数字为 47.2（第 4 位是 5，第 3 位是奇数，进 1）。

（3）有效数字的运算。

1）加、减运算。先找到小数点后有效数字位数最少的数据，然后将其他各数据小数点后有效数字位数处理成与其相同后再进行计算。要尽量避免两个相近数的相减，以免对计算结果产生很大影响，非减不可时，应多取几位有效数字。

2）乘、除运算。先找到有效数字位数最少的数据，然后将其他数据的有效数字位数处理成与其相同或多一位后再进行计算，运算结果的有效数字位数也应处理成与有效数字位数最少的数据相同。

3）乘方与开方运算。运算结果应比原数据多保留一位有效数字。

4）对数运算。所取对数的小数点后的位数应与原数据的有效数字的位数相等。

（4）测量结果表示法。对于一个测量结果应该如何表示，目前国内外尚无统一规定。总的说来，只要表示的测量结果能正确反映被测量的真实大小和它的可信程度，同时数据表达不过于冗长就可以了。

对于测量的误差值，一般只需取一位到两位数字。因此，在用一个数值表示测量结果时，常在有效数字后多给出 1～2 位数字，这样表示的测量结果数值称为有效安全数字。下面介绍这种用一个数值表示测量结果的具体做法：

1）由误差或不确定度的大小定出测量值有效数字最低位的位置。

2）从有效数字最低位向右多取 1～2 位安全数字。

3）根据舍入规则处理其余数字。

如某电阻的电阻值为（40.67±0.41）Ω，因为不确定度为±0.41Ω，不大于阻值个位单位数字的一半，所以有效数字最低位是个位。这样该电阻取一位安全数字时为 40.7Ω，取两位安全数字时为 40.67Ω。

3.4.2 表格法

表格法是将一组测量数据中的自变量、因变量的各个数值按一定的形式和顺序一一对应列出来。一个完整的表格应包括表的序号、名称、项目（应用单位）、说明及数据。这种方法的优点是同一表格内可以同时表示几个变量的关系，数据便于比较，形式紧凑，而且简单易行。

测量获得的实验数据，首先都是以表格的形式记录下来的，若测量结果是线性关系，则从表格中就能看出被测量的变化规律。不过通常都要把测量数据用一条连续光滑曲线表示出来，这样，被测量的变化规律就更直观明了。这种方法工程上经常采用。它不仅简易方便，规律性强，明了清楚，而且还能为深入地进行分析、计算及进一步处理数据或用图示法展示实验结果打下基础，所以实验中大量采用表格法。

采用表格法时要注意：

（1）列项要全面合理、数据充足，便于进行观察比较和分析计算、作图等。

（2）列项要清楚准确地标明被测量的名称、数值、单位以及前提条件、状态和需观察的现象等。

（3）能够事先计算的数据，应先计算出理论值，以便测量过程中进行对照比较。

3.4.3 图示法

图示法可以更直观地看出各量之间的关系，函数的变化规律，如递增或递减、大小变化等，便于各量之间的比较和被测量的变化规律的观察。常用的图示法是直角坐标法，一般用横坐标表示自变量，纵坐标表示对应的变量即函数。将各实验数据描绘成曲线时，应尽可能使曲线通过数据点，但又不能画成折线，所以对不合理的数据点应正确取舍，最后连接成一条平滑的曲线。

采用图示法时要注意：

（1）横坐标尺寸比例要根据被测量数量级的大小、曲线形状等合理选择，并应注明被测量的名称及单位。曲线图幅度大小要适当，一般以能完整包含数据的最大最小值为度，最好选用坐标纸。

（2）应正确分度坐标横、纵轴，分度间隔值一般应选用 1、2、5 或 10 的倍数，而且根据情况，横、纵坐标的分度可以不同，但要使曲线能正确反映函数关系并在坐标上大小适宜。坐标分度值不一定自零起，可用低于实验数据的某一数值作起点，高于实验数据某一数值作终点。如果实验数据特别大或特别小，可以在数值中提出乘积因子，例如提出 10^5 或 10^{-2}，将这些乘积因子放在坐标轴端点附近。

（3）在连点描迹时，为防止数据点不醒目而被曲线遮盖，或者防止在同一坐标图中有不同的几条曲线的数据点混淆，各种数据点可分别采用"＋""×""△""□"等符号标出。

（4）为了使曲线更接近实际，能正确完整地反映量值特点，要正确选择测试点。尤其是极值点、特征点和拐点周围应多选些测试点，对于线性变化的区段内则可少选些测试点。

（5）若干彼此相关的量，如果特性曲线有共同的横坐标和纵坐标，应尽量绘在同一图上，以便更好地看出它们之间的相互关系。

适当选择纵坐标和横坐标的比例关系以及比例尺得到平面坐标系，把实验数据用点标在坐标系中，然后用平滑法或分组平均法以尽可能小的误差绘制出连续光滑的曲线。

平滑法是将坐标系中各点依次用虚线连线，然后在这些连线的中间作一条连续光滑的曲线，尽量使曲线两边的虚线与曲线所围成的面积相等，如图 3-2 所示。当测量要求不高或测量点离散程度不大时，可用曲线板做出一条光滑的、基本上对称通过所有测量点的曲线。

分组平均法是将坐标系中各相邻点分组，偏离曲线较多者三点一组构成三角形找其重心，偏离曲线较少者可两点一组，找其连线的中点。然后连接重心或中点成一条光滑连续的曲线，如图 3-3 所示。当测量点离散程度较大时，采用分组平均法，可在一定程度上减少随机误差的影响。

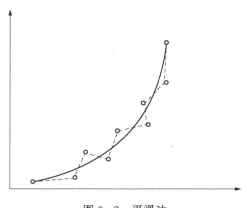

图 3-2 平滑法   图 3-3 分组平均法

3.4.4 函数法

将实验数据用函数式表示，称为实验数据的函数，常用的方法包括最小二乘法和一元线性回归法。观察作图法所得到的曲线的变化规律，判断其最接近哪种常见函数的变化规律，以确定函数的类型，得到函数的一般表达式，再由实验数据确定函数式中的常系数和常数。

在数据测量中可能同时存在系统误差、随机误差和疏忽误差，采取适当的数据处理方法有利于获得被测量的最佳估计值，并计算其准确度。下面以等精度测量数据的处理为例介绍测量数据的处理方法。

测量过程中，若测量条件所涉及的各因素均保持不变，对同一被测量所作的次数相同的测量称为等精度测量。利用修正法可对测量值进行修正，将已经减弱系统误差影响的各数据 $(x_1, x_2, \cdots, x_n)$ 依次列成表格，则等精度测量数据的处理步骤如下。

（1）求出 n 个测量值的算术平均值 $(\bar{x})$ 及测量值 (x_i) 的剩余误差 (v_i)

$$\bar{x} = \frac{1}{n}(x_1 + x_2 + \cdots + x_n) \tag{3-8}$$

$$v_i = x_i - \bar{x}(i = 1, 2, \cdots, n) \tag{3-9}$$

（2）利用贝塞尔公式计算测量值的标准差 (σ)

$$\sigma = \sqrt{\frac{1}{n-1}\sum_{i=1}^{n} v_i^2} \tag{3-10}$$

（3）利用莱特准则判定含疏忽误差的直接测量数据。

莱特准则是一种正态分布情况下判别异常值的方法。若 $|v_i| > 3\sigma$ 则第 i 次测量值 x_i 存在疏忽误差，该值为坏值，应予以剔除。重新求取剩余数据的算术平均值、剩余误差和标准差，并重新判别坏值。循环执行，直至剔除直接测量数据中的所有坏值。

（4）计算出算术平均值的标准差 (σ_r)

$$\sigma_r = \frac{\sigma}{\sqrt{n}} \tag{3-11}$$

测量结果的不确定度为 $3\sigma_r$。

（5）给出测量结果

$$x = \bar{x} \pm 3\sigma_r \tag{3-12}$$

【例 3-7】 对某电压进行 10 次等精度测量，利用修正值对测量值进行修正后，具体数值如下：110.4、109.8、109.7、109.6、110.3、110.0、109.9、110.2、109.9、110.1V，见表 3-1，要求对测量数据进行处理，并给出测量结果的报告值。

表 3-1　　　　　　　　　　　　　数　　　　据

n	1	2	3	4	5	6	7	8	9	10
U_{xi} (V)	110.4	109.8	109.7	109.6	110.3	110.0	109.9	110.2	109.9	110.1
v (V)	0.4	−0.2	−0.3	−0.4	0.3	0	−0.1	0.2	−0.1	0.1
v_i^2 (V)	0.16	0.04	0.09	0.16	0.09	0	0.01	0.04	0.01	0.01

解　由测量值 U_{xi} 求算术平均值 $\bar{U}_x$、剩余误差 v_i 和 v_i^2，计算结果如下。

$$\bar{U}_x = 110.0\text{V}$$
$$v_i = U_{xi} - \bar{U}_x$$

计算测量值的标准差

$$\sigma = \sqrt{\frac{1}{n-1}(v_1^2 + v_2^2 + \cdots + v_{10}^2)} = 0.26$$

利用 3σ 准则判断是否存在疏忽误差

$$3\sigma = 3 \times 0.26 = 0.78$$

求算数平均值的标准偏差和不确定度（测量次数 $n=10$）

$$\sigma_{\bar{x}} = \frac{\sigma}{\sqrt{n}} = \frac{0.26}{\sqrt{10}} = 0.08$$

测量结果的报告值为

$$U_x = \bar{U}_x \pm 3\sigma_{\bar{x}} = 110.0 \pm 0.2(\text{V})$$

参 考 文 献

［1］骆雅琴．电子实验教程［M］．北京：北京航空航天大学出版社，2010.

［2］褚南峰．电工技术实验及课程设计［M］．北京：中国电力出版社，2005.

［3］王宇红．电工学实验教程［M］．北京：机械工业出版社，2013.

［4］曹海平．电工电子技术实验教程［M］．北京：电子工业出版社，2010.

［5］钱克猷．电路实验技术基础［M］．浙江：浙江大学出版社，2001.

［6］马鑫金．电工仪表与电路实验技术［M］．北京：机械工业出版社，2012.

［7］王淑仙．电路基础实验［M］．北京：机械工业出版社，2013.

［8］王慧玲．电路基础实验与综合训练［M］．北京：高等教育出版社，2008.

［9］黄大刚．电路基础实验［M］．北京：清华大学出版社，2008.

［10］姚缨英．电路实验教程［M］．浙江：浙江大学出版社，2011.

［11］蔺金元．电路分析基础［M］．北京：中国电力出版社，2012.

［12］邱关源．电路［M］．北京：高等教育出版社，2010.

［13］吴舒辞．电路分析基础［M］．北京：北京大学出版社，2012.

［14］马斌．Matlab 语言及实践教程［M］．北京：清华大学出版社，2013.

［15］吴晓娟．电路分析基础［M］．北京：国防工业出版社，2013.

［16］马艳．电路基础实验教程［M］．北京：电子工业出版社，2012.

全国电力行业"十四五"规划教材

电工实验技术

实验与仿真

主　编　赵振卫

副主编　王　晶　李　谦

编　写　范成贤　高洪霞

主　审　李红伟

中国电力出版社

CHINA ELECTRIC POWER PRESS

内 容 提 要

本书为全国电力行业"十四五"规划教材。

本书共三篇，第一篇为基本理论，包括电路实验基础知识、常用元器件和测量仪器的基础知识等。第二篇为电工实验，包括电气、控制、信息类专业应掌握的 26 个实验，内容涵盖直流电路实验、单相交流电路实验、三相交流电路实验、时域分析实验以及频域分析实验等。第三篇为模拟仿真，主要内容包括 Multisim 14.0 仿真软件使用介绍和电路仿真分析两部分，电路仿真分析内容包括叠加原理实验、一阶 RC 电路暂态分析、RLC 并联谐振及回转器。

本书是按照教育部高等学校电子信息科学与电气信息类基础课程教学指导分委员会制定的"电路理论"和"电路分析"的实验教学基本要求，为电气、控制、信息类专业本科生电工实验编写的教学用书。

图书在版编目（CIP）数据

电工实验技术/赵振卫主编；王晶，李谦副主编 . —北京：中国电力出版社，2024.12
ISBN 978 - 7 - 5198 - 7858 - 0

Ⅰ．TM13 - 33

中国国家版本馆 CIP 数据核字第 202408V2M4 号

出版发行：中国电力出版社
地　　址：北京市东城区北京站西街 19 号（邮政编码 100005）
网　　址：http://www.cepp.sgcc.com.cn
责任编辑：牛梦洁（010 - 63412528）
责任校对：黄　蓓　李　楠
装帧设计：赵姗杉
责任印制：吴　迪

印　　刷：北京天泽润科贸有限公司
版　　次：2024 年 12 月第一版
印　　次：2024 年 12 月北京第一次印刷
开　　本：787 毫米×1092 毫米　16 开本
印　　张：10.25
字　　数：253 千字
定　　价：38.00 元（全二册）

目　　录

第二篇　电　工　实　验

第三篇　模　拟　仿　真

第二篇　电　工　实　验

实验一　电位、电压的测定及电路电位图的绘制

一、实验目的

（1）通过测量电路中各点电位和电压的方法，加深理解电位的相对性和电压的绝对性。

（2）掌握电路电位图的测量、绘制方法。

（3）掌握使用直流电压表、直流稳压电源的使用方法。

二、原理说明

在一个给定的闭合电路中，各点的电位大小与所选取的电位参考点有关，但是任意两点之间的电压（即两点之间的电位差）不变，这一性质称为电位的相对性和电压的绝对性。根据这一性质，可以测量任意电路中各点的电位和任意两点之间的电压。

以电路中的电位值作为纵坐标，各点（电阻或电源）编号作横坐标，将测量到的各点电位标在坐标系中，并用直线将这些点连起来，得到的图形即为电路的电位图，每一段直线段表示该两点电位的变化情况。而且，任意两点之间的电压即为这两点的电位变化。

在电路中，电位参考点是可以任意选定的，对于不同的参考点，所绘出的电位图形各不相同，但其各点电位变化情况却是一致的。

三、实验设备

（1）直流电压、直流电流表。

（2）电压源（双路 $0\sim30\text{V}$ 可调）。

（3）电工综合实验台。

四、实验内容

实验电路如实验图 1-1，其中电源 U_{S1} 为恒压源 I 路 $0\sim+30\text{V}$ 可调电源输出端，将输出电压调至 $+6\text{V}$，U_{S2} 为 II 路 $0\sim+30\text{V}$ 可调电源输出端，并将输出电压调至 $+12\text{V}$。

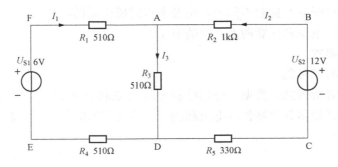

实验图 1-1　实验电路接线图

1. 测量电路中各点电位

先以实验图 1-1 中的 A 点为电位参考点，依次测量 B、C、D、E、F 点的电位。

将电压表的黑笔端插入 A 点，红笔端依次插入 B、C、D、E、F 点进行测量，并将数据记入实验表 1-1 中。

再以 D 点作为电位参考点，重复上述步骤，测得数据记入实验表 1-1 中。

2. 测量电路中相邻两点之间的电压值

在实验图 1-1 中，测量电压 U_{AB}：将电压表的红笔端插入 A 点，黑笔端插入 B 点，读取电压表示数，记入实验表 1-1 中。按同样方法测量 U_{BC}、U_{CD}、U_{DE}、U_{EF} 及 U_{FA}，将测量数据记入实验表 1-1 中。

实验表 1-1　　　　　　　　　电路中各点电位和电压数据　　　　　　　单位：V

电位参考点	V_A	V_B	V_C	V_D	V_E	V_F	U_{AB}	U_{BC}	U_{CD}	U_{DE}	U_{EF}	U_{FA}
A	0											
D				0								

五、实验注意事项

(1) 实验电路中的电源 U_{S2} 为 0～+30V 可调电源输出端，应先将输出电压调到 +12V，再接入电路中，同时防止电源输出端短路。

(2) 使用数字直流电压表测量电压时，红笔端插入被测电压参考方向的正（+）端，黑笔端插入被测电压参考方向的负（-）端。若显示正值，则表明电压参考方向与实际方向一致；若显示负值，表明电压参考方向与实际方向相反。

(3) 在使用数字直流电压表测量电位时，要将黑笔端插入参考电位点，红笔端插入被测各点，若显示正值，则表明该点电位为正（即高于参考点电位）；若显示负值，表明该点电位为负（即该点电位低于参考点电位）。

六、预习与思考题

(1) 如果电路中选取的电位参考点不同，那么各点电位是否相同？任意两点的电压是否相同，为什么？

(2) 在测量电位、电压时，数据前会出现"±"号的原因是什么？"±"号各表示什么意义？

(3) 什么是电位图形？选取不同的电位参考点时所得到的电位图形是否相同？怎样利用电位图形求出各点的电位和任意两点之间的电压？

七、实验报告要求

(1) 回答预习与思考题。

(2) 根据实验时所得到的数据，分别绘制出以 A 点和 B 点为电位参考点时的电位图形。

(3) 根据电路已知参数计算各点电位和相邻两点之间的电压，与实验数据相比较，并对误差作必要的分析。

实验二 电压源、电流源及其电源等效变换

一、实验目的

(1) 掌握建立电源模型的方法。

(2) 掌握电源外特性的测试方法。

(3) 加深对电压源和电流源特性的理解。

(4) 研究电源模型等效变换的条件。

二、原理说明

1. 电压源和电流源

电压源的端电压恒定不变,其输出电流的大小取决于负载的特性。其端电压 U 与输出电流 I 的关系即外特性 $U = f(I)$,在坐标轴上是一条平行于 I 轴的直线。实验中使用的恒压源在允许的电流大小范围内,其内阻很小,几乎可以忽略不计,因此可以将它视为一个电压源。

电流源的输出电流恒定不变,其端电压的大小取决于负载的特性。其输出电流 I 与端电压 U 的关系即外特性 $I = f(U)$,在坐标轴上是一条平行于 U 轴的直线。实验中使用的恒流源在允许的电流大小范围内,其内阻很大,近似为无穷大,因此可以将它视为一个电流源。

2. 实际电压源和实际电流源

在实际情况中,任何电源的内部都有电阻,称为内阻。因此,可以用一个内阻 R_S 和电压源 U_S 串联表示实际电压源,这样其端电压 U 就会随着输出电流 I 的增大而减小。在实验过程中,可以用恒压源与一个阻值较小的电阻串联,模拟一个实际电压源。

用一个内阻 R_S 和电流源 I_S 并联表示实际电流源,其输出电流 I 随端电压 U 的增大而减小。在实验中,用恒流源与一个大阻值的电阻并联,模拟一个实际电流源。

3. 实际电压源和实际电流源的等效互换

对于一个实际的电源,就其外部特性而言,既可以看成是一个电压源,又可以看成是一个电流源。若视为电压源,则可用一个电阻 R_S 与一个电压源 U_S 相串联表示;若视为电流源,则可用一个电阻 R_S 与一个电流源 I_S 并联来表示。若两个电源向同样大小的负载供电,且产生同样的端电压和电流,则称这两个电源是等效的,即具有相同的外特性。

实际电压源与实际电流源等效变换的条件为:

(1) 取实际电压源与实际电流源的内阻均为 R_S。

(2) 已知实际电压源的参数为 U_S 和 R_S,则实际电流源的参数为 $I_S = \dfrac{U_S}{R_S}$ 和 R_S。若已知实际电流源的参数为 I_S 和 R_S,则实际电压源的参数为 $U_S = I_S R_S$ 和 R_S。

三、实验设备

(1) 直流数字电压表、直流数字电流表。

(2) 恒压源(双路 0~30V 可调)。

(3) 恒流源(0~200mA 可调)。

(4) 电工综合实验台。

四、实验内容

（1）测定电压源（恒压源）与实际电压源的外特性实验，实验电路如实验图 2-1 所示，电压源 U_S 使用恒压源 0～+30V 可调电压输出端，并且将输出端电压调至 +6V，电阻 R_1 选用固定电阻 200Ω，R_2 选用 470Ω 的电位器。实验过程中，调节电位器 R_2，使其阻值由大到小变化，读取电流表、电压表的读数，并记入实验表 2-1 中。

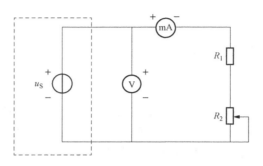

实验图 2-1　实验电路接线图

实验表 2-1　　　　　　　　　　　电压源（恒压源）外特性数据

I(mA)							
U (V)							

将实验图 2-1 电路中的电压源改为实际电压源，如实验图 2-2 所示，选取 51Ω 的固定电阻为内阻 R_S，调节电位器 R_2，使其阻值由大至小依次变化，读取电流表、电压表的读数，并记入实验表 2-2 中。

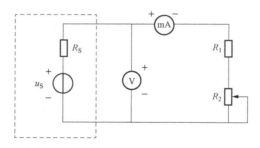

实验图 2-2　实验电路接线图

实验表 2-2　　　　　　　　　　　实际电压源外特性数据

I (mA)							
U (V)							

（2）测定电流源（恒流源）与实际电流源的外特性。按实验图 2-3 接线，图中 I_S 为恒流源，将其输出电流调节至 5mA（用毫安表测量），R_2 选取 470Ω 的电位器，在内阻 R_S 分别为 1kΩ 和 ∞ 的两种情况下，调节电位器 R_2，令其阻值由大至小变化，读取电流表、电压表的读数并将其记入表格中。

（3）研究电源等效变换的条件。按图 2-4 电路接线，图中内阻 R_S 均为 51Ω，负载电阻

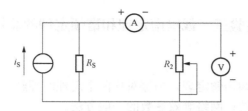

实验图 2-3 实验电路接线图

R 均为 200Ω。

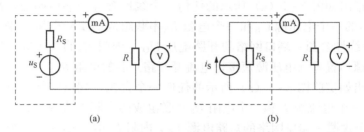

(a)   (b)

实验图 2-4 实验电路接线图

在实验图 2-4（a）电路中，U_S 选用恒压源 $0\sim+30V$ 可调电压输出端，将输出端电压调到 $+6V$，读取电流表、电压表的示数并记录。调节实验图 2-4（b）电路中恒流源 I_S 大小，令其电压表和电流表的读数与实验图 2-4（a）中电压表和电流表的数值相等，记录 I_S 数值，从而验证等效变换条件的正确性。

五、实验注意事项

（1）在测电压源外特性时，需要测量空载即 $I=0$ 时的电压值；测电流源外特性时，需要测量短路即 $U=0$ 时的电流值，恒流源负载电压不能超过 $20V$，电路不可开路。

（2）必须在关闭电源开关之后，才能换接线路。

（3）接入直流仪表时，一定要注意极性与量程。

六、预习与思考题

（1）电流源的输出端为什么不允许开路？电压源的输出端为什么不允许短路？

（2）根据实验结果，说明电压源和电流源的特性，在负载不同的情况下，其输出是否都能保持恒值？

（3）实际电流源与实际电压源的外特性呈什么趋势？为什么？趋势变化的快慢主要受什么因素影响？

（4）实际电流源与实际电压源在什么条件下能够等效变换？电流源与电压源能否等效变换？所谓"等效"是对谁而言？

七、实验报告要求

（1）根据实验所得到的数据，在纸上绘出电源的四条外特性曲线，并归纳总结两类电源的特性。

（2）从实验结果，验证电源等效变换的条件。

（3）回答预习与思考题（1）。

实验三　戴维南定理和诺顿定理的验证

一、实验目的

(1) 验证戴维南定理和诺顿定理，加深对这两个定理的理解。

(2) 掌握测量含源一端口网络等效参数的一般方法。

二、实验原理

1. 戴维南定理和诺顿定理

戴维南定理指出如图 3-1 (a) 所示的任何一个线性含源一端口网络，都可以用如实验图 3-1 (b) 所示的一个电压源 U_S 和一个电阻 R_S 串联组成的实际电压源来代替。其中：电压源 U_S 等于这个线性含源一端口网络的开路电压 U_{OC}，内阻 R_S 的大小等于这个线性含源一端口所有独立电源均置零（电压源短接，电流源开路）后的电阻 R_0。

诺顿定理指出如实验图 3-1 (a) 所示的任何一个含源一端口网络，都可以用如实验图 3-1 (c) 所示的一个电流源 I_S 和一个电阻 R_S 并联组成的实际电流源来代替。其中：电流源 I_S 的大小等于这个含源一端口网络的短路电源 I_{SC}，内阻 R_S 的大小等于这个含源一端口网络的等效电阻，即其中所有独立电源均置零（电压源短接，电流源开路）后的等效电阻 R_S。

U_S、R_S 和 I_S 称为含源一端口网络的等效参数。

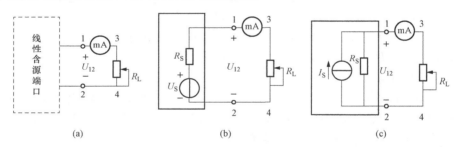

(a)	(b)	(c)

实验图 3-1　戴维南定理和诺顿定理原理图

2. 线性含源一端口网络等效参数的测量方法

(1) 开路电压、短路电流法。在线性含源一端口网络输出端开路时，用电压表直接测其输出端的开路电压 U_{OC}，然后再将其输出端短路，测其短路电流 I_{SC}，若开路电压和短路电流取为关联参考方向，则内阻为

$$R_S = \frac{U_{OC}}{I_{SC}}$$

若线性含源一端口网络的内阻值很低时，则不宜测其短路电流。

(2) 伏安法。用电压表、电流表测出线性含源一端口网络的外特性曲线，如实验图 3-2 所示。开路电压为 U_{OC}，根据外特性曲线求出斜率 $\tan\phi$，则内阻为

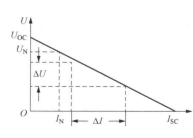

实验图 3-2　有源二端网络外特性曲线

$$R_S = \tan\phi = \frac{\Delta U}{\Delta I}$$

（3）半电压法。如实验图 3-3 所示，当负载电压为被测网络开路电压 U_{OC} 一半时，负载电阻 R_L 的大小（由电阻箱的读数确定）即为被测含源一端口网络的等效内阻 R_S 数值。

（4）零示法。在测量具有高内阻线性含源一端口网络的开路电压时，用电压表进行直接测量会造成较大的误差。为了消除电压表内阻的影响，往往采用零示测量法，如实验图 3-4 所示。零示法测量原理是用一低内阻的恒压源与被测含源一端口网络进行比较，当恒压源的输出电压与含源一端口网络的开路电压相等时，电压表的读数将为"0"，然后将电路断开测量此时恒压源的输出电压 U，即为被测含源一端口网络的开路电压。

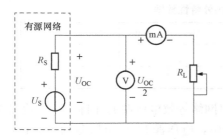 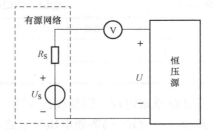

实验图 3-3　半电压法实验电路接线图　　　实验图 3-4　零示测量法实验电路接线图

三、实验设备

（1）直流数字电压表、直流数字电流表。

（2）恒压源（双路 0～30V 可调）。

（3）恒源流（0～200mA 可调）。

四、实验内容

（1）如实验图 3-5 所示，线路中接入 12V 的恒压源 U_S 和 10mA 的恒流源 I_S 以及可变电阻 R_L。

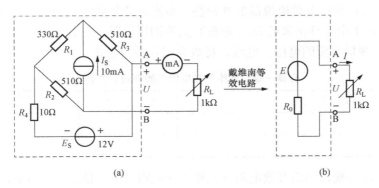

实验图 3-5　实验电路接线图
（a）实际接线；（b）等效电路

测开路电压 U_{OC}：在实验图 3-5 所示的电路中，将负载 R_L 断开，用电压表测量开路电压 U_{OC}，并将数据记入实验表 3-1 中。

测短路电流 I_{SC}：在实验图 3-5 所示电路中，将负载 R_L 两侧短路，用电流表测量其短路电流 I_{SC}，并将数据记入实验表 3-1 中。

实验表 3 - 1　　　　　　　　　　　　　**电源外特性数据**

U_{OC}（V）	I_{SC}（mA）	$R_S = U_{OC}/I_{SC}$

（2）负载实验。测量线性含源一端口网络的外特性：在实验图 3 - 5 电路中，改变负载电阻 R_L 的阻值，逐点测量对应的电压、电流，将数据记入实验表 3 - 2 中。并计算含源一端口网络的等效参数 U_S 和 R_S。

实验表 3 - 2　　　　　　　　　**含源一端口网络的外特性数据**

R_L（Ω）	990	900	800	700	600	500	400	300	200	100
U(V)										
I(mA)										

（3）验证戴维南定理。测量线性含源一端口网络等效电压源的外特性：实验图 3 - 5（b）电路是实验图 3 - 5（b）的等效电压源电路，图中，电压源 U_S 用恒压源的可调稳压输出端，调整到实验表 3 - 1 中测量的 U_{OC} 数值，内阻 R_S 按实验表 3 - 1 中计算出来的 R_S（取整）选取固定电阻。然后，用电阻箱改变负载电阻 R_L 的阻值，逐点测量对应的电压、电流，将数据记入实验表 3 - 3 中。

实验表 3 - 3　　　　　　　**含源一端口网络等效电流源的外特性数据**

R_L（Ω）	990	900	800	700	600	500	400	300	200	100
U(V)										
I(mA)										

测量含源一端口网络等效电流源的外特性：恒流源调整到实验表 3 - 1 中的 I_{SC} 数值，内阻 R_S 按实验表 3 - 1 中计算出来的 R_S（取整）选取固定电阻。然后，用电阻箱改变负载电阻 R_L 的阻值，逐点测量对应的电压、电流，将数据记入实验表 3 - 4 中。

实验表 3 - 4　　　　　　　**含源一端口网络等效电流源的外特性数据**

R_L（Ω）	990	900	800	700	600	500	400	300	200	100
U_{AB}(V)										
I(mA)										

（4）测定含源一端口网络等效电阻（又称入端电阻）的其他方法：将被测有源网络内的所有独立源置零，即将电流源 I_S 去掉，在原电压两端用一根短路导线相连，然后用伏安法或者用万用表的欧姆挡去测定负载 R_L 开路后 A、B 两点间的电阻，即为被测网络的等效内阻 R_{eq} 或称网络的入端电阻 R_1，记录 R_{eq} 的值。

（5）用半电压法和零示法测量被测网络的等效内阻 R_S 及其开路电压 U_{OC}。

半电压法：在实验图 3 - 5 电路中，首先断开负载电阻 R_L，测量线性含源一端口网络的开路电压 U_{OC}，然后接入负载电阻 R_L，调节 R_L 直到两端电压等于 $\dfrac{U_{OC}}{2}$ 为止。此时负载电阻 R_L 的大小即为等效电源的内阻 R_S 的数值，记录 U_{OC} 和 R_S 数值。

零示法测开路电压 U_{OC}：实验电路如实验图 3-4 所示，其中线性含源一端口网络选用实验图 3-5 所示一端口网络，恒压源用 0～30V 可调输出端，调整输出电压 U，观察电压表数值。当其等于零时输出电压 U 的数值即为含源一端口网络的开路电压 U_{OC}，并记录 U_{OC} 数值。

五、实验注意事项

（1）测量时，注意电流表量程的更换。

（2）改接线路时，要关掉电源。

六、预习与思考题

（1）采用什么方法测量含源一端口网络的短路电流和开路电压？什么情况下不能采取直接测量的方法测量两者？

（2）测量含源一端口网络等效内阻和开路电压有哪几种方法？试并比较其优缺点。

七、实验报告要求

（1）回答预习与思考题（2）。

（2）根据实验表 3-1 和实验表 3-2 的数据，计算含源一端口网络的等效参数 U_S 和 R_S。

（3）根据半电压法和零示法测量的数据，计算含源一端口网络的等效参数 U_S 和 R_S。

（4）实验中用各种方法测得的 U_{OC} 和 R_S 是否相等？试分析其原因。

（5）根据实验表 3-2、实验表 3-3 和实验表 3-4 的数据，绘出含源一端口网络和含源一端口网络等效电路的外特性曲线，验证戴维南定理和诺顿定理的正确性。

（6）说明戴维南定理和诺顿定理的应用场合。

实验四 基尔霍夫定律的验证

一、实验目的

（1）搭建简单电路验证基尔霍夫定律，加深对基尔霍夫定律的理解。

（2）电路中加入受控源，进一步验证基尔霍夫定律，加深对受控源端电压及端电流的理解。

（3）学会直流电流表的使用，掌握通过电流插头、插座测量各支路电流的方法。

（4）学习检查、分析电路简单故障的能力。

二、原理说明

基尔霍夫电流定律（KCL）和基尔霍夫电压定律（KVL）是电路的基本定律。基尔霍夫电流定律描述的是电路中某一结点所连接的各支路电流之间的约束关系，即对电路中的任一结点而言，在规定电流的参考方向后，有 $\Sigma I = 0$。一般规定流出结点的电流取负号，流入结点的电流取正号。基尔霍夫电压定律描述的是电路中某一回路中各支路电压之间的约束关系，即对任何一个闭合回路而言，在规定电压的参考方向后，绕闭合回路一周，应有 $\Sigma U = 0$。一般规定电压方向与绕行方向一致的电压取正号，电压方向与绕行方向相反的电压取负号。

在实验前，应首先设定电路中所有电流、电压的参考方向，其中电阻上的电压方向与电流方向一般选为关联参考方向，如实验图 4-1 所示。

三、实验设备

（1）直流数字电压表、直流数字电流表。

（2）恒压源（双路 0～30V 可调）。

（3）电工综合实验台。

四、实验内容

（1）实验电路如实验图 4-1 所示，图中的电源 U_{S1} 用恒压源 I 路 0～+30V 可调电压输出端，并将输出电压调到+6V，U_{S2} 用恒压源 II 路 0～+30V 可调电压输出端，并将输出电压调到+12V（以直流数字电压表读数为准）。

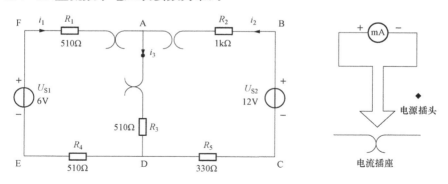

实验图 4-1 实验电路接线图

实验前先设定三条支路的电流参考方向，如图中的 i_1、i_2、i_3 所示，并熟悉线路结构，掌握各开关的操作使用方法。

1）熟悉电流插头的结构。将电流插头的红接线端插入直流数字电流表的红（正）接线端，电流插头的黑接线端插入直流数字电流表的黑（负）接线端。

2）测量支路电流。将电流插头分别插入三条支路的三个电流插座中，读出各个电流值。按规定：在结点 A，电流表读数为"＋"时，表示电流流入结点；读数为"－"时，表示电流流出结点。然后根据实验图 4-1 中的电流参考方向，确定各支路电流的正、负号，并记入实验表 4-1 中。

实验表 4-1　　　　　　　　　　　　　　　　支路电流数据

支路电流（mA）	I_1	I_2	I_3
计算值			
测量值			
相对误差			

3）测量元件电压。用直流数字电压表分别测量电阻元件及两个电源上的电压值，将数据记入实验表 4-2 中。测量时电压表的红（正）接线端应插入被测电压参考方向的高电位端，黑（负）接线端应插入被测电压参考方向的低电位端。

实验表 4-2　　　　　　　　　　　　　　　　各元件电压数据

各元件电压（V）	U_{S1}	U_{S2}	U_{R1}	U_{R2}	U_{R3}	U_{R4}	U_{R5}
计算值（V）							
测量值（V）							
相对误差							

（2）实验电路如实验图 4-2 所示，图中的电流源 i_S 用恒流源，并将输出电流调到 ＋30mA（以直流数字电流表读数为准），电压控制电流源控制系数 $g＝2S$。测量方法同上，记录数据，并完成实验表 4-3。

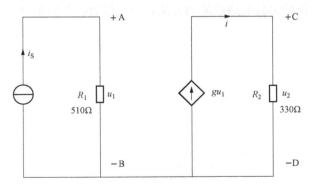

实验图 4-2　实验电路接线图

实验表 4 - 3   **各元件电压电流数据**

电气量	u_1	u_2	i_S	i
计算值				
测量值				
相对误差（%）	'			

五、实验注意事项

（1）所需测量的电压值，应以电压表测量时的读数为准，不以电源表盘指示值为准。

（2）防止电源两端直接短接导致短路。

（3）当使用指针式电流表进行测量时，首先应先辨别电流插头所接电流表的"＋""－"极性。倘若接反，则电表指针可能反偏（电流为负值时）而损坏设备，此时必须调换电流表极性，重新测量，指针正偏，但读得的电流值必须冠以负号。

六、预习与思考题

（1）根据实验图 4 - 1 的电路参数，计算出待测的电流 I_1、I_2、I_3 和各电阻上的电压值，记入实验表 4 - 2 中，以便实验测量时，可正确地选定毫安表和电压表的量程。

（2）在实验图 4 - 1 的电路中，A、D 两结点的电流方程是否相同？为什么？

（3）在实验图 4 - 1 的电路中可以列几个电压方程？它们与绕行方向有无关系？

（4）实验中，若用指针式万用表直流毫安挡测各支路电流，什么情况下可能出现毫安表指针反偏？应如何处理？在记录数据时应注意什么？若用直流数字毫安表进行测量时，会有什么显示呢？

七、实验报告要求

（1）回答预习与思考题。

（2）根据实验数据，选定实验电路中的任一个结点，验证基尔霍夫电流定律的正确性。

（3）根据实验数据，选定实验电路中的任一个闭合回路，验证基尔霍夫电压定律的正确性。

（4）列出求解电压 U_{EA} 和 U_{CA} 的电压方程，并根据实验数据求出它们的数值。

（5）写出检查、分析实验电路故障的方法，说一说查找故障的体会。

实验五 线性与非线性元件伏安特性的测绘

一、实验目的

(1) 掌握线性电阻、非线性电阻元件伏安特性的逐点测试法。

(2) 学习恒电源、直流电压表、电流表的使用方法。

二、原理说明

任何一个二端元件的特性都可以用这个元件上的端电压 U 和通过该元件的电流 I 之间的函数关系来表示，即用 $I-U$ 平面上的一条曲线来表征，我们将这条曲线称为伏安特性曲线。电阻元件根据伏安特性不同可以分为两大类：线性电阻元件和非线性电阻元件。线性电阻元件的伏安特性曲线是一条直线并通过坐标原点，如实验图 5-1 中 (a) 所示，此特性曲线的斜率只与电阻元件的电阻值 R 有关，其阻值为常数，但与通过该元件的电流 I 和元件两端的电压 U 无关；非线性电阻元件的伏安特性是一条经过坐标原点的曲线，其阻值 R 不是常数，即在不同的电压作用下，电阻值是不同的，白炽灯丝、普通二极管、稳压二极管等都是常见的非线性电阻，它们的伏安特性如实验图 5-1 中 (b) ～ (d)。在实验图 5-1 中，

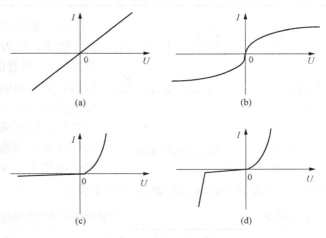

实验图 5-1 伏安特性曲线

$U>0$ 的部分为正向特性，$U<0$ 的部分为反向特性。

通常采用逐点测试法绘制伏安特性曲线，即在不同的端电压作用下，测量出相应的电流，然后逐点绘制出伏安特性曲线，根据伏安特性曲线便可计算其电阻值。

三、实验设备

(1) 直流电压、电流表。

(2) 电压源（双路 0～30V 可调）。

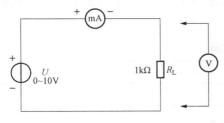

实验图 5-2 实验电路接线图

四、实验内容

(1) 测定线性电阻的伏安特性。按实验图 5-2 接线，图中的电源 U 选用恒压源的可调稳压输出端，通过直流数字毫安表与 1kΩ 线性电阻相连，电阻两端的电压用直流数字电压表测量。

调节 U，从 0 伏开始缓慢地增加（不能超过 10V），在实验表 5-1 中记下相应的电压表和电流表的读数。

实验表 5 - 1 线性电阻伏安特性数据

U(V)	0	2	4	6	8	10
I(mA)						

（2）测定 6.3V 白炽灯泡的伏安特性。将实验图 5 - 2 中的 1kΩ 线性电阻换成一只 6.3V 的灯泡，重复实验内容（1）的步骤，电压不能超过 6.3V，在实验表 5 - 2 中记下相应的电压表和电流表的读数。

实验表 5 - 2 6.3V 白炽灯泡伏安特性数据

U(V)	0	1	2	3	4	5	6.3
I(mA)							

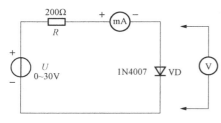

实验图 5 - 3 实验电路接线图

（3）测定半导体二极管的伏安特性。按实验图 5 - 3 接线，R 为限流电阻，取 200Ω（十进制可变电阻箱），二极管的型号为 IN4007。测二极管的正向特性时，其正向电流不得超过 25mA，二极管 VD 的正向压降可在 0～0.75V 之间取值。特别是在 0.5～0.75V 之间更应取几个测量点。测反向特性时，将可调稳压电源的输出端正、负连线互换，调节可调稳压输出电压 U，从 0V 开始缓慢地减少（不能超过 −30V），将数据分别记入实验表 5 - 3 和实验表 5 - 4 中。

实验表 5 - 3 二极管正向特性实验数据

U(V)	0	0.2	0.4	0.45	0.5	0.55	0.60	0.65	0.70	0.75
I(mA)										

实验表 5 - 4 二极管反向特性实验数据

U(V)	0	−5	−10	−15	−20	−25	−30
I(mA)							

（4）测定稳压管的伏安特性。将实验表 5 - 3 中的二极管 IN4007 换成稳压管 2CW51，重复实验内容（3）的测量步骤，其正、反向电流不得超过 ±20mA，将数据分别记入实验表 5 - 5 和实验表 5 - 6 中。

实验表 5 - 5 稳压管正向特性实验数据

U(V)	0	0.2	0.4	0.45	0.5	0.55	0.60	0.65	0.70	0.75
I(mA)										

实验表 5 - 6 稳压管反向特性实验数据

U(V)	0	−1	−1.5	−2.0	−2.5	−2.8	−3	−3.2	−3.5	−3.55
I(mA)										

五、实验注意事项

(1) 测量时，可调稳压电源的输出电压由 0 缓慢逐渐增加，应时刻注意电压表和电流表，不能超过规定值。

(2) 稳压电源输出端切勿碰线短路。

(3) 测量中，随时注意电流表读数，及时更换电流表量程，勿使仪表超量程。

六、预习与思考题

(1) 描述非线性电阻与线性电阻的伏安特性区别，其电阻值与通过的电流有无关系？

(2) 如何计算线性电阻与非线性电阻的电阻值？

(3) 列举线性电阻与非线性电阻元件，它们的伏安特性曲线各是什么形状？

(4) 用逐点测试法绘制出电阻的伏安特性曲线。

七、实验报告要求

(1) 根据实验数据，分别在方格纸上绘制出各个电阻的伏安特性曲线。

(2) 根据伏安特性曲线，计算线性电阻的电阻值，并与实际电阻值比较。

(3) 根据伏安特性曲线，计算白炽灯在额定电压时的电阻值，当电压降低 20％时，阻值为多少？

(4) 回答预习与思考题 (1)。

实验六 互 易 定 理

一、实验目的

（1）通过实验验证互易定理。

（2）在实验过程中进一步熟悉直流电压表、直流电流表及电压源和电流源的使用方法。

（3）了解仪表误差对测量结果的影响。

二、原理说明

线性电阻电路的一个重要性质就是互易定理。即对于线性电阻电路，当只有一个激励源（一般不含受控源）时，激励与其在另一支路中的响应可以等值地相互易换位置。

互易定理有三种基本形式，如实验图 6-1 是互易定理的第一种形式，在只有一个独立电压源激励下，在实验图 6-1（a）中的 $1-1'$ 端接一个电压源 U_S，将 $2-2''$ 端短路，且该电流 I_1 是电路中唯一的电压源 U_S 所产生的响应。则将电压源 U_S 移至 $2-2'$ 端，而将 $1-1'$ 端短路如实验图 6-1（b），那么有 $I_2 = I_1$。

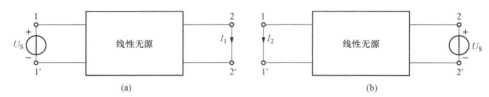

实验图 6-1 互易定理示意图（一）

（a）$1-1'$端接电压源，$2-2'$端短路；（b）$1-1'$端短路，$2-2'$端接电压源

如实验图 6-2 是互易定理的第二种形式，在只有一个独立电流源激励下，在实验图 6-2（a）中的 $1-1'$ 端接一个电流源 I_S，将 $2-2'$ 端开路，且该电路端口电压 U_1 是电路中唯一的电流源 I_S 所产生的响应。将电流源 U_S 移至 $2-2'$ 端，而将 $1-1'$ 端开路，如实验图 6-2（b），那么有 $U_2 = U_1$（或者等于电流源 I_S 扩大或者减小的倍数与 U_1 的乘积）。

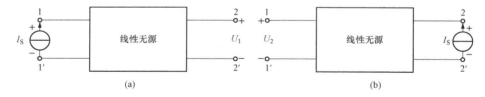

实验图 6-2 互易定理示意图（二）

（a）$1-1'$端接电流源，$2-2'$端开路；（b）$1-1'$端开路，$2-2'$接电流源

实验图 6-3 是互易定理的第三种形式，两组相同的电路各有一个单独的激励源，激励源 I_S 与激励源 U_S 数值相等。实验图 6-3（a）中的 $1-1'$ 端接电流源 I_S，将 $2-2'$ 端短路，且该电路端口电流 I_3 是电路中唯一的电流源 I_S 所产生的响应。将电流源 I_S 改为电压源 U_S 移至 $2-2'$ 端，而将 $1-1'$ 端开路，如实验图 6-3（b），那么有 $U_3 = I_3$。

三、实验设备

（1）直流电压、电流表。

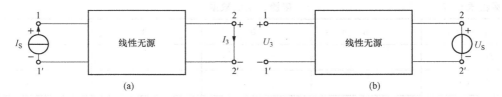

实验图 6-3　互易定理示意图（三）

（a）1—1′端接电流源，2—2′端短路；（b）1—1′端短路，2—2′端接电压源

（2）电压源（双路 0～30V 可调）。

（3）电流源（0～200mA 可调）。

（4）电工综合实验台。

四、实验内容

（1）如实验图 6-4 所示，电路中双路 0～30V 可调电压源为激励源 U_{11}，首先将激励源接在 200Ω 的支路上，测量其在 300Ω 支路中的电流响应 I_{11}；再将激励源 U_{11} 移至 300Ω 的支路上，测量其在 200Ω 支路上的电流响应 I_{12}。改变激励源大小，分别选取 4 组不同的电压值，记录不同电压值下的 I_{11} 和 I_{12} 电流值，将结果记录在实验表 6-1 中，分析测量结果，并验证互易定理。

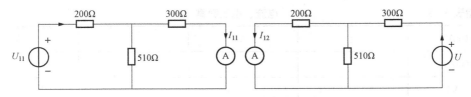

实验图 6-4　实验电路接线图

实验表 6-1　　　　　　　　　　　　电压、电流数据

U_{11}(V)	3	5	7	9
I_{11}(mA)				
I_{12}(mA)				

（2）如实验图 6-5 所示，电路中激励源 I_{21} 由可调电流源提供，先将激励源接在 200Ω 电阻上，待电路达到稳定后，测量其在 300Ω 电阻上的电压响应 U_{21}；再将激励源 I_{21} 接在 300Ω 电阻上，待电路达到稳定后，测量其在 200Ω 电阻上的电压响应 U_{22}。改变激励源大小，分别选取 4 组不同的电流值，记录不同电流值下的 U_{21} 和 U_{22} 的电压值，将结果记录在实验表 6-2 中，分析测量结果，并验证互易定理。

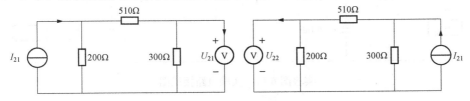

实验图 6-5　实验电路接线图

实验表 6-2 电流、电压数据

I_{21}(mA)	6	10	14	18
U_{21}(V)				
U_{22}(V)				

（3）如实验图 6-6 所示，在两组相同的电路中分别有一个单独的激励源，其中激励源 I_{31} 与激励源 U_{31} 在数值上相等。先将激励源 I_{31} 接在 200Ω 支路上，测量其在 300Ω 支路上的电流响应 I_{32}；再将激励源 U_{31} 接在 300Ω 支路上，测量其在 200Ω 支路上的电压响应 U_{32}。改变激励源大小，分别选取 4 组不同的激励源的值，记录 I_{32} 和 U_{32} 的值，将结果记录在实验表 6-3 中，分析测量结果，并验证互易定理。

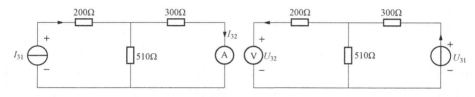

实验图 6-6 实验电路接线图

实验表 6-3 电流、电压数据

I_{31}(mA)	4	6	8	10
I_{32}(mA)				
U_{31}(V)				
U_{32}(V)				

（4）验证交流电路互易定理将激励信号改为交流，线性电阻电路加入阻抗，根据测量结果观察互易定理对于正弦稳态是否适用。

如实验图 6-7 所示，电路中激励源 U_1 由信号源提供，电压为正弦波有效值，频率设置为 1.5916kHz，电流的测量方法为使用示波器测量相应元件的电压有效值（均方根值），首先将激励源接在 200Ω 的支路上，待电路达到稳定后，测量其在 330Ω 支路中的电流响应 I_{11}；再将激励源 U_{11} 移至 330Ω 的支路上，待电路达到稳定后，测量其在 200Ω 支路上的电流响应 I_{12}。改变激励源大小，分别选取 4 组不同的电压值，记录不同电压值下的 I_{11} 和 I_{12} 电流值，将结果记录在实验表 6-4 中，分析测量结果，并验证互易定理。

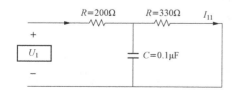 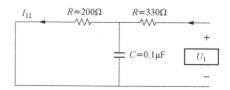

实验图 6-7 实验电路接线图

实验表 6 - 4　　　　　　　　　　　　**电压、电流数据**

U_{11}(V)	2	3	4	6
I_{11}(mA)				
I_{12}（mA）				

五、实验注意事项

（1）在进行实验连接电路前，应先将电源的电流值、电压值调整到初始状态，再关掉电源待用。

（2）要防止稳压电源的输出端短路。实验中要注意，当一个激励源单独作用时，一定要将另一电源拆除，使用短路线代替，不能直接将电源短路，此外一定要特别注意拆改线路前要先将电源断开。

（3）测量数据时要注意参考方向与实际方向之间的关系。

六、预习与思考题

（1）预习直流电流源和电压源以及直流电流表、直流电压表的使用方法。

（2）分别叙述互易定理的三种方式。

七、实验报告要求

（1）结合电路结构及电路参数，计算实验电路中被测量的数值，验证互易定理。

（2）设计合理的数据表格。

（3）回答预习与思考题。

实验七　最大功率传输条件的研究

一、实验目的
（1）理解阻抗匹配，掌握最大功率传输的条件。
（2）掌握根据电源外特性设计实际电源模型的方法。

二、原理说明

1. 电源与负载功率的关系

实验图 7-1 可视为由一个电源向负载输送电能的模型，R_0 可视为电源内阻和传输线路电阻的总和，R_L 为可变负载电阻。

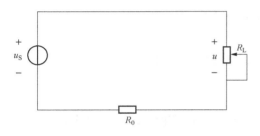

实验图 7-1　电源与负载模型

负载 R_L 上消耗的功率 P 可由下式表示

$$P = I^2 R_L = \left(\frac{U}{R_0 + R_L}\right)^2 R_L$$

当 $R_L = 0$ 或 $R_L = \infty$ 时，电源输出到负载的功率为零。将 R_L 值代入上式，P 的值随着 R_L 值的变化而变化，但其中必有一个 R_L 的值，使得负载从电源处获得的功率最大。

2. 负载获得最大功率的条件

根据数学上求最大值所用到的方法，令负载功率表达式中的 R_L 为自变量，P 为因变量，并使 $dP/dR_L = 0$，即可求得最大功率传输的条件

$$\frac{dP}{dR_L} = 0，即 \frac{dP}{dR_L} = \frac{[(R_0 + R_L)^2 - 2R_L(R_L + R_0)]U^2}{(R_0 + R_L)^4}$$

$$令 (R_L + R_0)^2 - 2R_L(R_L + R_0) = 0$$

解得　$R_L = R_0$

当满足 $R_L = R_0$ 时，负载从电源获得的最大功率为

$$P_{\text{MAX}} = \left(\frac{U}{R_0 + R_L}\right)^2 R_L = \left(\frac{U}{2R_L}\right)^2 R_L = \frac{U^2}{4R_L}$$

这时，称此电路处于"匹配"工作状态。

负载从电源获得最大功率时电路的效率为

$$\eta = \frac{P_L}{U_S I} = 50\%$$

式中：P_L 为负载功率。

3. 匹配电路的特点及应用

在等效电路处于最大功率"匹配"状态时，有一半的功率会被电源本身消耗掉。此状态下电源的效率只有 50%。这种能量传输效率在电力系统的能量传输过程中是不被允许的。电力传输的要求是要高效输电，理想状态下 100% 的功率都传输给负载，这就要求电源的内阻很小，负载电阻应远大于电源的内阻。因此，电路不允许运行在"匹配"状态。在电子技术领域情况则不同。在电子技术当中的信号源本身功率通常较小，并且其内阻较大。而其负载（如扬声器等）的阻值一般较小，人们希望负载能从电源处获得最大的输出功率，并不会

考虑电源的效率。一般的方法是改变负载的电阻值，或者可以在信号源与负载之间加一个阻抗变换器（如音频功放的输出级与扬声器之间的输出变压器），以此使电路工作在"匹配"状态，使负载获得的输出功率最大。

三、实验设备

（1）直流数字电压表、直流数字电流表。

（2）恒压源（双路 0～30V 可调）。

（3）恒流源（0～200mA 可调）。

（4）电工综合实验台。

四、实验内容

1. 根据电源外特性曲线设计一个实际电压源模型

实验图 7-2 为电压源外特性曲线，图中给出了电源的开路电压和短路电流，据此计算出实际电压源模型中的内阻 R_S 和电压源 U_S。线路中，内阻 R_S 选用固定电阻，电压源 U_S 选用恒压源的可调稳压输出端。

2. 测量电路传输功率

如实验图 7-3 所示，将负载电阻 R_L 与设计的实际电压源相连，其中 R_L 选用电阻箱，并从 0 到 600Ω 依次改变负载电阻 R_L 的阻值大小，用电压表、电流表测量对应的电压、电流值，将数据记入下方实验表 7-1 中。

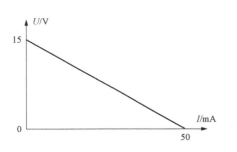

实验图 7-2　电压源外特性曲线

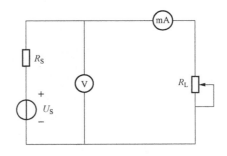

实验图 7-3　实验电路接线图

实验表 7-1　　　　　　　　　　　　　　　电路传输功率数据

$R_L(\Omega)$	0	100	200	300	400	500	600
$U(V)$							
$I(mA)$							
$P_L(mW)$							
$\eta\%$							

五、实验注意事项

恒压源中的可调电压输出端作为电源，计算电压源 U_S 的数值，确定输出电压并进行调整，防止电压源短路。

六、预习与思考题

（1）要想实现电路传输最大功率需要什么条件？阻抗匹配是什么？

（2）怎样计算电路传输过程中的功率和效率？

（3）按照实验图 7-2 中的电压源外特性曲线，通过计算得出实际电压源模型中其内阻 R_S 和电压源 U_S 的值，作为实验电路中的电源。

（4）当前后互换电流表和电压表的位置时，其读数是否会产生影响？为什么？

七、实验报告要求

（1）回答预习与思考题（4）。

（2）根据实验表 7-1 中的实验数据计算负载的功率 P_L，画出负载功率 P_L 随负载电阻 R_L 变化的曲线，找出传输最大功率的条件。

（3）根据实验表 7-1 的实验数据，计算出对应的效率 η，并回答下列问题：

1）传输最大功率时的效率。

2）说明什么时候出现最大效率，电路在什么情况下，传输最大功率才比较经济、合理。

实验八 受 控 源 研 究

一、实验目的

（1）加深对于受控源伏安关系的理解。

（2）掌握受控源特性的测量方法。

二、实验原理

受控源输出的电流或者电压受控于其他支路的电流或电压，因此受控源是一个二端口元件，其中一个为输入端口，或称控制端口，输入控制量（电流或电压），另一个为输出端口或称受控端口，向外电路提供电流或电压。输出端口的电流或电压，受输入端口的电流或电压的控制。根据控制变量与受控变量的各种不同的组合，可以将受控源分为四类。

（1）电压控制电压源（VCVS），如实验图 8-1（a）所示，其特性为 $u_2 = \mu u_1$。

其中：μ 为转移电压比（即电压放大倍数），$\mu = \dfrac{u_2}{u_1}$。

（2）电压控制电流源（VCCS），如实验图 8-1（b）所示，其特性为 $i_2 = g u_1$。

其中：g 为转移电导，$g = \dfrac{i_2}{u_2}$。

（3）电流控制电压源（CCVS），如实验图 8-1（c）所示，其特性为 $u_2 = r i_1$。

其中：r 为转移电阻，$r = \dfrac{u_2}{i_1}$。

（4）电流控制电流源（CCCS），如实验图 8-1（d）所示，其特性为 $i_2 = \alpha i_1$。

其中：α 为转移电流比（即电流放大倍数），$\alpha = \dfrac{i_2}{i_1}$。

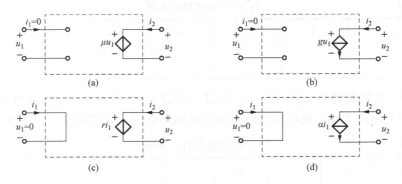

实验图 8-1 四类受控源

（a）电压控制电压源；（b）电压控制电流源；（c）电流控制电压源；（d）电流控制电流源

三、实验设备

（1）直流数字电压表、直流数字电流表。

（2）恒压源（双路 0～30V 可调）。

（3）恒流源（0～200mA 可调）。

（4）电工综合实验台。

四、实验内容

1. 电压控制电流源（VCCS）特性测试

实验电路图如实验图 8-1（b），用电阻箱作为负载 R_L 接入输出端，并调节使 $R_L = 2k\Omega$。

（1）VCCS 的转移特性 $i_2 = f(u_1)$ 测试。调节 u_1 即恒压源输出电压值，用电流表测量输出电流 i_2，将数据记入实验表 8-1 中。

实验表 8-1　　　　　　　　　　　　　　VCCS 的转移特性数据

U_1(V)	0	0.5	1	1.5	2	2.5	3	3.5	4
I_2(mA)									

（2）测试 VCCS 的负载特性 $i_2 = f(R_L)$。保持 $u_1 = 2V$，负载电阻 R_L 用电阻箱并调节大小，用电流表测量对应的输出电流 i_2，将数据记入实验表 8-2 中。

实验表 8-2　　　　　　　　　　　　　　VCCS 的负载特性数据

R_L(kΩ)	50	40	30	10	5	3	1	0.5	0.2
I_2(mA)									

2. 电流控制电压源（CCVS）特性测试

实验电路如实验图 8-1（c）所示，图中，i_1 用恒流源，输出 u_2 两端接负载 $R_L = 2k\Omega$（用电阻箱）。

（1）CCVS 的转移特性 $u_2 = f(u_1)$ 测试。调节恒流源输出电流 i_1（以电流表读数为准），用电压表测量对应的输出电压 u_2，将数据记入实验表 8-3 中。

实验表 8-3　　　　　　　　　　　　　　CCVS 的转移特性数据

I_1(mA)	0.05	0.1	0.15	0.2	0.25	0.3	0.4
U_2(V)							

（2）CCVS 的负载特性 $u_2 = f(R_L)$ 测试。保持 $i_1 = 0.2mA$，用电阻箱作为负载电阻 R_L，调整电阻箱阻值大小，用电压表测量对应的输出电压 u_2，将数据记入实验表 8-4 中。

实验表 8-4　　　　　　　　　　　　　　CCVS 的负载特性数据

R_L(kΩ)	0.5	1	2	3	4	5	6	7	8
U_2(V)									

3. 电压控制电压源（VCVS）特性测试

电压控制电压源（VCVS）可由电压控制电流源（VCCS）和电流控制电压源（CCVS）串联而成。实验电路由 8-1（b）、（c）构成，将图 8-1（b）的输入端 u_1 接恒压源的输出端，输出端 i_2 与图 8-1（c）的输入端 i_1 相连，图 8-1（c）的输出端 u_2 接负载 $R_L = 2k\Omega$。

（1）VCVS 的转移特性 $u_2 = f(u_1)$ 测试。调节恒压源输出电压 u_1（以电压表读数为准），用电压表测量对应的输出电压 u_2，将数据记入实验表 8-5 中。

实验表 8 - 5　　　　　　　　　　　　　　**VCVS 的转移特性数据**

U_1(V)	0	1	2	2.5	3	3.5	4	4.5	5
U_2(V)									

（2）VCVS 的负载特性 $u_2=f$（R_L）测试。保持 $u_1=2V$，负载电阻 R_L用电阻箱，并调节其大小，用电压表测量对应的输出电压 u_2，将数据记入实验表 8 - 6 中。

实验表 8 - 6　　　　　　　　　　　　　　**VCVS 的负载特性数据**

R_L(kΩ)	1	2	3	4	5	6	7	8	9
U_2(V)									

4. 电流控制电流源（CCCS）特性测试

电流控制电流源（CCCS）可由电流控制电压源（CCVS）和电压控制电流源（VCCS）串联而成。实验电路由实验图 8 - 1（c）、（b）构成，将实验图 8 - 1（c）的输入端 i_1接恒流源，输出端 u_2与实验图 8 - 1（c）的输入端 u_1相连，实验图 8 - 1（b）的输出端 i_2接负载 $R_L=2kΩ$（用电阻箱）。

（1）CCCS 的转移特性 $i_2=f(i_1)$ 测试。调节恒流源输出电流 i_1（以电流表读数为准），用电流表测量对应的输出电流 i_2，i_1、i_2分别用 EEL - 31 组件中的电流插座 5—6 和 17—18 测量，将数据记入实验表 8 - 7 中。

实验表 8 - 7　　　　　　　　　　　　　　**CCCS 的转移特性数据**

I_1(mA)	0	0.05	0.1	0.15	0.2	0.25	0.3	0.4
I_2(mA)								

（2）CCCS 的负载特性 $i_2=f(R_L)$ 测试。保持 $i_1=0.3mA$，负载电阻 R_L用电阻箱，并调节其大小，用电流表测量对应的输出电流 i_2，将数据记入实验表 8 - 8 中。

实验表 8 - 8　　　　　　　　　　　　　　**CCCS 的负载特性数据**

R_L(kΩ)	1	2	3	4	5	6	7	8	9
I_2(mA)									

五、实验注意事项

进行恒流源供电的实验中，应该禁止恒流源开路。

六、预习与思考题

（1）了解受控源的定义及四种受控源对应的英文缩写，学习控制量与被控量的关系和电路模型。

（2）如何测量受控源中的四个转移参量 $μ$、g、r 和 $α$？它们各有什么意义？

（3）如果受控源的控制量极性变成反向，那么它的输出极性是否发生变化？

（4）如何利用 CCVC 和 VCCS 的连接能够获得其他两个 CCCS 和 VCVS？

（5）分析四种受控源实验电路的输入、输出关系，了解运算放大器的特性。

七、实验报告要求

（1）根据实验数据，绘制四种受控源的转移特性和负载特性曲线，并求出相应的转移参

量 μ、g、r 和 α。

（2）根据实验所得的数据来看，转移参量 μ、g、r 和 α 受到电路中哪些参数因素的影响？若想改变这四个参数的大小应该如何调整？

（3）回答预习与思考题（3）。

（4）根据实验结果，可以有哪些合理的分析与结论？总结对这四种受控源的理解和认识。

实验九　直流二端口网络的研究

一、实验目的
（1）加深对二端口网络基本理论的理解。
（2）学习并掌握直流二端口网络传输参数的测试方法。

二、原理说明

1. 二端口网络的基本概念

一个线性的二端口网络，从外部特性来看，关注的是输
出端口与输入端口之间电流和电压的关系。对于二端口网络
的端口电压和电流这四个变量，可以用多种不同的参数方程
去表示它们之间的关系。本次实验中，自变量选为输出端口
的电压 U_2 和电流 I_2，因变量选为输入端口的电压 U_1 和电流
I_1，得到的方程称为二端口网络的传输方程，实验图9-1中所
示的无源线性二端口网络（又称为四端网络）的传输方程为

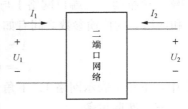

实验图 9-1　二端口网络

$$U_1 = AU_2 + B(-I_2)$$
$$I_1 = CU_2 + D(-I_2)$$

式中：A、B、C、D 为二端口网络的传输参数。

各支路元件的参数值和网络的拓扑结构决定了这四个参数值的大小，二端口网络的基本
特性也由这四个参数表征。

2. 二端口网络传输参数的测试方法

（1）双端口同时测量法。在输入端口加上电压，在两个端口同时测量电压和电流 I_{2S}、
I_{2O}，由传输方程得到 A、B、C、D 四个参数 $A = \dfrac{U_{1O}}{U_{2O}}$（令 $I_2 = 0$，即输出端口开路，此时
U_{1O}、U_{2O} 为二端口电压），$C = \dfrac{I_{1O}}{U_{2O}}$（令 $I_2 = 0$，即输出端口开路，此时 I_{1O} 为输入端口电流），
$B = \dfrac{U_{1S}}{U_{2S}}$（令 $U_2 = 0$，即输出端口短路，此时 U_{1S}、U_{2S} 为二端口电压），$D = \dfrac{I_{1S}}{U_{2S}}$（令 $U_2 = 0$，
即输出端口短路，此时 I_{2S} 为输出端口电流）。

（2）双端口分别测量法。先在输入端口加电压，再将输出端口开路或短路，测量输入端
口电压和电流，由传输方程可得另一端口等效输入电阻为

$$R_{1O} = \frac{U_{1O}}{I_{1O}} = \frac{A}{C} \text{（令 } I_2 = 0\text{,即输出端口开路）}$$

$$R_{1S} = \frac{U_{1S}}{I_{1S}} = \frac{B}{D} \text{（令 } U_2 = 0\text{,即输出端口短路）}$$

然后，在输出端口加电压，将输入端口开路和短路，测量输出端口的电压和电流，由传
输方程可得另一端口等效输入电阻为

$$R_{2O} = \frac{U_{2O}}{I_{2O}} = \frac{D}{C} \text{（令 } I_1 = 0\text{,即输入端口开路）}$$

$$R_{2S} = \frac{U_{2S}}{I_{2S}} = \frac{B}{A} \text{（令 } U_1 = 0\text{，即输入端口短路）}$$

R_{1O}、R_{1S}、R_{2O}、R_{2S}分别表示一个端口开路和短路时另一端口的等效输入电阻，这四个参数中有三个是独立的，因此，只要测量出其中任意三个参数（如 R_{1O}、R_{2O}、R_{2S}），与方程 $AD-BC=1$（双口网络为互易双口，该方程成立）联立，便可求出四个传输参数

$$A = \sqrt{R_{1O}/(R_{2O} - R_{2S})}, B = R_{2S}A, C = A/R_{1O}, D = R_{2O}C$$

3. 二端口网络的级联

上述方法也可以用于测量二端口网络级联后的复合二端口网络的传输参数。根据二端口网络理论推得：二端口网络 1 与二端口网络 2 级联后等效的二端口网络的传输参数，与网络 1 和网络 2 的传输参数之间有如下的关系

$$A = A_1A_2 + B_1C_2, B = A_1B_2 + B_1D_2$$
$$C = C_1A_2 + D_1C_2, D = C_1B_2 + D_1D_2$$

式中：下角 1 表示网络 1；下角 2 表示网络 2。

三、实验设备

（1）直流数字电压表、直流数字电流表。

（2）恒压源（双路 0～30V 可调）。

（3）电工综合实验台。

四、实验内容

实验图 9-2 为实验电路接线图二端口网络的输入电压 U_1 为恒压源，将其输出端电压调到 10V，测量电流时要使用电流插头和插座测量。

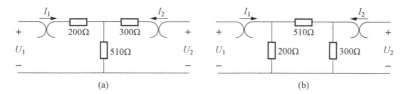

实验图 9-2 实验电路接线图
（a）T 型网络；（b）Ⅱ型网络

1. 用"双端口同时测量法"测定二端口网络传输参数

根据"双端口同时测量法"的原理与方法，按照实验表 9-1 和实验表 9-2 的内容，依次测量 T 型网络和 Ⅱ 型网络的电流、电压，通过计算得出传输参数 A、B、C、D 的值，将所有数据记入实验表中。

实验表 9-1   测定传输参数的实验数据一

T 型网络		测量值			计算值	
	输出端开路 $I_2 = 0$	$U_{1O}(V)$	$U_{2O}(V)$	$I_{1O}(mA)$	A	C
	输出端短路 $U_2 = 0$	$U_{1S}(V)$	$I_{1S}(mA)$	$I_{2S}(mA)$	B	D

实验表 9-2　　　　　　　　　　　　**测定传输参数的实验数据二**

		测量值			计算值	
Ⅱ型网络	输出端开路 $I_2=0$	U_{1O}(V)	U_{2O}(V)	I_{1O}(mA)	A	C
	输出端短路 $U_2=0$	U_{1S}(V)	I_{1S}(mA)	I_{2S}(mA)	B	D

2. 用"双端口分别测量法"测定级联二端口网络传输参数

将Ⅱ型网络的输入口与T型网络的输出口连接，组成级联二端口网络，根据"双端口分别测量法"的原理和方法，按照实验表 9-3 所示，分别测量级联二端口网络输出口和输入口的电流、电压，通过计算得出传输参数 A、B、C、D 和等效输入电阻，将所有数据记入实验表中。

实验表 9-3　　　　　　　　　**测定级联二端口网络传输参数的实验数据**

输出端开路 $I_2=0$			输出端短路 $U_2=0$			计算传输参数	
U_{1O} (V)	I_{1O} (mA)	R_{1O}	U_{1S} (V)	I_{1S} (mA)	R_{1S}		
						A	
输入端开路 $I_1=0$			输入端短路 $U_1=0$			B	
U_{2O} (V)	I_{2O} (mA)	R_{2O}	U_{2S} (V)	I_{2S} (mA)	R_{2S}	C	
						D	

五、实验注意事项

（1）在实验中当用电流插头插座测量电路的电流之前，应该首先判断电流表的极性并且选取合适的量程使用（即根据给出的电路中的参数，估算电流表量程）。

（2）两个二端口网络级联时，应将一个二端口网络 1 的输出端与另一二端口网络 2 的输入端连接。

六、预习与思考题

（1）试说明二端口网络的传输参数以及其物理意义。

（2）试分别描述"双端口同时测量法"与"双端口分别测量法"测定二端口网络传输参数的步骤，分析其优缺点及适用场合。

（3）怎样测定由两个二端口网络组成的级联二端口网络的传输参数？

七、实验报告要求

（1）整理各个表格中的数据，完成指定的计算。

（2）写出各个二端口网络的传输方程。

（3）验证级联二端口网络的传输参数与级联的两个二端口网络传输参数之间的关系。

（4）回答预习与思考题。

实验十 典型周期性电信号的观察和测量

一、实验目的

（1）通过实验加深对周期性信号的理解，明白平均值和有效值的概念与区别，并学会这两个值的计算方法。

（2）通过实验了解三种周期性信号（正弦波、矩形波、三角波）的平均值、有效值和幅值的关系。

（3）能够用正确的方法使用信号源。

二、原理说明

周期性信号波形包含三角波、矩形波、正弦波等，这三种信号的电压波形如实验图 10 - 1 所示，本图中三种信号波形周期都为 T，幅值都为 U_m，用平均值表示一个周期信号幅值或面积在这个周期的平均大小。当需要表示周期信号做功的能力的大小时，用有效值来表示，并且对于每一种周期信号，它们的平均值和有效值之间都有一定的关系。

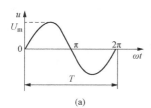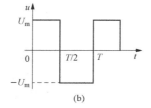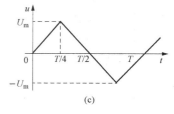

实验图 10 - 1 三种周期性信号波形

（a）三角波；（b）矩形波；（c）正弦波

1. 正弦波电压有效值、平均值的计算

如实验图 10 - 1 （a）所示，设正弦波电压 $u = U_m \sin \omega t$，有效值为

$$U = \sqrt{\frac{1}{T} \int_0^T u^2 \mathrm{d}t} = \sqrt{\frac{1}{T} \int_0^T U_m^2 \sin^2 \omega t \, \mathrm{d}(\omega t)} = \frac{U_m}{\sqrt{2}} = 0.707 U_m$$

在求正弦波平均值时，按照其电压绝对值（即全波整流波形）来计算，平均值为

$$U_V = \frac{1}{\frac{T}{2}} \int_0^{\frac{T}{2}} u \mathrm{d}t = \frac{1}{\frac{T}{2}} \int_0^{\frac{T}{2}} U_m \sin \omega t \, \mathrm{d}(\omega t) = \frac{4 U_m}{T} = \frac{2 U_m}{\pi} = 0.636 U_m$$

2. 矩形波电压有效值、平均值的计算

如实验图 10 - 1 （b）所示，有效值等于电压的"均方根"，由于电压波形对称，只计算半个周期即可，有

$$U = \sqrt{\frac{1}{\frac{T}{2}} \int_0^{\frac{T}{2}} U_m^2 \mathrm{d}t} = \sqrt{\frac{U_m^2}{\frac{T}{2}} \times t \bigg|_0^{\frac{T}{2}}} = U_m$$

取波形绝对值的平均值，同样，只计算半个周期即可，有

$$U_V = \frac{U_m \times \frac{T}{2}}{\frac{T}{2}} = U_m$$

3. 三角波电压有效值、平均值的计算

如实验图 10-1（c）所示，由于波形对称，在 1/4 周期里，$u = \frac{4U_m}{T} \times t$，则有效值为

$$U = \sqrt{\frac{1}{\frac{T}{4}} \int_0^{\frac{T}{4}} u^2 dt} = \sqrt{\frac{4}{T} \int_0^{\frac{T}{4}} \frac{4^2 U_m^2}{T^2} \times t^2 dt} = \sqrt{\frac{4^3 U_m^2}{T^3} \int_0^{\frac{T}{4}} t^2 dt} = \frac{U_m}{\sqrt{3}} = 0.577 U_m$$

取波形绝对值的平均值，同样，只计算 1/4 周期即可，有

$$U_V = \frac{\left(U_m \times \frac{T}{4}\right)/2}{\frac{T}{4}} = \frac{U_m}{2} = 0.5 U_m$$

三、实验设备

（1）信号源。

（2）双踪示波器。

（3）电工综合实验台。

四、实验内容

（1）在示波器上观察正弦波的波形，观察其周期和幅值。

1）输出正弦波，即将信号源的"波形选择"开关调至正弦波信号。

2）将示波器与信号源的信号输出端连接。

3）将信号源电源开关打开，调整信号源的输出，调节信号源的频率，将输出信号频率调为 1kHz（由频率计读出），调整输出信号的幅值，调节"幅值调节"旋钮，将信号源输出"幅值"调为 1V。在示波器上观察波形的幅值和周期。

（2）在示波器上观察矩形波的波形，观察其周期和幅值。设置输出信号，把信号源的"波形选择"开关调至方波信号，并且重复上述的步骤。

（3）在示波器上观测三角波的波形，观察其周期和幅值。设置输出信号，把信号源的"波形选择"开关调至锯齿波信号位置上，并且重复上述步骤。

五、预习与思考题

（1）实验前学习周期性信号有关知识，了解其有效值、平均值和幅值的概念。

（2）若给出三种信号，即正弦波、矩形波、三角波，其幅值均为 1V，那么它们的有效值、平均值分别为多少？（正弦波的平均值按全波整流波形计算）。

六、实验报告要求

（1）回答预习与思考题。

（2）整理实验数据，并与计算值（预习与思考题 2）相比较。

（3）试计算实验图 10-2 所示波形（方波）的有效值和平均值。

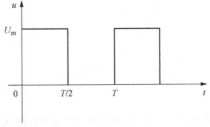

实验图 10-2　方波波形

实验十一　*RC*一阶电路的响应测试

一、实验目的

（1）深入探究*RC*一阶电路的各种响应规律和特点，包括零输入响应、零状态响应和全响应。

（2）探究时间常数会受哪些电路参数的影响，在实验中学会一阶电路时间常数的常用测量方法。

（3）了解并掌握积分电路和微分电路的基本概念。

二、原理说明

1.*RC*一阶电路的零状态响应

*RC*一阶电路如实验图 11-1 所示，开关 S 在"1"的位置，$u_C = 0$，处于零状态，当开关 S 合向"2"的位置时，电源通过 R 向电容 C 充电，$u_C(t)$ 称为零状态响应，有

$$u_C = U_S - U_S e^{-\frac{t}{\tau}}$$

零状态响应伏安特性曲线如实验图 11-2 所示，当 u_C 上升到 $0.632 U_S$ 所需要的时间称为时间常数 τ，$\tau = RC$。

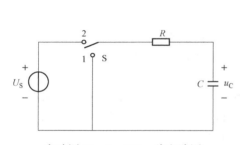

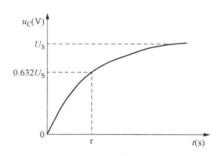

实验图 11-1　*RC*一阶电路图　　　　　实验图 11-2　零状态响应伏安特性曲线

2.*RC*一阶电路的零输入响应

在实验图 11-1 中，开关 S 在"2"的位置电路稳定后，再合向"1"的位置时，电容 C 通过 R 放电，$u_C(t)$ 称为零输入响应，有

$$u_C = U_S e^{-\frac{t}{\tau}}$$

零输入响应伏安特性曲线如实验图 11-3 所示，当 u_C 下降到 $0.068 U_S$ 所需要的时间称为时间常数 τ，$\tau = RC$。

3. 测量*RC*一阶电路时间常数 τ

上述暂态过程在实验图 11-1 的电路中较难被观察到，为了能够使用示波器观察到此电路的暂态过程，激励信号选用实验图 11-4 所示的周期性方波 u_S，此周期信号的周期为 T，只要调节周期，使其满足 $\dfrac{T}{2} \geqslant 5\tau$，

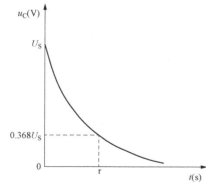

实验图 11-3　零输入响应伏安特性曲线

就能够在示波器上观察到稳定的响应波形。

为观察到稳定的指数曲线，将电阻 R 与电容 C 串联，连接到方波发生器的输出端，用双踪示波器观察电容电压 u_C 会得到周期性的波形，取 $0 \sim \dfrac{T}{2}$ 时段内对应的 u_C 波形进行放大，如实验图 11-5 所示，此时示波器屏幕上可以测得电容电压的最大值为 a，令 $b=0.632a$，此时图像上指数曲线交点对应的时间为 t 轴上的 x 点，电路的时间常数 $\tau=x$。

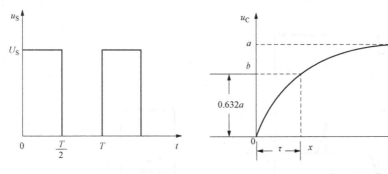

实验图 11-4　激励信号波形　　　　　　实验图 11-5　示波器显示波形

4. 微分电路和积分电路

当方波信号 u_S 作用在电阻 R 和电容 C 串联的电路当中时，如果方波的周期 T 远远大于时间常数 τ，那么此时电阻两端的电压 u_R 与方波信号 u_S 呈微分关系，即 $u_R \approx RC \dfrac{\mathrm{d}u_S}{\mathrm{d}t}$，称此电路为微分电路，如实验图 11-6 所示。如果方波的周期 T 远远小于时间常数，电容 C 两端的电压 u_C 与方波信号 u_S 呈积分关系，即 $u_C \approx \dfrac{1}{RC} \int u_S \mathrm{d}t$，称该电路称为积分电路（实验图 11-7）。

微分电路的输入、输出关系如实验图 11-8 所示。

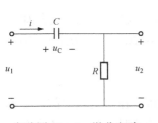　　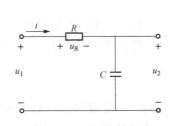　　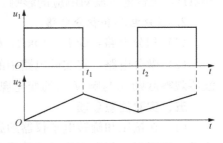

实验图 11-6　微分电路　　　　实验图 11-7　积分电路　　　　实验图 11-8　微分电路的输入电压和
　　　　　　　　　　　　　　　　　　　　　　　　　　　　　　　　　　输出电压的波形

积分电路的输入、输出关系如实验图 11-9 所示。

三、实验设备

（1）双踪示波器。

（2）信号源（方波输出）。

（3）电工综合实验台。

四、实验内容

在实验图 11-10 所示的实验电路中，用示波器观察电路的激励信号和响应信号。其中

u_S是输出信号，且为方形波。调节信号源参数，将其输出波形调整为方波，再将示波器的探头与其信号输出端连接，此时接通信号源的电源，再调节信号源输出信号即方波的频率，通过调整频率旋钮（包括"频段选择"开关、频率粗调和频率细调旋钮），将输出信号的频率调为 1kHz（此数值由频率计读出），调节方波幅值，通过调整"幅值调节"旋钮，使方波的峰一峰值 $V_{P-P}=2V$，将信号源的频率和幅值固定。

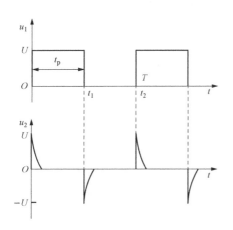

实验图 11-9　积分电路的输入电压和输出电压的波形

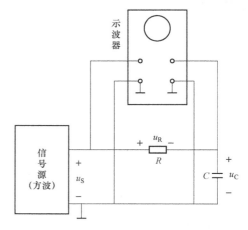

实验图 11-10　实验电路接线图

1. RC 一阶电路的充、放电过程

（1）测量时间常数 τ：令 $R=10k\Omega$，$C=0.01\mu F$，用示波器观察激励 u_S 与响应 u_C 的变化规律，测量并记录时间常数 τ。

（2）观察时间常数 τ（即电路参数 R、C）对暂态过程的影响：令 $R=10k\Omega$，$C=0.01\mu F$，观察并描绘响应的波形，继续增大 C（取 $0.01 \sim 0.1\mu F$）或增大 R（取 $10k\Omega$、$30k\Omega$），定性地观察对响应的影响。

2. 微分电路和积分电路

（1）积分电路：令 $R=10k\Omega$，$C=0.1\mu F$，用示波器观察激励 u_S 与响应 u_C 的变化规律。

（2）微分电路：将实验电路中的 R、C 元件位置互换，令 $R=100\Omega$，$C=0.01\mu F$，用示波器观察激励 u_S 与响应 u_R 的变化规律。

五、实验注意事项

（1）在按压和旋转电子仪器的旋钮时，一定要注意动作不要过猛。在做实验之前，要熟读设备说明书，首先应该学习双踪示波器的使用说明，观察双踪示波器时，要注意各个开关旋钮的操作，示波器探头的地线不允许同时接不同电势。

（2）为防止外界干扰测量准确性，示波器的接地端与信号源的接地端应该共同接地。

（3）防止示波器辉度过亮。当光点长时间停留在荧光屏上不动时，须将辉度调暗。

六、预习与思考题

（1）在观察 RC 一阶电路零状态响应和零输入响应时，为何激励信号要选择方波信号？

（2）已知一个 RC 一阶电路中的 $R=10k\Omega$，$C=0.01\mu F$，通过计算得出时间常数 τ，阐述其物理意义，并根据 τ 值的物理意义，制定测量 τ 的方案。

（3）阐述积分电路和微分电路的定义和条件，其输出信号波形有何规律？各有什么功能？

七、实验报告要求

（1）根据实验内容 1 中（1）的观测结果，绘制 RC—阶电路充、放电时 U_C 与激励信号对应的变化曲线，根据曲率测计算 τ 值，并与参数值的理论计算结果作比较，分析误差原因。

（2）根据实验内容 2 观测结果，绘出积分电路、微分电路输出信号与输入信号对应的波形。

（3）回答预习与思考题。

实验十二　线性电路的叠加性验证

一、实验目的
（1）验证线性电路叠加原理并了解叠加原理的应用场合。
（2）理解并掌握线性电路的叠加性。

二、原理说明
叠加原理：在线性电路中，多个独立电源共同作用时在任一支路中产生的电压或电流，等于各独立电源单独作用时在该支路上所产生的电压或电流的代数和。具体方法是：一个电源单独作用时，其他电源置零（电压源短路，电流源开路）；在求电压和电流的代数和时，每一个电源单独作用时电压和电流的参考方向应该与所有电源共同作用时的参考方向保持一致，方向相同时符号取正，反之取负。由实验图 12-1 可得

$$I_1 = I_1' - I_1'' \qquad I_2 = -I_2' + I_2'' \qquad I_3 = I_3' + I_3'' \qquad U = U' + U''$$

另外应用叠加定理分析电路时，应注意以下几点：
（1）叠加定理不适用于非线性电路，只适用于线性电路。
（2）叠加定理不适用于求解功率，只适用于求解电压、电流及电位。
（3）叠加时应注意各电流分量和电压分量的参考方向，当分量与总的参考方向一致时，应取"＋"号；反之，则取"－"号。

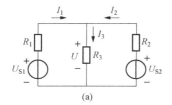 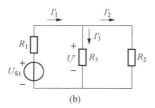 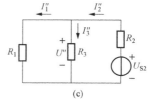

実验图 12-1　叠加原理示意图
（a）原电路；（b）左侧电源单独作用；（c）右侧电源单独作用

三、实验设备
（1）直流数字电压表、直流数字电流表。

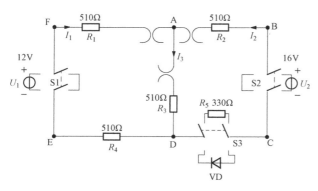

实验图 12-2　实验电路接线图

（2）恒压源（双路 0～30V 可调）。

（3）电工综合实验台。

四、实验内容
实验电路如实验图 12-2 所示，其中：$R_1 = R_2 = R_3 = R_4 = 510\Omega$，$R_5 = 330\Omega$，图中的电源 U_1 用恒压源 Ⅰ 路 0～+30V 可调电压输出端，并将输出电压调到 +12V，U_2 用恒压源 Ⅱ 路 0～+30V 可调电压输出端，将输出电压调到 +6V（以直流数字电压表

读数为准）。

（1）电源 U_1 单独作用时（开关 S1 投向 U_1 侧，开关 S2 投向短路侧），参考实验图 12-1（b），画出电路图，标明各电流、电压的参考方向。

电流插头接直流数字毫安表测量电路中的各支路的电流：将数字电流表的正（红）接线端插入电流插头的红接线端，数字电流表的负（黑）接线端插入电流插头的黑接线端，测量每条支路的电流，按照规定：在结点 A 处，电流表的读数为"＋"时，表明电流流入结点 A，当电流表读数为"－"时，表示电流流出结点 A。根据电路中的各条支路电流的参考方向，确定其电流的正、负号，并将数据记入实验表 12-1 中。

用直流数字电压表测量各电阻元件两端电压：被测电阻元件电压参考方向的正端接电压表的正（红）接线端，电阻元件的另一端接电压表的负（黑）接线端（电阻元件的电压参考方向应该与电流参考方向保持一致），测量各电阻元件两端电压，数据记入实验表 12-1 中。

实验表 12-1　　　　　　　　　　　　　**叠加原理实验数据一**

测量项目 实验内容	U_{S1} (V)	U_{S2} (V)	I_1 (mA)	I_2 (mA)	I_3 (mA)	U_{AB} (V)	U_{CD} (V)	U_{AD} (V)	U_{DE} (V)	U_{FA} (V)
U_{S1} 单独作用	12	0								
U_{S2} 单独作用	0	6								
U_{S1}、U_{S2} 共同作用	12	6								
U_{S2} 单独作用	0	12								

注　表中下角 S 表示开关。

（2）U_2 电源单独作用（将开关 S1 投向短路侧，开关 S2 投向 U_2 侧），画出电路图，标明各电流、电压的参考方向。

重复实验内容（1）的测量并将数据记录记入实验表 12-1 中。

（3）U_1 和 U_2 共同作用时（开关 S1 和 S2 分别投向 U_1 和 U_2 侧），各电流、电压的参考方向见实验图 12-2。

完成上述电流、电压的测量并将数据记录记入实验表 12-1 中。

（4）将开关 S3 投向二极管 VD 侧，即电阻 R_5 换成一只二极管 IN4007，重复实验内容（1）～（3）的测量过程，并将数据记入实验表 12-2 中。

实验表 12-2　　　　　　　　　　　　　**叠加原理实验数据二**

测量项目 实验内容	U_1 (V)	U_2 (V)	I_1 (mA)	I_2 (mA)	I_3 (mA)	U_{AB} (V)	U_{CD} (V)	U_{AD} (V)	U_{DE} (V)	U_{FA} (V)
U_1 单独作用	12	0								
U_2 单独作用	0	6								
U_1、U_2 共同作用	12	6								
U_2 单独作用	0	12								

五、实验注意事项

（1）用电流表测量电路中电流时，要注意仪表的极性和数据表格中"＋""－"号的记录。

（2）注意仪表量程的及时更换。

（3）去掉另一个电源，电压源单独作用时，不能直接将电压源短路，只能在实验板上用开关 S1 和 S2 操作。

六、预习与思考题

（1）若要使 U_1、U_2 单独作用，可否将要去掉的电源（U_1 或 U_2）直接短接？如果不行在实验中应如何操作？

（2）若实验电路中有一个电阻元件为二极管，那么叠加性是否还成立吗？为什么？

七、实验报告要求

（1）根据实验表 12 - 1 实验数据，根据电路中每条支路的支路电流和元件两端电压，验证线性电路的叠加性。

（2）能否用叠加原理计算出各电阻元件所消耗的功率？请用上述实验数据计算、说明。

（3）根据实验表 12 - 1 实验数据，当 $U_1 = U_2 = 12V$ 时，用叠加原理计算各支路电流和各电阻元件两端电压。

（4）根据实验表 12 - 2 实验数据，说明叠加性是否适用该实验电路。

实验十三　R、L、C元件阻抗特性的测定

一、实验目的

（1）探究电阻、感抗、容抗的阻抗大小与频率的关系，并绘制其随频率变化的特性曲线。

（2）掌握测定交流电路频率特性的方法。

（3）掌握滤波器的基本原理和电路。

（4）掌握信号源和频率计的使用方法。

二、原理说明

（1）单个元件阻抗与频率的关系。

电阻元件，根据 $\dfrac{\dot{U}_R}{\dot{I}_R}=R\angle 0°$，其中 $\dfrac{U_R}{I_R}=R$，电阻 R 与频率无关。

电感元件，根据 $\dfrac{\dot{U}_L}{\dot{I}_L}=\mathrm{j}X_L$，其中 $\dfrac{U_L}{I_L}=X_L=2\pi fL$，感抗 X_L 与频率呈正比。

电容元件，根据 $\dfrac{\dot{U}_C}{\dot{I}_C}=-\mathrm{j}X_C$，其中 $\dfrac{U_C}{I_C}=X_C=\dfrac{1}{2\pi fC}$，容抗 X_C 与频率呈反比。

如实验图 13-1 所示为测量元件阻抗频率特性电路，其中电阻 r 为标准电阻用来测量回路电流，也就是说 r 两端的电压 U_r 除以 r 的阻值可以表示流过被测元件的电流（I_R、I_L、I_C），从而可得到 R、X_L 和 X_C 的数值。

（2）交流电路的频率特性。

交流电路的频率大小可以影响感抗 X_L 和容抗 X_C 的值，所以在输入电压大小不变的情况下，改变其频率，就能改变电路中各元件的电压。这种响应随激励频率变化的特性称为频率特性。

电路中的频率特性函数为

$$N(\mathrm{j}\omega)=\frac{R_e(\mathrm{j}\omega)}{E_x(\mathrm{j}\omega)}=A(\omega)\angle\phi(\omega)$$

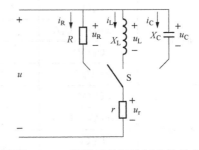

实验图 13-1　测量元件阻抗频率特性电路

式中：$E_x(\mathrm{j}\omega)$ 为激励信号；$R_e(\mathrm{j}\omega)$ 为响应信号；$A(\omega)$ 为幅频特性，是响应信号与激励信号的大小之比，也是 ω 的函数；$\angle\phi(\omega)$ 为相频特性，是响应信号与激励信号的相位差角，也是 ω 的函数。

如实验图 13-2 所示，在本次实验中会研究几个典型电路的幅频特性。其中，如实验图 13-2（a）所示，在高频时有响应（即有输出），如实验图 13-2（b）所示，在低频时有响应（即有输出），将图中对应 $A=0.707$ 时的频率 f_C 称为截止频率，高通滤波器和低通滤波器由 RC 网络组成，它们的截止频率 f_C 都为 $1/2\pi RC$。如实验图 13-2（c）所示，其在一个频带范围内有响应（即有输出），通频带 $BW=f_{C2}-f_{C1}$，f_{C1} 称为下限截止频率，f_{C2} 称为上限截止频率。

三、实验设备

（1）信号源。

（2）交流数字毫伏表。

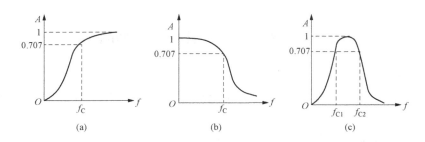

实验图 13 - 2　幅频特性曲线

（a）高通滤波器；（b）低通滤波器；（c）带通滤波器

（3）电工综合实验台。

四、实验内容

1. 测量 R、L、C 元件的阻抗频率特性

实验图 13 - 1 为实验电路，电阻 $r = 100\Omega$，电阻 $R = 1\text{k}\Omega$，电感 $L = 9\text{mH}$，电容 $C = 0.01\mu\text{F}$。选择信号源正弦波输出作为输入电压 u，调节信号源输出电压幅值，使输入电压 u 的有效值 $U = 2\text{V}$，并保持不变。

接通 R、L、C 三个元件，调节信号源的输出频率，从 1kHz 逐渐增至 20kHz，用毫伏表或示波器分别测量 U_R、U_L、U_C 和 U_r，将实验数据记入表 13 - 1 中。并通过计算得到各频率点的 R、X_L 和 X_C。

实验表 13 - 1　　　　　　　　**R、L、C 元件的阻抗频率特性实验数据**

频率 f(kHz)		1	2	5	10	15	20
R(kΩ)	U_r(V)						
	I_R(mA) $= U_r/r$						
	U_R(V)						
	$R = U_R/I_R$						
X_L(kΩ)	U_r(V)						
	I_L(mA) $= U_r/r$						
	U_L(V)						
	$X_L = U_L/I_L$						
X_C(kΩ)	U_r(V)						
	I_C(mA) $= U_r/r$						
	U_C(V)						
	$X_C = U_C/I_C$						

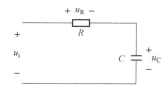

实验图 13 - 3　实验电路接线图

2. 高通滤波器频率特性

实验图 13 - 3 为实验电路，电阻 $R = 2\text{k}\Omega$，电容 $C = 0.01\mu\text{F}$。激励信号（即输入电压）u_i 为通过信号源输出的正弦波电压，调节其电压幅值，使 u_i 的有效值 $U_i = 2\text{V}$ 保持不变。再调节输出频率从 1kHz 依次增至 20kHz，测量响应信号 U_R，在实验表 13 - 2 中记录结果。

实验表 13 - 2　　　　　　　　　　　　频率特性实验数据

f(kHz)	1	3	6	8	10	15	20
U_R(V)							
U_C(V)							
U_o(V)							

3. 低通滤波器频率特性

实验电路和步骤与实验内容 2 基本相同，区别在于响应信号（即输出电压）是取自电容两端电压 U_C，不是测量响应信号 U_R，在实验表 13 - 3 中记录实验数据。

4. 带通滤波器频率特性

实验电路如实验图 13 - 4 所示，电阻 $R=1$kΩ，电感 $L=10$mH，电容 $C=0.1\mu$F。具体实验电路和步骤与实验内容 2 类似，区别在于响应信号（即输出电压）是取自电阻两端电压 U_O，在实验表 13 - 3 中记录实验数据。

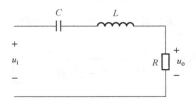

实验图 13 - 4　实验电路接线图

五、预习与思考题

（1）频率对电阻 R、容抗 X_C 和感抗 X_L 的数值大小是否有影响？有何关系？

（2）何为频率特性？如何测量低通滤波器、高通滤波器和带通滤波器的幅频特性？有何特点？

六、实验报告要求

（1）绘制 R、L、C 各元件的阻抗特性曲线。

（2）回答预习与思考题。

实验十四　*RC* 串并联选频网络特性的测试

一、实验目的
（1）探究 *RC* 串联和并联电路的频率特性及 *RC* 双 T 电路的频率特性。
（2）掌握通过示波器测定 *RC* 网络相频特性和幅频特性的方法。
（3）探究文氏电桥电路的结构特点，掌握其选频特性。

二、原理说明
实验图 14-1 所示为 *RC* 串并联电路，频率特性函数为

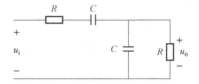

实验图 14-1　*RC* 串并联电路

$$N(\mathrm{j}\omega) = \frac{\dot{U}_\mathrm{o}}{\dot{U}_\mathrm{i}} = \frac{1}{3 + \mathrm{j}\left(\omega RC - \dfrac{1}{\omega RC}\right)}$$

幅频特性为

$$A(\omega) = \frac{U_\mathrm{o}}{U_\mathrm{i}} = \frac{1}{\sqrt{3^2 + \left(\omega RC - \dfrac{1}{\omega RC}\right)^2}}$$

相频特性为

$$\phi(\omega) = \phi_\mathrm{o} - \phi_\mathrm{i} = -\arctan \frac{\omega RC - \dfrac{1}{\omega RC}}{3}$$

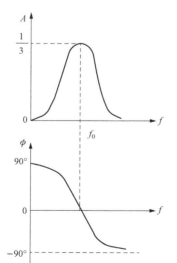

实验图 14-2　幅频特性、相频特性曲线

实验图 14-2 为幅频特性、相频特性曲线，其中幅频特性呈带通特性。

当角频率 $\omega = \dfrac{1}{RC}$ 时，$A(\omega) = \dfrac{1}{3}$，$\phi(\omega) = 0°$，u_o 与 u_i 同相，此时电路将发生谐振现象，此时的谐振频率 $f_0 = \dfrac{1}{2\pi RC}$。在电路中，如果信号频率为 f_0，那么认为输入电压 u_i 与 *RC* 串联、并联电路的输出电压 u_o 同相，并且其数值为输入电压的 1/3，将这一特性称为 *RC* 串并联电路的选频特性，此电路又称为文氏电桥的选频网络。

用双踪示波器测量 *RC* 网络频率特性的测试图如实验图 14-3 所示。

测量幅频特性：测量对应的 *RC* 网络输出电压 u_o，改变信号源输出频率 f，保持电压 u_i 恒定，计算 $A =$

u_o/u_i 的值，用逐点法描绘出幅频特性曲线。

测量相频特性：用双踪示波器观察 u_o 与 u_i 波形，改变信号源输出频率 f，保持电压 u_i 恒定，如实验图 14 - 4 所示，若两个波形的周期为 T，延时为 Δt，则它们的相位差 $\phi = \dfrac{\Delta t}{T} \times 360°$，然后用逐点法描绘出相频特性曲线。

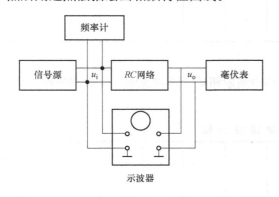 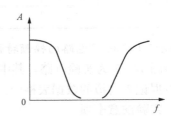

实验图 14 - 3　双踪示波器测量 RC 网络频率特性的测试图　　　实验图 14 - 4　电压波形图

在测量 RC 双 T 电路的幅频特性时，同样可以采用上述的方法，实验图 14 - 5 为 RC 双 T 电路实验电路接线图，其幅频特性具有带阻特性，如实验图 14 - 6 所示。

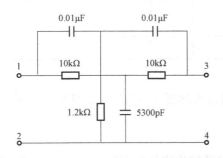

实验图 14 - 5　RC 双 T 电路实验电路接线图　　　实验图 14 - 6　幅频特性曲线

三、实验设备

（1）信号源。

（2）双踪示波器。

（3）电工综合实验台。

四、实验内容

1. 测量 RC 串并联电路的幅频特性

实验图 14 - 3 为实验电路，RC 网络中电阻 $R = 200\,\Omega$，电容 $C = 2.2\,\mu F$，输入电压 u_i 选择信号源输出正弦波电压，调节输入电压幅值，令 $U_i = 2V$。

通过信号源读取正弦波电压的频率，改变其频率 f，同时保持 $U_i = 2V$ 不变，测量输出电压 U_o（先测量 $A = \dfrac{1}{3}$ 时的频率 f_0，然后再在 f_0 左右选几个频率点，测量 U_o），将数据记入实验表 14 - 1 中。

RC 网络如实验图 14 - 1 所示，改变参数，令电阻 $R = 2\,k\Omega$，电容 $C = 0.1\,\mu F$，重复进行

上述步骤，在实验表 14-1 中记录数据。

实验表 14-1　　　　　　　　　　　幅 频 特 性 数 据

$R=2k\Omega,\ C=0.1\mu F$	$f(Hz)$							
	$U_o(V)$							
$R=200\Omega,\ C=2.2\mu F$	$f(Hz)$							
	$U_o(V)$							

2. 测量 RC 串并联电路的相频特性

实验图 14-3 为实验电路，按实验原理中测量相频特性的说明，实验步骤同实验内容 1，将实验数据记入实验表 14-2 中。

实验表 14-2　　　　　　　　　　　相 频 特 性 数 据

$R=200\Omega,$ $C=2.2\mu F$	$f(Hz)$							
	$T(ms)$							
	$\Delta t(ms)$							
	ϕ							
$R=2k\Omega,$ $R=1k\Omega,$ $C=0.1\mu F$	$f(Hz)$							
	$T(ms)$							
	$\Delta t(ms)$							
	ϕ							

3. 测定 RC 双 T 电路的幅频特性

实验图 14-3 为实验电路，其中 RC 网络按实验图 14-5 连接，实验步骤同实验内容 1，将实验数据记入自拟的数据表格中。

五、实验注意事项

信号源的内阻会影响输出电压，所以当调节输出电压频率时，也要同时调节输出电压的幅值大小，只有如此才能保证实验电路的输入电压保持不变。

六、预习与思考题

(1) 计算 RC 串并联电路的谐振频率。

(2) 推导 RC 串并联电路的幅频、相频特性公式。

(3) 简述 RC 串并联电路的选频特性，当发生谐振时，电路的输入、输出之间是何关系。

(4) 定性分析 RC 双 T 电路的幅频特性。

七、实验报告要求

(1) 根据所得到的实验数据，通过描点法绘制 RC 串并联电路的幅频特性曲线和相频特性曲线，确定谐振频率和幅频特性的最大值，并与理论计算值比较。

(2) 自己设计谐振频率为 1kHz 文氏电桥电路，论述其选频特性。

(3) 用描点法绘制 RC 双 T 电路的幅频特性，论述其幅频特性特点。

实验十五　*RLC* 串联谐振电路的研究

一、实验目的

（1）通过实验，加深对于电路谐振的理解，清楚发生谐振的条件和特点，掌握电路通频带、品质因数（电路 Q 值）的物理意义和其测定方法。

（2）掌握绘制 R、L、C 串联电路不同 Q 值下的幅频特性曲线的实验方法。

（3）掌握信号源和频率计的使用方法。

二、原理说明

对于一个由电阻、电感、电容串联组成的电路，在电抗 $X = X_L + X_C = 0$ 时，电路中的电压与电流同相位，这时电路是纯电阻性，这种现象称为串联谐振。

在实验图 15-1 所示的 R、L、C 串联电路中，电路复阻抗 $Z = R + \mathrm{j}\left(\omega L - \dfrac{1}{\omega C}\right)$，当 $\omega L = \dfrac{1}{\omega C}$ 时，$Z = R$，$\dot{U}$ 与 $\dot{I}$ 同相，电路发生串联谐振，谐振角频率 $\omega_0 = \dfrac{1}{\sqrt{LC}}$，谐振频率 $f_0 = \dfrac{1}{2\pi\sqrt{LC}}$。

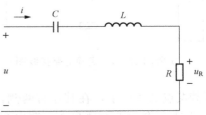

实验图 15-1　R、L、C 串联电路

实验图 15-1 中，若 $\dot{U}_R$ 为响应信号，$\dot{U}$ 为激励信号，则电路的幅频特性曲线如实验图 15-2 所示，当频率 $f = f_0$ 时，$A = 1$，$U_R = U$，当频率 $f \neq f_0$ 时，$U_R < U$，此时呈带通特性。$A = 0.707$ 时，即 $U_R = 0.707U$，$f_H - f_L$ 为通频带，此时所对应的两个频率 f_L 和 f_H 称为下限频率和上限频率。电阻 R 会影响通频带的宽窄，当改变电阻值时，实验图 15-3 可表示不同的幅频特性曲线。

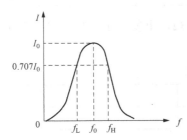

实验图 15-2　幅频特性曲线

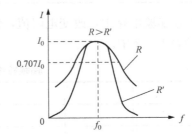

实验图 15-3　不同阻值时幅频特性曲线

当电路中发生串联谐振时，U_L 或 U_C 与电源电压 U 的比值，通常用 Q 来表示

$$Q = \frac{U_C}{U} = \frac{U_L}{U} = \frac{1}{\omega_0 RC} = \frac{\omega_0 L}{R} = \frac{\sqrt{\dfrac{L}{C}}}{R}$$

Q 为电路品质因数，Q 值的大小与电路中的 R、L、C 这些参数大小有关。幅频特性曲线越尖锐时，通频带越窄，Q 值越大，电路的选择性越好。在本实验中，用交流毫伏表测量不同频率下的电压 U、U_R、U_L、U_C，绘制 R、L、C 串联电路的幅频特性曲线，并根据

$\Delta f=f_{\mathrm{H}}-f_{\mathrm{L}}$ 计算出通频带，或根据 $Q=\dfrac{f_0}{f_{\mathrm{H}}-f_{\mathrm{L}}}$ 计算出品质因数。

三、实验设备

（1）信号源。

（2）双踪示波器。

（3）电工综合实验台。

四、实验内容

（1）按照实验图 15-4 所示，组成测量与监视电路。调节输出电压，使其输出有效值保持为 1V。图中电阻 $R=51\Omega$，电感 $L=9\mathrm{mH}$，电容 $C=0.033\mu\mathrm{F}$。

实验图 15-4　实验电路接线图

（2）测量电路中电阻 R、电感 L、电容 C 的两端电压大小，调节正弦信号的频率，从小到大，同时测量电阻 R 的端电压 U_{R}，观察 U_{R} 大小，当其变为最大值时，此时的频率就是电路的谐振频率 f_0，将其与 U_{C} 和 U_{L} 计入表格中。

（3）测量 R、L、C 串联电路的幅频特性。在测得谐振点的基础上，在其左右两侧，调节信号的输出频率，频率依次递增或递减 500Hz 或者 1kHz，各取 7 个测量点，测出 U_{R}、U_{L} 和 U_{C} 值，将数据记入实验表 15-1 中。

实验表 15-1　　　　　　　　　　幅频特性实验数据一

$f(\mathrm{kHz})$							
$U_{\mathrm{R}}(\mathrm{V})$							
$U_{\mathrm{L}}(\mathrm{V})$							
$U_{\mathrm{C}}(\mathrm{V})$							

（4）在上述实验电路中，改变电阻值，使 $R=100\ \Omega$，重复以上实验步骤，将幅频特性数据记入实验表 15-2 中。

实验表 15-2　　　　　　　　　　幅频特性实验数据二

$f(\mathrm{kHz})$							
$U_{\mathrm{R}}(\mathrm{V})$							
$U_{\mathrm{L}}(\mathrm{V})$							
$U_{\mathrm{C}}(\mathrm{V})$							

五、实验注意事项

频率点应多取几个，为保持电压大小不变，在改变频率时要调节输出电压，使其维持在 1V 不变。

六、预习与思考题

（1）根据实验数据估算电路谐振频率。

（2）若想电路发生谐振，可以改变哪些参数？谐振频率受哪些因素的影响？

（3）电路发生谐振有何现象？如何测量谐振点？

（4）串联谐振时输入电压为何不能过大？若信号源电压为 1V，那么谐振时测量 U_L 和 U_C 应选择哪种量程？为何？

（5）如何通过改变电路参数提高串联电路的品质因数？

七、实验报告要求

（1）绘制不同 Q 值的三条幅频特性曲线

$$U_R = f(f), \quad U_L = f(f), \quad U_C = f(f)$$

并将不同 Q 值下的幅频特性曲线画在同一坐标系内。

（2）计算 Q 值与通频带，不同 R 值对电路品质因数与通频带有何影响？

（3）分析测 Q 值时不同方法产生误差的原因。

（4）回答预习与思考题。

实验十六　交流电路等效参数的测量

一、实验目的
（1）掌握自耦调压器和交流数字仪表（电流表、电压表、功率表）的使用方法。
（2）探究通过交流数字仪表测量交流电路的电压、电流和功率的方法。
（3）加深对相位差、阻抗和阻抗角等概念的理解。

二、原理说明
正弦交流电路中的各个元件参数值，可以通过功率表和交流电流表、交流电压表分别测量出流过该元件的电流 I、两端的电压 U 和它消耗的功率 P 后，再经过计算得到需要的各个值。计算的基本公式如下。

电阻元件的电阻　$R = \dfrac{u_R}{I}$ 或 $R = \dfrac{P}{I^2}$

电感元件的感抗　$X_L = \dfrac{U_L}{I}$，电感 $L = \dfrac{X_L}{2\pi f}$

电容元件的容抗　$X_C = \dfrac{U_C}{I}$，电容 $C = \dfrac{1}{2\pi f X_C}$

串联电路复阻抗的模　$|Z| = \dfrac{U}{I}$，阻抗角　$\phi = \arctan \dfrac{X}{R}$

等效电阻 $R = \dfrac{P}{I^2}$，等效电抗　$X = \sqrt{|Z|^2 - R^2}$

实验中选用白炽灯作为实验电阻，选择镇流器为电感线圈，此外由于镇流器线圈的金属导线有一定的电阻，所以可以用电感和电阻串联来等效镇流器。而电容器可认为是理想电容元件。

三、实验设备
（1）多功能交流表。
（2）自耦调压器。
（3）30W 镇流器，400V/4.3μF 电容器，电流插头，25W/220V 白炽灯。
（4）电工综合实验台。

四、实验内容
实验图 16 - 1 为实验电路接线，其中负载 Z 的电源来自交流电源经自耦调压器后供电。

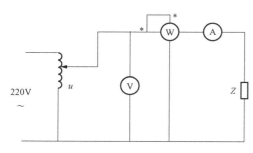

实验图 16 - 1　实验电路接线图

1. 测量白炽灯的电阻

实验图 16 - 1 中，Z 为 220V、25W 的白炽灯，通过自耦调压器调节电压 u，使 $U = 220V$，（用电压表测量），测量功率和电流，记入自拟的表格中。

将电压 U 调到 110V，重复上述实验。

2. 测量电容器的容抗

将实验图 16 - 1 电路中的 Z 换为 4.3μF 的电容器（改接电路时必须断开交流电源），将电压

U 调到 220V，测量电压、电流和功率，记入自拟的表格中。

将电容器换为 $0.47\mu F$，重复上述实验。

3. 测量镇流器的参数

将实验图 16-1 电路中的 Z 换为镇流器，将电压 U 分别调到 180V 和 90V，测量电压、电流和功率，记入表格中。

4. 测量日光灯电路

实验图 16-2 为日光灯电路图，用此电路代替实验图 16-1 中的 Z，调节电压 U 为 220V，测量日光灯管两端电压 U_R、镇流器电压 U_{RL} 和总电压 U 以及电流和功率，并记录数据。

五、实验注意事项

（1）一般情况下功率表不单独使用，需要配合电压表和电流表使用，注意量程配合。

（2）通电前须经指导教师确认。

（3）自耦调压器的调节需按照规程操作，应将其手柄置在零位上，再接通电源。调节输出电压时，同时关注电压表示数变化，使电压从零开始逐渐升高。在改接实验负载前必须先将其旋柄慢慢调回零位，再断电源，实验结束后，也要进行同样操作。

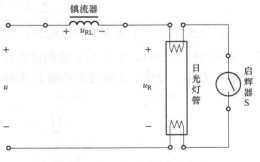

实验图 16-2 实验电路接线图

六、预习与思考题

（1）在频率为 50Hz 的交流电路中，通过测量得出一个铁芯线圈的功率、电压和电流，试计算其电阻值和电感量。

（2）自学日光灯工作原理。当日光灯上缺少启辉器时，常用一根导线将启辉器插座的两端短接后迅速断开，这样也可以点亮日光灯，或用一只启辉器点亮多只同类型的日光灯，这是什么原理？

（3）学习功率表的连接方法以及原理。

（4）了解自耦调压器的操作方法。

七、实验报告要求

（1）依据实验内容 1 的数据，算出在不同电压下白炽灯的电阻值。

（2）依据实验内容 2 的数据，算出电容器的容抗和电容值。

（3）依据实验内容 3 的数据，算出镇流器的参数（电阻 R 和电感 L）。

（4）依据实验内容 4 的数据，算出日光灯的电阻值，画出镇流器电压和电流的相量图，说明各个电压之间的关系。

（5）回答预习与思考题。

实验十七　正弦稳态交流电路相量的研究

一、实验目的
（1）探究正弦稳态交流电路中电流和电压的关系。

（2）了解日光灯的内部线路。

（3）探究电路功率因数的意义以及其改善方法。

二、原理说明
（1）在单相正弦交流电路中，电流和电压满足相量形式的基尔霍夫定律，即

$$\sum \dot{I} = 0 \ \text{和} \ \sum \dot{U} = 0$$

（2）实验图 17-1 为 RC 串联电路，$\dot{U}$ 为正弦稳态电压，$\dot{U}_C$ 与 $\dot{U}_R$ 之间有 90°的相位差，R 的阻值改变时，电压 $\dot{U}_R$ 的相量轨迹是一个半圆，三个电压 $\dot{U}$、$\dot{U}_R$ 与 $\dot{U}_C$ 共同组成一个电压直角三角形。ϕ 角的大小随 R 值的改变而改变。

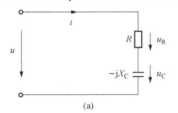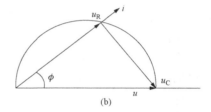

(a)　　　　　　　　　　　　　　　(b)

实验图 17-1　正弦稳态电路及电压、电流相位关系

（a）RC 串联电路；（b）相量图

三、实验设备
（1）多功能交流表。

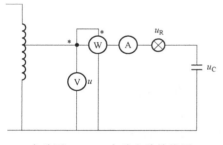

实验图 17-2　实验电路接线图

（2）调压器。

（3）30W 镇流器，400V/4.3μF 电容器，电流插头，25W/220V 白炽灯。

（4）电工综合实验台。

四、实验内容
（1）实验图 17-2 为实验电接线路，由一个电容和一个 220V、25W 的白炽灯泡串联组成，将电压调至 220V，进行验证实验，实验数据填入实验表17-1。

实验表 17-1　　　　　　　　　　　　验证电压三角形数据

测量值（V）			计算值		
U	U_R	U_C	U' [与 U（V）与 U_R、U_C 组成 Rt△] （$U' = \sqrt{U_R^2 + U_C^2}$）	$\Delta U = U' - U$（V）	$\dfrac{\Delta U}{U}$（%）

（2）日光灯线路接线与测量。实验图 17-3 为电感式日光灯线路实验电路接线图，其中

A 是日光灯管，S 是启辉器，L 是镇流器，其中补偿器可以改善电路的功率因数（$\cos\phi$ 值）。按照实验图 17-3 进行线路连接，经检查后开始实验，按下闭合开关，调节电压输出，使其缓慢增大，将电压调至 220V，测量电流 I，功率 P，电压 U、U_L、U_A 等值，验证电压、电流相量关系，实验数据填入实验表 17-2。

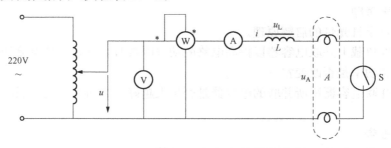

实验图 17-3 电感式日光灯线路实验电路接线图

实验表 17-2 验证电压电流相量关系数据

测量数值					计算值	
$P(W)$	$I(A)$	$U(V)$	$U_L(V)$	$U_A(V)$	$\cos\phi$	$r(\Omega)$

（3）并联电路——电路功率因数的改善。按照实验图 17-4 所示进行线路连接，C_1、C_2、C_3 为电容补偿器。经老师检查后开始实验，按下闭合开关，调节电压输出，使其缓慢增大，将电压调至 220V，记录各个表的读数于实验表 17-3，调节电容值（$C_1 = 1\mu F$，$C_2 = 2.2\mu F$，$C_3 = 4.3\mu F$），进行多次重复测量。

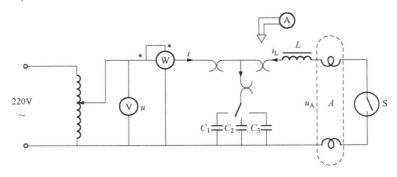

实验图 17-4 实验电路接线图

实验表 17-3 改善功率因数数据

电容值	测量数值								计算值
(μF)	$I_L(A)$	$P(W)$	$U(V)$	$U_C(V)$	$U_L(V)$	$U_A(V)$	$I(A)$	$I_C(A)$	$\cos\phi$

五、实验注意事项

（1）正确接入功率表，注意量程与实际读数的折算。

（2）提前检查启辉器及其接触是否良好。

（3）通电前确认调压器逆时针旋到底。

六、预习思考题

（1）提前自学日光灯的启辉原理。

（2）在感性负载上并联电容器以提高电路的功率因数时，电路的总电流如何变化？感性元件上的电流和功率是否改变？

（3）采用并联电容器法所并联的电容器是否越大越好？为何不采用串联法提高线路功率因数？

七、实验报告

（1）进行必要的误差分析并且完成实验表中计算。

（2）根据实验数据，分别绘出电流、电压相量图，验证基尔霍夫定律。

（3）分析提高电路功率因数的意义，讨论其方法。

实验十八 互感线圈电路的研究

一、实验目的
(1) 学会测定互感线圈同名端、互感系数以及耦合系数的方法。
(2) 理解线圈互感系数的影响因素。

二、原理说明
互感现象是一个线圈因另一个线圈中的电流变化而产生感应电动势的现象，产生这种现象的两个线圈称为互感线圈，用互感系数（简称互感）M 衡量互感线圈的互感能力。互感系数的大小与线圈的几何尺寸、形状、匝数、导磁材料以及两线圈的相对位置有关。

1. 判断互感线圈同名端的方法

如实验图 18-1 所示，将两个绕组 N_1 和 N_2 的两端（如 2、4 端，1、3 端）连在一起，在其中的一个绕组（如 N_1）两端加一个低电压，用交流电压表分别测出端电压 U_{13}、U_{12}、U_{34}，若 U_{13} 是两个绕组端压之差，则 1、3 是同名端；若 U_{13} 是两绕组端压之和，则 1、4 是同名端。

2. 两线圈互感系数的测定

如实验图 18-1 所示，互感线圈的 N_1 侧施加低压交流电压 U_1，测出 I_1 及 U_2。根据互感电动势 $E_{2M} \approx U_{20} = \omega M I_1$，可算得互感系数为

$$M = \frac{U_2}{\omega I_1}$$

3. 耦合系数 K 的测定

两个互感线圈耦合松紧的程度可用耦合系数 K 来表示

$$K = M / \sqrt{L_1 L_2}$$

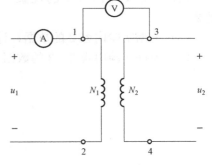

实验图 18-1 互感线圈原理图

式中：L_1 为线圈 N_1 的自感系数；L_2 为线圈 N_2 的自感系数。

自感系数的测定方法如下：先在 N_1 侧加低压交流电压 U_1，测出 N_2 侧开路时的电流 I_1；然后再在 N_2 侧加电压 U_2，测出 N_1 侧开路时的电流 I_2，根据自感电动势 $E_L \approx U = \omega L I$，可分别求出自感系数 L_1 和 L_2。当已知互感系数 M，便可算得 K 值。

三、实验设备
(1) 直流电压表、电流表。
(2) 交流多功能表。
(3) 互感线圈。
(4) 十进制变阻器 、电容、电阻、电感、电位器、灯负载。
(5) 电工综合实验台。

四、实验内容
1. 测定互感线圈的同名端

连接实验图 18-1 电路，按照原理说明 1 判断同名端。

2. 测定两线圈的互感系数 M

连接实验图 18-1 电路，互感线圈的 N_2 开路，N_1 侧施加 8V 左右的交流电压 u_1，测出并记录 U_1、I_1、U_2。

3. 测定两线圈的耦合系数 K

连接实验图 18-1 电路，N_1 开路，互感线圈的 N_2 侧施加 8V 左右的交流电压 u_2，测出并记录 U_1、I_2、U_2。

五、实验注意事项

（1）绕组 N_1 经过的最大电流不得超过 1.5A，绕组 N_2 经过的最大电流不得超过 1A。

（2）交流实验时可在 N_1 侧接一个 200Ω、2A 的滑动变阻器或大功率的负载。

六、预习与思考题

（1）学习自感与互感的定义，以及其测定方法。

（2）探究互感线圈同名端的测定方法，如何判断两个互感线圈的同名端，同名端与串联总电感的关系是什么。

（3）了解哪些因素会影响互感系数的大小。

七、实验报告要求

（1）根据实验内容 1 的现象，总结测定互感线圈同名端的方法，并回答预习与思考题 2。

（2）根据实验内容 2 的数据，计算互感系数 M。

（3）根据实验内容 2、3 的数据，计算耦合系数 K。

实验十九　单相变压器特性的测试

一、实验目的

（1）测量并计算变压器的各项参数。

（2）学习并测量变压器的运行特性。

二、原理说明

（1）测试变压器参数的电路如实验图 19-1 所示。由各仪表读得变压器一次侧（AX，低压侧）的 U_1、I_1、P_1 及二次侧（ax，高压侧）的 U_2、I_2，并用万用表 $R \times 1$ 挡测出一、二次侧绕组的电阻 R_1 和 R_2，即可算得变压器的以下各项参数值。

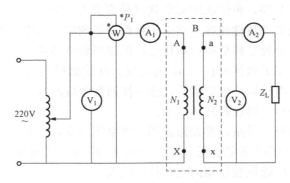

实验图 19-1　实验电路接线图

$$\text{电压比 } K_u = \frac{U_1}{U_2} \qquad\qquad \text{电流比 } \quad K_i = \frac{I_2}{I_1}$$

$$\text{一次侧阻抗 } |Z_1| = \frac{U_1}{U_1} \qquad\qquad \text{二次侧阻抗 } \quad |Z_2| = \frac{U_2}{I_2}$$

$$\text{阻抗比} = \frac{|Z_1|}{|Z_2|} \qquad\qquad \text{负载功率 } P_2 = U_2 I_2 \cos\phi_2$$

$$\text{损耗功率 } P_o = P_1 - P_2 \qquad\qquad \text{功率因数} = \frac{P_1}{U_1 I_1}$$

$$\text{铁耗 } P_{Fe} = P_o - (P_{cu1} + P_{cu2})$$

（2）变压器铁芯属于非线性元件，外加电压 U 决定铁芯中的磁感应强度。在二次侧空载（即开路）的时候，一次侧的励磁电流 I_{10} 与磁场强度 H 呈正比。在变压器中空载特性是指当二次侧空载时一次侧电压与电流的关系，并且此特性与铁芯的磁化曲线（B-H 曲线）一致。

测量变压器空载特性时一般在低压侧通电进行测量，将高压侧开路，采用低功率因数瓦特表测量功率。电压表应接在电流表外侧，因为变压器空载时阻抗较大。

（3）变压器外特性测试。灯泡额定电压为 220V，将变压器的 36V（低压）绕组作为一次侧，220V 高压绕组作为二次侧。

使一次侧电压 $U_1 = 36V$ 保持不变，同时逐渐增加灯泡负载（每只灯为 15W），测定 I_1、I_2、U_1、U_2，绘出负载特性曲线 $U_2 = f(I_2)$，即变压器外特性。

三、实验设备及仪器

（1）交流电压表、交流电流表。

（2）功率及功率因数表。

（3）单相变压器。

（4）电工综合实验台。

四、实验内容

（1）用交流法判别变压器绕组的同名端。

（2）实验图 19-1 为实验线路图，按图连接电路。图中 a、x 是变压器高压绕组，A、X 是变压器低压绕组。即低压绕组接到经过调压器的电源，高压绕组接 Z_L 灯组负载（3 只 15W 灯泡并联）。经过老师检查实验电路后，先将输出电压调为 0，再接通电源，调节输出电压到 36V。先使负载开路，再依次增加负载（最多亮 5 个灯泡），此时分别将五个仪表的读数记入表格中，绘制其外特性曲线。结束后将调压器调零，关断电源。

负载过多时变压器会处于超负荷运载状态，例如当负载达到 4 或 5 个灯泡时，变压器很容易烧坏。所以测量和记录数据要在 3min 内完成。开始测量前可以先将灯泡并联，断开控制灯泡的开关，通电且电压调至规定值后，逐一接通各个灯泡的开关，并记录仪表读数。待开 5 灯的数据记录完毕后，迅速断开各灯泡。

（3）高压侧（二次侧）开路，首先保证调压器电压调零，接通电源，调节输出电压，令 U_1 从零逐渐上升到 1.2 倍的额定电压（$1.2 \times 36V$），将每一次测量的 U_1，U_{20} 和 I_{10} 分别记入数据表格，用 U_1 和 I_{10} 绘制变压器的空载特性曲线。

五、实验注意事项

（1）实验中把变压器作为升压变压器，一次侧电压 U_1 由调压器提供。为保证实验安全进行，实验过程中必须监视调压器输出电压。

（2）由负载实验转到空载实验，注意量程变更。

（3）实验中遇到异常情况，应立即切断电源处理故障。

六、预习与思考题

（1）讨论本实验将低压绕组作为一次侧进行通电实验的原因。

（2）为何变压器的励磁参数是在空载实验加额定电压的情况下求出？

（3）设计实验数据表格。

七、实验报告要求

（1）根据实验内容，自拟数据表格，绘出变压器的外特性和空载特性曲线。

（2）根据额定负载时测得的数据，计算变压器的各项参数。

（3）计算变压器的电压调整率　$\Delta U\% = \dfrac{U_{20} - U_{2N}}{U_{20}} \times 100\%$。

实验二十　三相电路电压、电流的测量

一、实验目的

（1）掌握三相负载的三角形连接和星形连接的方法。

（2）探究三相电路线电压与相电压，线电流与相电流之间的关系。

（3）探究中线在三相四线制供电系统中的作用。

二、原理说明

当线路电源采用三相四线制供电时，三相负载可以接成三角形（Δ形）或星形（Y形）。

当三相对称负载 Δ 形连接时，线电压 U_L 等于相电压 U_P，线电流 I_L 是相电流 I_P 的 $\sqrt{3}$ 倍，即：$I_L=\sqrt{3}I_P$，$U_L=U_P$；Y 形连接时，线电压 U_L 是相电压 U_P 的 $\sqrt{3}$ 倍，线电流 I_L 等于相电流 I_P，即：$U_L=\sqrt{3}U_P$，$I_L=I_P$，流过中线的电流 $I_N=0$。

中线断开可能导致三相负载电压不对称，这样的后果是负载较轻的一相的相电压过高，损坏负载，而负载重的一相相电压过低，使负载不能正常工作；对于不对称负载 Δ 连接时，$I_L\neq\sqrt{3}I_P$，只要电源的线电压对称，那么加在三相负载上的电压即是对称的，对各相负载工作没有影响。

实验过程中，用三相调压器调压输出作为三相交流电源，用 3 组白炽灯作为三相负载，线电流、相电流、中线电流用电流插头和插座测量。

不对称三相负载作"Y"连接时，必须采用"Y_0"接法，中线必须牢固连接，使得三相不对称负载的每相电压等于电源的相电压，以保证三相电压对称。若中线断开，会导致三相负载电压的不对称，致使负载轻的那一相的相电压过高，使负载遭受损坏，负载重的一相相电压又过低，使负载不能正常工作；对于不对称负载作"Δ"连接时，$I_L\neq\sqrt{3}I_P$，但只要电源的线电压 U_L 对称，加在三相负载上的电压仍是对称的，对各相负载工作没有影响。

实验过程中，用三相调压器调压输出作为三相交流电源，用三组白炽灯作为三相负载，线电流、相电流、中线电流用电流插头和插座测量。

三、实验设备

（1）三相交流电源。

（2）交流电压表、电流表、功率表、功率因数表。

（3）电工综合实验台。

四、实验内容

1. 三相负载星形连接（三相四线制供电）

实验图 20-1 为实验电路接线图，将白炽灯按星形接法连接。三相交流电源经调压器输出，先将三相调压器电压调为零，再按下电源开关，将其输出三相线电压调为 220V。测量线电压和相电压，并记录数据。

（1）有中线时，测量三相负载对称和不对称时的各相电流、中线电流和各相电压，将数据记入实验表 20-1 中，并记录比较各灯的亮度。

（2）无中线时，测量三相负载对称和不对称时的各相电流、各相电压和电源中点 N 到负载中点 N′ 的电压 $U_{NN'}$，将数据记入实验表 20-1 中，并记录比较各灯的亮度。

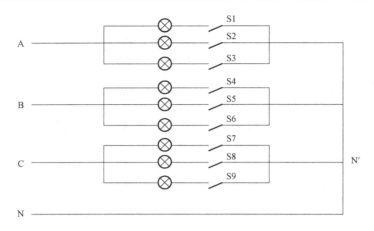

实验图 20 - 1　实验电路接线图

实验表 20 - 1　　　　　　　　　　　　　**负载星形连接实验数据**

中线连接	开关状态	负载相电压（V）			电流（A）				$U_{NN'}$（V）	亮度比较 A、B、C
		U_A	U_B	U_C	I_A	I_B	I_C	I_N		
有	S1～S9 闭合									
	S1、S2、S4～S9 闭合，S3 断开									
	S1～S3、S9 闭合，S4～S8 断开									
无	S1～S3、S9 闭合，S4～S8 断开									
	S1、S2、S4～S9 闭合，S3 断开									
	S1～S9 闭合									

2. 三相负载三角形连接

实验图 20 - 2 为实验电路接线图，将白炽灯连接成三角形。通过调压器调节三相输出电压的线电压为 220V，测量三相负载对称和不对称时的各相电流、线电流和各相电压，记录各个灯的亮度，计入实验表 20 - 2 中。

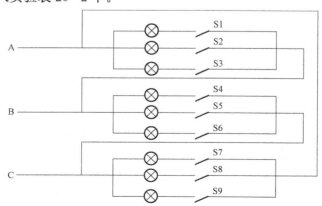

实验图 20 - 2　实验电路接线图

实验表 20 - 2   **负载三角形连接实验数据**

开关状态	相电压（V）			线电流（A）			相电流（A）			亮度比较
	U_{AB}	U_{BC}	U_{CA}	I_A	I_B	I_C	I_{AB}	I_{BC}	I_{CA}	
S1～S9 闭合										
S1～S3、S9 闭合，S4～S8 断开										

五、实验注意事项

（1）接线完毕后，经组内同学互查、老师检查后，可接通电源。遵循先接线后通电，先断线后抓线的原则。

（2）星形负载作短路实验时，必须先断开中线，以免发生短路事故。

六、预习与思考题

（1）三相负载根据什么原则作星形或三角形连接？本实验为什么将三相电源线电压设定为220V？

（2）三相负载按星形或三角形连接，它们的线电压与相电压、线电流与相电流有何关系？当三相负载对称时，它们又有何关系？

（3）说明在三相四线制供电系统中中线的作用，中线上是否可以安装熔丝，为何？

七、实验报告要求

（1）根据实验数据，在负载为星形连接时，$U_L = \sqrt{3}U_P$ 在什么条件下成立？在三角形连接时，$I_L = \sqrt{3}I_P$ 在什么条件下成立？

（2）根据观察到的现象和实验数据，说明中线在三相四线制供电系统中的作用。

（3）通过实验论证不对称三角形连接的负载是否可以正常工作？

（4）根据实验数据画出对称负载三角形连接时各相电压、相电流和线电流的相量图，并证实实验数据的正确性。

实验二十一　三相电路功率的测量

一、实验目的

（1）探究单相功率表测量三相电路功率的方法及原理。

（2）掌握功率表的接线和使用方法。

二、原理说明

1. 三相四线制供电，负载星形连接

对于三相不对称负载，用三个单相功率表测量，测量电路如实验图 21-1 所示，三个单相功率表的读数为 W_1、W_2、W_3，则三相功率 $P = W_1 + W_2 + W_3$，这种测量方法称为三瓦特表法；对于三相对称负载，用一个单相功率表测量即可，若功率表的读数为 W，则三相功率 $P = 3W$，称为一瓦特表法，如实验图 21-2 所示。

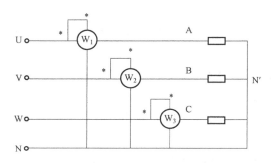

实验图 21-1　三瓦特表法原理图

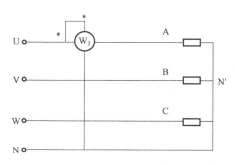

实验图 21-2　一瓦特表法原理图

2. 三相三线制供电

三相三线制供电系统中，不论三相负载是否对称，负载是 Y 接还是 △ 接，都可用二瓦特表法测量三相负载的有功功率。实验图 21-3 为测量电路，若两个功率表的读数为 W_1、W_2，则三相功率为

$$P = W_1 + W_2 = U_L I_L \cos(30° - \varphi) + U_L I_L \cos(30° + \varphi)$$

式中：φ 为负载的阻抗角（即功率因数角）。

两个功率表的读数与 φ 有下列关系：

（1）当负载为纯电阻，$\varphi = 0$，$W_1 = W_2$，即两个功率表读数相等。

（2）当负载功率因数 $\cos\varphi = 0.5$，$\varphi \pm 60°$，将有一个功率表的读数为零。

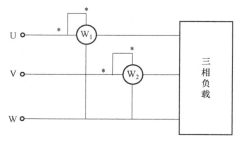

实验图 21-3　三相三线制二瓦特表原理图

（3）当负载功率因数 $\cos\varphi < 0.5$，$|\varphi| > 60°$，则一个功率表的读数为负值，该功率表指针将反方向偏转，这时应将功率表电流线圈的两个端子调换（不能调换电压线圈端子），而读数应记为负值。对于数字式功率表将出现负读数。

三、实验设备

（1）三相交流电源。

（2）交流电压表、电流表，功率表，功率因数表。

（3）电工综合实验台。

四、实验内容

1. 三相四线制供电，测量负载星形连接（即 Y_0 接法）的三相功率

（1）用一瓦特表法测定三相对称负载功率，实验电路如实验图 21-2 及实验图 21-4 所示，通过电流表和电压表监视三相电流和电压，控制其不超过功率表电压和电流的量程。经老师检查后，接通三相电源开关，将调压器的输出相电压由 0 调到 220V，按实验表 21-1 的要求进行测量及计算，将数据记入表中。

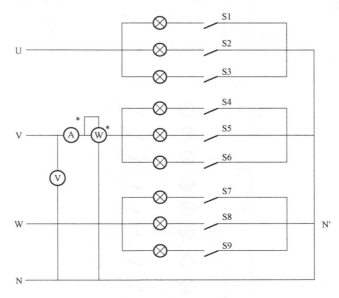

实验图 21-4　实验电路接线图

（2）用三瓦特表法测定三相不对称负载三相功率，用一个功率表分别测量每相功率，实验电路如实验图 21-1 及实验图 21-4 所示，步骤与（1）相同，将数据记入实验表 21-1 中。

实验表 21-1　　　　　　　　　**三相四线制负载星形连接数据**

负载情况	开关情况	测量数据（W）			计算值（W）
		P_A	P_B	P_C	P
Y_0 接对称负载	S1～S9 闭合				
Y_0 接不对称负载	S1、S2、S4～S9 闭合，S3 断开				

2. 三相三线制供电，测量三相负载功率

（1）用二瓦特表法测量三相负载 Y 连接的三相功率，实验电路如实验图 21-5（a）所示，实验图 21-5（b）为三相灯组负载，连接线路，经检查后，接通三相电源，调节电压，线电压为 220V，按实验表 21-2 的内容进行测量计算，并将数据记入表中。

（2）将三相灯组负载改为△接法，实验电路如实验图 21-5（c）所示，重复（1）的测量步骤，数据记入实验表 21-2 中。

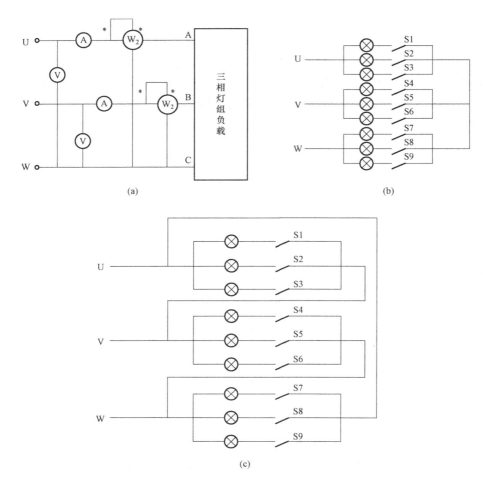

(a)

(b)

(c)

实验图 21-5 实验电路接线图

实验表 21-2 三相三线制三相负载功率数据

负载情况	开关情况	测量数据		计算值
		$P_1(\text{W})$	$P_2(\text{W})$	$P(\text{W})$
Y接对称负载	S1～S9 闭合			
Y接不对称负载	S1～S3、S5～S6 闭合；S4 断开			
△接对称负载	S1～S9 闭合			
△接不对称负载	S1～S3、S5～S6 闭合；S4 断开			

五、实验注意事项

每次实验结束后都需要将三相调压器旋钮调回零位，更改接线时为确保人身安全，也需断开三相电源。

六、预习与思考题

（1）复习二瓦特表法测量三相电路有功功率的原理。

（2）论述测量功率时线路中接电流表和电压表的原因。

（3）为何有的实验需将三相电源线电压调到 380V，而有的实验却要调到 220V。

七、实验报告要求

（1）整理、计算实验表 21-1 和实验表 21-2 的数据，并和理论计算值相比较。

（2）总结、分析三相电路功率测量的方法。

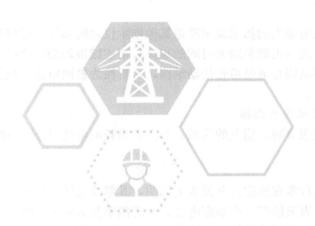

实验二十二　单相感应式电能表的校验

一、实验目的
（1）学习并掌握感应式电能表的工作原理，学会感应式电能表的接线和使用。
（2）掌握测定感应式电能表技术参数以及校验的方法。

二、原理说明

感应式电能表属于感应式仪表，其工作原理为交变磁场在金属中产生感应电流，继而产生转矩，主要用途为测量交流电路中的电能。

1. 感应式电能表的结构和原理

感应式电能表主要由驱动装置、转动铝盘、制动永久磁铁和指示器等部分组成。

驱动装置和转动铝盘：驱动装置有电压铁芯线圈和电流铁芯线圈，在空间上、下排列，中间隔以铝制的圆盘。驱动两个铁芯线圈的交流电，建立起合成的交变磁场，交变磁场穿过铝盘，在铝盘上产生感应电流，该电流与磁场的相互作用，产生转动力矩驱使铝盘转动。

制动永久磁铁：铝盘上方装有一个永久磁铁，其作用是对转动的铝盘产生制动力矩，使铝盘转速达到均匀。由于磁通与电路中的电压和电流成正比，负载所消耗的电能与铝盘的转数 n 呈正比。

指示器：感应式电能表的指示器不能像其他指示仪表的指针一样停留在某一位置，而应能随着电能的不断增大（也就是随着时间的延续）而连续地转动，这样才能随时反映电能积累的数值。因此，转动铝盘通过齿轮传动结构，可折换为被测电能的数值，由一系列齿轮上的数字直接指示出来。

2. 感应式电能表的技术指标

（1）感应式电能表常数：铝盘的转数 n 与负载消耗的电能 W 成正比，即

$$N = \frac{n}{W}$$

感应式电能表常数常在感应式电能表上标明，其单位是转/kWh。

（2）感应式电能表灵敏度：在额定电压、额定频率及 $\cos\varphi = 1$ 的条件下，负载电流从零开始增大，测出铝盘开始转动的最小电流值 $I_{\min}$，则仪表的灵敏度表示为

$$S = \frac{I_{\min}}{I_N} \times 100\%$$

式中：I_N 为感应式电能表的额定电流。

（3）感应式电能表的潜动：当负载等于零时感应式电能表仍出现缓慢转动的情况，这种现象称为潜动。按照规定，无负载电流的情况下，外加电压为感应式电能表额定电压的 110%（达242V）时，观察铝盘的转动是否超过一周，凡超过一周者，判为潜动不合格的感应式电能表。

实验图 22-1 为本实验感应式电能表接线图，"黄""绿"两端为电流线圈，"红""蓝"两端为电压线圈。

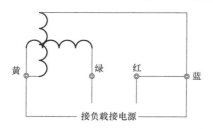

实验图 22-1　感应式电能表接线图

三、实验设备

(1) 三相交流电源。

(2) 交流电压表、电流表，功率表，功率因数表。

(3) 单相感应式电能表。

(4) 计时器。

(5) 电工综合实验台。

四、实验内容

1. 记录被校验感应式电能表的额定数据和技术指标

额定电流 $I_N=$ _____ ，额定电压 $U_N=$ _____ ，感应式电能表常数 $N=$ _____ 。

2. 用功率表、计时器校验感应式电能表常数

实验图 22 - 2 为实验电路接线图，感应式电能表的接线与功率表相同，其电流线圈与负载串联，电压线圈与负载并联。线路经指导教师检查后，接通电源，将调压器的输出电压调到 220V，按实验表 22 - 1 的要求接通灯组负载，用秒表定时记录感应式电能表铝盘的转数，并记录各表的读数。为了数圈数准确，可将感应式电能表铝盘上的一小段红色标记刚出现（或刚结束）时作为秒表计时的开始。此外，为了能记录整数转数，可先预定好转数，待感应式电能表铝盘刚转完此转数时，作为秒表测定时间的终点，将所有数据记入实验表 22 - 1 中。

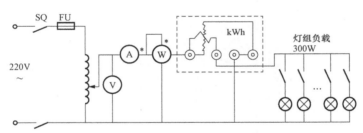

实验图 22 - 2　实验电路接线图

为了数据准确和熟悉实验步骤，可重复多做几次实验。

实验表 22 - 1　　　　校验感应式电能表准确度数据

负载情况 (25W 白炽灯个数)	测量值					计算值			
	U(V)	I(A)	P(W)	时间(s)	转数 n	实测电能 W(kWh)	计算电能 W(kWh)	$\Delta W/W$	感应式电能表常数 N
6									
8									

3. 检查感应式电能表潜动是否合格

断开负载，调节输出电压为 242V（即额定电压的 110%），观察感应式电能表的铝盘是否有转动，正常情况下允许有缓慢地转动，但应在不超过一转的任一点上停止，这样，感应式电能表的潜动为合格，反之则不合格。

五、实验注意事项

为确保测量的准确性，同组同学密切配合，同步计时，读取转数步调要一致。

六、预习与思考题

（1）提前了解感应式电能表的结构、工作原理和接线方法。

（2）提前了解感应式电能表的技术指标，以及如何测定这些指标。

七、实验报告要求

（1）整理实验所得的各项数据，通过计算得出感应式电能表的各项技术指标。

（2）评价感应式电能表的各项技术指标。

实验二十三　功率因数表的使用及相序测量

一、实验目的

（1）掌握三相交流电路相序的测量方法。

（2）探究负载性质对功率因数的影响。

二、实验原理

1. 相序指示器

相序指示器如实验图 23-1 所示，它是由一个电容器和两个白炽灯按星型连接的电路，用来指示三相电源的相序。

在实验图 23-1 电路中，设 $\dot{U}_A$、$\dot{U}_B$、$\dot{U}_C$ 为三相对称电源相电压，中点电压为

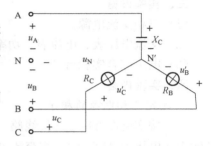

实验图 23-1　相序指示器原理图

$$\dot{U}_N = \frac{\dfrac{\dot{U}_A}{-jX_C} + \dfrac{\dot{U}_B}{R_B} + \dfrac{\dot{U}_C}{R_C}}{\dfrac{1}{-jX_C} + \dfrac{1}{R_B} + \dfrac{1}{R_C}}$$

设 $X_C = R_B = R_C$，$\dot{U}_A = U_P \angle 0° = U_P$，代入上式得

$$\dot{U}_N = (-0.2 + j0.6)U_P$$

则 $\dot{U}'_B = \dot{U}_B - \dot{U}_N = (-0.3 - j1.466)U_P$　$U'_B = 1.49U_P$

$$\dot{U}'_C = \dot{U}_C - \dot{U}_N = (-0.3 + j0.266)U_P \qquad U'_C = 0.4U_P$$

可见 $U'_B > U'_C$，B 相的白炽灯比 C 相的亮。

综上所述，用相序指示器指示三相电源相序的方法是：如果连接电容器的一相是 A 相，那么，白炽灯较亮的一相是 B 相，较暗的一相是 C 相。

2. 负载的功率因数

在实验图 23-2（a）电路中，负载的有功功率 $P = UI\cos\varphi$，其中 $\cos\varphi$ 为功率因数，功率因数角为

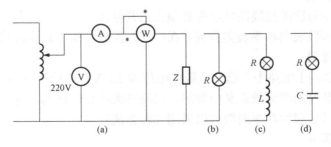

实验图 23-2　实验电路接线图

（a）接线图；（b）电阻性负载；（c）感性负载；（d）容性负载

$$\varphi = \arctan\frac{X_L - X_C}{R}$$

且 $-90° \leqslant \varphi \leqslant 90°$。

当 $X_L > X_C$　$\varphi > 0$，$\cos\varphi > 0$，感性负载。

当 $X_L < X_C$　$\varphi < 0$，$\cos\varphi > 0$，容性负载。

当 $X_L < X_C$　$\varphi = 0$，$\cos\varphi = 1$，电阻性负载。

可见，功率因数的大小和性质由负载参数的大小和性质决定。

三、实验设备

(1) 三相交流电源。

(2) 交流电压表、电流表、功率表、功率因数表。

(3) 电工综合实验台。

四、实验内容

1. 测定三相电源的相序

(1) 按实验图 23-1 连接线路，$C = 4.3\mu F$，R_B、R_C 为两个 220V、40W 的白炽灯，调节输出线电压为 220V 的三相交流电压，测量白炽灯、电容器和中点电压 U_N，观察灯光明亮情况，记录到表格中。设电容器一相为 A 相，试判断 B、C 相。

(2) 将电源线任意调换两相后，再接入电路，重复步骤 (1)，并指出三相电源的相序。

2. 负载功率因数的测定

按实验图 23-2 (a) 接线，阻抗 Z 分别用电阻 (220V、25W 白炽灯)、感性负载 (220V、25W 白炽灯和镇流器串联) 和容性负载 (220V、25W 白炽灯和 $4.7\mu F$ 电容串联) 代替，如实验图 23-2 (b) ~ (d) 所示，将测量数据记入实验表 23-1 中。

实验表 23-1　　　　　　　　　**测定负载功率因数数据**

负载情况	$U(V)$	$I(A)$	$P(W)$	$\cos\varphi$	负载性质
电阻					
感性负载					
容性负载					

五、实验注意事项

(1) 实验过程中每次改接线路之前都必须先断开电源。

(2) 因为功率因数表和功率表实验板连在一起，所以实验中只连接功率表即可。

六、预习与思考题

(1) 在实验图 23-1 电路中，已知电源线电压为 220V，试计算电容器和白炽灯的电压。

(2) 描述对负载的功率因数定义的理解，以及其大小和性质的决定因素。

(3) 实验中测量负载的功率因数可以采用几种方法？

七、实验报告要求

(1) 简述实验线路的相序检测原理。

(2) 根据电压、电流、功率三表测定的数据，计算出 $\cos\varphi$，并与 $\cos\varphi$ 的读数比较，分析误差原因。

(3) 回答预习与思考题。

实验二十四　负阻抗变换器

一、实验目的

（1）加深对负阻抗概念的认识，掌握对含有负阻抗器件电路的分析方法。

（2）了解负阻抗变换器的组成原理及其应用。

（3）掌握负阻抗变换器的各种测试方法。

二、原理说明

负阻抗是电路理论中的一个重要的基本概念，在工程实践中也有广泛的应用。负阻抗除某些非线性元件（如隧道二极管）在某个电压或电流的范围内具有负阻抗特性外，一般都由一个有源二端口网络形成一个等值的线性负阻抗。该网络由线性集成电路或晶体管等元件组成，这样的网络称作负阻抗变换器。

按有源网络输入电压和电流与输出电压和电流的关系，负阻抗变换器电路模型可分为电流反向型和电压反向型两种，电路模型如实验图 24-1 所示。

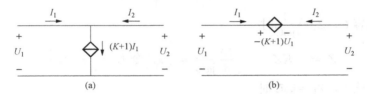

实验图 24-1　两种电路模型图

（a）电流反向型；（b）电压反向型

在理想情况下，其电压、电流关系为如下。

对于电流反向型

$$u_2 = u_1 \quad i_2 = K_1 i_1$$

式中：K_1 为电流增益。

对于电压反向型

$$u_2 = -K_1 u_1 \quad i_2 = -i_1$$

式中：K_1 为电压增益。

如果在电流反向型电路的输出端接入负载阻抗 Z_L，如实验图 24-2 所示，则它的输入阻抗 Z_i 为

$$Z_i = \frac{\dot{U}_1}{\dot{I}_1} = \frac{\dot{U}_2}{\frac{\dot{I}_2}{K_1}} = \frac{K_1 \dot{U}_2}{\dot{I}_2} = -K_1 Z_L$$

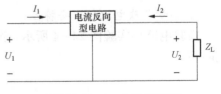

实验图 24-2　电路模型图

即输入阻抗 Z_i 为负载阻抗 Z_L 的 K_1 倍，且为负值，呈负阻抗特性。

本实验用线性运算放大器组成如实验图 24-3 所示的电路，在一定的电压、电流范围内可获得良好的线性度。

根据运放理论可知

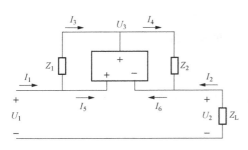

实验图 24-3　实验电路接线图

$$\dot{U}_1 = \dot{U}_+ = \dot{U}_- = \dot{U}_2,\ \text{又}\ \dot{I}_5 = \dot{I}_6 = 0,$$

$$\dot{I}_1 = \dot{I}_3,\ \dot{I}_2 = -\dot{I}_4$$

$$I_4 Z_2 = -I_3 Z_1$$

$$-I_2 Z_2 = -I_3 Z_1$$

$$\frac{U_2}{U_L} Z_2 = -I_1 Z_1$$

$$\frac{U_2}{I_1} = \frac{U_1}{I_1} = Z_i = -\frac{Z_1}{Z_2} Z_L = -K Z_L$$

该电路属于电流反向型负阻抗变换器，输入阻抗 Z_i 等于负载阻抗 Z_L 乘以 K 倍。负阻抗变换器具有十分广泛的应用，例如可以用来实现阻抗变换。

假设 $Z_1 = R_1 = 1\text{k}\Omega$，$Z_2 = R_2 = 300\Omega$ 时，$K = \dfrac{Z_1}{Z_2} = \dfrac{R_1}{R_2} = \dfrac{10}{3}$

若负载为电阻，$Z_L = R_L$ 时，$Z_i = -K Z_L = -\dfrac{10}{3} R_L$

若负载为电容 C，$Z_L = \dfrac{1}{j\omega C}$ 时

$$Z_i = -K Z_L = -\frac{10}{3} \frac{1}{j\omega C} = j\omega L \left(\text{令}\ L = \frac{1}{\omega^2 C} \times \frac{10}{3}\right)$$

若负载为电感 L，$Z_L = j\omega L$ 时

$$Z_i = -K Z_L = -\frac{10}{3} j\omega L = \frac{1}{j\omega C} \left(\text{令}\ C = \frac{1}{\omega^2 L} \times \frac{3}{10}\right)$$

可见，电容通过负阻抗变换器呈现电感性质，而电感通过负阻抗变换器呈现电容性质。

三、实验设备

（1）电压源（双路 0~30V 可调）。

（2）信号源。

（3）直流电压表、电流表。

（4）双踪示波器。

（5）电工综合实验台。

四、实验内容

1. 测量负载电阻的伏安特性

实验电路如实验图 24-4 所示，图中：U_1 为恒压源的可调稳压输出端，负载电阻 R_L 用电阻箱。

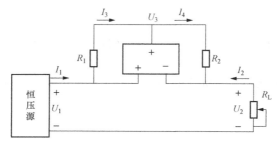

实验图 24-4　实验电路接线图

（1）调节负载电阻箱的电阻值，使 $R_L=300\Omega$，调节恒压源的输出电压，使之在（0～1V）范围内的取值，分别测量电流反向型电路的输入电压 U_1 及输入电流 I_1，将数据记入实验表 24-1 中。

（2）令 $R_L=600\Omega$，重复上述的测量，将数据记入实验表 24-1 中。

实验表 24-1   **负载电阻的伏安特性实验数据**

	U_1(V)	0.1	0.2	0.3	0.4	0.5	0.6	0.7	0.8	0.9	1
$R_L=300\ \Omega$	I_1(mA)										
	$U_{1平均}$（V）					$I_{1平均}$(mA)					
	U_1(V)	0.1	0.2	0.3	0.4	0.5	0.6	0.7	0.8	0.9	1
$R_L=600\ \Omega$	I_1(mA)										
	$U_{1平均}$（V）					$I_{1平均}$(mA)					

（3）计算等效负载阻抗。

实测值 $R_-=U_{1平均}/I_{1平均}$

理论计算值 $R_-'=-KZ_L=-\dfrac{10}{3}R_L$

电流增益： $K=R_1/R_2$

（4）绘制负载阻抗的伏安特性曲线

$$U_1=f(I_1)$$

2. 阻抗变换及相位观察

用 $0.1\mu F$ 的电容器（串联一个 500Ω 电阻）和 $100mH$ 的电感（串联一个 500Ω 电阻）分别取代 R_L，用低频信号源（正弦波形，$f=1\times10^3$ Hz）取代恒压源，调节低频信号使 U_1 <1V，并用双踪示波器观察并记录 U_1 与 I_1 以及 U_2 与 I_2 的相位差（I_1、I_2 的波形分别从 R_1、R_2 两端取出）。

五、实验注意事项

（1）整个实验中应使 $U_1=0\sim1$V。

（2）防止运放输出端短路。

六、预习与思考题

（1）什么是负载阻抗变换器？有哪两种类型？具有什么性质？

（2）负载阻抗变换器通常用什么电路组成？如何实现负载阻抗变换？

（3）说明负载阻抗变换器实现阻抗变换的原理和方法。

七、实验报告要求

（1）根据实验表 24-1 数据，完成要求的计算，并绘制负载阻抗特性曲线。

（2）根据实验内容 2 的数据，解释观察到的现象，说明负载阻抗变换器实现阻抗变换的功能。

（3）回答预习与思考题。

实验二十五　回转器特性测试

一、实验目的
（1）了解回转器的结构和基本特性。
（2）测量回转器的基本参数。
（3）了解回转器的应用。

二、原理说明
　　回转器是一种有源非互易的两端口网络元件，电路符号及其等值电路如实验图 25-1 所示。

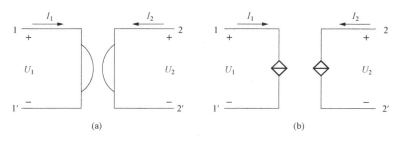

实验图 25-1　回转器等值电路
(a) 电路符号；(b) 等值电路

　　理想回转器的导纳方程为

$$\begin{bmatrix} \dot{I}_1 \\ \dot{I}_2 \end{bmatrix} = \begin{bmatrix} 0 & G \\ -G & 0 \end{bmatrix} \begin{bmatrix} \dot{U}_1 \\ \dot{U}_2 \end{bmatrix}$$

式中：G 为回转电导。
　　或写成

$$\dot{I}_1 = G\dot{U}_2 ; \dot{I}_2 = -G\dot{U}_1$$

也可写成阻抗方程

$$\begin{bmatrix} \dot{U}_1 \\ \dot{U}_2 \end{bmatrix} = \begin{bmatrix} 0 & -R \\ R & 0 \end{bmatrix} \begin{bmatrix} \dot{I}_1 \\ \dot{I}_2 \end{bmatrix}$$

　　或写成

$$\dot{U}_1 = -R\dot{I}_2 ; \dot{U}_2 = R\dot{I}_1$$

式中：R 为回转电阻。
　　G 和 R 称为回转常数。
　　若在实验图 25-1 中 2—2′端接一负载电容 C，从 1—1′端看进去的导纳 Y_i 为

$$Y_i = \frac{\dot{I}_1}{\dot{U}_1} = \frac{G\dot{U}_2}{\dfrac{-\dot{I}_2}{G}} = \frac{-G^2\dot{U}_2}{\dot{I}_2}$$

又因为
$$\frac{\dot{U}_2}{\dot{I}_2} = -Z_L = \frac{1}{j\omega C}$$

所以
$$Y_i = \frac{G^2}{j\omega C} = \frac{1}{j\omega L}$$

其中
$$L = \frac{C}{G^2}$$

可见从 1—1′ 端看进去相当于一个电感，即回转器能把一个电容元件"回转"成一个电感元件，所以也称为阻抗逆变器。由于回转器有阻抗逆变作用，它在集成电路中得到重要的应用。因为在集成电路制造中，制造一个电容元件比制造电感元件容易得多，通常可以用一带有电容负载的回转器来获得一个较大的电感负载。

三、实验设备

(1) 信号源。

(2) 双踪示波器。

(3) 电工综合实验台。

四、实验内容

1. 测定回转器的回转常数

实验电路如实验图 25 - 2 所示，在回转器的 2—2′ 端接纯电阻负载 R_L（电阻箱），取样电阻 $R_S = 1k\Omega$，信号源频率固定在 1kHz，输出电压为 1~2V。测量不同负载电阻 R_L 时的 U_1、U_2 和 U_{RS}，并计算相应的电流 I_1、I_2 和回转常数 G，一并记入实验表 25 - 1 中。

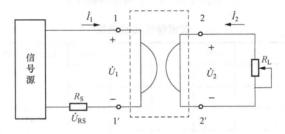

实验图 25 - 2　实验电路接线图

实验表 25 - 1　　　　　　　　测定回转常数的实验数据

R_L (k\Omega)	测量值 (V)		计算值				
	U_1	U_2	I_1(mA)	I_2(mA)	$G' = I_1/U_2$	$G'' = I_2/U_1$	$G_{平均} = (G' + G'')/2$
0.5							
1							
1.5							
2							
3							
4							
5							

2. 测试回转器的阻抗逆变性质

(1) 观察相位关系。实验电路如实验图 25 - 2 所示，在回转器 2—2′端的电阻负载 R_L 用电容 C 代替，且 $C=0.1\mu F$，用双踪示波器观察回转器输入电压 U_1 和输入电流 I_1 之间的相位关系，图中的 R_S 为电流取样电阻，因为电阻两端的电压波形与通过电阻的电流波形同相，所以用示波器观察 U_{RS} 上的电压波形就反映了电流 I_1 的相位。

(2) 测量等效电感。如实验图 25 - 2 所示，在 2—2′两端接负载电容 $C=0.1\mu F$，测量不同频率时的等效电感，并算出 I_1、L'（利用输入端口电压、电流测量所得的等效电感值）、L（利用回转原理计算所得的等效电感值）及误差 ΔL，分析 U、U_1、U_{RS} 之间的相量关系。

3. 测量谐振特性

实验电路如实验图 25 - 3 所示，图中 $C_1=1\mu F$，$C_2=0.1\mu F$，取样电阻 $R_S=1k\Omega$。用回转器作电感，与 C_1 构成并联谐振电路。信号源输出电压保持恒定 $U=2V$，在不同频率时测量实验表 25 - 2 中各数值，并找出 U_1 的峰值。将测量数据和计算值记入实验表 25 - 2 中。

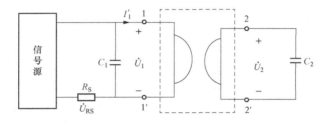

实验表 25 - 3　实验电路接线图

实验表 25 - 2　　　　　　　　　　　　**谐振特性实验数据**

f(Hz)	200	400	500	700	800	900	1000	1200	1300	1500	2000
U_1(V)											
U_{RS}(V)											
$I_1=U_{RS}/R_S$(mA)											
$L'=U_1/\omega I_1'$											
$L=C_2/G^2$											
$\Delta L=L'-L$											

五、实验注意事项

(1) 回转器的正常工作条件是 U、I 的波形必须是正弦波，为避免运放进入饱和状态使波形失真，所以输入电压不超过 2V 为宜。

(2) 防止运放输出对地短路。

六、预习与思考题

(1) 什么是回转器？用导纳方程说明回转器输入和输出的关系。

(2) 什么是回转常数？如何测定回转电导？

(3) 说明回转器的阻抗逆变作用及其应用。

七、实验报告要求

(1) 根据实验表 25 - 1 数据，计算回转电导。

（2）根据实验内容 2 的结果，画出电压、电流波形，说明回转器的阻抗逆变作用，并计算等效电感值。

（3）根据实验表 25 - 2 数据，画出并联谐振曲线，找到谐振频率，并和计算值相比较。

（4）从各实验结果中总结回转器的性质、特点和应用。

实验二十六　温度控制与报警电路设计

一、实验目的

（1）根据理想放大器的功能和原理，结合实际应用情况，充分领会和掌握由运算放大器构成的控制应用电路的设计和调试。

（2）学习和掌握由双晶体管和晶闸管构成的控制电路的工作原理和工程应用背景。

（3）学习和掌握 LED 的使用方法和应用电路，以 LED 为基本元件构造的光报警电路。

（4）设计满足任务要求的电路，并实现电路的仿真、制作和调试。

二、原理说明

普通的温度控制包括由于温度低于期望值时的"加热"，以及由于温度高于期望值的"散热"两种控制。温度的报警电路可以利用温度测量信号或者控制信号的取值与预期设定值之间的差值情况来选择，目前通常使用声、光等形式，显示和提示测试温度的范围和超出规定范围的报警，也可以采用液晶显示和数码管显示等数字显示方式。

温度控制的目的是保证被控制的目标的温度保持在一定的范围内，为了实现此目的，温度控制系统通常由温度信号、控制模块、散热功能模块和加热功能模块等组成。当获得的温度检测信号低于预期的温度设定值时，通常需要加热。可以通过控制信号控制继电器或晶闸管等控制器件，将加热器件通电工作，达到升温加热目的。

含运算放大器的电压—电流变换电路如实验图 26-1 所示，电路中采用 NPN 型双极晶体管 V，当输入电压为 u_1 时，负载 R_L 上的电流为

$$i_L = \frac{u_1}{R_L}$$

因此，随着输入电压的变化，负载上获得的功率也是相应变化的。用于加热情况时，当温差越大时，加热器上的功率越大；温差变小时，加热器上的功率也相应变小。当输入电压 u_1 变化时，双极晶体管 V 的集电极和发射极之间的电压 u_{CE} 也相应地变化，使得

$$u_1 + u_{CE} = U_{CC}$$

为了获得较大的输出加热功率，可以采用实验图 26-2 所示的含有晶闸管控制的电路。在此电路中，只要输入信号 u_1 大于 0，运算放大器的输出为正的饱和电压，可以使晶闸管导通，供电电压源 U_{CC} 为负载加热器提供功率，因此可以提供相对较大的功率，但控制性能相对较差。

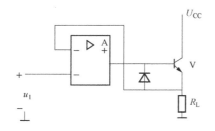
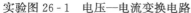
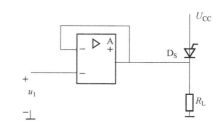

实验图 26-1　电压—电流变换电路　　　　实验图 26-2　简单的控制电路

获得的温度检测信号高于预期的温度设定值时，通常需要散热。可以通过控制信号控制继电器或晶闸管等控制器件，将电风扇等散热器件通电工作，达到散热的目的。

三、实验设备与器件

(1) 双踪示波器。

(2) 双路可调直流稳压电源。

(3) 信号发生器。

(4) 万用表。

(5) 集成运算放大器芯片。

(6) 铂电阻。

(7) 电热丝、电阻。

(8) 电容器。

(9) LED 灯。

(10) 电吹风。

四、实验内容

设计一个温度控制报警器。任务要求：

(1) 设计一个温度测量控制报警器的电路图。

(2) 电路设计中包括一个加热电路（或散热电路模块）。

(3) 电路设计中包含一个简单使用的温度测量电路。

(4) 电路设计中包含一个加热电路模块（或散热电路模块）的启动电路。

(5) 电路设计中包含一个用 LED 灯指示温度的显示电路；其中，当温度小于 20℃时，红灯点亮，同时启动加热电路模块给温度测试电阻加热（或当温度大于 35℃时，黄灯点亮，同时启动散热电路，给温度测试电阻散热）。

(6) 温度在 25℃～30℃之间时，绿灯点亮，表示温度在控制区域内。

(7) 整体电路制作与调试实现。

(8) 进行温度控制与报警实验测试及误差分析。

五、实验注意事项

(1) 使用铂电阻时，应注意铂电阻的温度特性是一个非线性特性，测量电压与温度的对应关系是非线性的。

(2) 采用双晶体管或者晶闸管时，注意双极晶体管和晶闸管的使用方法。

(3) 在设计加热问题时，应注意所需功率的大小。

六、预习与思考题

(1) 熟练掌握非线性电路的分析方法和应用。

(2) 学习运算放大器的控制电路的工作原理。

(3) 掌握双极晶体管和晶闸管的特性和应用。

(4) 学习测量获取非电量信号的方法和工程应用。

七、实验报告要求

(1) 提交设计过程的详细记录。

(2) 提交设计电路的仿真结果。

(3) 整理原始数据，对记录数据进行计算、分析和处理，并与理论计算结果进行比较，分析实验数据的误差，分析误差产生的原因。

(4) 撰写研究心得和体会。

第三篇 模 拟 仿 真

Multisim 14.0 仿真软件简介

Multisim 是目前流行的电子设计自动化（Electronic design automation，EDA）工具软件之一，该软件源于以 Windows 为基础的 EWB（Electronics Workbench）软件。EWB 软件能够对模拟电路、数字电路以及模拟、数字混合电路进行仿真，用虚拟的元件及仪表进行电路搭建及测试。EWB5.0 版本之后，EWB 软件进行了升级，专门用于电子电路仿真的模块更名为 Multisim。本书仿真使用 Multisim 14.0。

● **启动 Multisim 14.0**

（1）点击"开始"→" NI Multisim 14.0"见下图。

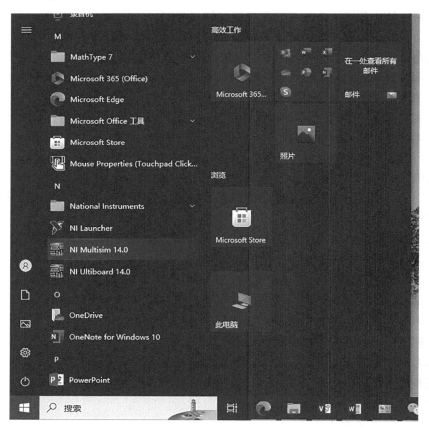

▲ Multisim 14.0 启动

（2）点击后出现如下图所示启动界面，等待启动界面结束后会出现 Multisim 的用户界面。

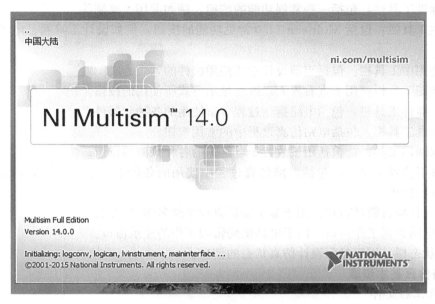

▲ Multisim 启动界面

● **Multisim 14.0 用户界面**

Multisim 14.0 的用户界面如下图所示，该用户界面与 Windows 系统风格相似，以图形界面为主，采用菜单栏、工具栏与热键按钮相结合的方式。

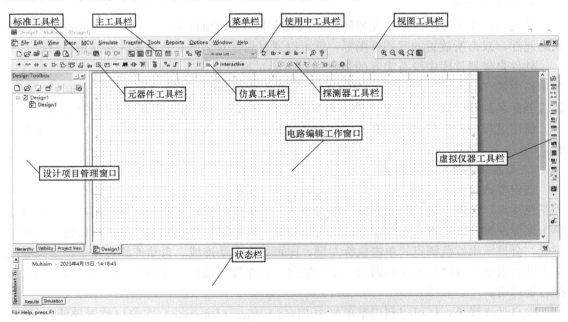

▲ Multisim 14.0 用户界面

界面主要包括以下部分。

（1）菜单栏：包括所有功能的指令。

（2）标准工具栏：包括一些常规功能的按钮，例如剪切、复制等。

（3）主工具栏：包括 Multisim 14.0 常见功能的按钮，例如设计工具箱、电子表格检视窗等。

（4）使用中工具栏：包括当前设计中所使用组件的列表。

（5）视图工具栏：用于查看界面，改变显示方式所使用的按钮。

（6）元器件工具栏：包括电路搭建过程中所使用的各种元器件。

（7）仿真工具栏：包括电路仿真过程中的常用按钮。

（8）探测器工具栏：包括用于放置于电路中的各种探测器按钮。

（9）虚拟仪器工具栏：包括电路仿真过程中使用的各种虚拟仪器，例如示波器、波特仪、频谱分析仪等。

（10）设计项目管理窗口：用于显示编辑设计文件名称和层次。

（11）电路编辑工作窗口：用于电路图编辑和工作的显示窗口。

（12）状态栏：用于显示设计仿真状态的信息。

● **电路仿真基本步骤**

1. 建立工程文件

打开 Multisim 14.0 时，软件会自动创建名为 Design1 的空白工程文件。可以将此文件另存到本地的路径下，并在保存时修改文件名；也可在菜单栏中选中 File→New 或者点击工具栏 New 按钮或者用快捷键 Ctrl＋N 新建空白工程文件。Multisim 14.0 中可设置文件自动保存功能：Options →Global options → Save →Auto－backup。

2. 排布元器件

从元器件库中选用所需的元器件，放入电路工作编辑窗口进行排布。每个元器件都有默认的属性，双击所放置的元器件图标，就可以通过属性对话框对其参数等属性进行修改。

软件自带器件库中没有需要的器件时，可尝试通过官网下载器件的 CIR 文件，再选中菜单栏中的 Tools→Component→Wizard，在弹出的对话框中选择"Simulation only"命令，设置器件名称和引脚，将 CIR 文件中内容拷贝到 Model data 工具即可添加新的仿真器件。

使用过程中常用的快捷键有：Ctrl＋W 打开器件库，Alt＋Y 垂直翻转，Alt＋X 水平翻转，Ctrl＋R 旋转。

3. 元器件连接及导线设置

选定要连接的元器件，将光标指向起始引脚，鼠标指针会自动变为黑色的十字形，中间为黑色圆点，单击左键并移动光标，即可拉出一条黑色虚线；如果要从某点拐弯，则在该处单击鼠标左键，固定折点，确定导线的转折位置；然后继续移动光标，将鼠标放置到终点引脚处，会显示出红色圆点，单击鼠标左键，即可完成自动连线。自动连线过程中，多条导线交汇处会自动出现红色的实心圆点，即为结点。若在移动鼠标过程中想要取消连线，单击鼠标右键即可。

除自动连线外，还可以利用菜单栏中 Place→Wire（Junction）在窗口放置导线和结点，进行手动连线。连线完成后，选中导线或结点，利用 Delete 键可删除该导线或结点。双击导线，或者选中导线后单击鼠标右键，在弹出的快捷菜单中选择"properties"命令，会得到如下图所示的对话框。在该对话框中可以对导线的名称、印制线宽、颜色等进行设置。

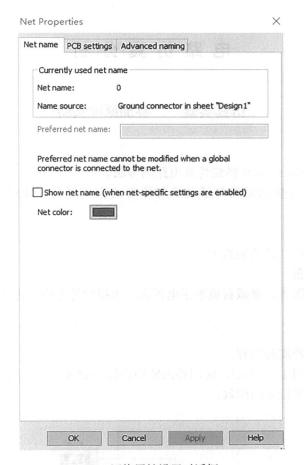

▲ 网络属性设置对话框

为方便仿真结果输出，可在菜单栏中选择 Options→Sheet Properties，在弹出的对话框中 Sheet visibility/Net Names 栏中选中 "Show All"，应用后可显示所有结点编号。

4. 电路仿真及结果输出

电路搭建完成后，在仿真工具栏中选中 "Run（绿色三角形）" 按钮，电路开始仿真；也可在菜单栏中选中 Sitmulate→Run，电路开始仿真。此时在界面下方的状态栏中的 "Sitmulate" 会显示仿真程序检测的信息。仿真完成后可查看电路中虚拟仪器的示数、输出波形或 "Grapher view" 中显示的仿真结果 。

电 路 仿 真 分 析

仿真实验一　叠加原理实验

一、实验目的

（1）熟悉在 Multisim 14.0 搭建仿真电路的方法。

（2）验证线性电路叠加原理并了解叠加原理的应用场合，理解并掌握线性电路的叠加性。

二、实验原理

实验原理说明见第二篇的实验十二。

三、虚拟实验设备

虚拟直流数字电压表、虚拟直流数字电流表、虚拟理想电阻、虚拟二极管、虚拟双刀双掷开关。

四、实验预习

（1）复习叠加原理实验内容。

（2）电路如仿真图 1-1 所示，应用叠加原理计算并记录双刀双掷开关 S1、S2 投掷到电压源时，各电压表与电流表的读数。

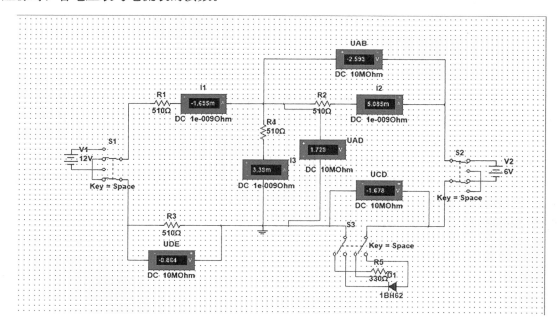

仿真图 1-1　叠加原理实验电路

五、实验指导

（1）启动 Multisim 14.0。

（2）放置直流电源。点击元器件工具栏中的"Place Source"按钮，如仿真图 1-2 所示。此时会弹出如仿真图 1-3 所示的对话框，在对话框 Family 栏中选择"POWER_SOURCES"，在 Component 栏中选择"DC_POWER"，再点击"OK"。在电路工作编辑窗口会出现直流电压源的图标，移动鼠标，将直流电压源移动到合适的位置，点击鼠标左键，直流电压源即放置成功，如仿真图 1-4 所示。此时会继续弹出对话框，可继续选择元件；如不需要，点击对话框右侧的"Close"按钮即可。

Place Source

仿真图 1-2　元器件工具栏"Place Source"按钮

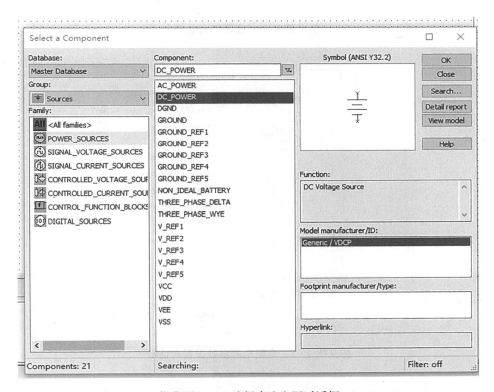

仿真图 1-3　选择直流电源对话框

直流电源放置完成后，鼠标移动至需要修改参数的直流电源，双击该元件，得到如仿真图 1-5 所示的对话框，可以在该对话框中修改直流电源的参数。

（3）放置电阻。点击元器件工具栏中的"Place Basic"按钮，如仿真图 1-6 所示，会弹出如仿真图 1-7 所示的对话框，在对话框 Family 栏中选择"RESISTER"，在 Component 栏中输入"510"，选中合适的阻值，再点击"OK"。在电路工作编辑窗口会出现电阻的图标，移动鼠标，将电阻移动到合适的位置，点击鼠标左键，电阻即放置成功。如仿真图 1-8 所示。

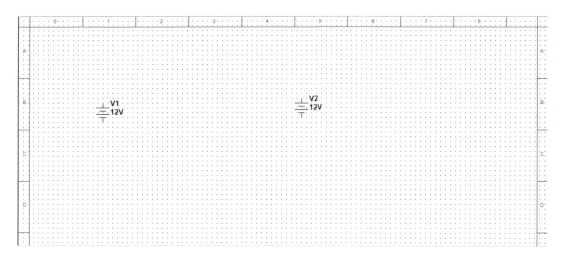

仿真图 1-4   放置直流电源

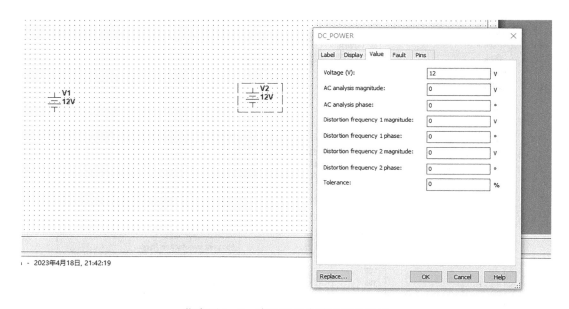

仿真图 1-5   直流电源参数设置对话框

仿真图 1-6   元器件工具栏 "Place Basic" 按钮

电阻放置完成后，同样可以双击电阻元件，在弹出的对话框中修改元件的参数。若电阻的方向不合适，可以利用鼠标左键，选中电阻元件后，单击鼠标右键，得到如仿真图 1-9 所示的快捷菜单栏，选中 "Rotate 90°clockwise"，调整电阻的方向。

（4）放置双刀双掷开关。将 Group 设置为 "All groups"，在 Family 中选中

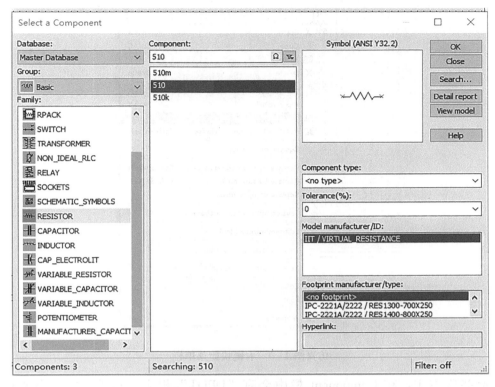

仿真图 1 - 7 选择电阻对话框

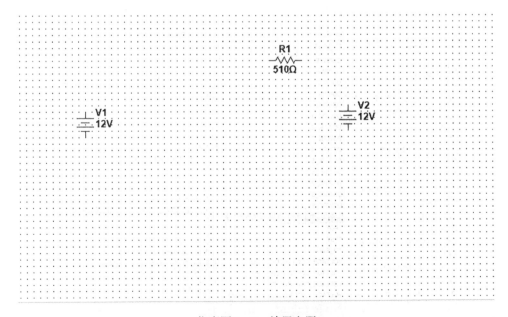

仿真图 1 - 8 放置电阻

"SWITCH"，会弹出如仿真图 1 - 10 所示的对话框，在对话框 Family 栏中选择"RESIST-ER"，Component 栏中输入选择"PB _ DPST"，再点击"OK"。后续操作步骤与其他元件

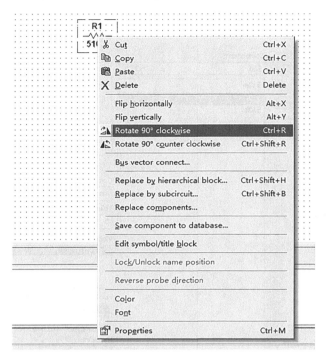

仿真图 1-9　右键快捷菜单栏

类似。有些版本中，在 Component 栏中会有"DPDT"相应的选项，即本书所选用的
"PB_DPDT"，都可以实现双刀双掷开关的功能。

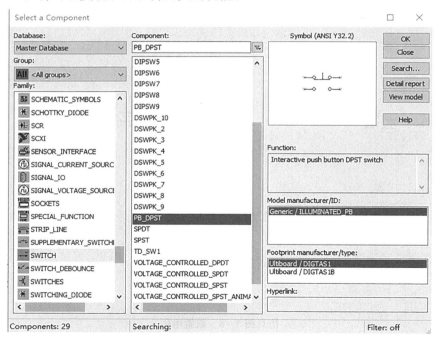

仿真图 1-10　选择双刀双掷开关对话框

（5）放置接地点。仿真电路中需要放置接地点，接地点在"Sources"组件中，所以放置方式与直流电源非常类似。在如仿真图 1-3 所示的选择元件对话框中，在对话框 Family 栏中选择"POWER_SOURCES"，Component 栏中选择"GROUND"，再点击"OK"，即可放置接地点。

（6）放置直流电压表和电流表。点击元器件工具栏中的"Place Indicator"按钮，如仿真图 1-11 所示，会弹出如仿真图 1-12 所示的对话框，在对话框 Family 栏中选择"AM-METER"，Component 栏中会显示各种摆放参考方向设置的电流表，如仿真图 1-12 所示，可根据 Symbol 窗口的显示和电路搭建需求选择。后续操作方式与其他元件类似。

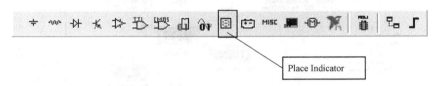

仿真图 1-11　元器件工具栏"Place Indicator"按钮

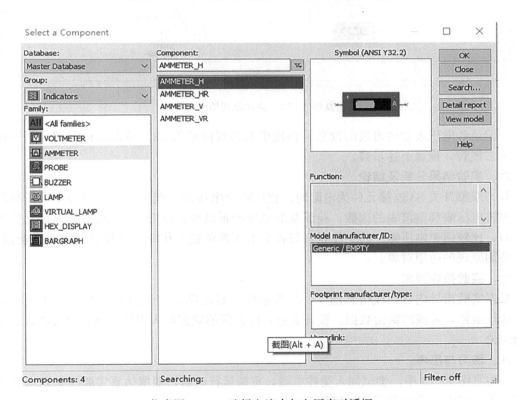

仿真图 1-12　选择电流表与电压表对话框

（7）自动连线。按照本篇前述"电路仿真基本步骤"中自动连线骤将排布好的元器件进行连接，得到如仿真图 1-13 所示的仿真电路。

（8）电路仿真。首先选中双刀双掷开关 S1 和 S2，单击鼠标左键，可以变换开关连接端子，可设置电压源单独工作或者一起工作。再选中双刀双掷开关 S3，单击鼠标左键，将连接元件选为电阻，点击仿真工具栏中的运行按钮（如仿真图 1-13 所示▶按钮），进行电路

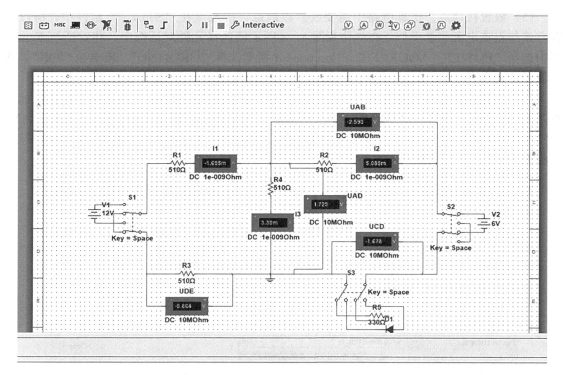

仿真图 1-13 叠加原理仿真电路

仿真，记录各电压表和电流表的读数。再选中双刀双掷开关 S3，单击鼠标左键，将连接元件选为二极管，重复上述步骤。

六、实验结果分析及结论

双刀双掷开关 S3 连接元件为电阻时，比较两个电压源一起工作时，与各个电压源单独工作时各电压表和电流表的读数，验证叠加原理的正确性。双刀双掷开关 S3 连接元件为二极管时，比较两个电压源一起工作时，与各个电压源单独工作时各电压表和电流表的读数，理解叠加原理的适用对象。

七、实验报告要求

根据实验指导内容完成仿真图 1-13 所示的仿真电路，在双刀双掷开关工作在各状态时，运行电路，并截图保留数据。设计表格，将保留的数据填入表格，并根据表格数据分析实验结论。

八、练习与思考

在仿真图 1-13 中，尝试加入受控电源，重新运行电路，根据仿真实验结果思考在叠加定理应用过程中，受控源应该如何处理。

仿真实验二 一阶 *RC* 电路暂态分析

一、实验目的

验证一阶 *RC* 电路的零输入、零状态与全响应，对比分析三种响应及电路参数改变对响应波形的影响。

二、实验原理

实验原理说明见第二篇的实验十二。

三、虚拟实验设备

虚拟理想电阻、虚拟单刀双掷开关、虚拟电容、虚拟双踪示波器。

四、实验预习

（1）复习一阶动态电路零输入、零状态与全响应定义，复习三要素方法。

（2）电路如仿真图 2-1 所示，请应用三要素计算电路的零输入响应与零状态响应，并绘制曲线。

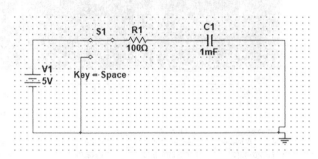

仿真图 2-1 一阶 *RC* 电路

五、实验指导

（1）启动 Multisim 14.0，新建工程文件，在电路编辑工作窗口放置直流电压源、电阻、电容（这两种元器件都在 Basic 组件元件库中），放置单刀双掷开关（与仿真实验一的双刀双掷开关放置方法类似，在 SWITCH 组件元件库中，Component 栏中选择 SPDT），放置接地点，自动连线，完成仿真电路的初步搭建。

（2）放置双踪示波器。为了观察电压信号与电流信号的波形，本实验中选用了双踪示波器。如仿真图 2-2 所示，为了显示方便，将工具栏旋转 90°显示，点击界面右侧虚拟仪器工具栏中的"Oscilloscope"按钮，在电路工作编辑窗口会出现用虚线显示的双踪示波器图标，移动鼠标，将示波器移动到合适的位置，点击鼠标左键，示波器即放置成功。如仿真图 2-3 所示。

示波器放置完成后，需要将信号输出连接至示波器。双踪示波器有 A、B 两通道，将要显示的电压信号与示波器的各通道探头并联即可。为了区分两通道的信号，可以根据网络属性设置对话框图，将两通道的信号线设置为不同的颜色，这样在示波器演示时，各通道的信号就显示为信号线的颜色。

双击示波器图标，出现示波器的设置窗口如仿真图 2-3 所示，可以在此设置窗口内调整示波器的时基、刻度、位置、触发等信息。

（3）放置电流探头。一般情况下，示波器显示的是电压信号，为了利用示波器观察电流

仿真图 2-2　虚拟仪器工具栏"Oscilloscope"按钮

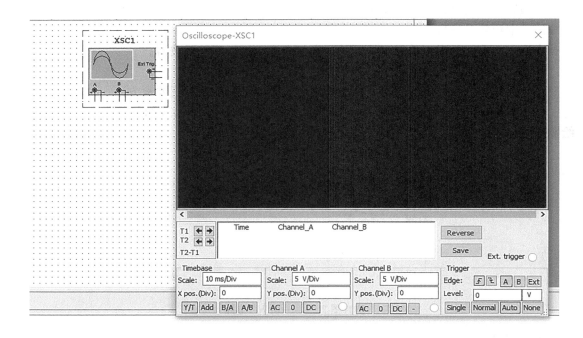

仿真图 2-3　放置双踪示波器

波形，需要电流探头。在 Multisim 14.0 中，电流探头可以通过点击虚拟仪器工具栏"Current clamp"按钮放置，如仿真图 2-3 所示，也可以利用菜单栏中的 Simulate 菜单放置，如仿真图 2-4 所示，在菜单栏选择"Simulate→Instrument→Current clamp"，电路编辑工作窗口就会出现电流探头的图标。

利用鼠标将电流探头的图标拖拽到要测量电流信号的导线上，如果连接成功，电流探头图标中的点会变成绿色的三角箭头，双击电流探头，弹出如仿真图 2-5 所示的对话框，在此对话框中，可以设置电流探头在流经单位电流时输出电压的大小。将电流探头输出的信号接入示波器通道，就可以利用示波器观察电流波形。

（4）电路仿真。前面所述步骤完成之后，会得到如仿真图 2-6 所示的一阶 RC 电路暂态仿真电路。首先选中单刀双掷开关 S1，单击鼠标左键，让 S1 连接下方端子，仿真电路，待示波器波形出现后，单击 S1，让 S1 连接上方端子，观察零状态响应。仿真运行一段时间后，再次单击 S1，让 S1 连接下方端子，观察零输入响应，再运行一段时间，电容电压还未减小到零时，再次单击 S1，让 S1 连接上方端子，观察全响应，重复上述步骤。

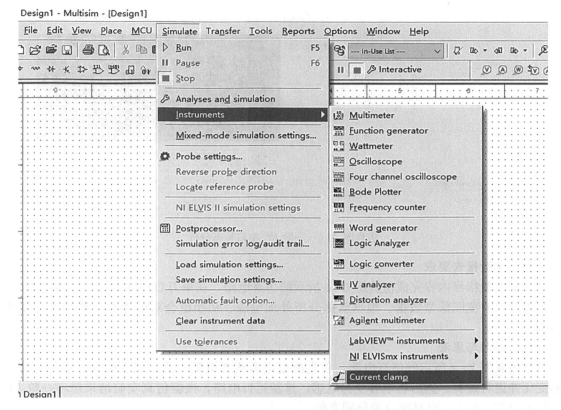

仿真图 2-4　利用菜单栏放置电流探针

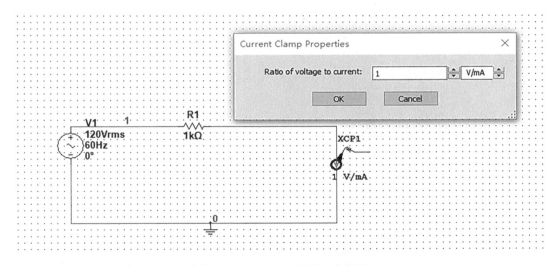

仿真图 2-5　电流探针放置与设置

六、实验结果分析及结论

观察一阶 RC 电路零输入、零状态、全响应的电压与电流波形。多次变换单刀双掷开关位置，比较分析动态元件的初始值会对响应波形产生哪些影响。

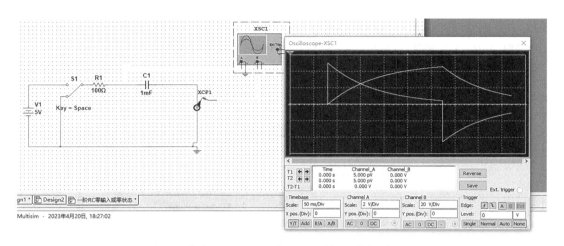

仿真图 2-6 一阶 RC 电路暂态分析

七、实验报告要求

根据实验指导内容完成仿真图 2-4 所示的仿真电路，在单刀双掷开关工作在各状态时，运行电路，并截图保留数据。根据数据分析外加电源、初始值会对电路响应波形产生哪些影响。

八、练习与思考

在仿真图 2-4 所示的仿真电路，首先改变电容或者电阻的值，观察波形，看一下波形的变化并进行解释。然后将电容变为电感，重新运行电路，根据仿真实验结果思考一阶 RC 电路响应与一阶 RL 电路响应的异同之处。

仿真实验三 *RLC* 并联谐振

一、实验目的

验证实际线圈与电容并联所得电路的并联谐振现象。

二、实验原理

电容与实际线圈并联所得无源一端口网络，若端口电压与电流同相位，则意味着电容与实际线圈并联发生了谐振。在线圈参数和电阻参数的值确定之后，可以通过调整输入信号的频率产生谐振。

三、虚拟实验设备

虚拟电阻、虚拟电感、虚拟电容。

四、实验预习

(1) 复习谐振的定义，利用电阻与电感的串联为实际线圈建模，推导实际线圈与电容并联谐振发生的条件。

(2) 电路如仿真图 3-1 所示，请计算电路的谐振频率。

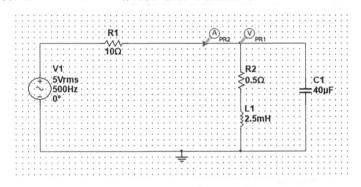

仿真图 3-1 *RLC* 并联谐振电路

五、实验指导

(1) 启动 Multisim 14.0，新建工程文件，在电路编辑工作窗口放置交流电压源（Sources 组件元件库）、电阻、电容和电感（Basic 组件元件库），双击各元件，设置元件参数。放置接地点，自动连线，完成仿真电路的初步搭建。

(2) 放置电流探针和电压探针。为了给定仿真输出信号，在仿真电路中插入了探针。可以利用探测器工具栏放置探针，也可以利用菜单栏中的"Place→Probe"放置探针，如仿真图 3-2 所示。选中按钮或者子菜单后在电路工作编辑窗口会出现蓝灰色的探针图标，移动鼠标，将电流探针放置到需要探测电流的导线上，将电压探针放置到需要探测电压的结点上，点击鼠标左键，探针连接头变为绿色，即放置成功。如仿真图 3-1 所示。

放置好探针后，双击探针图标，或者点击菜单栏中的"Simulate→Probe Settings…"，弹出如仿真图 3-3 所示的对话框，可以在对话框中修改探针的设置。

(3) 电路仿真。前面所述步骤完成之后，会得到如仿真图 3-1 所示的 *RLC* 并联电路。首先选择菜单栏"Simulate→Analysis and simulation"，得到如仿真图 3-4 所示的对话框。

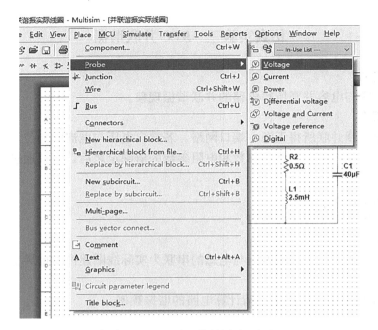

仿真图 3 - 2　利用菜单栏放置探针

仿真图 3 - 3　探针设置对话框

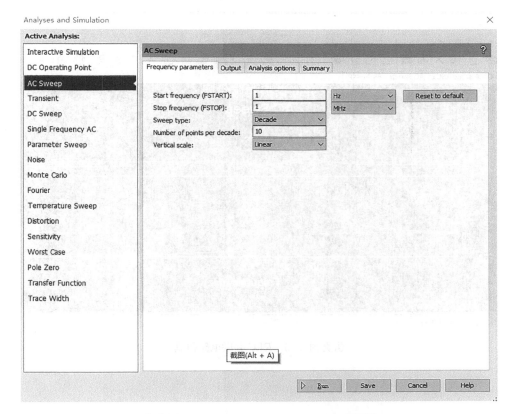

仿真图 3 - 4　Analysis and simulation 对话框

在对话框中选中 AC Sweep，在右侧填入扫描的起始频率与终止频率（应将电路的谐振频率包括在内），设置扫频类型（十进制扫描、八进制扫描或线性扫描）、扫描点数与垂直刻度。设置完成后，点击对话框下方的"Run"，可得到如仿真图 3-5 所示的 Grapher View 仿真图形。

六、实验结果分析及结论

根据仿真图形，观察电路的谐振频率，以及频率变化伴随的电压电流幅值和相位的变化。对比该电路谐振频率与理想 RLC 并联谐振频率。

七、实验报告要求

根据实验指导内容完成仿真图 3-1 所示的仿真电路，加入探针，利用 AC Sweep 运行电路，得到仿真图形，截图保留数据，利用 Grapher View 所带菜单栏进行图形编辑与处理，导出数据。根据数据分析实际线圈与电容并联谐振与理想状态下的差别。

八、练习与思考

（1）在仿真图 3-1 所示的电路，改变与电感串联的电阻值，先改为 5Ω，然后改为 50Ω，观察波形，看一下谐振频率的变化，并进行解释。

（2）尝试用波特仪实现本实验内容。

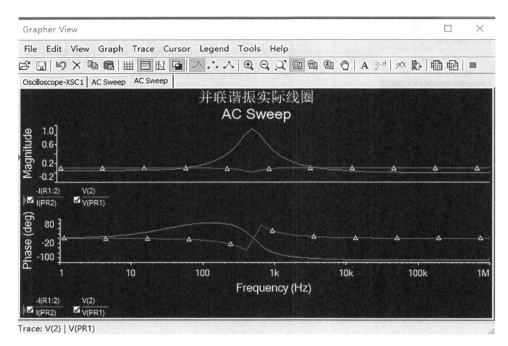

仿真图 3-5　RLC 并联电路仿真

仿真实验四 回 转 器

一、实验目的

验证回转器二端口的 VCR 关系式。

二、实验原理

利用运算放大器构造多级放大电路,封装后形成二端口,该二端口的端口处 VCR 关系式与回转器端口处的 VCR 关系式相同。

三、虚拟实验设备

虚拟运算放大器、虚拟电阻、虚拟电源。

四、实验预习

(1) 复习回转器的 VCR 关系式。

(2) 电路如仿真图 4-1 所示,请根据运算放大器电路的分析方法求解其 VCR 关系式。

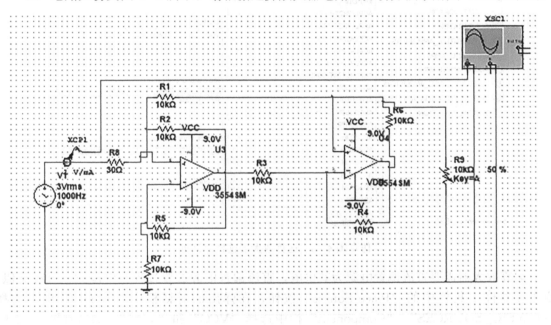

仿真图 4-1 二端口网络

五、实验指导

(1) 启动 Multisim 14.0,新建工程文件,在电路编辑工作窗口放置交流电压源、电阻、电流探头和示波器,双击各元件,设置元件参数。

(2) 放置运算放大器与直流偏置电源。本实验利用运算放大器 3554SM 构造回转器。点击电路编辑工作窗口上方元器件工具栏中的"Place Analog"按钮,如仿真图 4-2 所示,出现如仿真图 4-3 所示的选择对话框,在"Family"中选中 OPAMP,再选中所需型号后,电路编辑工作窗口会出现黑色的运算放大器的图标,将其拖动至所需位置,点击鼠标左键,如果所选择的运算放大器为实际运放而不是理想运算放大器,图标会变为蓝色,运算放大器即放置成功。如仿真图 4-1 所示。

仿真图 4-2　放置运算放大器

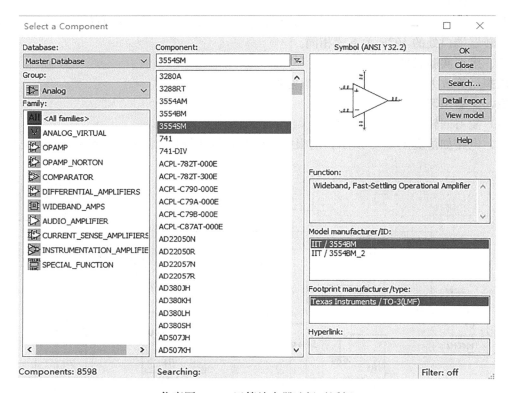

仿真图 4-3　运算放大器选择对话框

　　运算放大器需要直流偏置电源为其供电，直流偏置电源放置过程与电源放置过程类似，点击元器件工具栏中的"Place Source"按钮，在弹出的对话框中"Family"栏中选择"POWER_SOURCES"，"Component"栏中选择"VCC"和"VDD"，如仿真图 4-4 所示。VCC 接入同相输入端旁边的管脚，VDD 接入反相输入端旁边的管脚，偏置电源即放置方程，双击 VCC 和 VDD 图形，可以对其参数进行设置。

　　（3）电路仿真。前面所述步骤完成之后，会得到如仿真图 4-1 所示的仿真电路。点击窗口上方的"Run"按钮，可得到如仿真图 4-5 所示的示波器仿真图形。由仿真波形可以看出，由运放构造的这个二端口，端口电压与电流成比例关系，符合回转器的特征。

六、实验结果分析及结论

　　根据仿真图形，写出二端口的 VCR 关系式，根据 VCR 关系式将此二端口等效为一个回转器。

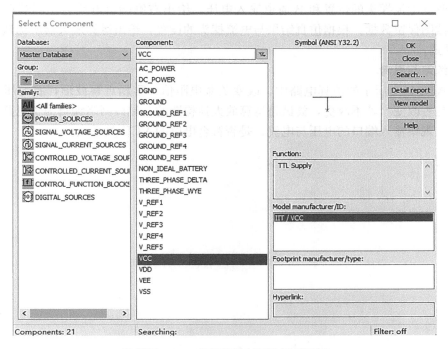

仿真图 4 - 4　直流偏置电源选择对话框

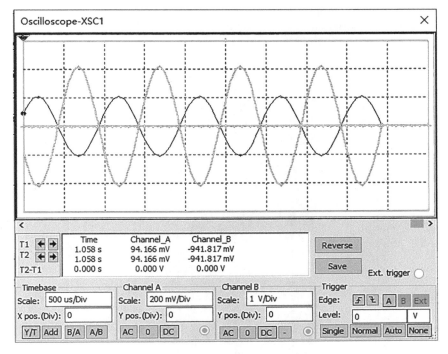

仿真图 4 - 5　示波器仿真结果

七、实验报告要求

首先根据实验指导内容完成仿真图 4 - 1 所示的仿真电路，得到仿真图形，截图保留数据；然后改变电流探头的位置和 B 通道输入电压，给出右侧端口电流与左侧端口电压的仿真波形，截图保留数据。根据仿真结果与电流探头的设置，给出运算放大器所构造二端口的 VCR 关系式。

八、练习与思考

在仿真图 4-1 所示的仿真电路中，改变负载电阻值，重新观察波形，看电压与电流的比值关系是否改变？若不改变，尝试将运算放大器构造的二端口网络编辑为子电路，改变负载为电容，观察输入端口的电压与电流，是否符合电感的 VCR 关系式。